高等职业技术教育机电类专业系列教材

电机与电器制造工艺学

第 2 版

主　编　徐君贤

副主编　郭环球　许朝山

参　编　陈叶娣　劳顺康

主　审　傅丰礼

U0280597

机 械 工 业 出 版 社

本书是电机与电器专业的系统工艺教材，内容包括：电机与电器制造工艺特征、主要零部件的机械加工、铁心制造、绕组（线圈）制造、笼型转子制造、换向器与集电环制造、冲压与塑料零件制造、弹簧与热双金属元件、触点系统制造、电机与电器装配等工艺。本书以培养专业工艺与实践能力为主，突出工艺要领，理论与实践相结合，适当介绍新产品、新材料与新工艺，并采用了有关国家最新标准及典型产品技术数据等参考资料。

　　本书为高职、高专电机与电器类专业学生必修教材，亦可供从事电机与电器类专业的技术与维修人员参考。

　　为方便教学本书配有免费电子课件、习题解答等，凡选用本书作为授课教材的老师，均可来电免费索取。咨询电话：010-88379375；Email：cmpgaozhi@ sina. com。

图书在版编目（CIP）数据

电机与电器制造工艺学/徐君贤主编. —2 版. —北京：机械工业出版社，2015. 9（2025. 1 重印）
高等职业技术教育机电类专业规划教材
ISBN 978-7-111-51258-5

Ⅰ. ①电… Ⅱ. ①徐… Ⅲ. ①电机-生产工艺-高等职业教育-教材②电器-生产工艺-高等职业教育-教材 Ⅳ. ①TM305②M505

中国版本图书馆 CIP 数据核字（2015）第 189381 号

机械工业出版社（北京市百万庄大街 22 号　邮政编码 100037）
策划编辑：于　宁　责任编辑：于　宁
版式设计：霍永明　责任校对：陈延翔
封面设计：鞠　杨　责任印制：李　昂
北京捷迅佳彩印刷有限公司印刷
2025 年 1 月第 2 版第 4 次印刷
184mm×260mm · 20. 75 印张 · 512 千字
标准书号：ISBN 978-7-111-51258-5
定价：43. 00 元

电话服务

客服电话：010-88361066
　　　　　010-88379833
　　　　　010-68326294
封底无防伪标均为盗版

网络服务

机　工　官　网：www. cmpbook. com
机　工　官　博：weibo. com/cmp1952
金　书　网：www. golden-book. com
机工教育服务网：www. cmpedu. com

前言

　　本书是根据高等职业技术教育机电类专业教材规划及高职电气类"电机与电器制造工艺学"教学大纲编写的，是电机与电器专业课必修教材，适用于高职高专电机与电器专业。

　　根据高职电气类专业人才技术岗位要求，本书内容以培养实践能力为主，突出工艺要领与工艺分析，贯彻理论与实践、工艺与工装、质量与检测相结合的原则，以常规产品与工艺为主，适当介绍新产品、新材料与新工艺。本书详细地介绍了电机与电器的工艺特征，主要零部件的机械加工、铁心制造、绕组（线圈）制造、笼型转子制造、换向器与集电环制造、弹簧与热双金属元件、触点系统制造、冲压与塑料零件制造，以及电机与电器装配等工艺，是电机与电器专业的系统工艺教材。

　　为贯彻国家标准，本书使用的电气图形符号和文字符号、产品及材料型号规格等，均采用了国家最新标准。本书中还列举了典型工艺技术数据等参考资料，以便于读者阅读与选用。

　　本书由上海电机学院徐君贤主编，郭环球（上海电机学院）与许朝山（常州机电职业技术学院）为副主编。其中第一篇第一、二、五、六章由郭环球编写，第二篇第十章由陈叶娣（常州机电职业技术学院）编写，第二篇第十一章由劳顺康（浙江机电职业技术学院）编写，第二篇第十三、十四章由许朝山编写，其余各章由徐君贤等集体编写。全书由上海电器科学研究所傅丰礼教授级高级工程师主审。

　　本书在编写过程中，曾得到有关学校、工厂、科研院所教师和技术人员的热情支持，在此表示衷心的感谢。

　　由于电机与电器技术不断发展，教学内容不断更新，加之编者水平有限，书中难免存在错误与不妥之处，敬请读者批评指正。

编　者

目 录

前言
绪论 ……………………………………… 1

第一篇　电机制造工艺

第一章　电机制造工艺特征 ……… 4
第一节　电机制造工艺的多样性 ……… 4
第二节　电机结构和制造工艺间的关系 … 4
第三节　生产类型 ……………………… 5
第四节　电机制造的技术准备和工艺准备
　　　　工作 …………………………… 6
第五节　电机制造过程概述 …………… 9
习题 ……………………………………… 11

第二章　电机零部件机械加工 …… 12
第一节　电机零部件机械加工的一般问题 … 12
第二节　电机同轴度及其工艺措施 …… 17
第三节　转轴和转子加工 ……………… 19
第四节　端盖加工 ……………………… 24
第五节　机座加工 ……………………… 26
习题 ……………………………………… 33

第三章　电机铁心制造 …………… 34
第一节　铁心材料 ……………………… 34
第二节　冲压设备 ……………………… 38
第三节　铁心冲片冲制 ………………… 44
第四节　冲片绝缘处理 ………………… 55
第五节　铁心压装 ……………………… 58
第六节　铁心的质量分析 ……………… 68
习题 ……………………………………… 70

第四章　绕组制造 ………………… 71
第一节　绕组材料 ……………………… 71
第二节　散嵌绕组制造 ………………… 81
第三节　绕组绝缘处理 ………………… 92
第四节　高压定子绕组制造 …………… 99
第五节　绕线转子绕组制造 …………… 109
第六节　直流电枢绕组制造 …………… 113

第七节　磁极绕组制造 ………………… 118
习题 ……………………………………… 121

第五章　笼型转子制造 …………… 122
第一节　笼型转子的结构与材料 ……… 122
第二节　离心铸铝 ……………………… 123
第三节　压力铸铝 ……………………… 128
第四节　低压铸铝 ……………………… 130
第五节　铸铝转子的质量分析 ………… 132
习题 ……………………………………… 135

第六章　换向器与集电环制造 …… 137
第一节　换向器的结构与材料 ………… 137
第二节　拱形换向器制造 ……………… 139
第三节　塑料换向器制造 ……………… 146
第四节　紧圈式换向器制造工艺特点 … 147
第五节　集电环制造 …………………… 149
习题 ……………………………………… 151

第七章　电机装配 ………………… 153
第一节　电机装配的技术要求 ………… 153
第二节　尺寸链在电机装配中的应用 … 154
第三节　电机转动部件的平衡 ………… 156
第四节　中小型电机装配工艺 ………… 159
第五节　大型座式轴承电机装配工艺特点 … 163
习题 ……………………………………… 164

第八章　微特电机制造 …………… 165
第一节　微特电机工艺特点 …………… 165
第二节　铁心制造 ……………………… 166
第三节　绕组制造 ……………………… 170
第四节　机械加工 ……………………… 172
第五节　电机装配 ……………………… 175
习题 ……………………………………… 178

第二篇 电器制造工艺

第九章 电器制造工艺特征··········180
第一节 电器制造工艺的多样性 ··180
第二节 电器结构和制造工艺间的关系 ···181
第三节 电器制造过程概述 ··········181
习题 ·············183

第十章 电器铁心制造··········184
第一节 铁心材料 ··········184
第二节 铁心的结构型式 ··········186
第三节 铁心制造工艺 ··········189
第四节 铁心退火处理 ··········195
第五节 铁心的质量分析 ··········196
习题 ·············198

第十一章 线圈制造··········200
第一节 线圈材料 ··········200
第二节 线圈制造工艺 ··········204
第三节 线圈绝缘处理 ··········210
第四节 线圈的质量分析 ··········211
习题 ·············214

第十二章 绝缘零件制造··········215
第一节 绝缘材料 ··········215
第二节 绝缘零件加工 ··········216
第三节 绝缘零件浸漆处理 ··········217
第四节 环氧树脂浇注 ··········219
第五节 灭弧室制造 ··········221
习题 ·············223

第十三章 冲压零件制造··········224
第一节 冲压工艺特点 ··········224
第二节 冲裁工艺 ··········227

第三节 成型工艺 ··········236
第四节 冲压模具 ··········250
第五节 冲压设备及其自动化 ··········252
习题 ·············253

第十四章 塑料零件制造··········254
第一节 塑料 ··········254
第二节 塑料成型 ··········257
第三节 塑料模具 ··········268
第四节 塑料成型设备及其自动化 ··········272
习题 ·············276

第十五章 弹簧与热双金属元件··········277
第一节 弹簧材料 ··········277
第二节 弹簧制造 ··········280
第三节 弹簧的质量分析 ··········289
第四节 热双金属元件制造 ··········291
习题 ·············297

第十六章 触点系统制造··········298
第一节 触点材料 ··········298
第二节 小容量电器银触点制造 ··········303
第三节 电器触点封接 ··········305
第四节 触点组件连接 ··········308
习题 ·············315

第十七章 电器装配··········316
第一节 电器装配的技术要求 ··········316
第二节 尺寸链在电器装配中的应用 ··········319
第三节 电器装配工艺 ··········319
习题 ·············325

参考文献··········326

绪　论

一、电机与电器制造在国民经济中的重要性

电机与电器制造是机电工业中的一个重要组成部分，电机与电器工业的发展同国民经济和科学技术的发展有着密切的联系。电机与电器制造为电力工业提供发电和输变电设备，又为各种工业、农业和交通运输业制造动力机械，还为日常生活提供各种家用电器和办公自动化设备。随着科学技术的不断进步和电机与电器制造工业的不断发展，它的发展程度已成为一个国家工业技术水平的重要标志之一。

二、电机与电器制造工业发展概况

新中国成立之前，我国电机与电器制造工业十分落后。当时仅有一些小型电机或电器厂，基础薄弱，技术落后，产品型式混乱，技术标准不统一，主要原材料依靠国外供应，且大都属于修配性质。

新中国成立之后，我国电机与电器制造工业得到了迅速发展，产品从无到有、从小到大、从仿制到自行设计，并已初具规模与自成体系。在发展产品品种和提高产品质量等方面，取得了很大成绩，为我国电机与电器制造工业的发展奠定了良好的基础。在发展新产品、新材料、新工艺及推行标准化等方面，又取得到了许多新的成就，适应了我国建设与改革开放新形势的需要。

电机制造方面：三相异步电动机由 J、JO 系列→J2、JO2 系列→Y、Y-L 系列完成了三次统一设计，Y、Y-L 系列的功率等级与安装尺寸符合国际电工标准，它的大量生产标志着我国电机制造工业向世界先进水平迈出了一大步。随着电机制造工业的不断发展，我国又统一设计了 Y2 系列三相异步电动机，产品达到国际先进水平，它是 Y 系列电动机的更新产品，目前正在大量生产。直流电机由 Z 系列→Z2 系列→Z4 系列，并采用了叠片机座和 F 级绝缘等新结构。大中型电机发展速度更快，先后制造了 60 万 kW 汽轮发电机、30 万 kW 水轮发电机、中型高压异步电动机和多绕组多速异步电动机等新产品。电机生产中采用各种自动加工线、多工位专用机床和数控机床、多工位高速自动级进冲床及绕组制造自动化等先进工艺，促进了我国电机制造工业生产技术水平的不断提高。

电器制造方面，低压电器中完成了交直流接触器和断路器等 17 个系列 104 个品种的统一设计，高压电器中完成了少油断路器 SN10 系列等产品的统一设计，不断发展新产品、新材料与新工艺，并实行了标准化、系列化和通用化。随着电器制造工业的不断发展，分多批淘汰了许多老系列低压电器，引进国产化后又发展了许多电器新品种，如 CJ20、B 系列交流接触器，CZ17、CZ18 系列直流接触器，CKJ5 系列真空接触器，JR20、3UA、T 系列热继电器，DZ20、DW15 系列断路器及 ME 系列断路器等。随着微电子和电力电子技术的飞速发展，固态继电器、晶闸管开关、真空开关、SF6 断路器等新产品逐步推广使用。高压电器从 330kV 发展到 500kV，并为电力系统和其他行业生产与提供各种成套高压电气设备。同时，还广泛采用了数控机床和加工中心、数控线切割机床、热固性塑料注射机、电泳涂漆、静电喷漆、精铸、精锻、精冲和冷挤等新设备与新工艺，使我国电器制造工业向世界先进水平迈出了一大步，开创了我国电器产品大量出口的新局面。

三、电机与电器制造工业发展方向

随着改革开放与引进技术的不断深入，电机与电器制造工业将有较大的发展。如采用计算机优化设计，不断发展新产品、新材料与新工艺，生产工艺向机械化、自动化发展，不断提高产品质量与劳动生产率等。

电机制造方面：

1）进一步采用计算机优化设计，力求电机的体积小、材料省、结构新及质量高，以便不断提高产量与降低成本，适应国内外市场的需要。

2）不断发展新产品、新材料与新工艺，在引进国产化的基础上不断发展新品种，采用新型的导磁材料与绝缘材料，推广高速多工位级进冲、高速自动冲槽机、压合铁心、绕组机械化嵌线及滴浸、连续沉浸等新工艺。

3）加速生产工艺的机械化与自动化，如可快速调整的加工自动线、数控机床进行群控的柔性加工系统在机械加工中广泛应用，多工位高速自动级进冲床、高速自动冲床在铁心制造中广泛应用，拉入式自动下线机、插槽绝缘机、插槽楔机、端部绑扎机等在绕组制造中的广泛应用。

4）加强计算机在电机测试中的应用，提高测试技术与手段，确保电机产品质量的不断提高。

5）加强技术、生产与经营管理，节约原材料，降低生产成本，提高劳动生产率，为企业创造更多的经济效益。

电器制造方面：

1）在引进技术的基础上进一步优化设计，力求电器的体积小、款式新、功能多及质量高，以适应国内外市场的需要。

2）迅速采用新技术使电器企业实现生产集成化、技术现代化和管理科学化，积极推广数控和数显技术、可编程序控制器及微机控制技术，加强计算机辅助工艺规程设计——CAD、CAM及CAPP技术的发展，以达到提高产品质量、降低产品成本及提高劳动生产率。

3）提高产品结构工艺性，促进结构零件向冲压化、塑料化和装配自动化方向发展。冲压机床沿着高速化、自动化、数控化、精密化以及适应多品种和小批量生产方向发展，塑料成型采用注塑、传递成型和全自动压型，装配工艺采用传送带式装配自动线、配有微机检测装置并向计算机控制方向发展。

4）加速生产工艺的机械化和自动化，如高速冲床与多工位级进冲模、自动绕线机、自动绕簧机、静电粉末喷涂自动线、电镀自动线及装配自动线等广泛应用。

5）加强计算机在电器测试中的应用，提高测试技术与手段，实现电器产品检验自动化，确保电器产品质量的不断提高。

四、学习本课程的方法和要求

电机与电器制造工艺学是与生产实际密切相结合的专业课程，学习中必须理论联系实际，并通过实物、图片、录像及参观生产工艺现场提高教学效果。通过本课程的学习，使学生掌握产品结构工艺性的概念、常用电机与电器典型工艺的基本理论知识以及工艺方案的分析方法、常用工艺装备结构和设计的原理和方法。

在本课程学习中，必须与专业劳动、教学实习、生产实习和毕业设计相密切结合，并通过阶段性的大型作业、课程设计和毕业设计不断提高分析和解决问题的实际能力。

第 一 篇

电机制造工艺

电机制造工艺特征

第一节　电机制造工艺的多样性

电机是一种实现机电能量传递和转换的电磁设备。它除了具有和一般机器类似的机械结构之外，还具有特殊的导电、导磁和绝缘结构。因此，在电机制造的工艺过程中，除了具有一般机器制造中所共有的锻、铸、焊、机械加工和装配等工艺外，还具有电机制造所特有的工艺，如铁心的冲制和压装、绕组的制造以及换向器的制造等。所以，尽管电机制造是属于机械制造范畴，但电机制造工艺与一般机械制造工艺相比具有以下几个特点：

1）工种多，工艺涉及面广。除一般机械制造中所共有的铸、锻、焊、机械加工、冲压、表面被覆和装配等工艺外，还有铁心的冲制和压装，绕组的绕制、成形、嵌线和浸漆，换向器制造，集电环制造，电刷装置制造，磁钢充磁，印制绕组制造，塑料件制造等多种专业工艺。

2）非标准设备和非标准工艺装备多。除标准的金属切削机床和压力机床外，还采用大量的非标准设备和非标准工艺装备。非标准设备如冲片涂漆机、离心铸铝机、绕线机、线圈张形机、浸漆设备等。非标准工艺装备如机座止口胎具、冲片冲模、笼型转子铸铝模和塑料件压模等。有的由电工机械厂制造，多数则由电机生产厂制造。

3）制造材料的种类多。电机制造中不但要用到一般的金属及其合金材料，如钢、铸铁、铜、铝、硅钢片，还大量地应用各种不同种类的绝缘材料以及工程塑料。因此，在电机制造中应尽量避免这些贵重材料的浪费。

4）加工精度要求高。为使电机运行可靠和安装方便，零部件配合尺寸和安装尺寸的精度要求较高。同时要求电机磁路对称，旋转平稳，对定子与转子的同轴度要求较高。为降低磨损和摩擦损耗，对转轴的轴承档和推力轴承的镜板等表面粗糙度方面要求较高。

5）手工劳动量较大。除大批量生产的小型或微电机外，由于铁心、绕组和换向器等结构的特殊性，使这些部件的制造工艺机械化和自动化水平仍然很低，手工劳动量较大。

第二节　电机结构和制造工艺间的关系

电机的结构和制造工艺之间有着极其密切的关系。可以说，电机的结构是制造工艺进行的基础，而制造工艺是结构实现的条件。所以，在设计电机时，对电机的结构工艺性必须给予充分的考虑。所谓结构工艺性问题，是指在研究确定电机结构时，既考虑产品运行性能的要求，又要重视其生产条件和经济效果。当产品的运行性能和生产条件之间出现矛盾时，应作具体分析，合理地把它们统一起来，确定出最合理的结构方案。当电机结构不够适宜时，即使采用了极复杂昂贵的工艺装备，也经常不能保证电机的性能及生产效率。以拱形换向器和楔形换向器作比较，虽然后者具有变形小、运行性能可靠等优点，但由于加工困难，所以还是拱形换向器得到了广泛的应用。还应指出，电机结构中的某些难点，有时因为出现了合理的工艺方法而得到了解决。例如，由于塑料压制工艺在换向器上的应用，出现了塑料换向器，因而使得形状复杂的 V 形云母环和精度要求很高的 V 形槽和 V 形压圈的加工可以省略。又如以铸铝工艺代替铜条焊接工艺来制造异步电动机的笼型绕组，因而获得了高质量、高效率的生产效果。

在考虑电机结构时，除要考虑如何满足运行性能的要求外，还应考虑电机生产的经济效益。电机的结构对电机的加工工时和生产成本影响很大。每一个零件都可以有几种不同的结构方案，即使在一种方案中，其加工精度、表面粗糙度、加工余量、材料选择、零件形状的确定等，都对生产工时和制造成本有很大影响。在确定结构方案时还应考虑到尽量缩短生产周期，同时应尽量采用标准件、通用件、标准工艺装备以及利用现有的工艺装备等，以期获得更好的经济效果。因为在电机结构确定的同时，常常是工艺方案也随之而定了，所以在设计一台电机（特别是大电机）时，设计人员的工作和工艺人员的工作应该是自始至终密切配合，平行交叉地进行。如果设计人员仅仅考虑到所设计电机的运行性能的优越而忽视了电机结构工艺性；或者工艺人员仅仅注意到工艺方法而并不了解所设计电机的结构意图，这些对电机的生产都是不利的。既有优良的运行性能又有优越的工艺性的产品设计，才是一个成功的设计。因此设计人员和工艺人员都应该深入生产实际，结合工厂的生产条件确定切实可行的工艺原则，以此作为设计和工艺的指导思想。决不可生硬地照搬，哪怕是别人的成功经验，如果不结合本厂实际情况，也可能给生产带来损失。

第三节　生　产　类　型

电机的生产类型对制造工艺和生产经济性影响很大。按照一种电机年产量的多少，可分为单件生产、成批生产和大量生产三种类型。

单件生产：年产量只有一台或几台。制造以后便不再重复生产，或者即使再生产，也是不定期的。例如大电机制造、新产品试制等都是属于单件生产。

成批生产：年产量较大且成批地制造，每隔一定时间重复生产。成批生产是电机制造中最常见的生产类型。按照产品结构的复杂程度和年产量的多少，成批生产又可分为小批量生产、中批量生产和大批量生产三种。小批量生产的工艺情况类似单件生产，大批量生产的工艺情况类似大量生产。

大量生产：年产量很大，大多数零部件的制造和装配经常用固定的工艺进行生产。

由于生产类型不同，所采取的工艺差别较大。各种生产类型采用的工艺及对操作人员的要求如下：

单件生产和小批量生产：一般零部件的加工均采用通用机床和通用工艺装备，仅制造一些必需的专用设备和工具。为保证电机质量，操作人员必须具备较高的技术水平。

中批量生产：一般零部件的加工采用通用机床和专用工艺装备，或采用程控机床与数控机床进行加工，既可保证产品质量，又有较高的生产率；对操作人员的技术水平要求可适当降低，使生产成本下降。

大批量生产和大量生产：零部件采用专用机床组成的自动或半自动流水线进行生产，以进一步提高生产率，对操作人员技术水平的要求较低；产品质量稳定，成本较低，具有更大的经济效益。

第四节　电机制造的技术准备和工艺准备工作

电机制造的准备工作是按照一定的计划和一定的生产程序进行的。其目的是为了使产品能顺利地进行生产，以及改善现有制造技术。电机制造的准备工作分为技术准备工作和工艺准备工作。

一、加工工艺过程的组成

电机生产过程中，存在大量的机械加工。机械加工工艺过程是指用机械加工方法直接改变毛坯的形状和尺寸，使之成为成品。将比较合理的机械加工工艺过程确定下来，写成作为施工依据的文件，即为机械加工工艺规程。

机械加工工艺过程是由一个或若干个顺序排列的工序所组成，毛坯依次通过这些工序变为成品。

（1）工序　一个（或一组）工人在一台机床上（或一个工作位置）对一个或几个工件所连续完成的工艺过程的一部分，称为工序。工序是工艺过程的基本单元，也是生产计划的基本单元。划分工序的主要依据是零件加工过程中工作地点是否变动。

（2）安装与工位　在同一道工序中，有时需要对零件进行一次或多次装卸加工，每装卸一次零件称为一次安装。工件加工中应尽可能减少安装次数。因为安装次数越多，安装误差愈大，而且安装工件的辅助时间也愈多。为减少安装次数，常采用各种回转夹具，使工件在一次安装中先后处于几个不同的位置进行加工。此时，在一次安装过程中，工件在机床上占据的每一个加工位置称为工位。工件在每个工位上完成一定的加工工作。

（3）工步　当加工表面、切削刀具和切削用量中的转速和进给量都保持不变时所完成的那一部分工作称为工步。一道工序包括一个或若干个工步。构成工步的任一因素（加工表面、刀具或规范）改变后，一般即成为另一新的工步。但对于那些连续进行的若干个相同的工步（如对4孔 ϕ10mm 的钻削），为简化工艺，习惯上多看作为一个工步。采用复合刀具或多刀加工的工步称为复合工步。在工艺文件上，复合工步应视为一个工步。

二、电机生产的技术准备工作

电机生产的技术准备工作是依据电机设计过程中所给出的设计图样来进行的。一般情况下，生产中的技术准备包括以下几个方面，它们之间互成平行作业关系。

1. 产品的结构设计与改进

保证生产中所需要的图样、技术条件、说明书、规范以及其他设计资料。

2. 编制工艺规程

工艺规程是反映比较合理的工艺过程的技术文件。它是指导生产、管理工作以及设计新建或扩建工厂的依据。合理的工艺规程是在总结广大工人和技术人员的实践经验的基础上，依据科学理论和必要的科学试验而制定的。按照它进行生产，可以保证产品质量和较高的生产效率与经济性。因此生产中一般应严格执行既定的工艺规程。实践证明，不按科学的工艺进行生产，往往会引起产品质量的严重下降及生产效率显著降低，甚至使生产陷入混乱状态。

但工艺规程并不是一成不变的。它应不断地反映工人的革新创造，及时地汲取国内外先进工艺技术，不断予以改进和完善，以便更好地指导生产。

制定工艺规程的基本原则，是在一定的生产条件和规模下，保证以最低的生产成本及最高的劳动生产率，可靠地加工出符合图样要求的零件。为此，必须正确处理质量与数量、人与设备之间的辨证关系，在保证加工质量的前提下，选择最经济合理的加工方案。制定工艺规程时，工艺人员必须认真研究原始资料，如产品图样、生产纲领（年产量）、毛坯资料以及现场的设备和工艺装备的状况等，然后参照国内外同行业工艺技术发展状况，结合本部门已有的生产实践经验，进行工艺文件的编制。为了使所拟工艺符合生产实际，工艺人员要深入现场，调查研究，虚心听取工人师傅的意见，集中群众的智慧。对于先进工艺技术的采用，应先经过必要的工艺试验。在制定工艺规程时，尤其应注意技术上的先进性、经济上的合理性及具有良好的劳动条件。

编制工艺规程的内容及步骤如下：

1）研究分析电机产品的装配图和零件图，从加工和制造角度对零件工作图进行分析和工艺审查，检查图样的完整性和正确性，分析图样上尺寸公差、几何公差及表面粗糙度等技术要求是否合理；审查零件的材料及其结构工艺性等，如发现有缺点和错误，工艺人员应及时提出，并会同设计人员进行研究，按照规定的审批手续对图样作必要的补充和修改。

2）确定生产类型，并将零件分类分组和划分工段，按生产纲领确定生产组织形式。首先制定其中有代表性零件的工艺过程（其他零件的工艺过程可能只需增减或更换个别工序），此时要考虑机床和工艺装备的通用性。根据生产组织形式的不同，对大批生产应注意采用流水作业，尽量采用高效率的加工方法及广泛应用专用的工艺装备；同时还要求严格地平衡各工序的时间，使之按规定的节奏进行生产。对单件和小批量生产则采用万能机床和通用工艺装备，不需平衡各工序的时间，只需考虑各机床的负荷率。

3）确定毛坯的种类和尺寸，选择定位基准和主要表面的加工方法，拟定零件加工工艺路线。

4）确定加工工序及其公差。

5）选择机床、工艺装备。

6）确定切削用量、工时定额及工人等级。

7）填写工艺文件。

3. 先进技术定额的制定

主要是材料消耗定额、劳动消耗量、设备及工装的需要量等。

4. 工艺装备的设计与制造

包括生产中所需要的模具、工夹具、刀具及量具等。

5. 检查与调整

深入车间生产现场，检查调整所设计的工艺过程，以便掌握与贯彻工艺规范中所规定的最合理的工序、制度和方法。要求按图样、工艺及技术标准生产，同时检查与调整设备与工艺装备。

三、电机生产的工艺准备工作

电机生产的工艺准备工作包括：

①工艺规程的编制和推行；②有关工具设备的设计、制造与调整；③编制先进工具及设备使用的定额；④编制材料消耗、工时消耗定额；⑤设计与贯彻先进的生产技术、合理的检验方法。

下面仅就工艺文件的格式及其应用加以叙述。

工艺规则制定后，以表格或卡片的形式确定下来，作为生产准备和施工依据的技术文件，称为工艺文件。工艺文件大体上分为两类：一类是一般机械加工通用的工艺过程卡片、工艺卡片及工序卡片；另一类是电工专用的工艺守则。

1. 工艺过程卡片（亦称路线单）

工艺过程卡片主要列出了整个零件加工所经过的路线，包括毛坯加工、机械加工、热处理等过程，按加工先后顺序注明工序安排次序、加工车间、所用设备及工艺装备等。它是制定其他工艺文件的基础，也是生产技术准备、编制生产作业计划和组织生产的依据。在单件和小批量生产中，一般零件仅编制工艺过程卡片作为工艺指导文件。其格式见表1-1。

表1-1 工艺过程卡片

_____工厂		简明工艺过程卡片		产品型号	零件图号	零件名称	共 页	
							第 页	
毛坯种类		材料		材料定额			工时定额	
序 号	工 序	操 作 内 容	车 间	设 备	工 艺 装 备		准备终结	单 件
编制		日期	审查		日期	车间会签		日期

2. 工艺卡片

工艺卡片是局限在某一加工车间范围内，以工序为单元详细说明整个工艺过程的工艺文件。它是用来指导工人进行生产和帮助车间领导和技术人员掌握整个零件加工过程的一种最主要的文件，广泛应用于成批生产和小批生产中比较重要的文件。卡片不仅标出工序顺序、工序内容，同时对主要工序还要表示出工步内容、工位和必要的加工简图或加工说明。此外，还包括零件的工艺特征（材料、重量、加工表面及其公差等级和表面粗糙度要求等）。对于一些重要零件还应说明毛坯性质和生产纲领。其格式见表1-2。

3. 工序卡片

工序卡片是根据工艺卡片为每个工序制定的，主要用来具体指导工人进行生产的一种工艺文件。工序卡片中详细记载了该工序加工所必需的资料。如定位基准选择、安装方法、机床、工艺装备、工艺尺寸、公差等级、切削用量及工时定额等。其格式见表1-3。由于电机制造的自动化水平不断提高，各种自动或半自动机床加工时的操作简单化，而机床（或流水线）的调整比较复杂，所以还要编制调整卡片，而不编制工序卡片。此外在大批量生产中还要编制技术检查卡片和检验工序卡片，这类卡片是技术检查员用的工艺文件。在卡片中详细填写出检查项目、允许误差、检查方法和使用的工具等。

表 1-2　工艺卡片

＿＿＿＿＿＿＿工厂	产品型号			零件名称			零件号	
机械加工工艺卡片	每台件数		下料方式	每料件	毛重	kg	第　页	共　页
	材料		毛坯尺寸		净重	kg	责任车间	
工序号	安装	工步号	工序内容	加工车间	机床设备名称、编号	工艺装备名称与编号				工时定额/min	
						夹具	刀具	量具	辅助工具	准备终结	操作时间
更改内容											
编制			审核			会签			批准		

表 1-3　工序卡片

机械加工工序卡			产品型号		零件名称		零件号	
车　间	工段	工序名称				工　序　号		
工序简图			材　料			机　床		
			牌　号	硬　度	名　称	型　号	编　号	
			夹　具		定　额			
			夹具名称	代　号	每批件数	准备终结	单件时间	工人级别

工序号	工步内容	走刀次数	每分钟转数或往复次数	每分钟进给量	机动时间/min	辅助时间	工具种类	工具代号	工具名称	工具尺寸	数　量
							工艺员		主管工艺员		
							定额员		车间主任		

更改	页数	日期	签字	页数	日期	签字	页数	日期	签字	技术科长	第　页	共　页

4. 工艺守则

　　在电机制造中有许多工艺过程对相似类型的产品都基本相同，如绕组浸漆干燥、硅钢片涂漆、转子铸铝、轴承装配及总装配等，这些工艺过程的内容比较复杂，在操作上要求稳定，以便保证产品质量。这种工艺过程的说明较难用卡片、表格的形式表示，常采用文字加以叙述而编成工艺守则。工艺守则是现行工艺的总结性文件，起着指导生产的作用。

第五节　电机制造过程概述

　　电机的零部件较多，其制造过程也较为复杂。为能简明扼要地掌握电机的全部工艺过程，常将电机的基本结构件机座、端盖、转轴、转子支架、定子铁心、转子铁心、定子绕组、转子绕组等的加工、制造、试验、装配、油漆、装箱等的工艺过程用框图表示。这种表示电机全部工艺过程的框图，称为电机的工艺流程图。电机是由定子和转子两大部分组成的，在电机装配前，有定子和转子两条主要工艺过程。在总装配后，便是出厂检查试验、油漆和装箱。图1-1表示了三相异步电动机的一种工艺流程图。电机制造计算机辅助工艺编制（CAPP），内容包括CAPP及其现状、发展CAPP技术的意义、CAPP系统设计的基本原理及CAPP在计算机辅助工艺规程设计中的应用与发展趋势，有利于促进电机制造工艺的优化与发展，应在实践中掌握与运用。

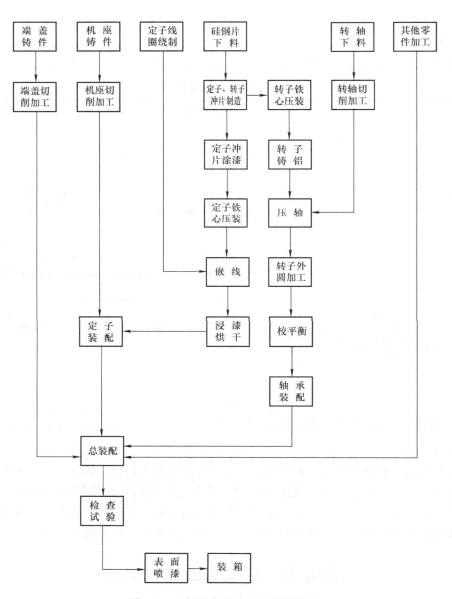

图1-1 三相异步电动机工艺流程图

习　题

1-1　电机制造工艺的多样性有哪些？何谓电机结构工艺性？其具体内容如何？

1-2　电机的生产类型有哪几种？它们对电机制造工艺有何影响？

1-3　电机生产的技术准备和工艺准备工作包括哪些方面？简述工艺卡片和工艺守则的作用及使用场合。

1-4　绘制小型三相异步电动机工艺流程图，并说明其技术要求。

电机零部件机械加工

在整个电机制造过程中，机械加工占有很重要的地位。电机的一些主要零部件——机座、端盖、转轴与转子的加工质量，直接影响电机的电气性能和安装尺寸。机械加工工时在电机制造总工时中占有相当的比重。所以，尽量采用先进工艺，广泛应用专用工艺装备，不断提高机械化和自动化水平，不断提高产品及其零部件的加工质量，提高劳动生产率、缩短生产周期、降低成本，是电机制造厂的经常性任务。

第一节　电机零部件机械加工的一般问题

一、电机零部件的互换性

任何机器（包括电机）都是由一定数量的零件组成和装配起来的，除了一些特殊的、专用的、大型的零部件外，大部分零件都是成批或大量的组织生产。因此生产出来的零件要装到部件或机器中去时，要求不经挑选和修配就能装上，并完全符合规定的技术要求。零件的这种性质，称为具有互换性。

为了使零件具有互换性，最好使每个零件的尺寸和大小都完全一样，但事实上是不可能的。影响零件尺寸精度的因素很多，其中多半还是变动的（例如机床本身存在的精度误差、刀具的磨损、装夹力变化和切削热造成工件尺寸的变形等），所以，即使在同一台机床由同一个工人用同一把刀具加工相同的工件，加工出来的尺寸和形状还是不可能完全相同。

但是，当零件的尺寸控制在一定的范围内变化时，并不影响装配的性能要求，也就是说允许零件有一定的偏差，并不妨碍零件的互换性。

二、尺寸公差的基本概念

在图样上标注的公称尺寸，是设计零件时按照结构和性能要求，根据材料强度、刚度或其他参数，经过计算或根据经验确定的。形成配合的一对结合面，它们的公称尺寸是相同的。

在加工中通过测量所得到的实际尺寸，不可能与公称尺寸相同，但需限制实际尺寸在一定范围内，这个范围有上下两个界限值，称为极限尺寸。两个界限值中较大的一个称为上极限尺寸（D_{max}），较小的一个称为下极限尺寸（D_{min}）。上极限尺寸减其公称尺寸所得的代数差称为上极限偏差（ES、es），下极限尺寸减其公称尺寸所得的代数差称为下极限偏差（EI，ei）。上极限偏差与下极限偏差统称为极限偏差。极限偏差可以是正值、负值和零。为加工方便起见，图样上标注极限偏差而不标注极限尺寸。

允许尺寸的变动量称为尺寸公差（简称公差）。公差等于上极限尺寸与下极限尺寸之差（也等于上极限偏差与下极限偏差之差）。对于同一公称尺寸来说，其公差值的大小标志着精度的高低和加工的难易程度。在满足产品质量的条件下，尽量采用最大公差。

公称尺寸相同的互相结合的轴和孔之间的关系称为配合关系。当孔的实际尺寸大于轴的实际尺寸时，两者之差叫做间隙。具有间隙（包括最小间隙等于零）的配合称为间隙配合。这类配合的特点是保证具有间隙，这样便能保证互相结合的零件具有相对运动的可能性。同时它可以储存润滑油，补偿由温度变化而引起的变形和弹性变形等。当孔的实际尺寸小于轴的实际尺寸时，装配后孔胀大而轴缩小。装配前两者的尺寸差叫做过盈，过盈的大小决定结合的牢固程度和结合件传递转矩的能力。具有过盈（包括最小过盈等于零）的配合称为过盈配合。这类配合的特点是保证具有过盈。当配合件在允许公差范围内，有可能具有间隙也有可能具有过盈的配合叫做过渡配合。它是介于间隙配合与过盈配合之间的一种配合。即孔的公差带和轴的公差带互相重叠。这种配合产生的间隙与过盈量也是变动的。当孔做成最小极限尺寸，轴做成最大极限尺寸时，配合后将产生最大过盈。在过渡配合中，平均配合的性质可能是间隙，也可能是过盈。

允许间隙或过盈的变动量叫做配合公差。它表示配合精度的高低，是由产品的性能要求和装配精度所决定的。对于间隙配合，其配合公差等于最大间隙与最小间隙代数差的绝对值；对于过盈配合，其配合公差等于最小过盈与最大过盈代数差的绝对值；对于过渡配合，其配合公差等于最大间隙与最大过盈之差的绝对值。

由上可知，三种类型的配合公差都等于相互配合的孔公差和轴公差之和。这说明装配精度与零件加工精度有关，零件加工误差的大小将直接影响间隙或过盈的变化范围。

三、公差、配合与表面粗糙度

1. 公差与配合

国标公差等级分为20级，并用标准代号IT和阿拉伯数字表示，即IT01、IT0及IT1至IT18。其中IT01级精度最高，IT18级精度最低。成系列的尺寸公差与配合制度，我国颁布的国家标准是GB/T 1800.1—2009、1800.2—2009、1801—2009、GB/T 1803—2003、GB/T 1804—2000。根据基准制的不同，国家标准中规定了基孔制和基轴制两种基准制。

基孔制的特点是：公称尺寸与公差等级一定，孔的极限尺寸保持一定（公差带位置固定不变），改变轴的极限尺寸（改变轴的公差带位置）而得到各种不同的配合。在基孔制中，孔是基准零件，称为基准孔，代号为H。上极限偏差ES为正值，即为基准孔的公差，下极限偏差EI为零。轴为非基准件。

基轴制的特点是：公称尺寸与公差等级一定，轴的极限尺寸保持一定（改变孔的公差带位置），而得到各种不同的配合。在基轴制中，轴是基准件，称为基准轴，代号为h。其上极限偏差es为零，下极限偏差ei为负值，其绝对值即为基准轴的公差。孔为非基准件。

为了满足机械中各种不同性质配合的需要，标准中对孔和轴分别规定了28个基本偏差。按公差与配合标准中提供的标准公差和基本偏差，将任一基本偏差与任一公差等级组合，可以得到大量不同大小与位置的轴孔公差带，以满足各种使用需要。但是在生产中如果这么多的公差带都使用，不但不经济，也不利于生产。因此，国家标准中根据生产实际需要，并考虑到减少定值刀具、量具和工艺装备的品种和规格，分别对于轴和孔提出了优先选用的公差带、常用公差带和一般用途公差带若干种。

2. 几何公差

零件的实际与理想的几何形状之间所容许的最大误差，称为形状公差。在一定尺寸下，形状公差的大小表征零件表面形状准确度的高低。

零件各表面间、各轴线间或表面与轴线的实际位置与理想的相对位置之间所容许的最大误差，称为位置公差。在一定的尺寸下，位置公差的大小表征零件各表面间、各轴线间或各表面与轴线之间相对位置准确度的高低。

几何公差包括形状公差、位置公差、方向公差和跳动公差。按国家标准 GB/T 1182—2008 规定，几何公差共有 19 个项目。电机制造中常用的几何公差有平面度、圆度、圆柱度和直线度、平行度、垂直度、同轴度、对称度、位置度、圆跳动和全跳动等。其表示方法和标注方法见表2-1及图2-1。

表 2-1　几何公差符号

类　别	名　称	符　号	类　别	名　称	符　号
几何公差	平面度	▱	几何公差	同轴度	◎
	圆　度	○		对称度	═
	圆柱度	⌭		位置度	⊕
	直线度	—		圆跳动	↗
	平行度	∥		垂直度	⊥

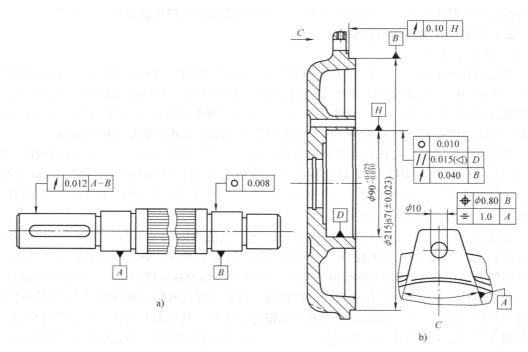

图 2-1　几何公差的标注方法

3. 表面粗糙度

表面粗糙度是指加工表面上具有的较小间距和峰谷所组成的微观几何形状特征，一般由所采用的加工方法和其他因素形成。按照国家标准 GB/T 1031—2009 规定，表面粗糙度有14 个优先选用值。零件的表面粗糙度要求是同公差等级、配合间隙或过盈有关的；另一方面，表面粗糙度决定于加工方法和零件的材料。

表 2-2 是 Y 系列三相异步电动机（Y160～Y280）主要零件公差配合、表面粗糙度及几何公差。

表 2-2　Y 系列三相异步电动机主要零件公差配合表面粗糙度及几何公差

零部件及部位		配合制	公差代号	表面粗糙度 $R_a/\mu m$	几 何 公 差 要 求
机座	止口内径	基孔	H8	3.2	1）机座铁心档内圈对两端止口公共基准轴线的同轴度公差为 8 级 2）机座止口端面对止口基准轴线的端面圆跳动为 8 级和 9 级公差值之和的 1/2 3）机座止口内径和铁心档内径的圆度公差为相应直径公差带的 75%，而且其平均直径应在公差带内 4）机座轴向中心线对于底脚支承面的平行度公差为 H80～250、0.16；H280～315、0.30；平面度公差为 H80～112、0.125；H132～200、0.15；H225～280、0.20；H315、0.25
	铁心档内径	基孔	H8	3.2	
	总长度	基孔	h11	6.3	
	底脚孔直径	—	H14		
	中心高	—	H80～250，$^{-0.10}_{-0.40}$ H280～315，$^{-0.20}_{-0.80}$		
	底脚孔中心至轴伸端止口平面距离	—	JS14		
	A/2	—	H80～132，±0.4 H160～225，±0.6 H250～315，±0.8	—	
端盖	止口直径	基孔	js7	6.3 3.2	1）轴承室内圆对止口基准轴线的径向圆跳动公差为 8 级 2）与机座配合的止口平面对轴承室内圆基准轴线的端面圆跳动公差为 8 级和 9 级公差值之和的 1/2 3）凸缘端盖的凸缘止口对端盖止口的径向圆跳动公差为 8 级和 9 级公差之和的 1/2 4）轴承室内圆的圆柱度公差为 7 级
	轴承室内径	基轴	>30～50 $^{+0.020}_{0}$ >50～80 $^{+0.022}_{0}$	1.60	
	轴承室深度		h11	6.3	
	止口平面至轴承室内平面距离	基孔	H11	6.3	
转轴	全长	—	JS14	—	1）轴伸档外圆（磨削尺寸）对两端轴承档公共基准轴线的径向圆跳动公差为 7 级 2）轴的两端轴承档外圆的圆柱度公差为 6 级 3）轴的轴伸端键槽对称度公差为 8 级和 9 级公差值之和的 1/2
	铁心档直径（热套）	基轴	>24～50 t7 >50～120 t8	3.2	
	轴伸档直径	基孔	≤28 j6 ≤55 m6 ≥32～48 k6	6.3	
	轴承档直径	基孔	k6	0.80	
	轴承盖档直径	基孔	b11	0.80	
	风扇档直径	基孔	h7		
	轴承档距离	—	h11	6.3	
	键槽宽		N9	1.60	
定子冲片	外径	基孔	自定公差	—	定子冲片外圆对内圆的同轴度公差为 8 级
	内径	基孔	H8		
	槽形	基孔	H10		
	槽口宽	基孔	H12		
	扣片槽宽	基孔	H11		
	槽底直径	基孔	H10		

（续）

零部件及部位		配合制	公差代号	表面粗糙度 $R_a/\mu m$	几 何 公 差 要 求
转子冲片	内径（热套）	基孔	H8	—	
	槽形	—	H10	—	
	槽底直径	—	h10	—	—
	键槽宽	—	H9	—	
	槽口宽	—	H12	—	

四、尺寸链基本概念

一个零件或一个装配体，都由若干彼此连接的尺寸组成一个封闭的尺寸组，这种封闭的尺寸组称为尺寸链。在零件加工过程中所遇到的尺寸链，称为工艺尺寸链。

图 2-2a 示出一个半联轴器的长度尺寸，在零件图上注有尺寸 A_1 和 A_2，而尺寸 A_0 在图样上不注出。但尺寸 A_0 的数值却是一定的，并由 A_1 和 A_2 所确定。

为便于分析，常不画出零件的结构而只依次画出各个尺寸，每个尺寸用单向箭头表示，所有组成尺寸的箭头均沿着回路顺时针（或逆时针）方向作出，而把各个尺寸连成封闭回路的那一尺寸（即封闭尺寸）箭头反向作出后所得的图形，便是尺寸链图，如图 2-2b 所示。

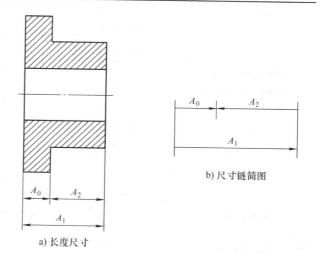

a) 长度尺寸

b) 尺寸链简图

图 2-2　半联轴器的长度尺寸及尺寸链简图

在尺寸链中，每个尺寸都称为环，其中必有一个尺寸依附于其他尺寸而最后形成，如图 2-2中的尺寸 A_0，称为封闭环。其他各个尺寸都称为组成环。当某个组成环增大时，引起封闭环也增大的，该组成环称为增环。若某个组成环增大时，引起封闭环减小的，则该组成环称为减环。

由图 2-2 可知，封闭环的公称尺寸为尺寸链中全部增环的公称尺寸减去全部减环的公称尺寸。封闭环的上极限尺寸等于全部增环的上极限尺寸与全部减环的下极限尺寸之差。封闭环的下极限尺寸为全部增环的下极限尺寸与全部减环的上极限尺寸之差。

进一步分析可知：封闭环公差等于各组成环公差之和。封闭环是在加工或装配过程中最后得到的尺寸，每个组成环的精度都直接影响到封闭环的精度。

解工艺尺寸链，主要是计算封闭环与组成环的公称尺寸、公差及极限偏差之间的关系。

五、电机的互换性

在成套的机器设备中，电机常被作为一个附件（或部件）来使用，因此同样要有互换性。电机互换性要求规定统一的安装尺寸及公差。

不同的安装结构型式有不同的安装尺寸。小型异步电动机的基本安装结构型式如图 2-3

所示，图2-3a 为 B3 型，它是卧式、机座带底脚、端盖上无凸缘的结构型式，是最常用的安装结构；图2-3b 为 B5 型，它是机座不带底脚、端盖上带有大于机座的凸缘的结构型式；图2-3c 为 B35 型，它是机座带底脚、端盖上带大于机座的凸缘的结构型式。此外，在基本安装结构型式的基础上，还有派生的安装结构型式。

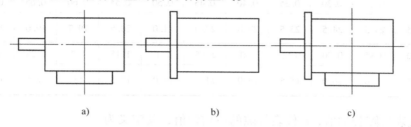

a)   b)   c)

图2-3 小型异步电动机的安装结构型式

各种安装结构型式的安装尺寸及其公差均在相应的电机技术条件中规定。

六、电机零部件机械加工的特点

电机零部件机械加工时所采用的机床和切削刀具与一般机器制造并无多大差异，但由于电机结构上的某些特殊性，在电机零部件机械加工中存在以下几个特点：

1）气隙对电机性能的影响很大，制订电机零部件的加工方案时，应充分注意零部件的同轴度、径向圆跳动和配合面的可靠性，以保证气隙的尺寸大小和均匀度。

2）机座和端盖大多采用薄壁结构，刚性较差，装夹和加工时容易产生变形或振动，影响加工精度和表面粗糙度。

3）与金属材料相比，绝缘材料的硬度较低，弹性较大，导热性差，吸湿性大，电气绝缘性能易变坏等，使绝缘零件的机械加工具有特殊性。绝缘零件机械加工时会产生大量粉尘，须装设除尘装置；为减少摩擦热，刀具必须锋利；不能采用切削液，以免绝缘性能变坏。

4）对带有绝缘材料的部件，如定子、转子、换向器和集电环等，机械加工时，既不能使用切削液，又要防止切屑损伤绝缘材料。

5）对于导磁零部件，切削应力不能过大，以免降低导磁性能和增大铁耗。

6）对于叠片铁心，机械加工时应防止倒齿。根据电机的电磁性能要求，定子铁心内圆应尽量避免机械加工。

第二节 电机同轴度及其工艺措施

一、电机的气隙及其均匀度

电机定、转子间的间隙称为电机气隙，它是电机磁路的重要组成部分。电机气隙的基本尺寸是由电机的电磁性能决定的。通常要求电机气隙必须是均匀的。若电机气隙不均匀会使电机磁路不对称，引起单边磁拉力使电机的运行恶化。对于直流电机而言，主极和电枢间的气隙不均匀，将引起均压线电流沿均压线和电枢绕组循环，增加电机的发热和损耗；换向极和电枢之间气隙不均匀常是换向不良、火花严重的原因。所以必须规定电机气隙的均匀度。由于气隙是在电机装配以后才形成的，所以气隙均匀度的保证主要取决于电机零件的加工质量，首先是机械加工的质量。按 Y 系列（IP44）三相异步电动机技术条件规定，电动机气隙不均匀度数 $\varepsilon/\delta(\%)$ 应不大于表 2-3 的规定。

表 2-3　Y 系列电动机的 $[\varepsilon/\delta$ 值]

δ/mm	0.20	0.25	0.30	0.35	0.40	0.45	0.50	0.55	0.60	0.65	0.70	0.75
$\dfrac{\varepsilon}{\delta}$（%）	26.5	25.5	24.5	23.5	23.0	22.0	21.0	20.5	19.7	19.0	18.5	18.0
δ/mm	0.80	0.85	0.90	0.95	1.0	1.05	1.1	1.15	1.2	1.25	1.3	>1.4
$\dfrac{\varepsilon}{\delta}$（%）	17.5	17.0	16.0	15.5	15.0	14.5	14.0	13.5	13	12.5	12.0	10.0

表中，δ 值代表气隙公称值，ε 代表气隙的不均匀值，其定义为

$$\varepsilon = \frac{2}{3}\sqrt{\delta_1^2 + \delta_2^2 + \delta_3^2 - \delta_1\delta_2 - \delta_2\delta_3 - \delta_3\delta_1} \tag{2-1}$$

式中　δ_1、δ_2、δ_3——在相隔120°的三点间测得的气隙值。

二、气隙均匀度的影响因素

当电机定子内圆和转子外圆之间存在着图 2-4 所示的偏心 e 时，就会使电机的气隙不均匀。通过几何分析可以得出：气隙不均匀值与偏心值 e 在数值上相等。所以，解决气隙不均匀度的问题，主要是解决定转子不同轴问题。由图 2-5 可知异步电动机定转子偏心 e，主要取决于定子、端盖、轴承、转子四大零部件的几何公差及这些零部件的配合间隙。

机座与定子铁心外圆的配合，既要考虑到在电磁拉力作用下保证两者不能相对移动或松动（须过盈配合）；又要考虑到机座是一个薄壁件，过大的过盈将使机座圆周面变形，甚至在装配时压裂。因此，通常按较小过盈量的过盈配合来确定机座与定子铁心外圆的公差。

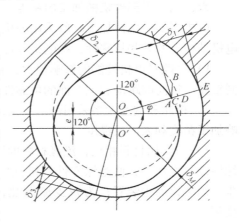

图 2-4　偏心 e 与 ε 的关系

为了能够可靠地传递转矩，转轴与转子内孔的配合必须采用具有较大过盈的配合。采用上述两种过盈配合，不会有间隙产生，因而不会引起定转子偏心。

机座与端盖止口圆周面采用过渡配合。轴承内圈与转轴以及端盖轴承室与轴承外圈的配合也采用过渡配合，一般不会引起间隙或间隙非常小，因而对定转子不同轴造成的气隙不均匀的影响也是非常小的。

三、定子同轴度是保证气隙均匀度的关键

影响电机气隙均匀度有以下五种几何公差：

J1——定子铁心内圆对定子两端止口公共基准线的径向圆跳动。

J2——转子铁心外圆对两端轴承档公共基准线的径向圆跳动。

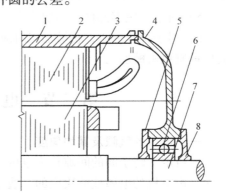

图 2-5　异步电动机的 1/4 剖视

1—机座　2—定子铁心　3—转子铁心

4—端盖　5—轴承内盖　6—轴承

7—轴　8—轴承外盖

J3——端盖轴承孔对止口基准轴线的径向圆跳动。

J4——滚动轴承内圆对外圆的径向圆跳动。

Z1——机座两端止口端面对两端面止口公共基准轴线的端面圆跳动（即垂直度）。

为了使电机气隙不均匀度不超过允许值，必须控制上述几何公差在一定范围内。以上五种几何公差对电机气隙均匀度的影响程度是不同的，现分析如下。

轴承是一种标准的精密零件，由专门的工厂生产，尽管轴承合格品的保证值公差 J4 较小，但外购的轴承都能保证这个要求。

J2 与 J3 值工艺上也是比较容易保证的（在工艺上相应采取的措施在以后几节中分析）。

机座两端止口端面对两端止口公共基准轴线的端面圆跳动 Z1 对于气隙均匀度的影响也是不大的。

对气隙均匀度影响最大的因素是定子铁心外圆对定子两端止口公共基准轴线的径向圆跳动（或称定子同轴度）。这是由定子的结构工艺特点决定的。定子铁心是由冲片一片片叠压而成的，各道工序都会造成几何误差积累。机座是一种薄壁零件，铁心压入后止口极易造成几何误差。根据电机的电磁性能要求，定子铁心内圆通常是不准加工。因此要保证气隙的均匀度，主要是应保证定子的同轴度。

四、保证定子同轴度的工艺方案

在我国，保证定子同轴度的工艺方法主要有以下三种不同的方案：

1）光外圆方案：以铁心内圆为基准精车铁心外圆，压入机座后，不精车机座止口。其特点是铁心外圆的尺寸精度和内、外圆的同轴度均由叠压后精车外圆达到。可放松对冲片外圆精度和内、外圆同轴度的要求。铁心外圆加工时，切削条件较差，用单刃车刀加工，刀具寿命较短。且铁心压入机座后，不再加工，所以对机座的尺寸精度和同轴度要求都较高。

2）光止口方案：定子铁心内、外圆不进行机械加工，压入机座后，以铁心内圆定位精车机座止口。其特点是以精车止口消除机座加工、铁心制造和装配所产生的误差，从而达到所要求的同轴度。因此，定子的同轴度主要取决于精车止口时所用胀胎工具的精度和定位误差。在机座零件加工时，对止口与内圆的同轴度和精度可放低些，有利于采用组合机床或自动线加工。但这样多一道光止口工序，以致多占用一次机床。

3）两不光方案：定子铁心的内、外圆不进行机械加工，压入机座后，机座止口也不再加工。其特点是定子的同轴度完全取决于机座和定子铁心的制造质量，对冲片、铁心和机座的制造质量要求都较高；但能简化工艺过程，流水作业线无返回现象，易于合理布置车间作业线，因而获得广泛应用。

对采用内压装定子铁心（定子铁心放在机座内压装）的中大型电机，主要是在压装过程中设法使机座止口与铁心内圆保持一定的同轴度。压装后，以机座止口定位精车或磨削铁心内圆，虽可提高同轴度，但将影响电机性能。为此，很多工厂采用内压装外压法，以确保其同轴度。

第三节　转轴和转子加工

一、转轴的类型及其技术要求

转轴是电机的重要零件之一，它支撑各种转动零部件的重量并确定转动零部件对定子的相对位置，更重要的是，转轴还是传递转矩、输出机械功率（以电动机为例）的主要零件。

电机转轴都是阶梯轴，按照结构型式，基本上可分为实心轴、一端带深孔的轴和有中心通孔的轴三种类型，如图2-6所示。实心轴在电机中用得最普遍，一端带深孔的轴主要用于集电环位于端盖外侧的绕线转子异步电动机，有中心通孔的轴主要用于大型电机。

对于中小型电机，转轴的材料常用45号优质碳素结构钢。对于小功率电机，转轴的材料可用35号优质碳素结构钢或Q275碳素结构钢。中小型电机的转轴选用热轧圆钢作为毛坯，其直径需按转轴的最大直径加上加工余量进行选择，因此，转轴的切削量是较大的。直径在200mm以上的转轴宜用锻件。钢材经加热锻造后，可使金属内部的纤维组织沿表面均匀分布，从而可得到较高的机械强度，锻出阶梯形还可减少切削余量，以节省材料消耗。

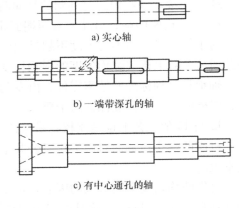

a) 实心轴

b) 一端带深孔的轴

c) 有中心通孔的轴

图2-6　转轴的类型

对转轴的加工精度和表面粗糙度的要求都比较高，转轴与其他零件的配合也较紧密。因此，对转轴的加工技术要求应包括以下几个方面：

（1）尺寸精度　两个轴承档的直径是与轴承配合的，通过轴承确定转子在定子内腔中的径向位置，轴承档的直径一般按照IT6精度制造。轴伸档和键槽的尺寸都是重要的安装尺寸。铁心档、集电环档或换向器档是与相应部件配合的部位，对电机的运行性能影响较大。以上各档的直径精度要求都较高。两轴承档轴肩间的尺寸也不能忽视，否则，会影响电机的轴向间隙，导致电机转动不灵活，甚至装配困难。

（2）形状精度　滚动轴承内外圈都是薄壁零件，轴承档的形状误差会造成内外圈变形而影响轴的回转精度，并产生噪声。轴伸档和铁心档的形状误差会造成与联轴器和转子铁心的装配困难。对轴的这些部位都应有圆柱度要求，其中尤以轴承档和轴伸档的圆柱度要求最高。

（3）位置精度　轴伸档外圆对两端轴承档公共轴线的径向跳动过大，将引起振动和噪声。因此，这个径向跳动要求较严。键槽宽度对轴线的对称度超差，将使有关零部件在轴上的固定发生困难。因此，对这种对称度的要求也较高。两端的中心孔是轴加工的定位基准，也应有良好的同轴度。

（4）表面粗糙度　配合面的表面粗糙度值过大，配合面容易磨损，将影响配合的可靠性。非配合面的表面粗糙度值过大，将降低轴的疲劳强度。轴承档和轴伸档的圆柱面是轴的关键表面，其表面粗糙度 $R_a = 1.6 \sim 0.8 \mu m$。

二、工艺过程和工艺方案分析

各类电机转轴的基本加工过程是：平端面和打中心孔、车削、铣键槽和磨削等几道工序（有关压轴、校平衡等工艺将在以后章节中分析）。

1. 平端面和钻中心孔工序

由锯床锯成或锻打的毛坯不能保证端面与轴线相垂直，对转轴全长精度也不易保证，因此必须留有余量，然后在车床或有关设备上平端面及钻中心孔。

中心孔是用中心钻加工的。中心钻是一种复合钻头，一次即可加工出中心孔的圆柱部分和圆锥部分。中心钻用高速钢制造，是一种标准刀具，由专门的工厂生产，如图 2-7 所示。

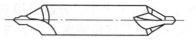

图 2-7　中心钻

这种用中心钻在车床上钻中心孔或在立式钻床上钻中心孔的方法比较简便，但精度不太高，不易保证两端中心孔在同一条中心线上，需适当放大车削的加工余量。此外，效率也较低，对于单件小批量生产比较适合。对大批或大量生产的工厂，或精度要求较高的零件，应采用专门的设备加工，把两端平端面和钻中孔合并在一台设备上完成。

图 2-8 为两工位专用半自动机床工作部分示意图。机床有两个动力头，每个动力头有两根主轴，一根轴装盘铣刀，另一轴上装中心钻。两端平面及中心孔是同时加工的，机床通过液压传动系统自动送进与退出，先铣端面，再钻中心孔。在这种设备上附加上料、接料装置和机械手，可用在自动流水线上。

图 2-9 是另一种平端面钻中心孔专用机床，它也是两端同时加工，但平端面和钻中心孔是在一起完成的。为了使平端面和钻中心孔有不同的切削速度，带动动力头的电动机应为双速电机，能自动切换变速，并采用液压夹紧工件。

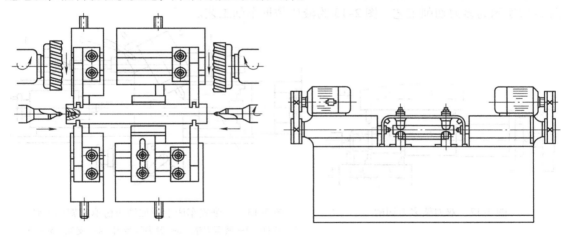

图 2-8　两工位专用机床工作部分　　　　图 2-9　一工位专用机床

刀具要求能同时钻中心孔及平端面，因此是一种复合刀头，结构如图 2-10 所示。使用时，由于中心孔在平端面以前加工，因此对毛坯锯断质量有较高要求，否则易损坏中心孔。

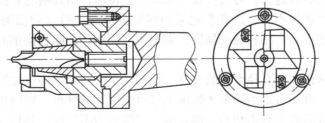

图 2-10　刀头结构

2. 车削工序

为了保证转轴各表面相对位置的精度，要求在各道工序中采用统一的定位基准中心孔，因此在车削工序中，普遍采用双顶尖定位装夹。这种定位装夹方法如图2-11所示。在车床主轴上装有拨盘，通过拨杆3带动鸡心夹头，鸡心夹头通过方头螺钉与工件连在一起，也可以不用拨杆，把尾鸡心夹头改成弯尾的，同样能达到目的。

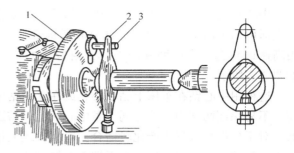

图 2-11 双顶针定位装夹
1—拨盘 2—鸡心夹头 3—拨杆

电动机转轴的车削加工一般分为粗车与精车，在两台车床上进行。粗车时，得到和转轴相似的轮廓形状，但在每一轴档的直径和长度尺寸上都留有精车及磨削工序的加工余量。不要求得到精确的尺寸，只要求在单位时间内加大切削量。常采用功率较大的机床和坚固的刀具。

精车时，除需要磨削的台阶留出磨削加工余量外，其余各轴档的直径和长度全部按图样规定的要求加工。端面倒角和砂轮越程槽也在精车时加工。精车工序采用较精密的车床。

为了提高车削工序的生产效率，多刀切削工艺和液压仿形车削工艺得到广泛的应用。图2-12所示为多刀切削工艺，图2-13为液压仿形车削工艺。

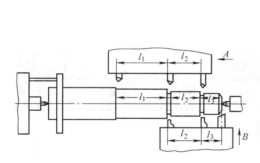

图 2-12 双刀架多刀切削

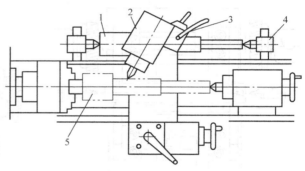

图 2-13 在卧式车床上附加液压仿形刀架加工轴
1—样件 2—液压刀架 3—触尖信号阀 4—支架 5—工件

3. 铣键槽和磨削加工

电动机轴上的轴伸档和两端轴承档的精度与几何公差要求都较高，都需进行磨削加工。对于小容量电机，由于转轴较细，当转轴压入铁心内时，极易产生变形（压弯），因此磨削加工都在转轴压入铁心后进行。对直径在60mm以上转轴，因其刚度和强度较好，压入铁心时引起弯曲变形的可能性不大，因此普遍采用转轴全部加工后（包括磨削）再压入铁心的工艺，这种工艺的优点是：减轻劳动强度，缩短生产周期，消除在磨削时冷却液进入转子铁心的现象。

对于轴伸端键槽铣削与直径磨削的安排，把精加工的磨削工序放在铣键槽工序之后进行是较合理的。这样一方面可以消除由于铣削工序可能引起的变形，同时也能有效地去除铣槽口的飞边。但是先铣后磨也有不利的一面，即：磨削成为不连续，如切削用量选用不当，容易损坏砂轮，并且键槽的精度相对地说也要求高一些。

4. 转子外圆加工

转子外圆加工是转子加工的最后一道工序，也是保证电动机气隙准确性和电机性能的关键工序。转子铁心外圆不允许采用磨削工艺，尽管采用磨削可以同轴承档磨削在一次装夹中完成从而使几何误差极小，但转子铁心是一张张冲片叠压而成，磨削时大量的冷却液必将渗入到冲片间隙中，降低使用寿命；同时，外圆表面上由于槽口铝条的影响，磨削比较困难。所以，转子铁心外圆加工无例外地都采用车削加工。由于槽口铝条影响，车削是交替地从硬的钢到软的铝，对刀具来讲，与断续切削相似，因此刀具磨损较快，尤其在自动流水线上，加工效率低，成为薄弱环节，刀具刃磨调整频繁，尺寸精度不易控制。

先进的工艺方法是采用旋转圆盘车刀加工。同普通硬质合金车刀相比，切削速度可提高一倍，刀具寿命可提高十倍（根据某电机厂试验，一般车刀刃磨一次可加工 30 个转子，圆盘车刀一次刃磨可加工 400 多个转子）。这种刀具结构如图 2-14 所示。刀片 1 是一个用 YG6 材料制成的硬质合金圆环，用压板通过 6 个 M5 内六角螺钉紧固。刀体 2 固定在带圆锥的轴上，而轴则在刀体座中，通过轴承能自由转动。利用圆盘车刀加工转子外圆如图 2-15 所示。圆盘车刀的刃口比普通车刀长几十倍，刀具磨损相应减小，又由于刃口是在旋转，对切削热量的散发特别有利，故这种刀具寿命长、耐用度高。

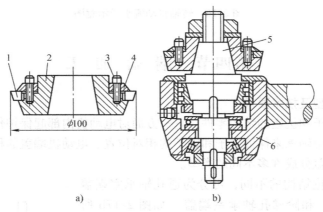

图 2-14 旋转圆盘车刀结构

1—刀片 2—刀体 3—固定螺钉 4—压板 5—心轴 6—刀体座

三、小型电动机转轴加工自动化概要

为了提高劳动生产率，降低劳动强度，根据工厂的不同情况，可采取不同的措施，大体上可归纳为以下几类：

（1）实现单机自动 即在一台专用机床上实现自动化，包括自动卡装、进刀、退刀、停车和卸工件等，只有搬运传动还靠人工。卡装工件是利用压缩空气或液压传动的夹具来自动

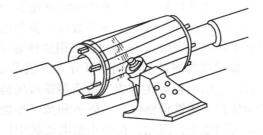

图 2-15 圆盘车刀加工转子外圆

完成；自动进刀、退刀靠程序控制。如有的工厂生产中使用的齐头打孔机床、仿形自动车床（未做到自动装卡）都可以自动完成一个工序。

（2）实现自动流水生产线 转轴转子加工较先进的方法是组织自动流水线。几个实现了单机自动的机床连在一起，包括工件的传递（转序）也实现了自动化，即实现了生产自动线。例如某电机厂的 Y 系列 Y90～160 电动机转轴、转子自动线，节拍为 1.5min，全线由

11 台机床组成（不包括最后作动平衡的机床），工件传递、装卡、进刀、退刀等全部自动化，生产效率很高，劳动强度大为降低。转轴自动流水线示意图如图 2-16 所示。

图 2-16 中轴料在备料车间下好后送到流水线旁的送料架上，然后自动传送给平端面打中心孔机床。图内两台粗车和两台精车机床分别加工轴伸档和风扇档，它们反方向布置在流水线两边，因此工件传递过来可以不必调头，即可卡上切削。精磨的工序是为了校正由于滚花和压入转子而引起的转轴弯曲和变形。

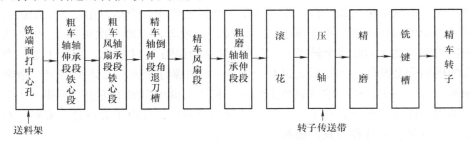

图 2-16 转轴自动流水线示意图

第四节 端 盖 加 工

一、端盖的类型及技术要求

端盖是联接转子和机座的结构零件。它一方面对电动机内部起保护作用，另一方面通过安放在端盖内的滚动轴承来保证定子和转子的相对位置。电动机端盖的种类很多，从不同的观点出发，可把端盖分成许多不同的类型。

按照轴承室部位结构的不同，可分为通孔轴承室端盖（如图 2-17a 所示）和阶梯孔轴承室端盖（如图 2-17b 所示）两种。使用通孔轴承室端盖时，必须采用外轴承盖，以防止润滑脂外流。这种端盖结构简单，加工容易，检修方便，因此用得最多。阶梯孔轴承室端盖的外侧部分能起外轴承盖的作用，可减少零件数量，简化电机结构，中心高在 160mm 以下的小电动机都采用这种端盖。

按照端盖坯件的不同，可分为焊接端盖与铸造端盖。焊接端盖由钢板焊接而成。铸造端盖可用铸铁、铸钢或铝合金铸造。铸铁价格便宜，铸造和加工性能都比较好，且有足够的强度，因此，在中小型电动机中广泛采用铸铁端盖。只有在特殊的场合，如牵引电动机和防爆电动机等机械强度要求较高时，才采用铸钢端盖或高强度铸铁端盖。在大量生产的小功率电机中，为减少加工工时，常采用铝

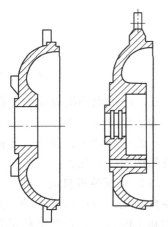

a) 通孔轴承室   b) 阶梯孔轴承室

图 2-17 轴承端盖的典型结构

合金压铸的端盖。为提高轴承室的机械强度，铝合金端盖的轴承室嵌有铸铁衬套。由于铝合金的机械强度和耐磨性较差，价格又较贵，因此，外径在 300mm 以上的端盖便不宜采用铝合金。

端盖的结构特点是壁薄容易变形，加工时装夹比较困难。

端盖是定子与转子之间的联接件，依靠止口和轴承室的配合精度保证电动机气隙的准确性，并且要求装卸磨损对精度的影响小，因此，止口和轴承室应具有较低的表面粗糙度。端盖加工的技术要求如下：

1）止口的尺寸精度、圆度和表面粗糙度（$R_a = 6.3\mu m$）应符合图样规定。

2）轴承室的尺寸精度、圆柱度和表面粗糙度（$R_a = 6.3\mu m$）应符合图样规定。

3）端盖的深度（止口端面至轴承室端面的距离）应符合图样规定。

4）止口圆与轴承室内孔的同轴度、止口端面对轴心线的跳动量应符合图样规定。

5）端盖固定孔和轴承盖固定孔的位置应符合图样规定。

二、端盖加工的工艺过程和工艺方案分析

端盖加工过程比较简单，基本上是车削和钻孔两项。但是端盖是一种易变形的薄壁零件，过大的夹紧力或过大的切削量都可能使端盖的尺寸超差和变形。减小夹紧力又将导致切削用量降低，从而降低生产率。因此，常将车削分为粗车和精车两道工序，采用不同的夹紧力，在精度等级不同的车床上加工。

小型电动机端盖加工时，常用自定心卡盘夹紧端盖上的工艺搭子外圆。工艺搭子外圆应预先加工，以便控制夹紧力和壁厚均匀度。中型电动机端盖加工时，应在凸缘的外圆柱面处将端盖径向夹紧，并均匀地支撑住凸缘平面，以免车削时产生振动，影响加工质量。

小型端盖采用立式钻床或多轴钻床进行钻孔，中大型端盖则在摇臂钻床上钻孔。为了提高生产率和保证各孔的相对位置，钻孔时通常都使用钻模。图 2-18 所示钻端盖端面用的简单钻模。端盖止口与钻模止口采用间隙配合 H8/f8。钻完第一孔后应及时插入销钉，使钻模与端盖不致发生相对移动，然后再钻其他的孔。

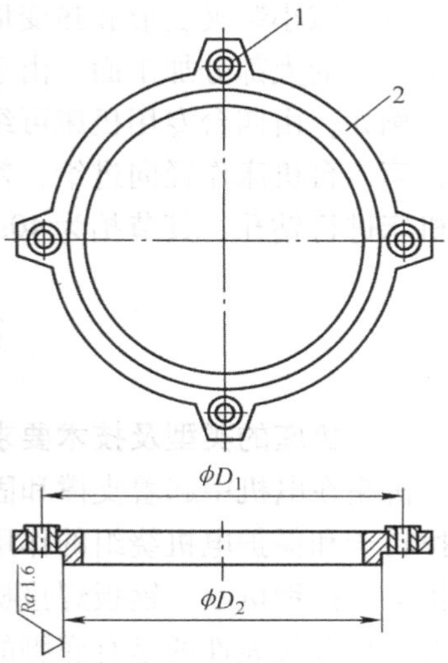

三、小型电动机端盖加工自动化

小型端盖在成批生产时，常采用多工位组合机床或数控机床进行加工；在大量生产时，可采用自动线进行加工。

图 2-18　端盖端面孔
的简单钻模
1—钻套　2—钻模

多工位组合机床的特点是，工件能在几个工位上同时加工多个工作面，生产效率较高。图 2-19 所示在一台四工位组合机床上加工端盖的情形。中间的工件装夹在回转工作台上按照一定的节拍沿逆时针方向转动，工位 I 供装卸工件用；工位 II 为粗加工；工位 III 为镗削轴承室内孔；工位 IV 为精加工。在一次装夹下能完成轴承室内孔的镗削、止口和端面的粗精加工。夹具包括长短两种自定心卡盘，一种夹持直径为 40 ~ 180mm，另一种夹持直径为 180 ~ 320mm。在刀具方面，镗孔、镗止口等采用大刀架和硬质合金多刃刀片。刀具在刀夹上的定位采用定位销和微调方式。这台组合机床可加工的端盖规格约 80 种。设计组合机床时，应考虑换批生产的功能。拟定组合机床加工的工艺方案时，应使各工位上的加工时间相差较小，并且还要解决工件加工的热变形问题。

成批生产的小型端盖可预先在普通车床上用多刀进行粗车，然后在普通数控车床上精车

止口和轴承室，以及车削轴承室外端面。这种加工方案使粗精车分开，使用不同精度的机床，而且止口和轴承室内孔是在精密机床上一次装夹下加工出来的，其同轴度高，质量稳定可靠，生产率也较高。

成批生产较复杂的小型端盖，例如冶金起重用绕线转子异步电动机的后端盖，可采用一台"加工中心"机床分粗、精两次加工。这样，可避免装夹变形和切削热变形。这种加工方案适应性强，便于换批生产；机床精度高，并且由于自动连续加

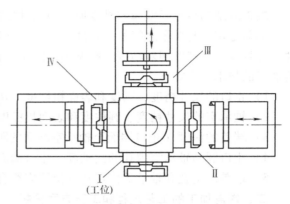

图 2-19　在多工位组合机床上加工端盖

工，排除了操作者的人为误差，加工质量好；既能减轻劳动强度，又能提高劳动生产率。其缺点是设备投资费用较大，编制程序需要较高的技术水平。

大批量生产的小型端盖可用自动线加工。为使工件能在自动线上的随行夹具中准确定位，以及减小装夹变形和热变形，在工件放到自动线加工前，预先在卧式车床上用多把车刀粗车端盖的大部分加工面。由于端盖的加工过程比较简单，所以，自动线只由少量的机床组成。例如，由四台专用机床可组成端盖加工自动线，第一台机床也用多刀半精镗已加工的表面，第二台机床作径向进给，镗削轴承室内端面，第三台机床精镗轴承室内孔和止口，第四台机床进行钻孔，其节拍为 40s。

第五节　机　座　加　工

一、机座的类型及技术要求

机座在电机中起着支撑和固定定子铁心、在轴承端盖式结构中通过机座与端盖的配合起支撑转子和保护电机绕组的作用。机座的结构类型很多，有整体形机座、分离形机座，有铸铁机座、铸钢机座、钢板焊接机座（包括箱式机座）及铝合金压铸机座等。但从制造工艺上看，具有代表性的是有底脚的整体形铸铁机座和分离形钢板焊接机座两种。前者是中小型电机中最常用的机座，后者则用于大型水轮发电机和特殊要求的直流电机。

机座与端盖的配合面称为止口，在电机结构上有内止口和外止口两种。若机座止口面为内圆的，称为内止口；若机座止口面为外圆的，称为外止口，如图 2-20 所示。

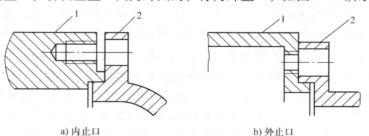

a) 内止口　　　　　　　　　b) 外止口

图 2-20　电机的止口形式

1—机座　2—端盖

机座上需要加工的部位有两端止口、铁心档内圆、底脚平面、底脚孔，以及固定端盖、接线盒和吊环用的螺栓孔等。对于分离型机座，还需要加工拼合面（即接合面）、拼合通孔和销钉孔等。

　　机座加工的技术要求应根据机座的功用、工作条件、以及定子铁心和端盖的相对位置制定。一般机座加工的技术要求如下：

　　（1）尺寸精度应符合图样规定　机座止口和铁心档内圆均属配合面，其尺寸精度要求最高，在小型异步电动机中，这两个尺寸的公差常取 H8。电动机中心高是一个重要的安装尺寸。由于气隙均匀度的要求，机座中心高（即机座轴线至底脚支撑面的高度）常比电动机中心高的公差等级取高些。其余安装尺寸的精度则次之。

　　（2）形状精度应符合图样规定　底脚平面是电动机安装的基准面，有平面度要求。对铁心档内圆柱面的圆柱度也有严格规定。

　　（3）位置精度应符合图样规定　一端止口和铁心档内圆柱面对另一端止口的轴线有同轴度要求。两端止口端面对止口公共轴线的端面跳动、铁心档内圆对上述轴线的径向圆跳动、底脚平面对上述轴线的平行度都有严格规定。两端几个端盖固定螺孔对上述轴线和端面的位置度要求也较高。径向圆跳动是一项综合性公差，它同时控制着同轴度和圆度的误差。通常零件的圆度误差比同轴度误差小得多，且径向圆跳动误差检测方便，因此，生产上常以径向圆跳动公差代替同轴度公差，这也就相对地提高了同轴度的精度。

　　（4）粗糙度应符合图样规定　止口圆周面和铁心档内圆表面粗糙度值最小（$R_a = 3.2\mu m$），其余加工面的表面粗糙度值则较大（$R_a = 12.5\mu m$）。

　　（5）其他要求　机座壁厚要均匀。分离形机座的拼合面要求接合稳定，定位可靠，拆开后重装时仍能达到原定要求。

二、机座加工的工艺方案

　　机座加工时，必须综合考虑各主要加工面的质量要求，以确定零件的装夹方式。若装夹不当，将影响加工后零件的壁厚、止口与内圆的同轴度，并将产生变形。根据机座装夹方式的不同，机座的加工方案有以下两种：

　　（1）以止口定位的加工方案　以加工过的一端止口为定位基准，轴向夹紧，加工另一端止口和内圆；并以止口或内圆定位，加工底脚平面。其特点是两端止口和内圆的同轴度取决于止口与止口模的配合精度。精车时，止口与止口模的配合为 H7/j6。止口模磨损或拆卸后应重新加工，以保证其精度。这个方案能保证电机中心高的尺寸精度，但需调头精车止口。由于这个方案的夹具简单，工艺容易掌握，因而成为最常用的加工方案。

　　（2）以底脚平面定位的加工方案　以加工过的底脚平面为定位基准，一次装夹，加工两端止口、端面和内圆。其特点为两端止口和内圆是在一次装夹下加工的，可减小装夹误差。止口与内圆的同轴度主要取决于机床的精度。对底脚平面要求平直，且在装夹时夹紧力应均匀，否则会引起不对称变形。

　　为减小机座变形，在机座的加工过程中必须注意以下几点：

　　1）铸件应在清砂和喷涂防锈漆后进行时效处理，焊接件应在焊接后进行退火处理，以消除内应力。

　　2）机座的止口和内圆加工，必须分粗车与精车两道工序进行。这样，可减小切削热作用所引起的变形。在自动线上加工机座时，通常在粗车与精车工序之间，设置冷却工序或安排其他工序，使工件得到充分冷却。

3）精车时不宜采用径向夹紧，以免引起装夹变形。

4）要正确搬运，要小心轻放，不要野蛮搬运，不可与铁块相撞，以免引起意外变形。

三、机座加工方法分析

机座加工的具体工艺方法是多种多样的。不同的条件（电动机的品种规格、生产批量、工厂设备状况、工艺水平等），工艺方法都不一样。下面介绍一些常见的工艺方法。

（1）机座止口与内圆的加工　机座止口与内圆加工是机座加工中的关键环节。对尺寸精度、形状精度、位置精度和表面粗糙度的要求都很严格。中心高在112mm及以下的机座：单件和小批量生产时，在卧式车床上加工；中批量生产时，在专用镗床上加工。对中心高在132～315mm的机座：单件和小批量生产时，在立式车床上加工；中批量生产时，也采用专用镗床加工。对中心高在355mm及以上的机座，都是在立式车床上加工。

在卧式车床上加工第一端止口时，首先用三爪卡盘的卡爪撑紧机座一端内圆（如图2-21所示），然后找正机座坯件的外圆和端面，使加工后的机座壁厚大致均匀。然后，粗车止口和内圆，再精车止口。车另一端止口时，以第一端止口定位。为保证机座两端止口的同轴度要求，使用的工艺装备为止口模。粗车止口后，精车止口和内圆。

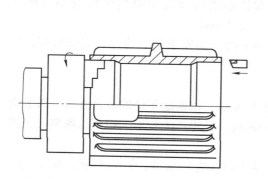

图 2-21　毛坯面定位加工小型机座

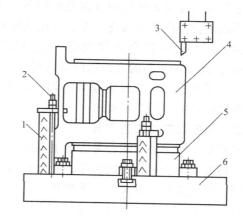

图 2-22　车机座第二端止口的装夹方法
1—硬木垫条　2—拉紧螺杆　3—车刀　4—机座
5—止口模　6—立式车床工作台

在立式车床上加工第一端止口时，首先用爪撑紧机座另一端的内圆，找正机座外圆和端面，并用止口拉紧螺杆将机座固定于工作台上。然后粗车止口和内圆，再精车止口。车第二端止口时，用止口模定位，轴向夹紧，粗车和精车止口和内圆。在这种情况下，止口模是由铸铁制成的（见图2-22），先将止口模装在车床工作台上粗车和精车止口模的止口，使它与机座止口的配合达到H7/js6。在将机座的第一端止口套到止口模前，必须将接触面上的灰屑清除干净，使机座止口与止口模的止口能紧密接触。因为止口模的止口是在使用时在车床工作台上精车出来的，止口模止口与车床工作台的中心线是完全一致的。因此，用这种止口模定位加工第二端止口和内圆时，可保证两端止口和内圆的同轴度。使用一段时期以后，止口模的止口会受到磨损，应及时重新粗车和精车止口模，以保证止口的精度要求。夹紧时，在机座的四周沿轴向均匀施力，使机座固定在止口模上。粗车后，适当减小夹紧力，再进行精车。对中心高在 355mm 以上的机座，一般只要做到一端止口精车，另一端止口半精车。待铁心压装后，以精车止口定位，再精车另一端止口和铁心内圆，以保证止口和铁心内圆的同轴度。

在镗床上加工机座的止口和内圆时，一般先将毛坯放在机座双面粗镗机床上，以外圆定位，轴向夹紧，从两端粗镗止口和内圆（见图 2-23）。然后在一台立式精镗机床上半精镗内圆和止口（见图 2-24），在另一台立式精镗机床上精镗内圆和另一端止口。

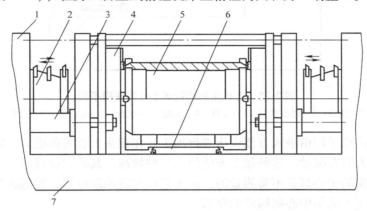

图 2-23　在机座双面粗镗机床上粗镗止口和内圆

1—传动箱　2—镗刀头　3—气压传动机构　4—夹具　5—机座　6—小车　7—床身

（2）机座底脚平面的加工　加工底脚平面常以止口定位。两侧底脚的对称性也由止口模确定。所用的加工方法有刨、铣或镗。

在牛头刨床上加工底脚平面时，所用的夹具和刀具均较简单。为保证机座中心高的尺寸精度、底脚平面的平面度和表面粗糙度等技术要求，分粗刨和细刨两个工步进行加工。这种加工方法的生产率较低，在生产批量较大时，已很少采用。对中型机座的底脚平面，可用龙门刨床加工。为提高生产率，通常在工作台上同时装夹数台机座进行加工。

对批量较大的小型机座底脚平面，用机座底脚铣床进行加工（见图 2-25）。两把转速相等的端面铣刀同时自上而下铣削机座两侧的底脚平面。为避免切屑划伤已加工的平面，切屑均向机座外侧排出。每把端面铣刀的各个刀刃虽在同一圆柱面上，但其长度略有差异，以便分层铣削，一次走刀便可达到加工要求。对中型机座的底脚平面，也可用单柱端面铣床或龙门铣床加工，生产率较龙门刨床高些。

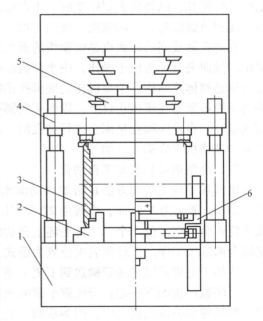

图 2-24　在立式精镗机床上半精镗内圆和精镗止口

1—床身　2—止口模　3—机座
4—气动夹具　5—镗刀头　6—装卸小车

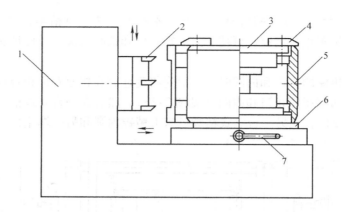

图2-25 在机座底脚铣床上铣削底脚平面

1—床身 2—端面铣刀 3—压盘 4—压块 5—机座 6—止口模 7—把手

大型机座的底脚平面由卧式万能镗床进行加工。在镗头上装着两把刀，加工性质仍是间断的，切削量较大时有振动。这种加工方法的生产率较高，其质量也较好。

加工后，机座的中心高是不易测量的，由工艺尺寸链原理可知，控制底脚平面至止口的最短尺寸精度，便可满足中心高精度的要求。

（3）机座的钻孔与攻螺纹 中、大型机座的钻孔和攻螺纹是在摇臂钻床上进行的，小型机座的钻孔和攻螺纹是在立式钻床上进行的。在成批生产中，机座的端面孔和底脚孔常用钻模定位钻孔，以便省去划线工时。生产批量较大时，小型机座的端面孔是在多轴钻床上进行钻孔和攻螺纹的，一次装夹，可同时加工若干个孔。

底脚孔轴线间的距离也是电动机的重要尺寸，必须严格控制。钻孔时以止口和底脚平面定位，轴向夹紧。为便于操作，中小型机座所用的底脚钻模结构是不同的。小型机座的底脚孔钻模是整体式结构。中型机座的底脚孔钻模分成前后两块模板，使用时利用两根拉紧螺杆将两块模板紧贴在机座止口上，以保证底脚孔的轴向距离。生产批量较大时，小型机座的底脚孔是在半自动底脚孔钻床上进行钻孔的。在这种机床上固定着多用的止口模和钻模，可适应多种规格机座底脚孔的加工。

四、小型电机机座加工自动化

机座加工较先进的方法是组织自动流水线。例如某电机厂小型号机座加工自动线（见图2-26），节拍为3.5min，全线由27个工位组成。其中加工工位11个，检测工位5个，连线工位6个，空工位5个。工件毛坯上自动线后，用油压夹具一次夹装（夹具随工件前进）完成全部加工工序。工件的装夹位置为卧式，底脚平面与水平面成垂直，出线盒在上面，每个工位加工完成后以传送带输送到下道工序。

工序数目按如下确定：把底脚平面的铣加工分为粗、精两道工序，把内径镗加工分为粗镗、半精镗和精镗三道工序。因为底脚和止口垂直，故随行夹具需能旋转90°（两次）。为了控制工件加工温升所引起的误差，在精镗的工位加装吸尘装置以吸净铁屑，控制工件温升在4℃左右，这样，热变形引起的误差可以忽略。

6个连线工位即夹具降位、装工件、夹具顺时针转90°、夹具反时针转90°、卸工件及夹具升位6个工位。夹具采用斜升降，使全线设备上空敞开，便于调试检修，随行夹具上的铁

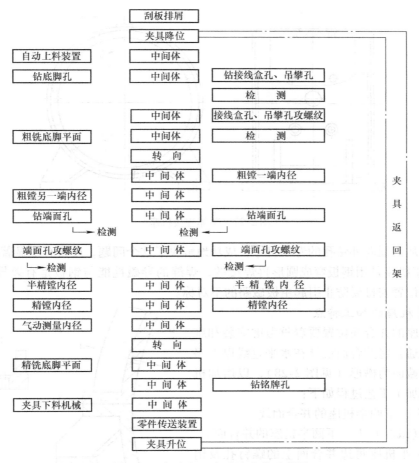

图 2-26　机座加工自动流水线示意图

屑也不会落入线内。

全线采用刮板排屑装置，进行连续排屑。全线长 27m、宽 6m、高 3m，由四人操作。

五、直流电机机座的加工特点

直流电机的机座是磁路的组成部分，也是固定主极、换向极、端盖等零部件的支撑件。它一般由铸钢或钢板焊接构成，按其结构型式可分为整体焊接机座（见图 2-27），分片机座（见图 2-28）和钢板叠片机座。铸钢整体机座的加工工艺与上述基本相同。

1. **钢板焊接机座的加工特点**

机座的加工工艺过程如下：

锻成型（或用弯板机弯制）→焊圆→车光内外圆→划线→焊底脚→精车内圆止口→刨底脚（以内圆定位）→划线钻磁极孔→钻端盖孔→攻螺纹。

直流电机机座加工特点有以下几方面：

1）内圆和外圆都经过车光，外表美观，而底脚是在车加工后焊上去的。

2）为保证电机的磁路对称，主极铁心与换向极铁心沿圆周的分布要求均匀，这就要求磁极孔的位置要很准确。这也是钻孔工序的主要矛盾。有的工厂使用分度机构及钻模钻磁极孔，这样可以保证孔在机座外圆上的位置符合要求，但在机座内圆上的位置仍会有误差。有

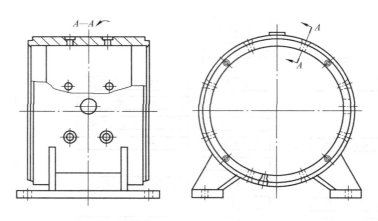

图 2-27 整体焊接机座

些工厂采用从内圆向外钻孔的专用机床，成功地解决了这个问题，质量有了显著的提高。

3）由于机座是用钢板弯成圆形再焊接的，焊缝的导磁性能与钢板是有差异的，因此，机座的焊缝位置安排要防止引起主极磁路的不对称。

2. 分片机座的加工特点

分片机座的并合面位置要着重考虑安装和维修的方便，通常将并合面设计在水平直线以上略高处。机座截面为槽形（见图2-28），以增加机座刚度。其加工工艺过程如下：

1）划上、下两半机座的并合面线。

2）镗（或车）上、下两半机座的并合面。

3）划上半机座每边并合面上的螺钉孔及销钉孔线。

4）钻上半机座每边并合面螺孔及销钉孔的预孔，并用上半机座配钻下半机座每边并合面螺孔的预孔及其销钉孔的预孔。

5）装配，并合上、下两半机座用螺栓固紧。钻铰每边销钉孔，装定位销。

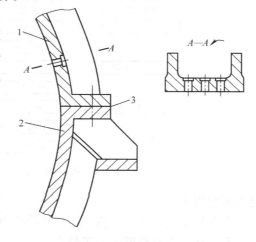

图 2-28 分片机座

1—上半机座 2—下半机座 3—并合面

6）划校正线，将机壳卧放，且使并合面垂直于划线平台，沿外圆和两端面划垂直于并合面的线；再将机壳立放，且使并合面垂直于划线平台，沿外面划磁极孔的平分线。

7）在立式车床上车两端面、内圆及止口。

8）划底脚平面线和侧面线。

9）镗底脚平面和侧面。

10）划磁极孔线及底脚螺孔线。

11）镗工序孔（即第10道工序的孔）。

12）钻每个端面孔的预孔并攻螺纹。

由以上工艺过程可以看出，直流电机分片机座的划线次数较多，几乎全都依靠划线进行机械加工。对划线质量要求较高，为严格控制并合面的加工，在距并合面加工线5mm处还应划出一条检查线。当并合面加工线被镗掉或车掉以后，依靠检查线亦能及时检查并合面的位置。加工并合面时，必须确实保证并合面与检查线之间的距离为5mm。

分闩机座的加工特点如下：

1）首先加工并合面，使上、下两个坯件组成完整的机壳，以便后续工序加工。

2）为减少磁路的不对称，并合面要平整，接缝要紧密。

3）为使分闩机座加工时不错位及以后拆装方便，并合面处以销钉定位。

4）加工端面、内圆、止口或底脚平面时，不能使用内圆胀胎，只能采用外圆装夹。因为机座接缝是用螺栓紧固的，使用内圆胀胎时，将造成接缝松动，使加工尺寸不准确。

5）与整体机座相比，分闩机座的刚度较差。为防止变形，加工时的切削量不宜过大。

6）加工工时较多。

习　题

2-1　试述电机零部件和电机的互换性，尺寸公差、配合、表面粗糙度及尺寸链，电机零部件机械加工特点。

2-2　试述电机的气隙均匀度及其影响因素，并对不同的保证定子同轴度的工艺方案进行比较。

2-3　转轴的类型及其技术要求有哪些？简述平端面和钻中心孔、车削、铣键槽和磨削、转子外圆加工等工艺方案分析，并绘制转轴自动流水线示意图。

2-4　端盖的类型及其技术要求有哪些？简述车削和钻孔工艺方案分析及小型电机端盖加工自动化。

2-5　机座的类型及其技术要求有哪些？简述机座加工的工艺方案与加工方法分析及小型电机机座加工自动化。

2-6　直流电机钢板焊接机座与分闩机座的加工工艺过程与特点如何？

2-7　编制小型三相异步电动机转轴、端盖、机座加工的典型工艺卡片。

第三章

电机铁心制造

第一节　铁　心　材　料

一、概述

铁心是电机磁路的重要组成部分，定子铁心和转子铁心、定子和转子之间的气隙一起组成电机的磁路。在异步电动机中，定子铁心中的磁通是交变的，因而产生铁心损耗。铁心损耗包括两部分：磁滞损耗和涡流损耗。

磁滞损耗是由于铁心在交变磁化使磁分子取向不断发生变化所引起的能量耗损，其大小为：

$$P_{磁滞} \propto fS \tag{3-1}$$

式中，f 是交变磁通的频率；S 是磁滞回线的面积。

涡流损耗是由于铁心在交变磁化时产生涡流所产生的电阻损耗，其大小为：

$$P_{涡流} \propto \frac{B^2 t^2 f^2}{\rho} \tag{3-2}$$

式中，B 是磁通密度；t 是材料厚度；ρ 是材料的电阻系数。

因此，为了减小铁心损耗，交流电机的定子铁心必须用电阻系数大、磁滞回线面积小的薄板材料——硅钢片，经冲制和绝缘处理后叠压而成。

常用的铁心材料有硅钢片、电工纯铁、铁镍合金、铁铝合金、铁钴合金和永磁材料等。

二、硅钢片

硅钢片是铁硅合金钢片，品种多、规格全、用量大。硅钢片按制造工艺不同分为热轧和冷轧两大类。冷轧又有各向同性（无取向）和各向异性（有取向）两种。20 世纪 70 年代以前，国内外均以热轧硅钢片为主。近年来，由于冷轧钢片性能优越，工艺性好，发展迅速，技术先进的国家已经淘汰了热轧硅钢片。我国冷轧硅钢片的生产发展也很快，DW 等系列冷轧无取向硅钢片的产量逐年增加，应用范围扩大。

1. 热轧硅钢片

硅钢片越薄，铁心损耗越小，但冲片的机械强度减弱，铁心制造的工时增加，叠压后由于冲片绝缘厚度所占的比例增加，因而减小了磁路的有效截面积。所以，过薄的硅钢片在电机中也是不宜采用的。在电机和变压器中，一般采用厚度为 0.5 和 0.35mm 的热轧硅钢片。

热轧硅钢片的新旧型号、电磁性能及应用见表 3-1。

不同型号和规格的硅钢片，力学性能是不同的。硅的质量分数低的硅钢片韧性较好，宜于冷冲加工。随着硅的质量分数的增加，硅钢片的硬度也增加，而且变脆，容易磨钝冲模的

表 3-1　常用热轧硅钢片新旧型号、电磁性能及应用

新　型　号	旧型号	分类（含硅量）	最小磁感应强度 B_{100}/T	最大铁损 $P_{15/50}$/（W·kg^{-1}）	应　用　范　围（参考）			
					小型交直流电机	驱动微电机	控制微电机	小功率变压器
DR530-50	D22		1.74	5.30				
DR510-50	D23		1.76	5.10				
DR490-50	D24	低硅钢含硅 w_{Si}1.8%~2.8%	1.77	4.90	✓	✓	✓	
DR450-50	—		1.76	4.50				
DR420-50	D25		1.76	4.20				
DR400-50	D26		1.76	4.00				
DR440-50	D31		1.71	4.40	✓	✓		
DR405-50	D32		1.74	4.05				
DR360-50	D41		1.68	3.60			✓	
DR315-50	D42		1.68	3.15				
DR290-50	D43		1.67	2.90				✓
DR265-50	D44		1.67	2.65				
DR360-35	D31	高硅钢含硅 w_{Si}>2.8%~4.8%	1.71	3.60	✓	✓		
DR325-35	D32		1.74	3.25			✓	
DR320-35	D41		1.68	3.20				
DR280-35	D42		1.68	2.80				
DR255-35	D43		1.66	2.55				
DR225-35	D44		1.66	2.25				✓
DR1750G-35			1.44	17.50		✓		
DR1250G-20	DG41		1.42	12.50			✓	
DR1100G-10			1.40	11.00				

注：1. DR、D——50Hz 电工用热轧硅钢片，DRG、DG——400Hz 电工用热轧硅钢片。

　　2. 字母后数字——横线以前为铁损瓦数值的 100 倍，横线以后为厚度毫米数的 100 倍。

　　3. B_{100}——磁场强度为 100A/cm 时磁感应强度（T），$P_{15/50}$——用 50Hz 反复磁化的磁感应强度最大值 1.5T 时的单位铁损（W/kg）。

刃口，冲件的冲断面不光滑，甚至在冲剪处产生裂纹。所以硅钢片 DR510-50 ~ DR405-50 主要用于制造电机的铁心，DR360-50 ~ DR265-50、DR320-35 ~ DR225-35 主要用于制造变压器的铁心，因为后者不需要复杂的冷冲加工。

　　硅钢片的厚度对冲模的结构有很大影响，通常，凸凹模刃口之间的间隙为硅钢片厚度的 10% ~ 15%。因此，冲制厚度不同的硅钢片，应该选用不同间隙的冲模，否则将影响冲片的质量和冲模的寿命。

　　我国生产的硅钢片，大部分还是板料，裁成一定长宽的矩形，包装供应。有 600mm × 1200mm，670mm × 1340mm，750mm × 1500mm，810mm × 1620mm，860mm × 1720mm，900mm × 1800mm，1000mm × 2000mm 等规格。选用什么尺寸规格的硅钢片，应该根据定子铁心外径来确定，以得到合理的应用，避免边角料过大，造成浪费。

硅钢片在轧钢厂出厂时，已经经过退火处理。退火处理的主要目的，是改善硅钢片的电磁性能，并降低其抗剪强度。

2. 冷轧无取向电工钢片

冷轧无取向电工钢片按含硅量分为低硅（低碳）电工钢片和含硅电工钢片。

低硅（低碳）电工钢片，含硅量（即 w_{Si}，下同）低于 0.5%，也叫低硅或无硅电工钢片，实际上是一种低硅低碳电工铁板。由于含硅量低，饱和磁感应强度高，铁损较大、较软，含碳、氮量（均指质量分数）都小于 0.003%，生产工艺简单，周期短、成本低，故多适用于家用电机电器的铁心。低硅电工钢片包括 DW800-50～DW1550-50 等，见表3-2。

表3-2 冷轧无取向电工钢片型号及应用

型　　号	厚度/mm	分类（含硅量）	最小磁感强度 B_{50}/T	最大铁损 $P_{15/50}$/（W·kg^{-1}）	应用范围（参考）			
					小型交直流电机	驱动微电机	控制微电机	小功率变压器
DW240-35			1.58	2.4				
DW265-35			1.59	2.7				✓
DW310-35			1.60	3.1				
DW360-35	(0.35±0.03)	含硅电工钢片	1.61	3.6			✓	
DW440-35			1.65	4.35				
DW500-35			1.65	5.0	✓	✓		
DW550-35			1.66	5.5				
DW270-50			1.58	2.7				
DW290-50			1.58	2.9				
DW310-50			1.59	3.1				✓
DW360-50	(0.5±0.05)	含硅 $w_{Si}>0.5\%$	1.60	3.6			✓	
DW400-50			1.61	4.0				
DW470-50			1.64	4.7				
DW540-50			1.65	5.4	✓	✓		
DW620-50			1.66	6.2				
DW800-50			1.69	8.0	✓			
DW1050-50	(0.5±0.05)	低硅钢含硅 $w_{Si}<0.5\%$	1.69	10.5				
DW1300-50			1.69	13.0		✓		
DW1550-50			1.69	15.5				
DW580-65				5.8				
DW670-65	(0.65±0.06)	含硅 $w_{Si}<0.5\%$		6.7	✓	✓		
DW770-65				7.7				

注：DW——冷轧无取向电工钢片。

含硅电工钢片常称为冷轧硅钢片，指含硅量高于 0.5% 的材料。特别是铁损低，最大磁导率 μ_m 和饱和磁感应强度 B_s 值较高，机械强度好。因含硅量较高，制造工艺复杂，成本较高，故适于中小型电机、工业用微型电机电器等。含硅电工钢片包括 DW240～DW550-35 和

DW270-50 ~ DW620-50、DW580-65 ~ DW770-65 等。冷轧无取向电工钢片型号（国标 GB2521）及应用见表3-2。

冷轧硅钢片与热轧硅钢片比较有一系列的优点。在电磁性能方面，最大磁导率 μ_m 值较高而铁损较低。在力学性能方面：冷轧片厚度均匀，表面平整光洁，可提高铁心叠压系数；对表面已涂好绝缘层的（全工艺型）冷轧片，可免去片间绝缘处理工艺；冲剪性能好，容易保证冲片尺寸精度；冲模磨损少，可以延长冲模寿命；可以带材成卷供应，便于提高剪裁的利用率和生产效率，抗拉强度 $\sigma_b = 345 \sim 380\text{N/mm}^2$。有条件应优先选用冷轧硅钢片。

我国还生产晶粒取向度小的冷轧硅钢片，这种硅钢片的电磁性能虽比晶粒取向度大的冷轧硅钢片差，但比热轧硅钢片优良。由于晶粒取向度小，顺轧制方向和垂直轧制方向交变磁化，电磁性能差别不是很大，故成为制造交流电机定子铁心的良好材料。

三、电工纯铁

电工用纯铁有原料纯铁（DT1、DT2）和电磁纯铁（DT3、DT4、DT5 和 DT6）两类。供料状态有直径不大于 250mm 的热轧、热锻及冷拉棒料和冷轧、热轧薄板。

纯度为 99.95% 的电解铁矫顽力 $H_c = 7.2\text{A/m}$，初始磁导率 $\mu_i = 12 \times 10^{-4}\text{H/m}$，最大磁导率 $\mu_m = 250 \times 10^{-4}\text{H/m}$。纯度越高，电磁性能越好。但制取高纯度的铁，工艺复杂，成本高。工程上广泛采用的是电磁纯铁，在冶炼中常适当加入铝和硅，以削弱其他杂质对磁性能的不良影响。

由于电磁纯铁中杂质含量少，故冷加工性能都较好，饱和磁通密度仍有较高数值，但电阻率低，铁耗较大，只适用于恒定磁场。电磁纯铁加工后，由于存在加工残余应力，使磁性能降低，故必须在机械加工后进行退火处理。

四、铁镍合金

含镍量 w_{Ni} 在 45% ~ 80% 的铁镍合金，经高温退火后有极好的磁性能。在较低磁通密度下，磁导率比硅钢片高 10 ~ 20 倍。旋转变压器、自整角机和测速发电机等控制电机铁心常采用铁镍合金制成。

铁镍合金有冷轧带材、热轧扁材、冷拉丝材、棒材和热锻材等。以 0.5 ~ 1.0mm 厚的带（片）材应用最多。其主要特点是在较低磁场下有极高的磁导率和很低的矫顽力，加工性能好。其主要缺点是含贵重金属镍比例大，成本高，工艺因素——机加工应力和热处理规范等对磁性能影响较大，使产品之间磁性能差别较大。此外，该材料电阻率不高（0.45μΩ·m），适用于 1 ~ 2kHz 以下频率使用。常用铁镍合金材料型号有 1J50、1J79 和 1J85 等。

五、铁铝合金

铁铝合金是以铁和铝（占 6% ~ 16%）为主要成分、不含贵重元素的另一类高电磁性能软磁合金，在微电机中也得到应用。常用的铁铝合金可以有冷轧或热轧带材，片厚 0.1 ~ 0.5mm。其主要特点是有高的电阻率和硬度，密度较小（6.5 ~ 7.2g/mm³），抗振动和抗冲击性能良好，其磁性能对应力不像铁镍合金那样敏感。用铁铝合金片制造的铁心，涡流损耗小，重量较轻，有良好的耐中子辐射性能。当含铝量超过 16% 时，铁铝合金变脆，塑性减弱，机械加工困难。含铝量增加还使饱和磁感应强度降低。铁铝合金制成的铁心与铁镍合金铁心一样，需要最终高温退火处理，消除应力，提高磁性能。

常用铁铝合金型号有 1J6、1J12 和 1J16 等。型号中最后数字为含铝量，随着含铝量的增加，材料的磁导率和电阻率变高，而饱和磁感应强度降低。

六、铁钴合金

在铁钴合金材料中，饱和磁感应强度 B_s 最高（高于纯铁），居里温度高（98℃），电阻率较低（0.27μΩ·m），含贵重金属钴 w_{Co} 大约50%，其型号为1J22，适用于作航空、航天特殊要求的微电机铁心。

七、永磁材料

永磁材料又叫硬磁材料，其主要特征是剩磁感应和矫顽力高。永磁材料经饱和磁化以后，去掉磁化的磁场仍能常时间地保持强的、稳定的磁性，给电机励磁，建立磁场。

永磁材料主要有铝镍钴、铁氧体永磁材料、稀土钴永磁材料、稀土钕铁硼永磁材料等系列。

1. 铝镍钴系列

铝镍钴系列永磁材料包括铸造和粉末冶金加工两种。

铝镍钴系列开发应用较早，有比较成熟的产品品种。但是，这个系列中，性能较好的材料内，镍和钴的成分比重较大，而镍和钴为稀有金属，产量少；铝镍钴材料的磁场 H 值相对较低，抗去磁能力差，应用受到了一定限制。

2. 铁氧体永磁系列

铁氧体永磁材料特点是矫顽力较高，回复磁导率较小，密度小，电阻率大，最大磁能积较小，如果合理应用，可以得到较大的回复磁能积，比较适合在动态磁路中工作。这种材料价格最便宜，在微电机中应用广泛。

这种材料的不足之处是剩磁 B 较低，磁感应温度系数较高，应用中需加注意。

这种材料也有各向同性和各向异性两个系列。各向异性系列是在模压成型时加外磁场得到。一般取外磁场方向和加工时所加压力方向一致，该方向上的磁性最好。

3. 稀土永磁系列

稀土永磁材料包括稀土钴和稀土钕铁硼两个系列。

稀土钴系列永磁材料是由部分稀土金属（Sm、Pr、Ce 等）和钴、铁等金属形成的金属间化合物。主要有 RCo_5 和 R_2Co_{17} 等两类，其中 R 表示稀土元素。常用的有钐钴（$SeCo_5$）、镨钴（$PrCo_5$）、钐镨钴（$SmPrCo_5$）、铈钴铜 Ce（$CoCuFe$）$_5$ 等类，其磁能积达到 80 ~ 196kJ/m³。稀土永磁材料的剩磁、磁感矫顽力、最大磁能积和内禀矫顽力都有很高的数值，去磁曲线为线性，回复直线与去磁曲线基本重合，有很强的抗去磁能力和磁稳定性。但是钴金属矿源不足，价格昂贵，使稀土钴系列的应用受到一定限制，促使人们寻找更新的材料。稀土钴永磁材料型号为 XGS。

新型永磁材料稀土钕铁硼系列，不含钴金属，磁性能又有了新的提高，而且价格便宜，约为稀土钴永磁 1/3 ~ 1/4，因而得到了迅速广泛的应用。稀土钕铁硼系列永磁材料又有烧结钕铁硼和粘结钕铁硼两类，其型号为 NTB 与 GPM。

实践和资料表明：由于我国稀土资源丰富，为世界储量第一，磁性能优异、价格低廉的稀土钕铁硼永磁材料发展很快，已形成年产千吨以上规模，各种使用钕铁硼的微特电机相应有了很大发展。钕铁硼永磁材料在微电机中的应用，也使微特电机的几个方面得到了改进。

第二节　冲压设备

铁心制造工艺包括硅钢片冲制工艺和铁心压装工艺，所用的主要设备有剪床、冲床、半自动冲槽机和油压机等。

一、剪床

剪床用来将整张硅钢片剪成方料或条料。在电机制造厂中使用的剪床有两种：直刀剪床和滚剪床。直刀剪床的上下刀刃的间隙借螺钉调整，根据剪切材料厚度，调到合理数值。间隙过大，使工件的剪切边缘产生飞边（俗称毛刺），间隙过小，使工件的断裂部分挤坏并增加剪切应力。在剪切 0.5mm 的硅钢片时，间隙为 0.05～0.07mm。直刀剪床分平口剪床和斜口剪床两种。平口剪床上下剪刃平行（见图3-1），适宜于剪切比较窄而厚的材料，剪切快、劳动生产率高，但所需动力大。斜口剪床的上剪刃斜交下剪刃一个角度 φ（图3-2），φ 角不大于 15°，通常在 2°～6° 之间，适于剪切宽而薄的条料。由于只有一个剪切点，故所需动力较小。在冲片制造中，一般采用斜口剪床。

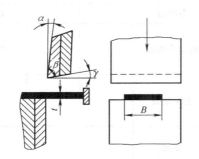
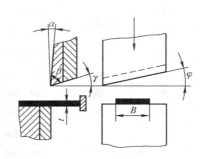

图 3-1 平口剪床   图 3-2 斜口剪床

在直刀剪床上，装有定位挡板，以控制工件尺寸。剪刀的后角 α 磨成 1.5°～3°，以减小剪刀与材料间的摩擦。剪刃角 β 与剪切材料的性质有关，对较硬的材料取 75°～85°。材料较软时（如纯铜板），可取 65°～70°。选定了剪刃角和后角后，剪刃的前角 γ 也就确定了（因为 $\beta + \alpha + \gamma = 90°$）。为了便于剪刃修磨，常使 $\beta = 90°$，此时 $\alpha = \gamma = 0$，对剪切硅钢片来说，是完全允许的。

剪切力的大小，取决于材料的厚度、剪切长度和材料的抗剪强度。对于平口剪床，剪切力为

$$p = Ktl\tau \tag{3-3}$$

对于斜口剪床，并不是所有剪切长度同时受到剪切，而是在每一瞬间，都只有一部分材料受到剪切。所以，剪切力的大小与上剪刃的斜度有关。经推导可得

$$p = K\frac{t^2\tau}{2\tan\varphi} \tag{3-4}$$

式中，t 是材料的厚度；l 是剪切长度；τ 是材料的抗剪强度；K 是考虑材料厚度公差的变化、间隙的变化及剪切变钝等因素使剪切力加大的系数，一般取 $K = 1.3$。

电机常用材料的抗剪强度见表3-3。

滚剪床是利用一对滚动的圆形刀刃来剪裁板料。图3-3为滚剪示意图。轴上装有许多对刀轮，用 W18Cr4V 高速工具钢或 T8A、T10A 优质碳素工具钢制成。它们的直径相等转速相同，但转向相反（见图3-4）。两刀轮之间有重叠部分 b，当板料插入滚刀间时，刀口与材

料间的摩擦力会把板料拉入进行剪切。与此同时，滚刀作用于板料的压力有将板料推回的趋势。因此，欲完成滚剪，必须使摩擦力大于推回力。

表3-3 材料的抗剪强度

材料名称	型 号		抗剪强度 τ/MPa	材料名称	型 号		抗剪强度 τ/MPa
电工硅钢	DR510-50 ~ DR405-50 DR360-35 ~ DR225-35 退火处理		190	纯铜	T1 T2、T3	软	160
						硬	240
				黄铜	H62	软	260
						半硬	300
						硬	370
				纸胶板			140 ~ 200
普通碳素钢	Q235	已退火	310 ~ 380	布胶板			120 ~ 180
	Q275		400 ~ 500	玻璃布胶板			160 ~ 185
碳素结构钢	08	已退火	260 ~ 360				
	10		260 ~ 340				
	20		280 ~ 400	绝缘纸板			6 ~ 10
	30		360 ~ 480				
	45		440 ~ 560	橡皮			20 ~ 80
不锈钢	2Cr13		320 ~ 400	云母厚 0.2 ~ 0.8mm			80 ~ 100
铝板	1060、1050A 已退火		80				

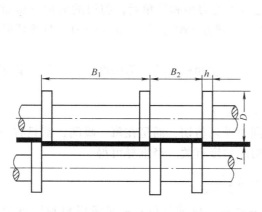

图3-3 滚剪示意图　　　　　　图3-4 滚刀轮示意图

实践证明，解决上述矛盾的关键是选择一个合适的 α 角，此角称为咬角。显然，α 角太大，材料便不能卷入。α 角与材料厚度及滚刀直径有关，当滚剪 0.5mm 硅钢片时，采用的实际数据如下：

咬角　　　　　　　　　$\alpha = 6°$

重叠高度 $b = 0.5\text{mm}$

滚刀直径 $D = 181\text{mm}$

滚刀厚度 $h = 40\text{mm}$

滚剪床的两根轴借齿轮传动作反向转动，刀刃之间的距离 B_1、B_2 等可以按不同条料宽度进行调整，同时剪出不同宽度的材料。并且可以连续送料，不受长度限制，便于组织自动流水线，特别对卷料硅钢片，更为合适。所以这种剪床比直刀剪床效率高许多倍。

二、冲床

冲床用来安装冲模，冲制定、转子冲片或其他冲压工件。常见的有偏心冲床和曲轴冲床两种。偏心冲床的行程由主轴同飞轮中心线的偏心距来决定。这种冲床的特点是：行程不大，冲次较高，可达每分钟 50~100 次。曲轴冲床的滑块由曲轴驱动作上下往返运动，它较偏心冲床有较大的行程，冲次每分钟可达 45~75 次。典型的曲轴冲床如图 3-5 所示。

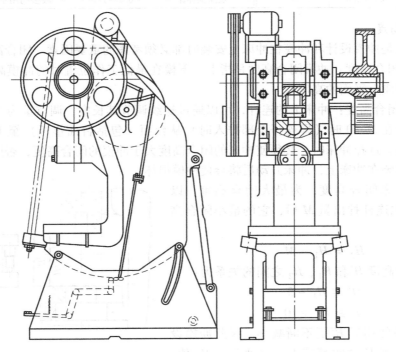

图 3-5 典型的曲轴冲床

为了正确选用冲床，必须了解它的一些主要参数。

1. 额定吨位

冲床铭牌上规定的吨位为冲床的额定吨位。额定吨位的大小，反映冲床的冲裁能力。在我国，偏心冲床和曲轴冲床都已成系列生产，公称压力可分为 15 个等级，即 4、6.3、10、16、25、40、63、80、100、125、160、200、250、315、400t。选择冲床时，必须使冲床的额定吨位大于工件所需要的冲裁力。

冲片冲裁时所需要的冲裁力 F（单位为 N）按下式计算：

$$F = Ktl\tau \tag{3-5}$$

式中，t 是硅钢片的厚度（mm）；l 是冲制轮廓线的长度（m）；τ 是材料的抗剪强度（MPa），经过退火的硅钢片 $\tau = 190\text{MPa}$；K 是考虑弹性脱料装置的压缩力、硅钢片厚度公差、冲模间隙的变化及刃口变钝等因素而使冲裁力增大的系数，可取 $K = 1.3$。

当计算出的冲裁力稍大于工厂现有冲床的吨位时，可以考虑采用特殊模具刃口，如斜模、阶梯模等，使冲制轮廓逐渐地被冲裁，而不是同时被冲裁。

当冲床无铭牌时，可以通过测量主轴直径来估计其吨位大小。

设冲床主轴直径为 d（cm），则其吨位 P 值为：

$$P = Cd^2 \tag{3-6}$$

式中 C 为常数，由表3-4中选择。

表3-4　各种冲床的 C 值

冲床类型	C 值	备　注	冲床类型	C 值	备　　注
偏心冲床	0.4 ~ 0.5		C 形曲轴冲床	0.5 ~ 0.6	指床身为"C"形的曲轴冲床
曲轴冲床	0.6 ~ 0.8		双曲轴冲床	0.2 ~ 1.2	较多的用于拉伸工艺中

2. 闭合高度

闭合高度是冲模设计和冲模在冲床上安装时都必须考虑的重要因素。闭合高度有两种：

1）冲模闭合高度：冲模闭合高度是指上、下模在最低工作位置时的冲模高度（下模座下平面至上模座上平面的高度）。

2）冲床闭合高度：冲床上的连杆，可以通过螺纹调节其长度，调节量为 M。冲床闭合高度是指冲床在 $M = 0$ 时（即连杆全部拧入时）从台面（包括台面垫板）至下止点时滑块下平面的距离。选择冲床时，必须使冲床的闭合高度大于冲模的闭合高度，否则，滑块在上止点时将冲模装在冲床上，冲床开动后将会使冲模损坏。

上述的冲床闭合高度，为最大闭合高度，以 H_1 表示。考虑连杆拧出量 M 后，它的最小闭合高度为：

$$H_2 = H_1 - M$$

冲模闭合高度 H' 和 H_1、H_2 之间的关系为：

$$H' \leqslant H_1 - 5$$

$$H' \geqslant H_2 + 10$$

考虑冲模使用后 H' 要不断减小，因此冲模设计时，闭合高度 H' 通常都接近（稍小于）H_1 值，如图3-6所示。

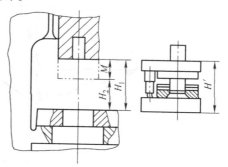

图3-6　冲模闭合高度和
冲床闭合高度

H'—冲模闭合高度　H_1—冲床最大闭合高度　H_2—冲床最小闭合高度

3. 台面尺寸（长×宽）和台面孔尺寸

在冲模设计和安装时，必须考虑台面尺寸和台面孔尺寸。前者应能保证模具在台面上压紧；后者应能保证冲孔的余料能从台面孔落下。

4. 模柄孔尺寸

在冲模头设计和安装时，必须考虑冲床滑块模柄的尺寸。通常，模柄外径与模柄孔的配合采用 H7/d11。

三、半自动冲槽机

在电机制造中，当冲片为单槽冲时，广泛采用半自动冲槽机。半自动冲槽机的结构与普通冲床基本相同，只多一套自动分度机构。自动分度机构如图3-7所示。连杆6的作用是把曲轴的圆周运动改变为往返运动，以驱动分度盘回转（见图3-8）。当曲轴回转一周时，单冲一个槽，同时连杆往返一次，驱动分度盘回转一个角度，其值为 $360°/z$，从而使工件回转 $360°/z$。当冲完全部槽数时，冲槽机自动停车，让飞轮空转。

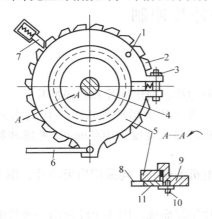

图 3-7 冲槽机的自动分度机构

1—停车用的撞击销 2、8—牙盘 3—螺栓
4—转轴 5—摩擦圈 6—传动连杆 7—定位销
9—转盘 10—螺钉 11—牛皮

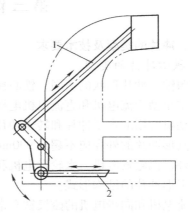

图 3-8 冲槽机的传动连杆

1—连杆（与曲轴相连） 2—连
杆（与分度盘摩擦轮相连）

半自动冲槽机的自动分度机构的调整比较复杂，因为影响分度正确性的因素很多，如牙盘的制造误差、各部件的磨损情况及摩擦圈螺钉的松紧程度（即摩擦力大小）等。在调整时需全面考虑，进行多次试冲，并需进行首件检查以及在冲制过程中经常抽查，才能保证质量。

四、液压机

铁心压装一般在液压机上完成。液压机的种类很多，图3-9是较简单的一种。通过液压传动可使活塞10带动压板11上下滑动来完成压装工作。

液压传动原理可见液压系统图。电动机开动使由液压泵2排油，如换向阀4处在中位，所排之油直接回油，此时，液压机不动，液压泵卸荷。如将换位阀拉出，处于左位，所排之油通过换向阀4进入液压缸上腔，活塞下行工作。液压缸下腔油液通过背压阀5、换向阀4回油箱。背压阀5起到与活塞及压板自重相平衡的作用，防止下滑。如将换向阀4推入，处

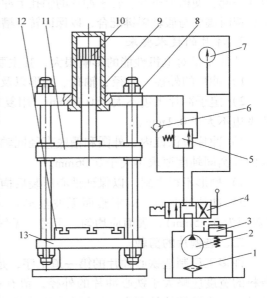

图 3-9 液压机液压系统图

1—滤油器 2—液压泵 3—安全阀 4—换向阀
5—背压阀 6—单向阀 7—压力表 8—上横梁
9—液压缸 10—活塞 11—压板
12—工作台 13—底座

于右位，所排之油经换向阀4、单向阀6进入液压缸下腔，活塞上行，液压缸上腔油液经换

向阀4回油箱。安全阀3起安全作用。当液压机系统压力超过极限时,安全阀3打开,排油溢回油箱。

<h1 align="center">第三节　铁心冲片冲制</h1>

一、冲片的类型及技术要求

1. 铁心冲片的类型

按照铁心冲片形状的不同,铁心冲片分为圆形冲片、扇形冲片和磁极冲片。

在中小型交流电机和直流电机电枢铁心中通常都采用圆形冲片,图3-10a、b示出小型异步电动机常用的定子冲片和转子冲片。电工钢板的最大宽度为1000mm,考虑冲制的搭边量后,圆形冲片的外径应不超过990mm。

另外,汽轮发电机、水轮发电机和其他大型电机的铁心,均采用扇形冲片,图3-10c示出一种扇形冲片的结构形式。

直流电机和同步电机的磁极铁心常用磁极冲片压装而成,图3-10d示出一种直流电动机的磁极冲片。

在定子冲片外圆上冲有鸠尾槽,以便在铁心压装时安放扣片,将铁心紧固。在定子冲片外圆上还冲有记号槽,其作用是保证叠压时按冲制方向叠片,使飞边方向一致,并保证将同号槽叠在一起,使槽形整齐。转子冲片的轴孔上冲有键槽和平衡槽。叠片时键槽起记号槽作用;转子铸铝时键槽与假轴斜键配合,以保证转子槽斜度。平衡槽主要使转子减少不平衡度。

2. 冲片的技术要求

冲片质量对电机性能的影响很大,其主要技术要求如下:

1)冲片的外径、内径、轴孔、槽形以及槽底直径等尺寸,应符合图样要求。

2)定子冲片飞边不大于0.05mm。用复式冲模冲制时,个别点不大于0.1mm。转子冲片飞边不大于0.1mm。

3)冲片应保证内、外圆和槽底直径同轴,不产生椭圆度。如对Y160~280电机定子冲片内外圆同轴度要求不大于0.06mm。

4)槽形不得歪斜,以保证铁心压装后槽形整齐。

5)冲片冲制后,应平整而无波浪形。对于涂漆冲片,单面漆膜厚度为0.1~0.15mm(双面为0.25mm),表面应均匀、干透、无气泡及发花。

二、硅钢片的剪裁

许多工厂制造铁心冲片的第一道工序,是将整张硅钢片在剪床上剪成一定宽度的条料。条料的宽度应略大于铁心冲片的外径,留有适当的加工余量,以保证冲片的质量。在图3-11中,a为硅钢片的宽度,b为硅钢片的长度,D为铁心冲片外径,c为加工余量(又称搭边量)。

在图3-11中,只有直径为D的各圆形部分是可以利用的,其余部分为"外部余料"。在冲片制造中,用利用率表示硅钢片利用的程度,它是冲下来可以利用的圆面积(包括轴孔和槽等冲下来的"内部余料")与原料面积之比,即

$$K = \frac{n\frac{\pi}{4}D^2}{ab} \times 100\% \tag{3-7}$$

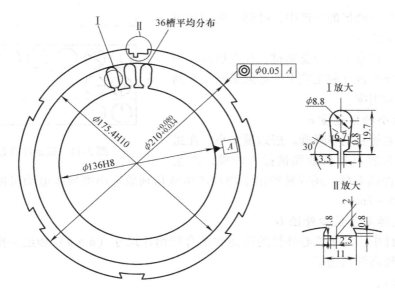

a) 小型异步电动机定子冲片

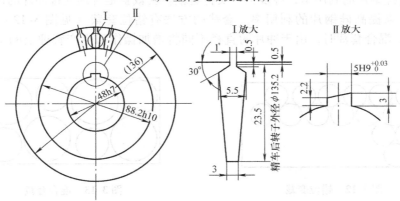

b) 小型异步电动机转子冲片

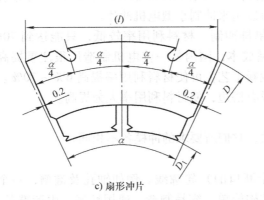

c) 扇形冲片

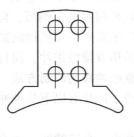

d) 直流电动机磁极冲片

图 3-10　铁心冲片的类型

在小型异步电动机的生产中，硅钢片的利用率通常只能达到70%～77%。

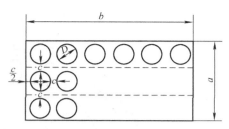

图3-11 硅钢片的剪裁

硅钢片是一种重要的合金钢材，在电机制造中用量很大，因此在设计和工艺上，必须采取一系列措施，提高其利用率。

1. 规定最小的搭边量c

搭边量太大使利用率降低。搭边量太小，在送料过程中硅钢片容易被拉断和被拉入凹模，产生飞边，并降低冲模寿命。还容易使定子冲片产生缺角现象。小型异步电动机冲片采用的搭边量 c 一般为5～7mm。

2. 合理选择定子铁心外径D

在电机设计中，定子铁心外径的选择要结合硅钢片尺寸（$a \times b$）和最小搭边量c来考虑，以保证有较高的利用率。

3. 实行套裁

为了提高硅钢片的利用率，许多工厂实行套裁。套裁就是合理安排冲片的位置，通过减少外部余料，来提高硅钢片的利用率。套裁的方法有错位套裁（见图3-12）和混合套裁（见图3-13）。混合套裁时，由于冲片的直径不同将增加操作和生产管理上的困难，所以用得较少。

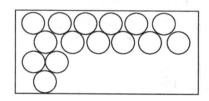

图3-12 错位套裁

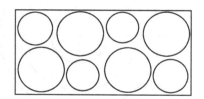

图3-13 混合套裁

4. 充分利用余料

充分利用"内部余料"和"外部余料"。大电机冲片轴孔冲下来的"内部余料"可以用来冲制小电机的冲片，边角余料也可以用来冲制小型电机冲片。

在铁心制造中由于窄卷料或条料单排冲制，材料利用率较低，只能达到70%～77%。为了更有效地利用电工钢板，降低产品成本，国内外一些电机制造厂很注重提高材料利用率。有的厂家采用计算机控制错位套裁新工艺，可使材料利用率提高6%～10%。日本三菱新城工厂采用双排级进冲，而且冲片没有搭边，使材料利用率大为提高。

三、铁心冲片的冲制方法

定、转子冲片有以下几种冲制方法，它们所要求的冲模各不相同。

1. 单冲

每次冲出一个连续的（最多有一个断口的）轮廓线。例如轴孔及键槽，一个定子槽或一个转子槽。单冲的优点是单式冲模结构简单、容易制造、通用性好，生产准备工作简单，要求冲床的吨位小。它的缺点是冲制过程中是多次进行的，不可避免地带来定子冲片内外圆同轴度的误差，以及定子槽和转子槽的分度误差，因此冲片质量较差，劳动生产率不高。单冲主要用于单件生产或小批量生产中，能减少工装准备的时间和费用。此外在缺少大吨位冲床时，也常常采用单冲。

2. 复冲

每次冲出几个连续的轮廓线。例如能一次将轴孔、轴孔上的键槽和平衡槽以及全部转子槽冲出，或一次将定子冲片的内圆和外圆冲出。复冲的优点是劳动生产率高，冲片质量好。缺点是复式冲模制造工艺比较复杂，工时多，成本高，并要求吨位大的冲床。复冲主要用于大批量生产中。

3. 级进冲

将几个单式冲模或复式冲模组合起来，按照同一距离排列成直线，上模安装在同一个上模座上，下模安装在同一个下模座上，就构成一付级进式冲模。图 3-14 为用级进式冲模冲制定转子冲片的工步示意图。冲模内有四个冲区，第一个冲区冲轴孔、轴孔上的键槽和平衡槽以及全部转子槽和两个定位孔，第二个冲区冲鸠尾槽、记号槽和全部定子槽，第三个冲区落转子冲片外圆，第四个冲区内落定子冲片外圆。这样，条料进去后，转子冲片和定子冲片便分别从第三个冲区和第四个冲区的落料孔中落下，自动顺序顺向叠放。

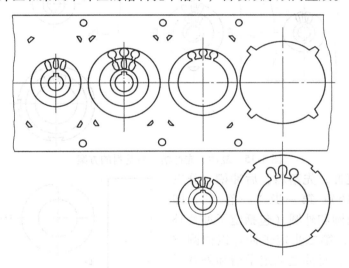

图 3-14 用级进式冲模冲制定转子冲片的工步示意图

级进冲的优点是劳动生产率较高，缺点是级进式冲模制造比较困难。级进冲主要用于小型及微型电机的大量生产，因为容量大的电机冲片尺寸大，将几个冲模排列起来，冲床必须有较大的吨位和较大的工作台。级进冲只有使用卷料时，才能发挥其优点。

以上几种冲制方法各有其优缺点和应用范围，应根据工厂生产批量的大小、模具制造能力及冲床设备条件等，在努力提高劳动生产率和冲片质量的前提下，将它们适当地组合起来，发挥各自的优点，避免缺点，满足发展生产的需要。

四、冲片制造工艺方案的分析

异步电动机定、转子冲片，冲制工艺复杂多样，下面列举五个常用的冲制工艺方案，并比较其优缺点。

第一方案：复冲，先冲槽，后落料。分三个工步（见图 3-15）：第一步复冲轴孔（包括轴孔上的键槽和平衡槽，键槽兼起记号槽作用）和全部转子槽；第二步以轴孔定位，复冲全部定子槽和定子冲片外圆上的鸠尾槽和记号槽；第三步以轴孔定位，复冲定子冲片的内圆和外圆。这一方案的优点是：①劳动生产率比较高；②定、转子槽连同各自的记号槽同时冲出，冲片质量较好；③定子冲片内外圆同时冲出，容易由模具保证同轴度；④可将三台冲床用传送带连接起来组成自动线。其缺点是：①硅钢片要预先裁成条料，利用率较低；②复冲定子槽和定子冲片内外圆都以轴孔定位，槽底圆周和冲片内外圆的同轴度有两次定位误差，即它们之间的相对位置会因导正钉的磨损而有所改变。这种改变的最大值可能是两次定位误差之和，因此叠压时以内圆胀胎为基准，会使槽孔不整齐。为了克服上述缺点，有的工厂改为第一步复冲轴孔，全部定子槽和定子冲片外圆上的鸠尾槽和记号槽；第二步以轴孔定位，复冲全部转子槽和轴孔上的键槽和平衡槽；第三步以轴孔定位，复冲定子冲片的内圆和外圆。定子冲片内、外圆和槽底圆周间的同轴度，因为只有第三步复冲定子冲片内、外圆以轴孔定位时的一次定位误差，故定子冲片质量有所提高。

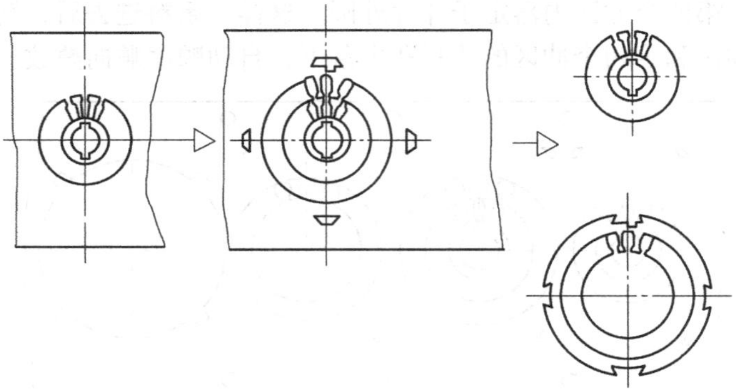

图3-15 复冲、先冲槽、后落料的方案

第二方案：复冲，先落料，后冲槽。分三个工步（见图3-16）：第一步“一落二”，即复冲定子冲片的内圆和外圆（包括定子冲片外圆上的定向标记）；第二步定子冲片以内圆定位，定向标记定向，复冲全部定子槽和外圆上的鸠尾槽及记号槽；第三步转子冲片以外圆定位，复冲全部转子槽、轴孔及轴孔的键槽和平衡槽。这一方案的优点是：①劳动生产率高；②可以采用套裁，硅钢片的利用率较高；③定、转子槽连同各自的记号槽同时冲出，冲片质量较好；④定子冲片内外圆同时冲出，容易由模具保证同轴度；⑤容易实现单机自动化，即机械手进料，机械手取料；⑥复冲定转子槽可以同时在两台冲床上进行，和第一方案比较，缩短了加工周期。其缺点是复冲定子槽时如果内圆定位盘磨损，会使槽底圆周与内圆不同轴，叠压时，以内圆胀胎为基准，会使槽孔不整齐。

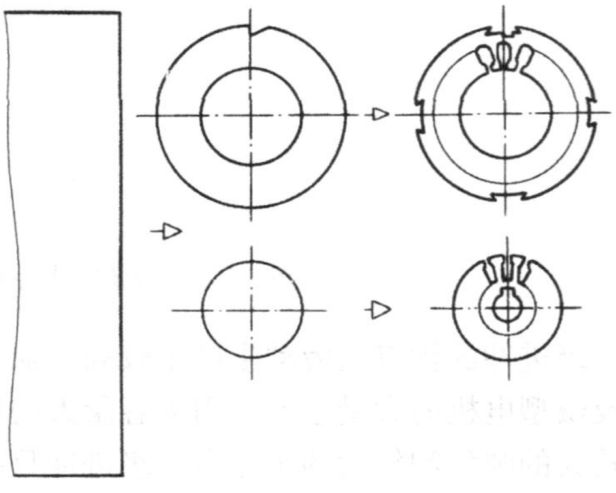

图3-16 复冲、先落料（一落二）、后冲槽的方案

第三方案：复冲，先落料，后冲槽。分三个工步（见图3-17）：第一步“一落三”，即复冲定子冲片的内圆和外圆（包括定子冲片内圆上的定向标记）以及转子冲片上的工艺孔；

第二步定子冲片以内圆定位，定向标记定向，复冲全部定子槽和外圆上的鸠尾槽和记号槽；第三步转子冲片以工艺孔定位，复冲全部转子槽、轴孔和轴孔上的键槽。这一方案具有和第二方案相同的优缺点。因为复冲转子冲片时以转子冲片上的工艺孔定位，下模上的外圆粗定位板精度要求不高，结构简单，容易制造；外圆粗定位板可做成半圆，送料容易，比较安全。但落料模和转子复式冲模因转子冲片上多一工艺孔而较为复杂。

第四方案：单冲，定子冲片以外圆定位，转子冲片以轴孔定位。分四个工步（见图3-18）：第一步"一落三"即复冲轴孔（包括轴孔上的键槽和平衡槽）及定子冲片的内圆和外圆（包括定子冲片外圆上的定向标记）；第二步定子冲片以内圆定位，定向标记定向，复冲鸠尾槽和记号槽；第三步定子冲片以外圆和记号槽定位，单冲转子槽；第四步转子冲片以轴孔和记号槽定位，单冲转子槽。这个方案的优点是：①模具比较简单，虽然第一工步和第二工步使用了复式冲模，但这种复式冲模比较容易制造；②定子冲片内圆和外圆一次冲出，容易由模具保证同轴度；③冲定子槽以外圆定位，槽的位置比较准确；④定转子冲槽可以同时在两台冲槽机上进行，和第五方案比较，缩短了加工周期。其缺点是落料模同轴度要求高，因为定子铁心外压装时以内圆定位，第三步单冲定子槽以外圆定位，由于定位基准的改变，倘若落料模同轴度不高，就不能保证定子铁心的质量。

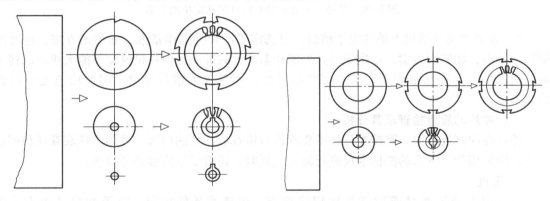

图3-17　复冲、先落料（一落三）、后冲槽的方案　　图3-18　单冲、定子冲片以外圆定位的方案

第五方案：单冲，定转子冲片均以轴孔定位。分五个工步（见图3-19）；第一步复冲轴孔（包括轴孔上的键槽和平衡槽）及定子外圆；第二步以轴孔和键槽定位，复冲鸠尾槽和记号槽；第三步以轴孔和键槽定位，单冲定子槽；第四步以轴孔和键槽定位，单冲定子内圆；第五步以轴孔和键槽定位，单冲转子槽。这个方案的优点是：①各种冲模都很简单，容易制造；②冲模的通用性好；③不要求大吨位冲床。其缺点是：①工步多，劳动生产率低；②以轴孔定位冲定子槽，槽的位置不容易保持准确；③定子冲片内圆和外圆分两次冲出，不容易保持同轴度。这种方法一般用于小批量生产、单件生产或样机试制。

归纳以上方案，可以看出冲片制造工艺方案应注意的基本问题是：

1）用定子冲片内外圆一次冲出的模具来保证定子铁心内外圆同轴度。在第五方案中，以轴孔定位分两次冲出定子冲片内外圆，由于定位基准不可避免的间隙和磨损，造成同轴度误差过大，这样在铁心压入机座后，必须用精车定子止口或磨定子铁心内圆来保证同轴度。

2）用复式冲模冲制时，为了保证铁心压装使相同位置的槽对齐，必须同时冲出定子或转子槽和各自的记号槽。用半自动冲槽机单冲时，定子或转子槽和各自的记号槽必须以同一基准定位。在第五方案中，定子槽和定子冲片记号槽均以轴孔定中心，冲出键槽定角位，这样，记号槽就能表示冲槽时各槽的顺序。铁心压装时，只要使记号槽对齐，就能使冲片按同一方向叠压，并保证相同位置的槽对齐。

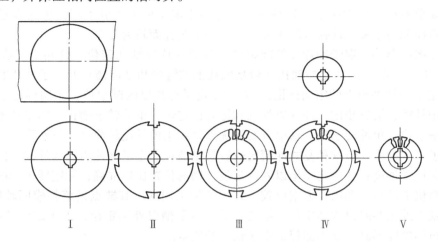

Ⅰ   Ⅱ   Ⅲ   Ⅳ   Ⅴ

图3-19 单冲、定转子冲片均以轴孔定位的方案

3）在半自动冲槽机上单冲定子槽时，可选定子冲片外圆作基准，如第四方案；也可选轴孔作基准，如第五方案。以定子冲片外圆作基准比较准确，但冲槽速度不能太快；以转子轴孔作基准，由于基准面小，基准面离冲区远，不易保证槽位准确，但冲槽速度可提高约50%。

五、冲片的质量检查及其分析

冲片在冲制过程中，要按冲片技术要求进行检查。冲片的内圆、外圆、槽底直径和槽形尺寸，均采用带千分表的游标卡尺进行测量。同时，还有以下内容需要检查：

1. 飞边

一般用千分尺测量或用样品比较法检查。按技术条件规定，定子冲片飞边不大于0.05mm，复式冲时，个别槽形部分允许最大为0.08mm；转子冲片飞边不大于0.08mm。飞边大主要是因为冲模间隙大和模刃变钝。间隙大有两种原因：一种是冲模制造不符合质量要求，即间隙没有达到合理尺寸；另一种是冲模在冲床安装时不恰当，使冲模模刃周围间隙不均匀，这样间隙大的一边就产生飞边。

2. 同轴度

定子冲片内外圆的同轴度及定子冲片外圆与槽底圆周的同轴度可按图3-20所示的方法检查。将冲片在压板下压平，用带千分表的游标卡尺测量互成90°的四个位置的内外圆间的尺寸差。

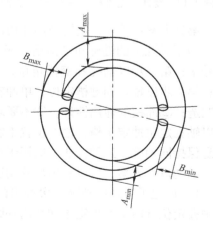

图3-20 定子冲片同轴度的检查

造成不同轴的主要原因是冲模定位零件与工件之间有间隙，即工件中心与定位零件中心不重合。例如在前面所说的第五工艺方案中，第四工步以轴孔定位冲定子内圆，如果轴孔与

定位柱之间有间隙，则冲片中心在"内落"时就可能不与定位柱的中心重合，这样就使定子冲片内外圆不同轴。产生这种现象，主要是因冲片套进套出使定位柱磨损。所以在冲片冲制时应经常注意各种定位装置的磨损情况。

3. 大小齿

在定转子冲片相对中心四个部位，用卡尺测量每个齿宽，每个部位连续测量四个齿。按技术条件规定，齿宽差允许值为 0.12mm，个别齿允许差为 0.20mm（不超过四个齿）。

在复冲时产生大小齿主要是冲模制造的质量问题，因此，此项检查只对新制造模具或修复后的模具。在单冲时产生大小齿的原因比较复杂。主要有：①由于分度盘每个齿的位置、尺寸、磨损不等而使冲片上槽的分布发生误差；②由于传动件之间有间隙存在，润滑和磨损情况不断改变，传动角度也发生改变，故使冲片上槽的分布产生误差；③定位心轴上的键由于磨损而减小，于是在心轴键和工件定位键槽之间有间隙，冲片可能角位移而使槽的分布产生误差。

4. 槽形

槽形检查有两个内容，一是检查槽形是否歪斜，检查方法采用两片冲片反向相叠，即可量出歪斜程度；另一是检查槽形是否整齐，一般是将冲片叠在假轴上，用槽样棒塞在槽内，如通不过，则槽形不整齐。槽歪斜主要是单冲槽时由于冲槽模安装得不正。槽形不整齐主要是槽与轴孔中心距离有误差。在单冲槽时，产生这个误差的原因是：①定位心轴的位置装得比下模高得多，冲槽时将冲片弯曲，致使槽与轴孔中心距离增大；②冲槽模与定位心轴间的距离不准确；③冲片本身呈波浪形，故铁心压装时冲片压平，致使槽与轴孔中心的距离发生变化。

六、冲模的类型与结构

冲模的类型与结构直接影响铁心冲片的生产率和质量。按照冲模上刃口分布情况的不同，可将冲模分成单冲模、复冲模和级进冲模三种。现将这些冲模的结构、优缺点和应用范围分述如下。

1. 单冲模

只有一个独立的闭合刃口，在冲床的一次冲程内，冲出一个孔或落下一个工件，这种冲模称为单冲模。例如单孔冲槽模、轴孔冲模等都是单冲模，图 3-21 示出一种单孔冲槽模的结构。单冲模的优点是结构简单，生产周期短，成本低；其缺点是生产率低，工件精度较差，只适合于新产品试制或小批量生产。

2. 复冲模

具有两个以上的闭合刃口，在一次冲程内可完成工件的全部或大部分几何尺寸，这种冲模称为复冲模。例如三圈落料

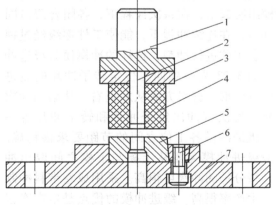

图 3-21　单冲模

1—模柄　2—冲头　3—冲头固定板　4—脱料橡皮　5—下模　6—斜铁　7—下模座

模、定子槽复冲模等都是复冲模。复冲模的优点是工件精度和生产率都较高。其缺点是结构复杂，制造技术要求较高。适用于冲制小型电机的冲片。图 3-22 示出一种转子冲片复冲模，在一次冲程内可冲出全部转子槽、轴孔和键槽。

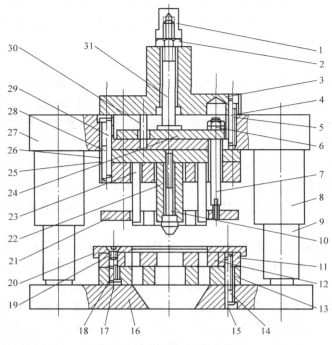

图 3-22 转子冲片复冲模

1—保护螺母 2—六角螺母 3—模柄 4、15、18、29—圆柱销 5、14、17、28—内六角螺钉 6—六角扁螺母
7—脱料螺钉 8—导套 9—导柱 10—导正钉 11—热套圈 12—凹模 13—凹模垫板 16—下模座
19—沉头螺钉 20—粗定位板 21—脱料板 22—轴孔凸模 23—槽凸模 24—上打料板 25—凸模固定板
26—凸模垫板 27—上模座 30—顶柱 31—打棒

3. 级进冲模

按照一定的距离把两副以上的复冲模或单冲模组装起来，在每次冲程下，各闭合刃口同时冲裁，在连续冲程下，能使工件逐级经过模具的各工位进行冲裁，这样的冲模便为级进冲模。图 3-23 为一副四工位定转子冲片的级进冲模的外形。进料方向从左至右。从第四冲次开始，每次可冲出定子冲片和转子冲片各一张。级进冲模各工位之间的节距要求很精确。一般级进冲模无需从上模与下模之间取出冲片，每分钟的冲次可很高。采用成卷带料冲制时，生产率很高。级进冲模的优点是生产率很高，工件尺寸精确。其缺点是冲模体积大，模具制造费用高及需要压力大的冲床。因此，级进冲模只适用于大量生产的小型电机冲片的冲制。

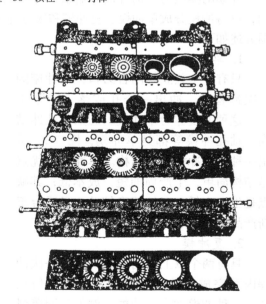

图 3-23 四工位定转子冲片级进冲模

一般情况，冲模由冲裁、定位、导向、卸料和支承紧固等五部分组成。冲裁部分用以冲出工件的形状和尺寸，如凸模和凹模，这是冲模的核心部分，在冲裁过程中要承受很大的冲

击力，除要求具有较高的淬火硬度（58～60HRC）外，还应有足够的韧性。凸模和凹模是冲模制造中最困难和成本最高的部分。冲模的使用寿命主要取决于凸模和凹模，凸模和凹模必须由模具钢经机械加工和热处理制成。定位部分，如料销、定位钉、导头等，用以确定板料或坯件冲裁时的位置。导向部分，例如导柱和导套，用以保证模具间隙的均匀度，常用于中大型模具。导柱和导套采用优质碳素工具钢 T8A 或 T10A 制造，并且进行淬火处理，硬度为 56～60HRC，配合面粗糙度达到 R_a 值在 0.4μm 以下，两者之间的间隙小于凸模与凹模之间的间隙。配合面上做出润滑油孔和油槽，以便储存润滑油，避免配合面受到磨损。对贵重的冲模可采用滚珠式导柱，它能使冲模的使用寿命提高 4～6 倍。卸料部分如脱料板、打料板、脱料橡胶等用以退出工件和余料。支承紧固部分，例如上模座、下模座、垫板、模柄等，用以固定凸模、凹模以及其他零部件，使模具成为一体，又便于模具与冲床的连接。模座一般由灰口铸铁（HT20—40）制成。

凸模与凹模之间的间隙对工件质量和模具寿命有很大的影响。间隙合理，工件断面光洁、飞边小。如果间隙过大，工件断面飞边也大。如果间隙过小，凸模与凹模刃口间侧向挤压力增大，刃口易受磨损。如果间隙分布不均匀，工件断面飞边大小不等，刃口应力分布不均匀，易崩刃或者变钝。在计算时，冲模间隙是指双边值，即等于凸模与凹模刃口尺寸之差。合理间隙与工件材料的硬度和厚度有关。对于硅钢片一般取其厚度的 6%～12%。

七、冲片的结构工艺性

在进行冲片的结构设计时，应考虑下述工艺性问题：

1. 材料的利用率

在选择定子冲片外径时，除了满足电机电磁性能要求外，还应考虑材料的利用率。应该选用合理的冲片直径，来提高硅钢片的利用率。

2. 冲模的通用性

在考虑各种不同电机定转子冲片的内径和外径时，尽可能采用工厂标准直径，这样可以提高冲模的通用性，减少冲模制造的数量。

3. 槽形的选择

应该考虑下列因素：

1）便于制造冲模。冲模在制造时，由于要淬火，凹模尖角处由于应力集中而容易产生裂纹，所以在设计时，应尽可能采用圆角。例如图 3-24 和图 3-25 中，圆口圆底梨形槽比平口平底槽好。但是，如果凹模采用拼模结构，则因为拼块是在热处理后采用机械成形磨削，为便于加工，以采用平口圆底梨形槽或平口平底槽为好。采用机械成型磨削，除了避免大量的手工劳动和节省大量工时以外，还可提高冲模的质量和寿命。

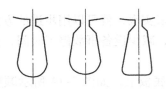

图 3-24　定子冲片槽形

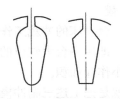

图 3-25　转子冲片槽形

2）从嵌线和铸铝角度考虑，圆底槽比平底槽好。定子冲片采用圆底槽，能改善导线的填充情况。因此在槽满率相同的情况下，嵌线比平底槽容易，而且，采用圆底槽槽绝缘不容易损坏。转子冲片采用圆底槽，铸铝时铝液的填充情况比平底槽好，因此，转子铸铝质量比平底槽好。

3）冲模模刃强度与槽口高度有关，槽口高度太小，模刃容易冲崩。一般槽口高度应不小于0.8mm。

4. 记号槽的位置

为了保证铁心压装质量，在叠片时避免冲片叠反。因此，冲片上记号槽的中心线位置不能与两相邻扣片槽的中心线重合。对于无扣片槽的冲片，则记号槽中心线不能与槽或齿的中心线重合。

5. 尺寸精度

冲片尺寸精度主要决定于冲模制造精度。目前，冲模制造精度一般控制在公差等级为H6～H7，故冲片的尺寸精度一般不低于公差等级H8，而槽的尺寸精度一般在H9～H10范围内。

八、冲片制造自动化

电机冲片的制造由于工时比重大（铁心制造的工时约占总工时的20%），手工操作多，所以提高冲片制造的自动化程度对提高劳动生产率、降低成本，提高质量，改善劳动条件，确保安全生产有着重大的意义。按自动化程度的高低，冲床自动化有三种基本形式，即单机自动化、冲片加工自动流水线和高效率级进冲床。

1. 单机自动化

单机自动化的基本形式是自动进料机和自动取出工件的机构。图3-26为冲床单机自动化示意图。

单机自动化适用于各种场合，其自动化程度各不相同，可提高生产效率。

2. 冲片加工自动流水线

由三台冲床组成的自动流水线，在我国已普遍采用。先将整张的硅钢片在剪床（或滚剪机）上裁成一定宽度的条料，由送料机构自动送入第一台冲床，复冲轴孔（包括轴孔上的键槽和平衡槽）和全部转子槽；然后由传料装置送入第二台冲床，以轴孔定位复冲鸠尾槽、记号槽和全部定子槽；最后，由送料机构送入大角度后倾安装的第三台冲床，以轴孔定位，复冲定子冲片的内圆和外圆。此时，转子冲片由台面孔落在集料器上，定子冲片落入冲床后面的传送带或集料器上。

这种方法适用于大批生产的定型产品，生产效率高，冲片质量好，节省工时。但是，要求机床及传动机构要可靠，如果某一台冲床或一个传动机构发生故障，整个自动线将停止工作。

3. 级进式冲模

如果把上述三台冲床的冲裁工作集中在一台冲床上来实现，就可以用步进的方法来代替一整套传送装置。即用一台大吨位的冲床代替三台冲床，减少设备事故停工时间，进一步提高生产效率，减小作业面积。

级进式冲模就是把上述三副冲模集中在一个大的模底板上，如图3-14所示顺序安排冲制工序，使条料每冲完一次按一定的步进节距送进，采用卷料自动送料，功效很高，这种新工艺是目前发展的方向。

对于大批量生产的小型电机，多采用多工位级进冲，冲床采用高速自动冲床。日本会田公司生产的200t和300t高速自动冲床，每分钟冲次可达800次。模具使用硬质合金级进冲模，寿命不低于7000万次，最多可达1亿次，一次刃磨寿命可达50～100万次。

对于小批量生产和特殊规格产品，中型电机冲片普遍采用高速冲槽机，德国舒勒公司生产的 N_4 型冲槽机的最高行程次数已达到每分钟1400次。

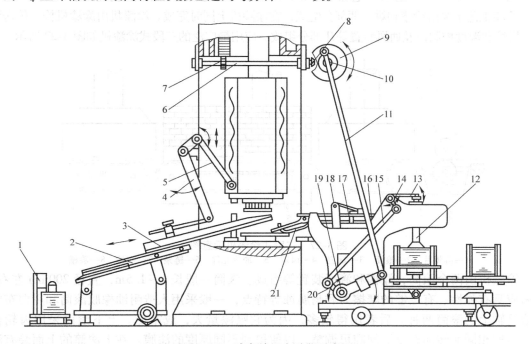

图3-26　冲床单机自动化示意图

1—理片机　2—滑板　3—接料器　4、5、11、15、17—连杆　6—传动轴　7—传动齿轮　8、9—伞齿轮
10—偏心轮　12—提料杆　13—横轴提料臂　14—短臂　16—送片架　18—摇臂　19—主动轴　20—转臂　21—推片爪

电动机尺寸较大而批量又较大时，采用两台高速自动冲床串联，用两副级进模同步进行冲制。这种串联自动冲床生产线，可使冲床吨位降低，便于冲模的制造及运输安装。瑞典ASEA公司采用这种方案生产 H250～355mm 的电机冲片。第一台冲床为250t，冲出转子孔及转子槽；第二台冲床为400t，冲出气隙环及落转子片，冲出定子槽并落出定子冲片。这样便可将级进式冲裁工艺方案扩大到较大的电机。

第四节　冲片绝缘处理

一、概述

绝缘处理的目的是为了减少铁心的涡流损耗，以提高电机的效率，降低电机的温升，增强电机的抗腐蚀、耐油和防锈性能。异步电动机冲片绝缘处理只限于定子冲片，因为在正常运行时，转子电流频率很低（约1～3Hz），铁耗很小，所以转子冲片不需进行绝缘处理。

冲片表面进行绝缘处理，主要技术要求是绝缘层应具有良好的介电性能、耐油性、防潮性、附着力强和足够的机械强度和硬度，而且绝缘层要薄，以提高铁心的叠压系数，增加铁心有效长度。

目前，冲片绝缘处理有两种方式：涂漆处理和氧化处理。

二、冲片的涂漆处理

对硅钢片绝缘漆的要求是快干、附着力强、漆膜绝缘性能好。常用的硅钢片绝缘漆的型号为1611，溶剂为二甲苯。1611油性硅钢片漆在高温450～550℃下烘干，在硅钢片表面形成牢固、坚硬、耐油、耐水、绝缘电阻高、加热后绝缘电阻稳定和略有弹性的漆膜。

涂漆工艺主要由涂漆和烘干两部分组成，在涂漆机上同时完成。涂漆机由涂漆机构、传送装置、烘炉和温度控制以及通风装置等几部分组成。应用最广泛的三段式涂漆机如图3-27所示。

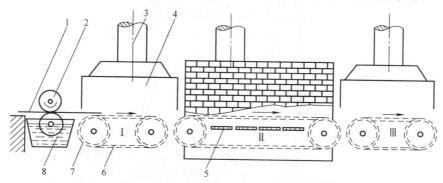

图3-27　三段式涂漆机示意图
1—硅钢片　2—滚筒　3—烟窗　4—风罩　5—加热元件　6—链条　7—链轮　8—漆槽

涂漆机由两个滚筒，漆槽和滴漆装置等组成。滚筒一般长1～1.5m，直径200mm左右。滚筒应具有弹性、有足够的摩擦力和耐腐蚀等特点，一般采用人造耐油橡胶滚筒和用白布卷在滚筒轴上的滚筒两种。后者用得较多，因为它吸漆量大，成本低。上下滚筒采用齿轮传动，转速相同而转向相反。间隙可调整，以便得到不同厚度的漆膜。在上滚筒的上面装有滴漆装置，漆流入滴漆管，管上开有许多小孔，使漆流到上滚筒上。在下滚筒下面放一漆槽，以储存滴下来的余漆和使下滚筒能沾上漆，进行冲片两面涂漆。

对涂漆机的传送装置要求轻便，能承受500℃以上的高温和有足够大的面积。一般分为三段，第一段长约2～3m，不进入炉中，使漆槽和炉隔开，以免引起火灾，同时避免刚涂好漆的冲片落到很热的传送带上，使接触处的漆膜灼焦，留下痕迹。它的上面装有抽风斗，将挥发的一部分溶剂抽掉，以免过多的进入炉内引起火灾。第二段完全在炉内，长8m左右。第三段长约5m，上面也装有抽风装置，抽去挥发的溶剂和冷却已烘干的硅钢片。传送带的传送速度，应与涂漆筒的周速相同，使冲片和传送带不产生位移，以保证漆膜光滑而无痕迹。

炉内温度的分布分为三个区域。炉前区温度400～500℃，不宜过高，以免溶剂挥发过快，在漆膜上形成许多小孔，不光滑；炉中区温度450～500℃，是漆膜氧化的主要阶段；炉后区温度约300～350℃，是漆膜的固化阶段。在炉内装有热电偶，以便控制温度。在上述炉温分布下，冲片在炉内的时间需要1.5min左右。烘炉的热源可采用电热、煤气和柴油，在我国用电热法的较多，其优点是温度容易控制，缺点是耗电量大、成本高。

三、冲片的氧化处理

冲片氧化处理是人工地使冲片表面形成一层很薄而又均匀牢固的由四氧化三铁（Fe_3O_4）和三氧化二铁（Fe_2O_3）组成的氧化膜，代替表面涂漆处理，使冲片之间绝缘，以减少涡流损耗。

冲片氧化处理的主要设备是用炉车做底的电阻炉，将冲片叠成一定高度（约250mm左右），放在炉车上，然后盖上封闭用的防护罩，使炉车内形成一个氧化腔。炉车推进炉内关闭炉门后，开始供电加热，炉温升至350~400℃时，通入水蒸气作为氧化剂。然后，控制炉温为500~550℃，恒温3h，停止供给水蒸气，并让大量的新鲜空气进入氧化腔约20~30min。然后，断电停止加热，待氧化腔温度降至400℃后打开防护罩，卸车，即完成了氧化处理。

冲片氧化处理的优点是：①节省价格较贵的绝缘漆；②改善工人的劳动条件；③氧化膜表面均匀，而且很薄（双面平均厚度约0.02~0.03mm），提高了铁心的叠压系数；④氧化膜的导热性比漆膜好，有利于铁心轴向传热，使电机轴向温度分布较均匀，从而降低电机最热点的温度和电机的温升；⑤氧化膜耐高温，不会产生碳化等绝缘老化问题；⑥氧化处理时的高温可烧去一部分飞边，并兼有退火作用，能改善硅钢片的电磁性能。但是，氧化膜的附着力和绝缘电阻值不及漆膜，而且质量不容易控制，尤其是大型的铁心冲片更是如此。因此，目前只适用于小型电机铁心冲片的绝缘处理。

四、冲片绝缘处理质量检查

为了检查冲片表面绝缘处理的质量，其检查项目有：

1. 外观检查

经氧化膜处理后的冲片表面应附有一层红棕色的氧化膜；表面涂1611漆，涂一次漆的冲片，表面呈淡褐色并有光泽，涂两次漆的表面呈褐色并有光泽。涂膜应该是干燥、不粘手、坚固、光滑而均匀，不能有明显的气孔、漆渣和皱纹，颜色应为褐色。表面颜色如果深浅不一，是滚筒表面不光滑使漆膜厚度不均匀和炉中火焰不均匀（用煤气和柴油加热时）造成的。如颜色发蓝、发黑、发焦，都说明炉温太高，应该降低炉温或加快传送速度（如果传送速度是可以调节的）。如果颜色发青、太淡、呈黄绿色，则说明炉温过低，应提高炉温或降低传送速度。

2. 测量漆膜厚度

取10cm×10cm的样片20张，未涂漆前用$5.88×10^5$Pa的压力压住，测量其厚度为H_1，涂漆后在同样压力下量出厚度为H_2，则漆膜平均厚度为：

$$H_0 = \frac{H_2 - H_1}{20} \tag{3-8}$$

漆膜厚度也可以用千分尺检查。在未涂漆时，先在冲片的表面上选取四点并作好记号，用千分尺测量这四点的厚度，涂漆后再测量该四点的厚度，这四点厚度差的平均值，即为漆膜的厚度。漆膜双面厚度应为0.024~0.030mm。

3. 测量绝缘电阻

将10cm×10cm的硅钢样片20张涂漆，经外观检查和漆膜厚度测定合格叠齐后，以铜板作为上下电极，在小压力机上用$5.88×10^5$Pa的压力压紧，如图3-28所示。调节电阻R至电流为0.1A，然后按下式计算绝缘电阻的数值：

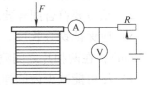

图3-28　测量绝缘电阻

$$R_i = \frac{U}{I} \frac{试片面积}{片数} \tag{3-9}$$

中小型异步电动机定子冲片的绝缘电阻为$40\Omega \cdot cm^2/$片；转子冲片的绝缘电阻

为$20\Omega \cdot cm^2/$片。

对于中小型异步电动机定子冲片的漆膜，耐压应不低于40V（二次涂漆）；五昼夜吸湿性试验（置于温度（25±5）℃、湿度100%的环境中）后，绝缘电阻的降低应不大于10%；48h吸水性试验（浸入（25±5）℃的蒸馏水中）后，绝缘电阻的降低应不大于20%；耐热性试验规定在130℃的温度下，漆膜性能（主要是绝缘电阻）不得有改变。这些试验平时做得较少，只有对大电机和在特殊环境中使用的电机冲片才进行。

第五节　铁心压装

一、铁心的类型及技术要求

1. 铁心的类型

按照冲片形状的不同，可将铁心分为整形冲片铁心（图3-29a）、扇形冲片铁心（图3-29b）和磁极铁心（图3-29c）三类。整形冲片铁心又可分为圆形冲片铁心和多边形冲片铁心两种。在中小型电机中大多数都采用圆形冲片铁心，在个别情况下，采用多边形冲片铁心。扇形冲片铁心主要用于大型电机。磁极铁心则用于直流电机和凸极式同步电机。

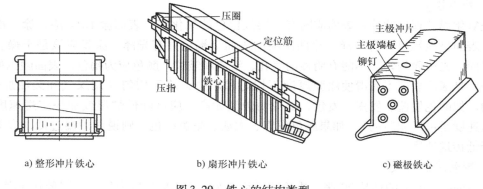

a) 整形冲片铁心　　　　b) 扇形冲片铁心　　　　c) 磁极铁心

图3-29　铁心的结构类型

2. 铁心技术要求

电机铁心是由很多冲制好的冲片叠压而成的。它的形状复杂，叠好后的铁心要求其尺寸准确、形状规则，叠压后不再进行锉槽、磨内圆等补充加工。要求叠好后的铁心紧密成一整体，经运行不会松动。铁心还要具有良好的电磁性能，片间绝缘好，铁损耗小等。对于中小型异步电动机定子铁心压装应符合下列技术要求：

1）冲片间保持一定的压力，一般为$(6.69 \sim 9.8) \times 10^5$Pa。

2）重量要符合图样要求。

3）应保证铁心长度，在外圆靠近扣片处测量，允许为$l_1 \pm 1$mm（光外圆方案允许为$l_1{}^{+3}_{-1}$mm），在两扣片之间测量，允许比扣片处长1mm。

4）尽可能减少齿部弹开，在小型异步电动机中，齿部弹开允许值如下：

定子铁心长度/mm	≤100	≤200	>200
弹开度/mm	3	4	5

5）槽形应光洁整齐，槽形尺寸允许比单张冲片槽形尺寸小 0.2mm。

6）铁心内外圆要求光洁、整齐；定子冲片外圆的标记孔必须对齐。

7）扣片不得高于铁心外圆。

8）在生产及搬运过程中应紧固可靠，并能承受可能发生的撞击。

9）在电机运行条件下也应紧固可靠。

归纳以上要求，在工艺上应保证定子铁心压装具有一定的紧密度、准确度（即尺寸精度、表面粗糙度）和牢固性。

二、保证铁心紧密度的工艺措施

铁心压装有三个工艺参数：压力、铁心长度和铁心重量。为了使铁心压装后的长度、重量和片间紧密度均达到要求，在压装时要正确处理三者的关系。在保证图样要求的铁心长度下，压力越大，压装的冲片数就越多；铁心压得越紧，重量就越大。这样，在铁心总长度中硅钢片所占的长度（铁长）就会增加，因而电机工作时铁心中磁通密度低、励磁电流小、铁心损耗小，电机的功率因数和效率高，温升低。但压力过大会破坏冲片的绝缘，使铁心损耗反而增加。所以，压力过大也是不适宜的。压力过小铁心压不紧，不仅使励磁电流和铁心损耗增加，甚至在运行中会发生冲片松动。

单纯为了防止冲片在运行中可能松动，对于涂漆的冲片，采用 $(0.8 \sim 1.0) \times 10^6$ Pa 的片间压力即可。但是考虑到压装时冲片与胀胎等夹具之间的摩擦力和液压机压力解除后冲片回弹引起的实际压力降低等原因，实际中用的压力比上述数字大得多。对小型异步电动机，一般要求压力为 $(2.45 \sim 2.94) \times 10^6$ Pa。这样，当冲片面积已知时，就可以估计出压装时液压机的压力，即

$$F = pA \tag{3-10}$$

式中，F 是液压机的压力（N）；p 是压装时的压力（MPa）；A 是冲片的净面积（m^2）。

为了使铁心压装后的长度、重量和片间压力均达到一定的要求，通常有两种压装方法。一种是定量压装，在压装时，先按设计要求称好每台铁心冲片的重量，然后加压，将铁心压到规定尺寸。这种压装方法以控制重量为主，压力大小可以变动。另一种是定压压装，在压装时保持压力不变，调整冲片重量（片数）使铁心压到规定尺寸。这种压装方法是以控制压力为主，而重量大小可以变动。一般工厂是结合两种方法进行的，即以重量为主控制尺寸，而压力允许在一定范围内变动。如压力超过允许范围，可适当增减冲片数。这样既能保证质量，又能保证铁心紧密度。

每台铁心重量按下式计算：

$$G_{ti} = K_{ti} l S \rho_{ti} \tag{3-11}$$

式中，K_{ti} 是叠压系数；l 是铁心长度（m）；S 是冲片的净面积（m^2）；ρ_{ti} 是硅钢片密度（g/cm^3）。

叠压系数 K_{ti} 是在规定压力作用下，净铁心长度 l_{Fe} 和铁心长度 l（在有通风槽时应扣除通风槽长度）的比值，或者等于铁心净重 G_{Fe} 和相当于铁心长度 l 的同体积的电工钢片重量 G 的比值，即

$$K_{ti} = \frac{l_{Fe}}{l} = \frac{G_{Fe}}{G} \tag{3-12}$$

对于 0.5mm 厚不涂漆的电机冲片，$K_{ti} = 0.95$；对于 0.5mm 厚涂漆的电机冲片，$K_{ti} =$

0.92 ~ 0.93。

如果冲片厚度不匀，冲裁质量差，飞边大，压得不紧或片间压力不够，则压装系数降低。其结果是使铁心重量比所设计的轻，铁心净长减小，引起电机磁通密度增大，铁心损耗大，性能达不到设计要求。

一般铁心长度在500mm以下时，可一次加压。当铁心长度超过500mm时，考虑到压装时摩擦力增大，采用两次加压，即铁心叠装一半便加压一次，松压后叠装完另一部分冲片，再加压压紧。

三、保证铁心准确性的工艺措施

1. 槽形尺寸的准确度

主要靠槽样棒来保证。压装时在铁心的槽中插2~4根槽样棒（图3-30）作为定位，以保证尺寸精度和槽壁整齐。

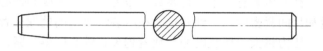

图3-30 定子槽样棒

无论采用单式冲模还是复式冲模冲制的冲片，叠装后不可避免的会有参差不齐现象，这样叠压后的槽形尺寸（透光尺寸）总比冲片的槽形尺寸要小一些。中小型异步电动机技术条件规定，在采用复冲时叠压后槽形尺寸可较冲片槽形尺寸小0.20mm。

槽样棒根据槽形按一定的公差来制造，一般比冲片的槽形尺寸小0.10mm，公差为±0.02mm。铁心压装后，用通槽棒（槽形塞规）进行检查。通槽棒的尺寸比冲片槽形尺寸小0.20mm，公差为±0.025mm。

槽样棒和通槽棒均用T10A钢制造，为了保证精度和耐磨，经淬火后使其硬度达到58~62HRC。槽样棒的长度比铁心长度长60~80mm，距两端大约10mm处，必须有3°~5°的斜度，便于叠片。通槽棒较短，接有手柄，便于使用。

2. 铁心内外圆的准确度

一方面取决于冲片的尺寸精度和同轴度，另一方面取决于铁心压装的工艺和工装。首先要采用合理的压装基准，即压装时的基准必须与冲制的基准一致。对于以外圆定位冲槽的冲片，应以外圆为基准来进行压装（以机座内圆定位进行内压装）。反之，对于以内圆定位冲槽的冲片，就应以内圆定位来进行压装（以胀胎外圆定位来进行外压装）。

小型异步电动机采用外压装工艺时，为了保证铁心内圆与机座止口同轴，可采用前面所述的三种工艺方案。其中"两不光"方案，是在严格控制机座加工和铁心制造的精度后，保证铁心压入机座时满足同轴度的要求，既不需要"光外圆"、也不需要"光止口"。由于生产工艺水平的不断提高，我国采用"两不光"方案的工厂已经越来越多。

定子冲片外圆和定子铁心外圆的尺寸精度，按下述原则确定。当采用光外圆方案时，冲片外圆留有0.50mm加工余量，其公差等级为h8、h9。铁心外圆公差上限为r6配合的上限值，其下限值按h7公差带算出。当采用两不光方案时，铁心外圆压装后不加工，与机座内圆的接触面积较光外圆方案为小，因此，其过盈值应该大一些（一般大0.015mm）。按此原则求得铁心外圆的上限值，下限值则不予规定。当采用光止口方案时，因为机座内圆的公差等级为H8、H9，为了使铁心与机座间的过盈值大致不变，铁心外圆的上限值较前者应适当增加（一般约增加0.03mm）。

3. 铁心长度及两端面的平行度

在压装过程中也必须加以保证。消除铁心两端面不平行、端面与轴线不垂直的主要措施是：

1）压装时压力要在铁心的中心，压床台面要平，压装工具也要平。

2）铁心两端要有强有力的压板。

3）整张的硅钢片一般中间厚、两边薄，所以在下料时，同一张硅钢片所下条料，应该顺次叠放在一起，如不注意则容易产生两端面不平行。

在压装铁心时，切不可以片数为标准来压装。不然，由于片厚的误差将会使铁心长度发生很大的偏差。采用定量压装，当冲剪和压装质量稳定时，铁心长度方向的偏差一般为 2～3 片。

四、保证铁心牢固性的工艺措施

小型异步电动机外压装时，为保证铁心牢固性，在结构上有如下两种型式：

第一种如图 3-31a 所示。在冲片上有鸠尾槽，铁心两端采用碗形压板，扣片放在鸠尾槽里。扣片的截面是弓形的（见图 3-32），放入铁心鸠尾槽后，将它压平，使之将鸠尾槽撑紧，然后将扣片两端扣紧在铁心两端的碗形压板上。对于 H180 及以上机座需在两端将扣片与压板焊牢。第二种如图 3-31b 所示，同样采用弓形扣片和鸠尾槽，所不同的是采用环形的平压板，其优点是这种压板用料少，制造容易，可以实行套裁，生产率高，还可以采用条料制造（扁绕、焊接）。这种结构的牢固性不如第一种好，但生产实际证明对不加工外圆的两不光和光止口方案，是足够牢固可靠的。但对光外圆方案，则强度不足，不如碗形压板牢固。故对光外圆方案应采用碗形压板。

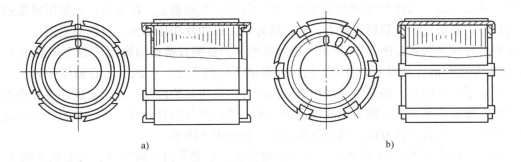

a)　　　　　　　　　　　　　　　　b)

图 3-31　外压装定子铁心的结构

五、内压装与外压装

1. 内压装的工艺与工装

内压装是将定子冲片对准记号槽，一片一片地放在机座中后进行压装。压装的基准面是定子冲片外圆。由于冲片是一片一片直接放入的，冲片外圆与机座内圆配合要松一些，通常采用 E8、E9/h6。压装后的铁心内圆表面不够光滑，与机座止口的同轴度不易保证，往往需要磨内圆，这不但增加工时，而且还增加铁耗。为了保证同轴度而又不磨内圆，可采用以机座止口定位的同心式压装胀胎（见图 3-33）。

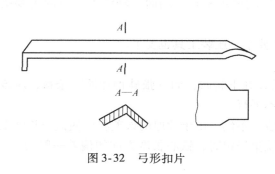

图 3-32 弓形扣片

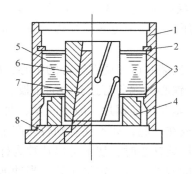

图 3-33 内压装用的同心式胀胎

1—机座 2—弧键 3—端板 4—压筒 5—铁心

6—胀圈 7—胀胎心 8—底盘

先把机座套在胀胎止口上，冲片在机座内叠好后，压下胀圈，把铁心撑紧，使铁心内圆变得较整齐，然后压紧铁心，以弧键紧固。由于胀胎是以机座止口定位，只要保证胀胎的同轴度，即可保证铁心内圆和机座止口的同轴度。关于槽形的整齐问题，主要靠槽样棒保证。铁心压装完毕，还要用通槽棒检查槽形尺寸。

内压装的优点是冲片直接叠在机座中，各种尺寸的电机均可采用，它和外压装相比，节省了定子铁心叠压后再压入机座的工序，所以这种方法在电机中心高较大时是比较方便的。其缺点是在叠压铁心以前，机座必须全部加工完，这样就会使生产组织上发生一定矛盾。同时，搬运、嵌线、浸漆时带着机座较为笨重，浪费绝缘漆，烘房面积的利用也不够充分。

2. 外压装的工艺与工装

外压装工艺是：以冲片内圆为基准面，把冲片叠装在胀胎上，压装时，先加压使胀胎胀开，将铁心内圆胀紧，然后再压铁心，铁心压好后，以扣片扣住压板，将铁心紧固。

典型的外压装胀胎如图 3-34 所示。这种胀胎称为整圆直槽锥面胀胎（锥度一般为 3°～5°）。胀套是整圆的，开有一个直槽，使用时靠液压机向下压，将胀套与心轴压平为止，有限地胀紧定子铁心内径。松开时亦利用液压的压力，先将胀胎提起一点，使顶柱离开垫板的孔，接触在垫板的平面上，然后用液压机顶心轴，使心轴与胀套分离。这种胀胎的优点是胀紧力比较均匀，垂直度比较好，结构不很复杂，制造也不困难。

有的工厂也采用图 3-35 所示的三瓣单锥面胀胎，胀套 2 由三瓣组成，与心轴 3 用 3°锥度相配，心轴下部有一螺杆，用来将心轴向下拉而使胀套 2 胀开，将铁心胀紧。这种胀胎的结构复杂，垂直度较差，胀紧力不甚均匀，所以铁心压装后的质量较差。

外压装铁心具有下列优点：

1）机座加工与铁心压装、嵌线、浸烘等工序可以平行作业，故可缩短生产周期。

2）在嵌线时，外压装铁心因不带机座，操作较内压装铁心方便。

3）绝缘处理时，操作也较内压装铁心方便，并可提高浸烘设备的利用率和节约绝缘漆。

定子铁心外压装在专门的液压机上进行，其结构如图 3-36 所示。液压机有三个液压缸。首先由胀紧液压缸把铁心胀紧；然后主液压缸把铁心压紧；最后，副液压缸上升，与副液压缸连接的环形拉板上装有与扣片数目相同的滚轮，自动地把扣片压紧在铁心外圆的鸠尾槽里。

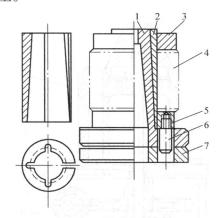

图 3-34　整圆直槽单锥面胀胎
1—心轴　2—胀套　3—上压板　4—定子冲片
5—下压板　6—顶柱　7—垫板

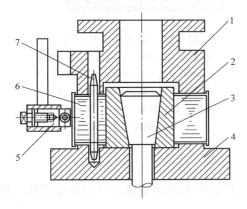

图 3-35　铁心叠压模示意图
1—压模　2—胀套　3—心轴　4—底座
5—扣片滚轮　6—铁心　7—槽样棒

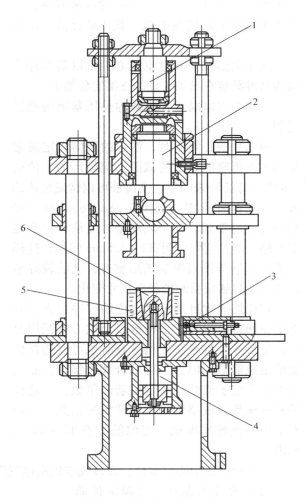

图 3-36　三缸式液压机
1—副液压缸　2—主液压缸　3—滚轮
4—胀紧液压缸　5—铁心　6—胀胎

定子冲片在压装前，通常用图 3-37 所示理片机理片，使记号槽对齐。

六、扇形冲片铁心的压装特点

外圆直径超过 990mm 的铁心由扇形冲片叠成。采用扇形冲片的大型电机均采用内压装。大型汽轮发电机、水轮发电机的定子铁心扇形片数多达几十万，叠片、压装工艺对整个电机的生产周期和质量影响很大。所以，必须一方面考虑如何保质量，另一方面考虑如何缩短叠装工时。

扇形冲片定子铁心叠压时，可以采用扇形片外圆、内圆以及槽为基准三种方法进行叠压。以外圆为基准的压装方案，叠片方便、工作效率和质量较高，但机座的内圆加工需要大型立式车床。只要设备条件允许应尽量采用这种方案。以内圆为基准的压装方案，机座内圆不必加工，可以省去大型立车加工工序。但因叠装与焊接定位筋交叉进行，工作效率较低，保证质量也较困难。这种方法对于大型电机，特别是直径在 3m 以上的水轮发电机，是一种主要的叠压方法。以槽为基准的压装方案，主要用于大中型水轮发电机。叠压精度高，操作容易。

对于扇形转子和电枢铁心，是以扇形片内圆为基准叠装在已加工好的支架定位筋上。

下面介绍以扇形片内圆为叠压基准的叠压过程：

扇形片铁心叠压时，铁心的周向固定通常是用装在机座筋条上的截面为鸠尾形的定位筋（也叫支持筋）来固定。支持筋可以做成整体的和组合的两种形式（见图3-38a、b）。在一张扇形片上通常开有两个鸠尾槽，当扇形片套在定位筋上时，它们之间有1～1.5mm间隙，这样既能根据槽样棒来保证槽形整齐，又能较好地适应铁心热膨胀引起的径向尺寸变化。

定位筋的数目是根据定位筋容许拉力计算的定位筋总面积和定子槽数以及铁心沿圆周分布的扇形片片数来决定的。有时也可以选择任意的定位筋数，但为了得到合理的结构，必须考虑：①定子槽数应是定位筋的倍数；②定位筋数应该是拼成整圆的扇形片数的倍数。一般对于中型汽轮发电机，定位筋数在12～20范围内。

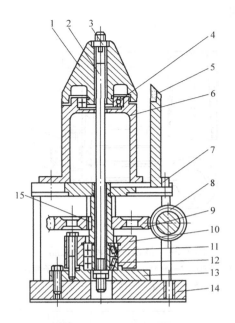

图3-37 定子冲片理片机
1—炮弹头 2—螺杆 3—螺母 4—轴承
5—硬质合金 6—胀体 7—理片板
8—蜗杆 9—蜗轮 10—轴承上座
11、12—轴承 13—轴承下座
14—底座 15—键

叠压时，以中心柱定位，大体找准机座位置后，即以中心柱为基准叠装部分扇形片，然后再以扇形片为基准，配焊定位筋（见图3-38）。实际制造时用特制的精确样板来配置和点焊定位筋，配置好后再用样板进行检查。定位筋在机座内圆的配置顺序应该是每隔一根定位筋点焊一根。开始配置时点焊（未最后焊牢）定位筋是为了在最后固定前还可以进行调整。为保证定位筋在内圆上均匀分布，当半数定位筋点焊好以后，要用特制的节距检查样板检

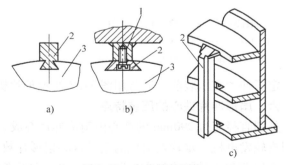

图3-38 定位筋的固定
1—机座筋 2—定位筋 3—扇形片

查定位筋间的距离，如误差超过1.5mm时应进行调整。另一半定位筋的配置比较容易，一般不会产生很大的偏差。配置定位筋时除保证定位筋条间尺寸准确外，尚需测量径向尺寸，以保证各定位筋的尺寸相同。测量方法也是以装设在定子中心的专用磨制中心柱为基准测量点，在与中心柱垂直的方向安装可微调尺寸的千分棒，以便能够精确地测量定位筋至中心的半径尺寸。测量时应沿定位筋条长度方向上下测量几处，以防止定位筋配置时的歪斜。

叠装扇形片时，为使磁路对称，充分利用铁心材料及铁心具有较高的机械强度，应根据扇形片的结构（扇形片为偶数槽还是奇数槽以及鸠尾槽数）严格按照工艺规程进行叠装。

铁心压装需有足够的紧密度。大型电机，特别是巨型水轮发电机和汽轮发电机，如果铁心压装不紧，可能引起冲片松动，造成局部片间绝缘损坏，磨损槽部绝缘及绕组绝缘。汽轮发电机可以在液压机上加压，而大直径的水轮发电机的电枢和转子铁心，通常采用拧紧螺杆的方法，或用千斤顶加压的方法来压紧铁心。

铁心间压力，汽轮发电机为 1.5～2MPa；水轮发电机为 1.0～1.5MPa。一般采取分段加压和加热加压方法。大约每叠 500mm 厚即加压一次。汽轮发电机铁心较长，采取分段加热加压的方法。例如一台 12.5×10^4 kW 的汽轮发电机定子铁心长度约 3.5m，除端部很少一段预压核实叠压系数及铁心长度、重量等以校验计算之准确之外，中间共加压 6 次，以达到压紧压足的目的。长铁心的片间绝缘总厚度是很可观的，这些绝缘材料在受热和受压之下的收缩，将会造成铁心松动。因此，汽轮发电机及其他铁心较长的电机，在压装过程中采取加热、加压的方式，使绝缘收缩并补足长度，以保证铁心的紧密度。

分段分压时，先加热到 110℃，保温 12h，然后冷却到约 40℃，再提高压力压紧，或在加压过程中反复加热和冷却 1～2 次，使压力的分布与传递更为均匀。

铁心加热可以采用工频感应法，即在铁心上绕以线圈，再通入交流电。依靠交变磁通产生铁耗将铁心加热。

七、磁极铁心的制造

直流电机的磁极和同步电机的磁极在形式上有所不同，但在压装方法上是一样的。磁极的压装方法较多，也比较简单，主要根据生产批量和工厂设备条件来确定。下面对直流电机主极铁心冲片的紧固方式作一介绍。

主极铁心冲片通常用 1～2mm 厚的钢板冲制，冲片表面不须绝缘处理，冲片叠压时两侧一般都有主极端板，使铁心所受压力均匀分布。主极端板的厚度随主极截面和长度而定，一般为 3～20mm。对主极磁通回路有特殊要求的电机，其主极端板应与铁心绝缘。主极铁心的紧固按铁心长短分别用铆接、螺杆紧固及焊接三种基本方法，如图 3-39 所示。图 3-39a 为主极铁心铆钉紧固，一般铆钉总面积约为冲片面积的 3%，冲片上铆钉数不应少于 4 个，用于长 500mm 以下的主极铁心。图 3-39b 为主极铁心采用螺杆轴向紧固，用于长 500mm 以上的主极铁心。图 3-39c 为主极铁心在压紧状态下，借两侧的轴向焊缝紧固，这种紧固结构简单，便于实现机械化、自动化生产，主要用于小型直流电机的主极铁心。

磁极的叠压方法很多，主要是根据工厂设备条件及磁极的紧固形式来选择。最简单的方法是借助台钳和螺杆铆紧铆钉，这种方法生产率低，冲片受力不均匀，压力大小无法控制，质量难以保证。成批生产的铆接磁极是在液压机上通过专门工具把叠装在铆钉上的冲片压紧，然后借铳子压力挤开铆钉两端的孔，使铁心成为一整体。磁极铁心第一次加压的压力可按下式计算：

$$F = pS_1 \tag{3-13}$$

式中，p 是磁极铁心单位面积压力，一般取 10～15MPa；S_1 是磁极冲片面积（m^2）。

在压紧状态下，测量磁极的高度和紧密状态，根据压紧程度增减冲片，做到尺寸符合图样要求，最后加压并铆好铁心。压力可按下式计算：

$$Q = F + p_2S_2 \tag{3-14}$$

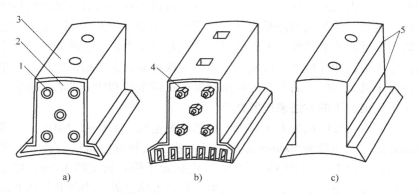

图3-39 磁极铁心紧固形式

1—铆钉 2—主极端板 3—主极冲片 4—螺钉 5—焊缝

式中，F 是压紧压力，见式（3-13）；p_2 是张开铆钉头所需单位面积压力，一般可取40MPa；S_2 是铆钉杆总面积，$S_2 = 0.785d^2n$，其中 d 为铆钉直径（m），n 为铆钉个数。

螺杆紧固磁极铁心和焊接磁极铁心压紧时，压力亦按式（3-13）计算。

铆接后，铆钉应无裂缝，铆钉头不得高出端面1.5mm。

螺杆紧固的磁极也是先在液压机上通过专用模具将磁极冲片叠压压紧、整齐，然后旋紧螺母，使铁心成为一整体，最后将螺母与螺杆搭焊或将螺纹打毛，以防止螺母松动。

焊接磁极铁心是在专用叠片焊机上进行叠压与焊接的。专用的直流电机主极铁心叠片焊机，采用二氧化碳气体保护焊，选用 $\phi0.8mm$ 和 $\phi1mm$ MoSMn2SiA 镀铜焊丝。焊接时，焊距固定，工件自下而上运动。主极铁心叠焊工艺比铆接工艺简单，生产效率高，产品寿命长。

大型磁极较长，压装后容易变形，故较长的大型磁极均在卧式液压机上叠压。叠压时，必须考虑冲片薄厚不匀问题，通常每叠100~200mm将冲片记号缺口周转180°，即翻过来叠放。整个磁极正、反间隔应均匀一致，压装时应在弧长最大的两个槽或阻尼片孔中穿入定位销（即槽样棒）。第一次加压压力约为式（3-13）计算结果的2.5倍，调整冲片数后，再按式（3-13）计算压力压紧铁心，旋紧螺母。加压时应使卧式液压机中心对准冲片中心。

八、铁心压装质量的检查

铁心压装后尺寸精度和形位公差的检查用普通量具进行。槽形尺寸用通槽棒检查；铁心重量用磅秤检查；槽与端面的垂直度用直角尺检查；片间压力的大小，通常用特制的检查刀片（见图3-40）测定。测定时，用力将刀片插进铁轭，当弹簧力为100~200N时，刀片伸入铁轭不得超过3mm，否则说明片间压力不够。

较大型电机铁心压装后要进行铁耗试验。铁耗试验的接线原理图见图3-41，试验在不装转子的情况下进行。图中 W_a 为励磁线圈的匝数，按下列公式计算：

$$W_a = \frac{\pi(D_a - h_{ja}) \times 1.05H}{\sqrt{2}I} \tag{3-15}$$

式中，D_a 是铁心外径（m）；h_{ja} 是轭高（m）；H 是硅钢片磁通密度为1T时的磁场强度（A/m）；I 是励磁电流有效值（A）。

W_a 计算结果取整数，但不应小于 3 匝。选励磁电流 I 小于 500A，W_a 与 W_b （测量线圈的匝数）在空间互成 90°位置。

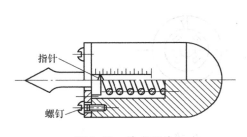

图 3-40　检查刀片

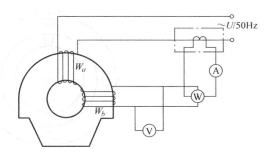

图 3-41　铁耗试验接线原理图

试验时，轭部磁通密度的幅值为

$$B_m = \frac{U \times 10^3}{4.44 f h_{ja} l_{Fe} W_b} \qquad (3\text{-}16)$$

式中，U 是电压表读数，一般取 20～70V；f 是频率（Hz）；l_{Fe} 是净铁心长度（m）；W_b 是测量线圈的匝数。

当磁通密度为 1T 时，每 1kg 铁心的损耗为

$$P_{10} = P' \frac{W_a}{W_b} \left[\frac{1}{B_m} \right]^2 \frac{1}{G_{Fe}} \times 10^8 \qquad (3\text{-}17)$$

式中，P' 是功率表读数（w）；G_{Fe} 是定子铁心轭重（kg）。

测定的比损耗 P_{10} 值不应大于所用电工钢片在 50Hz、磁通密度为 1T 时的比损耗的 1.2 倍。铁心温度稳定后，一般其最高温升 θ_{max} 应低于 45℃，不同部位的温升差值 $\Delta\theta$ 应小于 30℃。对于采用冷轧硅钢片的铁心，通常还规定在较高的磁通密度（例如 1.2～1.4T）下进行试验。

九、铁心结构工艺性

铁心的结构工艺性主要包括冲片的结构工艺性，此外，还应考虑有关零件的结构工艺性和压装方便。与径向通风的铁心相比，轴向通风的铁心不需制作通风板及风沟片，故制造较简单。

在中小型电机中，与扇形冲片铁心相比，圆形冲片铁心的压装较方便。

对于外压装铁心两端所用的端板，环形的比碗形的较易制造。

中心高在 100mm 以下的小型电机铁心，采用压合紧固比用焊接或扣片的紧固方法简单。

国内外一些厂家采用在电机定、转子冲片级进模中增加叠铆搭扣的结构，在定转子冲片上冲出 V 形凹槽，使定转子铁心压合成型，图 3-42 为压合铁心结构示意图。这种工艺可使冲裁与叠压在一套设备内完成，省去了定子铁心焊接或装扣片，转子铁心穿假轴等工序。日本某公司在小型电动机上，采用对定转子冲片冲出 V 形凹槽新工艺。冲压生产线为：卷料硅钢片由开卷机送到高速自动冲床，用精密级进冲模冲出定转子冲片；同时在冲片上冲出 V 形凹槽。将定转子冲片分别送入铁心取出机，取出必要的厚度用传送带送至铁心加压机，进行计量检查后然后加压，成形的铁心由取出装置将合格品和不合格品进行分类。此工艺使生

产率有较大的提高。

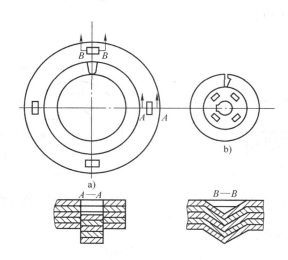

图 3-42　压合铁心结构示意图

第六节　铁心的质量分析

电机铁心是由很多冲片叠压起来的一个整体。冲片冲制的质量直接影响铁心压装的质量，而铁心质量对电机产品质量将产生很大影响。如槽形不整齐将影响嵌线质量；飞边过大、大小齿超差及铁心的尺寸准确性、紧密度等将影响导磁性能及损耗。因此，保证冲片和铁心的制造质量是提高电机产品质量的重要一环。

一、冲片的质量问题

冲片质量是与冲模质量、结构、冲制设备的精度、冲制工艺、冲片材料的力学性能以及冲片的形状和尺寸等因素有关。

1. 冲片尺寸的准确性

冲片的尺寸精度、同轴度、槽位置的准确度等可以从硅钢片、冲模、冲制方案及冲床等几方面来保证。从冲模方面来看，合理的间隙及冲模制造精度是保证冲片尺寸准确性的必要条件。

当采用复式冲模时，工作部分的尺寸精度主要决定于冲模制造精度，而与冲床的工作状况基本无关。当采用单槽冲模在半自动冲槽机上冲槽时，槽位的准确性和冲床的关系很大，主要有以下几点：

1) 分度盘不准，盘上各齿的位置和尺寸因磨损而不一致，这样冲片上的槽距就不一致，出现大小齿距现象。因此在加工分度盘时，各齿的位置应尽可能做得准确，操作中应保证分度盘齿间不应有污垢、杂物积存，尽量避免齿的磨损等。

2) 半自动冲槽机的旋转机构不能正常工作，例如间隙、润滑、摩擦等情况的变化，都会引起旋转角度大小的变化，影响冲片槽位置的均匀性。

3) 装冲片的定位心轴磨损，尺寸变小，将引起槽位置的径向偏移，除了在叠压铁心时槽形不整齐外，对转子冲片还会引起机械上的不平衡。

4）心轴上键的磨损也会引起槽位的偏移。这是因为心轴上键的磨损使键和冲片键槽间的间隙增大，导致槽位的偏移。偏移量随着冲片直径的增大而相应增大。如果采用外圆定位，就不会产生这项偏移，冲片质量比用轴孔定位要好。

5）心轴与下模平面高度不一致，或硅钢片厚度不均匀、波纹度较大时也会引起冲片弯曲窜动而产生槽位偏移。

冲片大小齿超差、导致定、转子齿磁密不均匀，结果使激磁电流增大，铁耗增大，效率低，功率因数低。

按技术条件规定，定子齿宽精度相差不大于0.12mm，个别齿允许差0.20mm。

2. 飞边

冲模间隙过大，冲模安装不正确或冲模刃口磨钝，都会使冲片产生飞边。从根本上减小飞边，就必须在模具制造时严格控制冲头与凹模间的间隙；在冲模安装时要保证各边间隙均匀；在冲制时还要保证冲模的正常工作，经常检查飞边的大小，及时修磨刃口。

飞边会引起铁心的片间短路，增大铁耗和温升。当严格控制铁心压装尺寸时，由于飞边的存在，会使冲片数目减少，引起励磁电流增加和效率降低，槽内的飞边会刺伤绕组绝缘，还会引起齿部外胀。转子轴孔处飞边过大，可能引起孔尺寸的缩小或椭圆度，致使铁心在轴上的压装产生困难。当飞边超过规定限值时，应及时检修模具。

3. 冲片不完整、不清洁

当有波纹、有锈、有油污或尘土时，会使压装系数降低。此外，压装时要控制长度，减片太多会使铁心重量不够，磁路截面减小，励磁电流增大。冲片绝缘处理不好或管理不善，压装后绝缘层被破坏，使铁心短路，涡流损耗增大。

二、铁心压装的质量问题

1. 定子铁心长度大于允许值

定子铁心长度大于转子铁心长度太多，相当于气隙有效长度增大，使空气气隙磁通势增大（励磁电流增大），同时使定子电流增大（定子铜耗增大）。此外，铁心的有效长度增大，使漏抗系数增大，电机的漏抗增大。

2. 定子铁心齿部弹开大于允许值

这主要是因为定子冲片飞边过大所致，其影响同上。

3. 定子铁心重量不够

它使定子铁心净长减小，定子齿和定子轭的截面积减小，磁通密度增大。铁心重量不够的原因是：①定子冲片飞边过大；②硅钢片厚薄不匀；③冲片有锈或沾有污物；④压装时由于液压机漏油或其他原因使得压力不够。

4. 缺边的定子冲片掺用太多

它使定子轭部的磁通密度增大。为了节约材料，缺边的定子冲片可以适当掺用，但不宜超过1%。

5. 定子铁心不齐

（1）外圆不齐 对于封闭式电机，定子铁心外圆与机座的内圆接触不好，影响热的传导，电机温升高。因为空气导热能力很差，仅为铁心的0.04%，所以，即使有很小的间隙存在也使导热受到很大的影响。

（2）内圆不齐 如果不磨内圆，有可能发生定转子铁心相擦；如果磨内圆，既增加工时，又会使铁耗增大。

（3）槽壁不齐　如果不锉槽，则嵌线困难，而且容易破坏槽绝缘；如果锉槽，则铁损耗增大。

（4）槽口不齐　如果不锉槽口，则嵌线困难；如果锉槽口，则定子卡式系数增大，空气隙有效长度增加，使励磁电流增大，旋转铁耗（即转子表面损耗和脉动损耗）增大。

定子铁心不齐的原因大致是：①冲片没有按顺序顺向压装；②冲片大小齿过多，飞边过大；③槽样棒因制造不良或磨损而变小；④叠压工具外圆因磨损而不能将定子铁心内圆胀紧；⑤定子冲片槽不整齐等。

定子铁心不齐而需要锉槽或磨内圆是不得已的，因为它使电机质量下降，成本增高。为使定子铁心不磨不锉，需采取以下措施：①提高冲模制造精度；②单冲时严格控制大小齿的产生；③实现单机自动化，使冲片顺序顺向叠放，顺序顺向压装；④保证定子铁心压装时所用的胎具、槽样棒等工艺装备应用的精度；⑤加强在冲剪与压装过程中各道工序的质量检查。

习　题

3-1　试述铁心材料的种类、特点及其应用，并对热轧硅钢片和冷轧无取向硅钢片进行比较。

3-2　试述冲压设备的种类、特点及其应用，并对冲床的额定吨位、闭合高度、台面尺寸等主要参数进行说明。

3-3　铁心冲片的类型及其技术要求有哪些？简述硅钢片的利用率及其提高措施，铁心冲片的冲制方法、优缺点及其应用。

3-4　冲片制造工艺方案分析及应注意的基本问题有哪些？冲片的质量检查项目、方法及其技术要求有哪些？

3-5　试述冲模的类型、结构、特点及其应用，冲片的结构工艺性及冲片制造自动化如何选择？

3-6　冲片绝缘处理的目的、方式及其技术要求如何？并对冲片的涂漆处理和氧化处理工艺进行比较，简述冲片绝缘处理质量检查的项目、内容及其要求。

3-7　铁心的类型及其技术要求有哪些？简述保证铁心紧密度、准确性及牢固性的工艺措施，并对内压装和外压装的工艺与工装进行比较。

3-8　试述扇形冲片铁心的压装特点与磁极铁心的制造工艺要点。

3-9　铁心压装质量的检查项目、方法及其要求如何？铁心的结构工艺性如何选择？

3-10　试述冲片与铁心压装质量问题具体内容、产生原因、造成影响以及定子铁心不磨不锉的工艺措施。

3-11　编制小型三相异步电动机定子冲片、转子冲片典型工艺卡片及冲片涂漆处理、定子铁心压装典型工艺守则。

绕组制造

第一节 绕组材料

一、概述

绕组是电机的心脏。电机的寿命和运行可靠性，主要取决于绕组的制造质量和运行中的电磁作用、机械振动及环境因素的影响。而绝缘材料与结构的选择、绕组制造过程中的绝缘缺陷和绝缘处理的质量，是影响绕组制造质量的关键因素。为此，为了确保绕组的制造质量，必须正确地掌握绕组制造、绕组的嵌装和绝缘处理工艺要领、工艺参数和工艺诀窍。

二、绕组的分类及其技术要求

电机的绕组具有不同的结构型式，种类很多，其分类方法也各不相同。

1. 按电压等级分类

可分为高压绕组和低压绕组。对于交流电机，高压绕组是指电压等级在 3kV 及以上的各种交流定子绕组，而其他小型电机的定子绕组、磁极绕组、直流电机电枢绕组等都属于低压绕组。

2. 按绕组在电机上的位置分类

可分为定子绕组和转子绕组。常见的结构型式分类见表 4-1。但有时也有例外，如小型同步电机也有的把磁极绕组放在定子上，而把原来的定子绕组放在转子上等。

表 4-1 电机绕组的分类

	定 子 绕 组			转 子 绕 组			
	分 类	绕组型式		分 类		绕组型式	
交流电机	小型同步发电机	散嵌式		同步电机	凸极	磁极绕组	等 距
	小型同步电动机					阻尼绕组	导条式
	小型异步电动机				隐极	磁极绕组	不等距
	大型同步发电机	成型式	圈式	异步电机	绕线转子型		插入式
	大型同步电动机		半圈式或导条式			嵌入式	散嵌
	大中型异步电动机						成型
					笼型		铜条 铸铝
直流电机	磁极绕组	绝缘导线绕制		电枢绕组	单圈		波绕
							迭绕
							蛙绕
		光导线绕制	平绕 边绕		多圈		波绕
							迭绕
	补偿绕组	条式		均压线		单圈式	

3. 从工艺的角度分类

可分为单圈（包括半圈的）和多圈绕组。单圈绕组如大型交流电机定子绕组、直流电机电枢绕组、插入式转子绕组、补偿绕组、阻尼绕组及均压线等，多圈绕组如中小型交流电机散嵌和成型定子绕组及磁极绕组等。

绕组的技术要求很多，由于绕组是电机的重要部件，它的价格高，制造工时多，又是容易损坏的薄弱环节，尤其是高电压、大容量电机技术要求更高。根据绕组制造和运行维护的需要，绕组应满足下列基本要求：

（1）尺寸和形状的准确性 如绕组的轴向长度、宽度（或弦长）、鼻子高度、绕组角度及每个绕组边截面的宽度和高度等，这些尺寸应符合图样要求。

若尺寸和形状不正确，绕组将无法嵌入槽内，即使能嵌入，也很难排列整齐，有时还会在电机运行中发生事故。如果绕组的截面尺寸过小，在运行中由于电磁力的影响，绕组将在槽内发生松动，严重时还会造成绝缘磨损。同时，由于绕组与槽壁间有空隙，使热量的散出增加困难，导致电机温升增加。

（2）绝缘的可靠性 绕组在运行中要受到电场力、机械力及热的综合作用，要求其绝缘能在复杂的工作条件下长期可靠地工作，因此要求其绝缘可靠性应有较多的裕度。在电机出厂试验时应能保证经受 $2U+1000V$ 的耐压试验（U 为额定工作电压，单位为 V）。在对绕组绝缘质量进行破坏性击穿试验时，其击穿电压值更高。通常对于 6000V 级的绕组击穿电压应不低于额定值的 7 倍，对于 10000V 级的绕组应不低于额定值的 5 倍。这种破坏性试验对于新材料、新结构与新工艺试用时应该进行，对于正常生产中的绕组也应进行抽查，当工艺比较稳定时可抽查得少一些。

为保证电机在正常工作温度下长期运行，要正确选择绝缘材料，绝缘层要紧密均匀，绝缘漆（或胶）要坚实无空隙。

（3）绕组的牢固性 电机绕组能够承受在起动、突然短路等恶劣条件下电磁力及其他外力的作用而不产生变形或磨损，因此在嵌线后必须牢固地加以紧固，尤其在大容量电机中更应如此。

（4）焊接质量的可靠性 焊接后的接触电阻要小，以免造成局部发热、脱焊或断线等事故。大型电机用并头套锡焊的结构，由于焊接质量不易保证，运行中不可靠，故逐步采用含银焊料单根对焊所代替。水冷电机中焊接质量更为重要，因为不但要保证电的方面接触良好，而且要满足长期运行中不漏水、不渗水。

（5）其他要求 绕组所用的材料要求供应方便、价格低，结构与工艺的选择力求工时省、劳动强度低，并尽量避免或减少有毒性和刺激性物质。对有特殊要求的电机，还应满足耐酸、耐碱及耐油等要求。

三、常用绕组材料

绕组是电机电路的组成部分。绕组材料应是电阻率很小的优良导体，还应具有一定的机械强度和加工性能，且资源丰富、价格低廉及供应方便。目前，电机制造工业中所采用的绕组材料是铜和铝。现将铜和铝的基本特性分别介绍如下：

1. 铜

铜是导电材料中重要的一种金属，它具有一系列优点：电阻率小；在常温下具有足够的机械强度与良好的延展性，便于加工；化学性能稳定，不易氧化和腐蚀，容易焊接等。

绕组材料应用的铜是纯铜，含铜量为 $w_{Cu}99.9\% \sim 99.95\%$。铜分为硬铜和软铜，硬铜即铜经过压延、拉制等加工后，其硬度、弹性、抗拉强度及电阻率均有所增加。如将硬铜经过退火处理，即可得到软铜。软铜的导电性能好，伸长率高，可以拉成很细的导线，但其机械强度差些，可用来作电机绕组的导线。铜的物理性能见表4-2。

表4-2 铜与铝的物理性能

名称	密度/(kg·m⁻³)	线胀系数/K⁻¹	熔化温度/℃	电阻率/(Ω·m)(20℃)	电阻温度系数/K⁻¹(20℃)	抗拉强度极限/(MN·m⁻²)
铜	8.9×10^3	17×10^{-6}	1084	1.692×10^{-3}	0.00393	$200 \sim 220$
铝	2.7×10^3	24×10^{-6}	660	2.62×10^{-8}	0.00423	$70 \sim 80$

2. 铝

铝的资源很丰富，价格比铜低，导电性能仅次于铜，但密度仅为铜的30%，故以铝代铜时，如保证电阻不变，则所用铝的重量尚不到铜的一半，这是有利之处。如果维持电阻不变，则铝线线径比铜线约大30%，因此槽形要适当加大，其用铁量增加，这是不利之处。

铝很容易氧化，氧化膜一形成，就可以防止铝继续氧化，铝在空气中不容易被腐蚀。由于氧化膜的存在，增加了铜—铝或铝—铝焊接的困难，必须采取特殊的焊接工艺，这种工艺在我国电机行业中已积累了一定的经验。铝的物理性能见表4-2。

电机绕组常用的电磁线一般为铜导线，铝导线也有所应用。截面较小时用圆线，在小型电机中所用的圆线直径一般在1.6mm以下，以便于绕制和嵌线。截面较大时可用几根并绕或几路并联，也可采用扁导线。磁极绕组制造时用截面更大的铜带或铝带。

电机绕组所用的导线大多是绝缘导线。从运行条件及工艺角度来看，要求导线的绝缘具有足够的机械强度与电气强度；具有较好的耐溶剂性，以适应浸漆过程的需要；具有较高的耐热性，以保证电机的寿命较长；导线的绝缘要求越薄越好，以提高铁心截面积的利用率。现将常用的几种电磁线分别介绍如下：

(1) 油性漆包圆铜线 油性漆包线是用桐油、亚麻油等聚合制成的漆涂制而成，型号为Q，耐热等级为A级。油性漆包线漆膜均匀，具有良好的弹性，附着力较好，介质损耗因数小，价格便宜。但漆膜耐刮性差，耐溶剂性差。漆包线的击穿强度值应不低于表4-3的规定。

表4-3 Q型油性漆包圆铜线的击穿电压

铜线标称直径/mm	在200mm长度中的扭绞数	击穿电压(不小于)/V	铜线标称直径/mm	在200mm长度中的扭绞数	击穿电压(不小于)/V
$0.02 \sim 0.025$	70	200	$0.23 \sim 0.51$	25	800
$0.03 \sim 0.05$	70	300	$0.53 \sim 0.80$	25	900
$0.06 \sim 0.07$	60	350	$0.83 \sim 1.35$	15	1000
$0.08 \sim 0.13$	60	400	$1.40 \sim 1.88$	10	1250
$0.14 \sim 0.21$	33	550	$1.95 \sim 2.44$	5	1500

(2) 高强度聚乙烯醇缩醛漆包圆铜线 它是用1720聚乙烯醇缩醛漆涂制而成，型号为QQ-1（薄绝缘）和QQ-2（厚绝缘），技术性能符合GB1313—1991的规定，耐热等级为E级。漆层具有良好的热冲击性、耐刮性和耐水解性，但漆膜受卷绕应力易产生裂纹。漆包线

的击穿电压值应不低于表4-4的规定。

（3）高强度聚酯漆包圆铜线　它是用聚酯漆涂制而成，这种聚酯漆是以对苯二甲酸二甲脂与多元醇进行酯交换并缩聚而成的树脂为基制成的，型号为QZ-1（薄绝缘）和QZ-2（厚绝缘），耐热等级为B级。漆层在干燥和潮湿条件下有良好的耐电压击穿性能和软化击穿性能。漆包线的击穿电压值应不低于表4-4的规定。

表4-4　QQ、QZ、QZY型高强度漆包圆铜线的击穿电压

铜线标称直径/mm	在200mm长度中的扭绞数	击穿电压（不小于）/V		铜线标称直径/mm	在200mm长度中的扭绞数	击穿电压（不小于）/V	
		薄绝缘	厚绝缘			薄绝缘	厚绝缘
0.06~0.09	60	400	500	0.51~0.69	20	1200	1800
0.10~0.14	60	550	800	0.72~0.96	20	1400	2200
0.15~0.21	33	700	1000	1.00~1.40	15	1600	2600
0.23~0.33	25	900	1300	1.45~1.88	10	1800	2800
0.35~0.49	25	1000	1500	1.95~2.44	5	2000	3000

（4）高强度聚酯亚胺漆包圆铜线　它是采用亚胺改性聚酯漆涂制而成，型号为QZY-1（薄绝缘）和QZY-2（厚绝缘），耐热性等级为F级。漆层具有良好的热冲击性能和软化击穿性能，在干燥和潮湿条件下耐电压击穿性能优良。漆包线的击穿电压值应不低于表4-4的规定。

（5）高强度聚酰亚胺漆包圆铜线　它是采用均苯四甲酸二酐为基的聚酰胺羧酸漆涂制而成，型号为QY-1（薄绝缘）和QY-2（厚绝缘），耐热等级为C级。漆层具有良好的软化击穿及热冲击性能，良好的耐低温性、耐辐射性和耐溶剂性，其耐热性是目前漆包线品种中最好的，但耐碱性较差。漆包线的击穿电压值应不低于表4-5的规定。

表4-5　QY型高强度聚酰亚胺漆包圆铜线的击穿电压

铜线标称直径/mm	在200mm长度中的扭绞数	击穿电压（不小于）/V		铜线标称直径/mm	在200mm长度中的扭绞数	击穿电压（不小于）/V	
		QY-1	QY-2			QY-1	QY-2
0.06~0.07	60	350	450	0.35~0.49	25	1000	1400
0.08~0.09	60	400	550	0.51~0.72	25	1200	1600
0.10~0.16	60	500	700	0.74~0.96	25	1400	2000
0.17~0.21	33	600	800	1.00~2.02	15	1700	2500
0.23~0.33	25	800	1200	2.10~2.44	8	2000	3000

（6）玻璃丝包线　玻璃丝包线是用无碱玻璃丝缠包而成的，其型号、名称和长期使用温度见表4-6。

表4-6　玻璃丝包线型号、名称及长期使用温度

型号	名　　称	长期使用温度/℃
QQSBC	单玻璃丝包高强度缩醛漆包圆铜线	120
QZSBC	单玻璃丝包高强度聚酯漆包圆铜线	130
SBEC	双玻璃丝包圆铜线	130
SBECB	双玻璃丝包扁铜线	130

玻璃丝包铜线在经受弯曲试验和耐热试验后，其击穿电压应不低于表4-7的规定。

表4-7 玻璃丝包铜线的击穿电压

型号	QQSBC	QZSBC	SBEC	SBECB
击穿电压(不小于)/V	650	650	550	550

（7）高强度聚酯漆包圆铝线 漆包圆铝线也是用以对苯二甲酸二甲酯与多元醇进行酯交换并缩聚而得的树脂为基制成的聚酯漆涂制而成，型号为QZL-1（薄绝缘）和QZL-2（厚绝缘），其击穿电压值应不低于表4-8的规定。

表4-8 QZL型高强度聚酯漆包圆铝线的击穿电压

铝线标称直径/mm	在200mm长度中的扭绞数	击穿电压(不小于)/V		铝线标称直径/mm	在200mm长度中的扭绞数	击穿电压(不小于)/V	
		QZL-1	QZL-2			QZL-1	QZL-2
0.06～0.09	50	400	550	0.51～0.69	20	1200	1800
0.11～0.14	50	550	800	0.72～0.96	20	1400	2200
0.15～0.21	33	700	1000	1.00～1.40	15	1600	2600
0.23～0.33	25	900	1300	1.45～1.88	10	1800	2800
0.35～0.49	25	1000	1500	1.95～2.44	5	2000	3000

四、常用绝缘材料

绝缘材料是一种电阻率很高的材料，流过其中的电流小到可以认为忽略不计。在应用中，材料的电阻率大于$10^7\Omega\cdot m$，都称为绝缘材料。

在电机中通过绝缘材料把导电部分与不导电部分隔开，或者把不同电位的导电体隔开。绝缘材料在电机制造中占有重要地位，一方面其价格较贵；另一方面其大部分是有机材料，耐热性和寿命比导电体、铁心要低得多，直接影响和决定了电机的质量、寿命和成本。

不同的绝缘材料具有不同的性能，是由它们的化学成分和结构决定的。绝缘材料的性能主要是指电气性能、热性能、力学性能和理化性能等。

（一）电气性能

绝缘材料的电气性能包括介电强度、绝缘电阻率、介质损耗、介电常数、耐电晕性能等。

（1）介电强度 介电强度也叫绝缘强度或击穿强度，是指绝缘材料在电场作用下被击穿而失去绝缘性能所允许的电场强度，以kV/mm表示。绝缘材料的介电强度与材料种类、厚度、含水率、环境温度、外加电压的波形、频率、时间长短以及外加电场的均匀性等有关。常见的击穿有电击穿、热击穿和放电击穿三种。电击穿是指材料在强电场的作用下，内部质点剧烈运动发生碰撞电离而导致分子结构破坏的击穿。热击穿是指材料内部由于介质损耗发热，引起材料过热并进而导致结构破坏而发生的击穿。放电击穿则是指绝缘材料内部含有的气泡发生电离而导致的击穿。绝缘材料的击穿往往三者兼而有之。

（2）绝缘电阻率 绝缘电阻是绝缘材料外加电压与流过绝缘材料的泄漏电流的比值，常用兆欧为单位。与绝缘电阻相对应的是绝缘电阻率，它与材料的种类、形状尺寸、材料温度、材料的受潮程度及表面污染情况有关。同一种材料，温度升高，绝缘电阻下降；材料受潮变湿，绝缘电阻下降；表面污染后，绝缘电阻亦随之下降。绝缘电阻率又可分为体积电阻率和表面电阻率。体积电阻率表征材料内部的导电特性，单位为 $\Omega \cdot m$；表面电阻率表征材料表面的导电特性，单位为 Ω。

（3）介电常数　介电常数是绝缘材料贮存静电荷能力的量度，通常用相对介电常数 ε_r 表示。绝缘材料的介电常数与材料的极性有关。弱极性材料的 ε_r 为 2，强极性材料的 ε_r 一般为 3.5~5.0，云母制品的 ε_r 值在 6.5~8.7 的范围内。

（4）介质损耗　介质损耗是绝缘材料在交变电场中所产生的能量损耗，一般用损耗因数（又称 $\tan\delta$）衡量介质损耗的大小，它是绝缘材料的损耗功率与无功功率的比值。损耗因数对电压、频率与温度都很敏感。因此，在高频、高压下工作的绝缘材料应选用介质损耗较小的材料。

（5）耐电晕、耐电弧及抗漏电痕迹性能　高压电机绝缘中的空隙，在适当的条件下将产生局部放电而引起电晕，在某些情况下还可能引起电弧。局部放电产生离子轰击绝缘体的现象，导致机械损伤和化学侵蚀。绝缘中的氧分子被分解为臭氧，与潮气反应生成硝酸，从而腐蚀绝缘材料。局部放电的起始电压取决于绝缘厚度、介电常数、材料的尺寸形状以及空隙的位置。绝缘厚度越厚、空隙尺寸越小，局部放电的起始电压越高，即越难以形成电晕或电弧。

高压电机端部绝缘常由于表面漏电痕迹引起击穿，因而要求高压电机的绝缘材料有抗漏电痕迹性能。通常，高压电机绕组端部被尘埃覆盖后，遇上高湿环境，污染的覆盖层就成为导体。当绝缘体泄漏电流流过该覆盖层时，就在绕组端部表面形成漏电痕迹和腐蚀，甚至使端部表面炭化。采用优质绝缘材料和密封引出线或在绝缘中加填充剂，可以改善抗漏电痕迹性能。

（二）热性能

绝缘材料的热性能包括耐热定额（即允许的热点温度）、耐热冲击性能、热膨胀系数、导热性能和固化温度等。

绝缘材料都有相应的极限工作温度，这个温度称为耐热定额或温度指数。当绝缘材料工作在这个温度以下时，其正常的使用寿命为数万小时，若工作温度高于这个温度，其使用寿命将明显缩短。过热的温度对绝缘材料的影响，主要表现为热膨胀、热老化。当绝缘材料受热时，材料由于内部压力而发生膨胀。热膨胀的直接结果，导致材料的化学结构出现裂解，材料发脆，使机械强度和电气绝缘性能下降。当温度高出允许的极限工作温度时，绝缘材料出现热老化现象。这时，材料由于化学键发生断裂，表面出现裂纹，内部出现微孔和碎块，材料失重和厚度变薄，严重时引起材料发脆，抗拉强度和伸长率下降。同时，热老化也使得材料表面的亲水性能增加，耐潮性能变差，绝缘电阻下降。其次，过热还将加速绝缘材料的氧化和化学侵蚀，影响材料的使用寿命。

绝缘结构在快速加热或冷却时，内部各种材料以不同的速率发生膨胀和收缩，从而产生十分复杂的应力分布，导致漆膜开裂或分离等现象。绝缘材料这种抵抗快速冷、热循环的能力称为耐热冲击性能。耐热冲击性能与绝缘材料的热膨胀系数、应力分布状况、厚度与几何形状、加热与冷却的周期和速率、材料的柔软性等有关。增加柔软性可提高耐热冲击性能，但机械强度和极限使用温度均将下降。

绝缘材料应有良好的导热性，以便将导体所产生的热量传导出去。绝缘材料的热导率可以通过增加填料和纤维等加以改善，但更重要的是靠消除材料中的残留空气来提高导热性，因为材料中静止空气的热导率比均质材料本身的热导率要低一个数量级。

（三）力学性能

绝缘材料在电机制造和运行过程中，可能受到电磁力、机械力和热应力的作用。因此，其力学性能是很重要的。不同材料有不同的力学性能要求。例如，漆包线漆或浸渍漆要求抗剥落、耐刮、耐弯曲，因而间接要求有一定的抗拉强度、抗压强度、抗弯强度和粘结强度。用于槽绝缘和衬垫绝缘的薄膜或复合材料，要求有一定的抗拉强度、伸长率、抗撕裂强度、耐折性和韧性。层压制品则要求有适当的抗拉强度、抗压强度、抗弯强度、抗剪强度、粘结强度、冲击韧度和硬度等。各种粘带则要求有适当的抗拉强度、粘结强度和伸长率。

（四）理化性能

绝缘材料的理化性能包括吸水性、耐酸、耐碱和溶剂性、耐霉性、耐辐射性和毒性、酸值和贮存期等。

1. 吸水性

绝缘材料在使用过程中，可能遇到淋水、溅水、流水或高湿环境。这时，绝缘材料不可避免地将吸收潮气或水分。绝缘材料吸水后，容易发生结合键断裂而发生水解，导致绝缘材料的绝缘电阻和介电强度显著下降。在绝缘材料中，耐水解稳定性最好的是有机硅，因为它具有不湿润性。缩醛树脂、聚氨酯和以酯键为主的树脂最不耐水解，因而在湿热带环境中应避免使用。

2. 耐酸、碱和溶剂性

酸和碱对绝缘材料具有较强的腐蚀作用，因而要求绝缘材料有优良的耐酸、碱性能。

工业溶剂如石油溶剂、苯类溶剂、醇类溶剂、酮类溶剂、制冷剂等，对绝缘材料也会发生腐蚀作用，因而要求绝缘材料有良好的耐溶剂性能。电机的绝缘结构常用多种绝缘材料复合而成，其中一些材料（如绝缘漆）中含有工业溶剂，可能对其他绝缘材料产生腐蚀作用，因而各种绝缘材料之间就存在绝缘的相容性问题。绝缘结构的相容性，应重点考虑电磁线漆膜与浸渍漆、浸渍纤维制品与浸渍漆之间的相容性。电磁线漆膜与绝缘漆共处时，将发生化学反应，产生分解物相互侵蚀。一方面，浸渍漆中的溶剂、稀释剂、催化剂或固化剂对导线漆膜产生侵蚀作用；另一方面，导线漆膜的分解物对浸渍漆也产生侵蚀作用。如果导线漆膜与浸渍漆组合不当，就会发生不相容问题而导致绝缘失效。例如，QQ 型漆包线就不能采用含有大量二甲苯溶剂的 1032 浸渍漆。浸渍纤维制品如各种漆布与浸渍漆的选配也存在相容性问题。如果选择不当，在浸渍过程中就会发生漆膜膨胀或脱落现象。

3. 常用绝缘材料的种类、牌号和耐热等级

电机中使用的绝缘材料种类很多，按其形态可分为固体、液体和气体，按其化学成分可分为碳氢化合物组成的有机材料和由各种氧化物组成的无机材料（玻璃、陶瓷、云母及石棉等）。

绝缘材料的耐热水平可分为 Y、A、E、B、F、H、C 等七个等级，每一耐热等级对应一定的最高工作温度（见表 4-9），在这个温度以下能保证绝缘材料长期使用而不影响其性能。

表4-9 绝缘材料的耐热等级和极限温度

耐热等级	最高工作温度/℃	耐热等级	最高工作温度/℃
Y	90	F	155
A	105	H	180
E	120	C	>180
B	130		

绝缘材料的编号方法，规定以四位数表示，例如 1032、4330、5151 – 1 等。

第一位数字表示绝缘材料的分类，如 1~6 分别代表：漆、树脂和胶类；浸渍纤维制品类；层压制品类；塑料类；云母制品类；薄膜、粘带和复合制品类。

第二位数字表示同类材料的不同品种，如 0 和 1、2~8 分别表示：浸渍漆；覆盖漆；瓷漆；胶粘漆；树脂；硅钢片漆；漆包线漆；胶类。

第三位数字表示材料的耐热等级，如 1~6 分别代表：A、E、B、F、H 及 C 级。

第四位数字表示材料序号，即表示同类绝缘材料在配方、成分及性能上的差异。

云母制品除白云母制品外，其他制品均在四位数字附加一位数字（1、2、3）分别代表粉云母制品、金云母制品和鳞片云母制品。

含有杀菌剂或防霉剂的产品，在型号后附加字母"T"。

绝缘材料发展很快，新产品不断涌现，因而出现了绝缘材料厂自定的牌号，如 EIU 环氧聚酯无溶剂漆、PAI – Z 聚酰胺酰亚胺浸渍漆等。

（1）纤维制品　主要指的是布、绸、纸等，在电机上主要用于包扎线圈或作衬垫绝缘，这类材料很少单独使用，而是将它浸渍处理后制成漆布（绸）等使用。

用醇酸漆或油性漆浸渍的布（绸）呈黄色，称为黄漆布、黄漆绸，它耐油性好。用沥青漆浸渍的布（绸）呈黑色，称为黑漆布、黑漆绸，耐油性较差，电性能较好。

目前这些漆布（绸）由于绝缘等级和材料来源的限制，已逐渐被玻璃布所代替。

绝缘纸在电机绝缘中最常用的是青壳纸。青壳纸也称薄钢纸，它是由纸类经氯化锌溶液处理而成，广泛用来作电机槽绝缘。青壳纸具有良好的抗张强度（例如厚度为 0.4mm 以下的青壳纸，纵向 90~140MPa，横向 35~40MPa），电击穿强度可达 11~15kV/mm，但抗吸水性较差。

随着石油化学工业的发展，青壳纸已被聚脂纤维纸、芳香族酰胺纤维纸等代替，它们质地柔软、不怕弯折及强度高，电性能很理想。

（2）玻璃纤维制品　玻璃纤维是由熔融的玻璃块快速拉成的极细（5~7μm）的丝，在电工中用的都是含碱量在 2% 以下的无碱玻璃纤维。这样细的丝，使玻璃固有的脆性变柔软，抗张强度大大提高（远较天然纤维为高）。

玻璃纤维是无机材料，具有不燃性和相当高的耐热性，根据采用不同的粘合剂，可用于 E、B 甚至 H 级绝缘的电机。玻璃纤维材料来源广泛，并代替天然纤维而大量节省棉、麻、丝、绸的用量，对发展国民经济具有重大意义。

在小型电机绝缘中，应用最广泛的有玻璃漆布（用作槽绝缘和相间绝缘）及玻璃漆管（用作导线连接的保护绝缘）两种。

玻璃漆布（管）是由电工用无碱玻璃布（管）浸以绝缘漆经烘干而成，当浸以油性清漆时当作 E 级材料，当浸以醇酸清漆时可当作 B 级材料。玻璃漆布的主要性能见表 4-10，玻璃漆管的技术要求见表 4-11。

表 4-10 玻璃漆布的主要性能

牌　　号		2412（E）			2432（B）		
名　　称		油性玻璃漆布			醇酸玻璃漆布		
厚度/mm		0.11	0.15	0.20	0.11	0.15	0.20
抗张力/N	径　向	10.0~22.0	15.0~32.0	22.0~35.0	10.0~22.0	15.0~32.0	22.0~35.0
	沿径向45°角	5.0~12.0	8.0~14.0	11.0~18.0	5.0~12.0	8.0~14.0	11.0~18.0
击穿电压/kV	常　态	4.4~6	5.7~9	7.7~12	5.3~9	6.6~10	9.8~12
	热　态	2.2~5（105℃）	3.2~8（105℃）	4.2~12（105℃）	2.4~6（130℃）	3.4~6（130℃）	3.4~6（130℃）
	受潮后	2.2~3	3.4~6	4.4~9	2.4~5	3.5~7	4.6~7
体积电阻率/（Ω·cm）	常　态	10^{12}~10^{14}			10^{12}~10^{14}		
	热　态	10^9~10^{11}（105℃）			10^9~10^{10}（130℃）		
	受潮后	10^{10}~10^{12}			10^{10}~10^{11}		

表 4-11 玻璃漆管的技术要求

牌　　号		2714（E）	2730（B）
名　　称		油性玻璃漆管	醇酸玻璃漆管
耐油性	在105℃浸入变压器油中，漆膜不应产生破裂或脱离漆管	8h	24h
耐热性	加热后经缠绕后漆膜不应脱开或产生裂口	（105±2）℃ 24h	（130±2）℃ 24h
击穿电压/kV	常态时	>5	5~7
	弯曲时	>2	2~6
	受潮时	>2.5	2.5~5

（3）薄膜与复合薄膜制品　目前我国大量生产和应用的是聚酯薄膜，聚酯薄膜的原料是由对苯二甲酸乙二醇酯缩聚而成的聚酯树脂，它是由两种有机化合物——酸或醇类进行缩聚反应而形成的。聚酯薄膜一般作为 E 级绝缘材料，其性能见表 4-12。

另一种薄膜称为聚酰亚胺薄膜，它具有特别优良的耐高温和耐深冷性能，能耐所有的有机溶剂和酸，但不耐碱，也不宜在油中使用。

表 4-12 聚酯薄膜与聚酰亚胺薄膜的基本性能

牌　　号		2820（E）	<6050>工厂牌号
名　　称		聚酯薄膜	聚酰亚胺薄膜
抗张强度（N/mm²）纵向		150~210	100~170
伸长率（%）纵向		40~130	20~50
耐折次数		15000	15000
击穿强度/（kV·mm^{-1}）	常态	130~230	100~190
	热态	100~180（130℃）	80~130（200℃）
体积电阻率/（Ω·cm）	常态	10^{16}~10^{17}	10^{15}~10^{16}
	热态	10^{13}~10^{14}（130℃）	10^{12}~10^{13}（200℃）

目前我国电机行业普遍采用薄膜复合材料作为槽绝缘，具有良好的电气性能和力学性能。其中6520可作E级材料，DMD可作为B级材料，这些复合材料的基本性能见表4-13。

表4-13　复合材料的基本性能

牌　　号		6520（E）	6530（B）	DMD（B）
名　　称		聚酯薄膜绝缘纸复合箔	聚酯薄膜玻璃漆布复合箔	聚酯薄膜聚酯纤维纸复合箔
厚度/mm		0.15~0.30	0.17~0.24	0.20~0.25
击穿电压/kV	常　态	6.5~12	8~12	10~12
	弯　折	6~12	6~8	9~12
	受潮后	4.5~12	6~10	8~12
抗张力/N	纵　向	180~330	250~330	200~300
	横　向	120~300	180~270	150~220
体积电阻率/（Ω·cm）	常　态	10^{14}~10^{15}	10^{14}~10^{15}	10^{14}~10^{15}
	受潮后	10^{12}~10^{13}	10^{12}~10^{14}	10^{12}~10^{13}
	热　态	10^{11}~10^{13}	10^{11}~10^{12}	10^{12}~10^{14}

（4）云母制品　云母制品将天然云母制成薄片后，用胶粘剂粘制而成的。常用的云母制品有以下品种：硬质云母板、耐热硬质云母板、塑形云母板、柔软云母板以及粉云母制品。

硬质云母板是将云母薄片用虫胶或甘油树脂粘贴，经过热压与厚度校正制成的，含胶量应小于6%，而且在高温、高压作用下厚度收缩率要小，常用作耐热等级为B级的换向器片间绝缘。

耐热硬质云母板是将云母薄片用磷酸胺或硅有机树脂粘贴而成，含胶量应小于10%，用作耐热等级为F、H级的换向器片间绝缘等。

塑形云母板含胶粘剂10%~25%，室温时硬脆，但是加热到一定温度以后，变得很柔软。可以用模具热压成形，冷后又变硬。胶粘剂用虫胶，甘油树脂或硅有机树脂等。

柔软云母片、带是用油改性甘油树脂漆或沥青混合物与油等配制的胶粘剂胶粘白云母薄片而成，有时用薄纸或玻璃丝布、带作底料。这种云母制品在室温下就是柔软的，主要用于电机的槽绝缘及成型线圈、磁极线圈的绝缘。

粉云母制品（粉云母带、粉云母纸等）是用粉云母加胶粘剂及底料制成，用于电机成型线圈的绝缘。

（5）塑料制品　常用的有酚醛树脂玻璃纤维压塑料和聚酰亚胺玻璃纤维压塑料。

酚醛树脂玻璃纤维压塑料是将酚醛树脂经苯胺、聚乙烯、醇缩丁醛、油酸等改性，然后浸渍玻璃纤维而成，属于B级绝缘材料。玻璃纤维有两种形式：一种是乱丝状态，一种是直丝状态。后者用于塑料换向器中，因为这种塑料不但顺纤维方向的拉力特别高，而且材料容积小，加料方便，操作时玻璃丝飞扬小。

聚酰亚胺玻璃纤维压塑料是用玻璃丝纤维和聚酰亚胺树脂配制的塑料，适用于H级绝缘的换向器。

（6）绝缘漆　绝缘漆的种类很多，电机绝缘用漆通常是指浸渍漆，仅在"三防"电机中才需在端部另喷覆盖漆。

所有绝缘漆都由两部分主要材料组成，即漆基和溶剂。漆基是组成漆的基本成分，它使工件能形成一牢固的漆膜。利用石油分馏的产品——沥青作漆基即为沥青漆（或成黑烘漆），它属于A级材料。目前较多的浸渍漆都采用合成树脂作为漆基，如环氧、酚醛、聚酯等。常用绝缘漆的牌号与性能见表4-14。

表4-14　常用绝缘漆的性能

牌　　　号	1032	1053	Y130（工厂牌号）	1034
名　　　称	三聚氰胺醇酸漆	有机硅浸渍漆	少溶剂环氧浸渍漆	环氧聚酯无溶剂漆
固体含量（不小于）%	47	50	70 ± 2	—
酸值（mgKOH·g^{-1}）	5~10	—	—	—
吸水率（%）	1~2	—	—	—
耐热性(不小于)/h	30（150℃）	200（200℃）		
黏度 s（4号黏度计）(20 ± 1)℃	30~60	30~65	40	120~240
干燥时间/h	1.5~2（105℃）	1.5~2（200℃）	1（150℃）	14~17min（130℃）
常态击穿强度（kV·mm^{-1}）	70~95	65~100	80	20~35

用以溶解漆基的材料称为溶剂，大多数也是树脂类物质，如松节油、甲苯、二甲苯等。溶剂都是一些密度小的易挥发的液体，大多数是易燃的，而且有些对人体有刺激甚至有毒，因此在使用时必须采取一定的安全保护措施。

溶剂使漆的黏度降低，流动性和渗透性提高，通过烘焙处理又被挥发掉，并不成为漆膜的成分，也不影响漆的性能。

4. 绝缘材料热老化概念

在电机使用过程中，由于各种因素的作用，在绝缘材料中发生较缓慢的、不可逆的变化，使材料的电气和力学等性能逐渐恶化，称为绝缘材料的老化。促使材料老化的因素很多，如热、氧化、湿度、电压、机械力、风、光、微生物及放射线等。在低电压的正常环境下，促使材料老化的主要因素通常是热和氧化，但其他因素也同时起作用，而且是互相联系与影响的。

绝缘材料老化有一定的时间，即为绝缘材料的寿命。对电机来说也就是电机的寿命，正常运行的电机寿命一般需保持20年。绝缘材料的寿命与工作温度的高低有极大的关系，绝缘材料的使用寿命可按10℃规则估算（即工作温度每增加约10℃，绝缘材料的寿命将减少一半。一般，A级绝缘为8℃，B级绝缘为8~10℃，H级绝缘为12℃，即统称为绝缘材料老化的10℃规则。），也可按经验公式估算

$$H = Ae^{-mt} \tag{4-1}$$

式中，H是寿命（h），即使用的总时间；t是工作温度（℃）；m、A是常数。

这样，就可为各种绝缘材料能保证长期使用而规定不同的极限温度。根据前述的耐热等级规定，就可容易地确定该材料应属于何种绝缘等级。

第二节　散嵌绕组制造

一、绝缘结构

电机的绝缘等级决定了电机运行时的温升限度，例如在Y、Y-L型系列电机中采用B

级绝缘，其定子绕组的温升限度为85℃。允许温升限度高，用一定数量的有效材料就可设计和制造成较大容量的电机，即可以提高有效材料的利用率。因此，采用较高耐热等级的绝缘材料，提高电机的绝缘等级，如设计和制造F级和H级绝缘的电机，不断提高电机的综合技术经济指标，将是电机生产的发展趋势。

Y、Y-L及Y2系列中，对不同容量的电机，考虑其可靠性及保证使用寿命，采用了不同的绝缘结构。

1. Y、Y-L系列

（1）电磁线 Y系列采用QZ-2型高强度聚酯漆包圆铜线，Y-L系列采用QZL-2型高强度聚酯漆包圆铝线。

（2）槽绝缘 槽绝缘采用复合绝缘材料"DMDM"或"DMD"，不同机座号的槽绝缘规范见表4-15。

表4-15 Y系列电动机槽绝缘规范

机座号	槽绝缘形式及总厚度/mm			槽绝缘均匀伸出铁心两端长度/mm
	"DMDM"	"DMD+M"	"DMD"	
80~112	0.25	0.25（0.20+0.05）	0.25	6~7
132~160	0.30	0.30（0.25+0.05）	—	7~10
180~280	0.35	0.35（0.30+0.05）	—	12~15

注：0.25mmDMD其中间层薄膜厚度为0.07mm。

国产聚酯纤维无纺布（D）和聚酯薄膜（M）复合材料DMDM和DMD已试制成功，它具有良好的机电性能和优良的吸漆性，以此作槽绝缘，能与绕组粘结成一个坚实的整体。这种材料的耐热性能属于B级，DMDM和DMD两种方案并列，采用DMD时按绝缘规范规定另加一层0.05mm的M作为加强绝缘。

目前国内嵌线工艺有两种方式：一种是槽绝缘不伸出槽口；一种是伸出槽口折转交叠。本规范推荐不伸出槽口方案，因为伸出槽口折转交叠方案浪费了被剪去的材料。

（3）相间绝缘 绕组端部相间垫入与槽绝缘相同的复合材料（DMDM或DMD）。

（4）层间绝缘 当采用双层绕组时，同槽上、下两层线圈之间垫入与槽绝缘相同的复合材料（DMDM或DMD）作为层间绝缘。

（5）槽楔 槽楔采用冲压成型的"MDB"（M、D和玻璃布B的复合物）复合槽楔或3240环氧酚醛层压玻璃布板。机座号80~160的电动机用厚度为0.5~0.6mm复合槽楔材料；机座号180~280的电动机用厚度为0.6~0.8mm复合槽楔材料。冲压成型的复合槽楔的长度和相应槽绝缘相同。层压板槽楔厚度为2mm，长度比相应槽绝缘短4~6mm，槽楔下垫入长度与槽绝缘相同的盖槽绝缘。由于MDB槽楔是新材料，虽有不少优点，但工艺上还不成熟，价格也比较贵，所以应用尚不普遍，故MDB与3240板槽楔两方案并列。

（6）引接线 引接线采用JBQ型丁腈橡胶电缆。引接线接头处用厚0.15mm的醇酸玻璃漆布带或聚酯薄膜带将电缆和线圈连接处半叠包一层，外面再套醇酸玻璃漆管一层。如无大规格醇酸玻璃漆管，线圈连接处可用醇酸玻璃漆布带半叠包两层，外面再用0.1mm无碱玻璃纤维带半叠包一层。

（7）端部绑扎 机座号为80~132的电动机定子端部每两槽绑扎一道，机座号为160~280的电动机定子端部每一槽绑扎一道，机座号为180的二极及机座号为200~280的二极、四极电动机定子绕组鼻端用无碱玻璃纤维带半叠包一层。在有引线的一端应把电缆和接头处同时绑扎牢，必要时应在此端增加绑扎道数。

（8）绝缘浸烘处理 采用1032漆二次沉浸，或采用ETU、319-2等环氧聚酯类无溶剂漆沉浸一次。除了推荐1032漆以外，滴浸应是优先采用的工艺，此外真空压力浸漆亦为优先采用的工艺，ETU和319无溶剂漆均有较好的性能，但成本较高。

2. Y2系列

（1）电磁线 采用QZY-2/180聚酯亚胺漆包圆铜线，机座号63～280的电动机允许采用QZ（G）-2/155改性聚酯漆包圆铜线。

（2）槽绝缘 采用以F级粘合剂和优质薄膜复合的6641聚酯薄膜聚酯纤维非织布柔软复合材料，亦可采用聚芳酰胺、聚芳砜及聚噁二唑耐热纤维与聚酯薄膜复合的柔软复合材料，其型号分别为6642、6643、6644。复合材料中聚酯薄膜厚度不小于0.075mm。不同机座号的槽绝缘规范见表4-16。

表4-16 Y2系列电动机槽绝缘规范

机座号	槽绝缘厚度/mm	槽绝缘伸出铁心每端最小长度/mm
63～71	0.20	5
80～112	0.25	7
132～160	0.30	10
180～280	0.35	12
315～355	0.40	15

（3）相间绝缘 绕组端部相间与槽绝缘相同的柔软复合材料。

（4）层间绝缘 当采用双层绕组时，同槽上、下两层线圈之间垫入与槽绝缘相同的柔软复合材料。

（5）槽楔 槽楔采用3240环氧酚醛层压环玻布板或3830-U型聚酯玻璃纤维引拔槽楔，也可采用3830-E型环氧玻璃纤维引拔槽楔。槽楔厚度：机座号63～71为1mm，机座号80～280为2mm，机座号315～355为3mm，其长度比相应槽绝缘短4～6mm。槽楔下垫入盖槽绝缘长度和槽绝缘相同，也可用槽绝缘在槽口折包的形式替代盖槽绝缘。

（6）引接线 引接线采用JYJ型交联聚烯烃绝缘电缆。引接线与绕组线连接处采用6230聚酯薄膜粘带，宽度为8、10、12mm，厚度为0.06mm，外面再套2741聚氨酯玻璃纤维漆管。

（7）端部绑扎 机座号63～160端部绑扎材料采用R型柔软夹纱聚酯绑扎带，宽度为15mm，厚度为0.15mm；机座号180～355端部绑扎材料采用BE型聚酯纤维绑扎带，宽度为15mm，厚度为0.17mm；机座号63～132电动机定子端部每两槽绑扎一道，机座号160～355电动机定子端部每一槽绑扎一道，机座号180二极和机座号200～355二极、四极电动机定子绕组鼻端用绑扎带半叠包一层，其叠包长度不少于端部周长的1/3。

（8）绝缘浸烘处理 采用1140-U型不饱和聚酯无溶剂浸渍树脂或1140-E型环氧无溶剂浸渍树脂，也可采用F级有溶剂浸渍漆。机座号63～280采用无溶剂浸渍树脂一次浸烘工艺，机座号315～355采用无溶剂浸渍树脂二次浸烘工艺。对真空浸渍可采用一次浸烘工艺，F级有溶剂漆均采用二次浸烘工艺。

二、绕组的绕制

散嵌式绕组都是在专用绕线机上利用绕线模绕制，对于单层绕组，过去都以极相组为单元绕制，这样嵌线工作比较方便，但增加一次接线工序。比较先进的工艺是把属于一相的所有线圈一次连续绕成，中间不剪断，把极相组之间的连线放长一点，并套上套管。这就省去了一次接线工序，提高了工效，也节省了材料。在绕制绕组时应注意以下几点：

（1）绕制绕组时必须使导线排列整齐，避免交叉混乱　因为交叉混乱将会增大导线在槽中占有的面积，使嵌线困难，并容易造成匝间短路。

（2）绕组的匝数必须符合要求　因为匝数多了，浪费铜线，嵌线困难，并使漏抗增大，最大转矩和起动转矩降低。匝数少了，电机空载电流增大，功率因数降低。若三相绕组匝数不相等，则三相电流不平衡，也使电机性能变坏。

（3）导线直径必须符合设计要求　因为导线用粗了，嵌线困难，同时也费铜；导线细了（或绕线时拉力过大将导线拉细），绕组电阻增大，影响电机性能。

（4）绕线时必须保护导线的绝缘　不允许有点滴破损，否则将造成绕组匝间短路。

在完成绕线工序以后，每相绕组都要进行直流电阻的测定和匝数检查。在测量直流电阻时，如电阻小于1Ω，用双臂电桥测量；大于1Ω，用单臂电桥测量。测得的直流电阻，考虑绕组松紧、接头质量，允许误差范围为设计值的$\pm4\%$。

检查绕组匝数用匝数试验器，此仪器结构示意图见图4-1，基本元件是一个磁轭可分开的铁心，在铁心左柱上套有一次线圈w_0，接入220V电源；在铁心右柱上套有标准绕组w_1和被测绕组w_2，标准绕组和被测绕组反接与相敏检波电路中变压器T_2的一次绕组串联。

该仪器是通过变压器T_1和反向连接的w_1及w_2把匝数误差转换为电信号，采用相敏检波电路作为匝数误差信号的检测，其工作原理如下：

从图4-1可知，R_1、R_2、R_3构成一个分压器，从R_3上得到一交流电压$U_{00'}$，作为相敏检波电路的辅助电源。当$w_1 \neq w_2$时，在T_2的副边得到大小相等、相位相同的感应电动势e_{2a}与e_{2b}，感应电动势的大小与匝数误差成比例。VD_1、R_4与VD_2、R_5构成两单相半波整流电路，它们的交流电源分别为$u_{00'} + e_{2a}$与$u_{00'} + (-e_{2b})$。

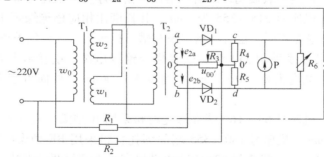

图4-1　匝数试验器

T_1—励磁变压器　T_2—输入变压器1:3，一次侧400匝，二次侧1200匝

w_0—1250~1500匝　w_1—标准线圈　R_1—1W、200kΩ/200V

VD_1、VD_2—二极管2AP7　R_2—1W、200kΩ/200V　R_3—20kΩ　R_4—30kΩ

R_5—30kΩ　R_6—5kΩ　P—检流计

1）当$w_1 = w_2$时，误差电动势等于0。VD_1、R_4与VD_2、R_5的交流电源电压相等，都等于$u_{00'}$，在R_4、R_5上得到大小相等、极性相反的单相半波整流输出电压，所以$U_{cd} = 0$，检流计P指针指在零位（即正中）。

2）当 $w_1 > w_2$ 时，出现误差电动势（设 e_{2a} 与 $u_{00'}$ 同相；e_{2b} 与 $u_{00'}$ 反相）。这时 VD_1、R_4 的交流电源电压大，而 VD_2、R_5 的交流电源电压小，在 R_4、R_5 上得到的半波整流电压大小不等，$u_{c0'} > u_{d0'}$，所以 $u_{cd} > 0$，检流计正向偏转。

3）当 $w_1 < w_2$ 时，反之，检流计反向偏转。电阻 R_6 是调节灵敏度用的，每次测量开始应把 R_6 放在零位，测试时使 R_6 逐渐增大，使检流计达到灵敏为止（即最大位置）。

三、绕组的嵌线

绕组展开图是嵌线工艺的依据，在考虑嵌线工艺之前应该搞清楚绕组展开图，从而找出嵌线工艺的规律。下面分别介绍几种散嵌绕组嵌线工艺：

1. 单层链式绕组

小型三相异步电动机（11kW 以下）当每极每相槽数 $q = 2$ 时，定子绕组采用单层链式绕组。

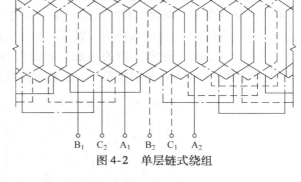

图 4-2　单层链式绕组

以 $Q_1 = 24$、$2p = 4$、$q = 2$、$y = 1 - 6$ 为例，定子绕组展开图如图 4-2 所示，其嵌线工艺如下：

1）因嵌完线后引出线的位置最好在机座出线口的两边，所以嵌第一个槽时，应考虑槽的位置。通常，定子铁心有四个扣片的在两扣片之间，有六个扣片的应在扣片的前一个槽。

2）先嵌第一相第一个线圈的下层边（因它的端边压在下层，故称下层边），封好槽（整理槽内导线，插入槽楔），上层边暂不嵌（这种线圈称起把线圈或吊把线圈）。

3）空一个槽，嵌第二相第一个线圈的下层边，封好槽，上层边也暂不嵌（因 $q = 2$，所以起把线圈有 2 个）。

4）再空一个槽，嵌入第三相的第一个线圈下层边，封好槽；上层边按 $y = 1 \sim 6$ 的规定嵌入槽内，封好槽，垫好相间绝缘。

5）再空一个槽，嵌第一相的第二个线圈下层边，封好槽；上层边按 $Y = 1 \sim 6$ 的规定嵌入槽内，封好槽，垫好相间绝缘。这时应注意与本相的第一个线圈的连线，即应上层边与上层边相连或下层边与下层边相连。

6）以后第二相、第三相按空一槽嵌一槽的方法，轮流将第一、二、三相的线圈嵌完，最后把第一相和第二相的上层边（起把）嵌入，整个绕组就全部嵌完。

因此，单层链式绕组嵌线时有以下特点：

①起把线圈数等于 q；②嵌完一个槽后，空一个槽再嵌另一相的下层边；③同相线圈的连线是上层边与上层边相连，下层边与下层边相连。

2. 单层交叉式绕组

小型三相异步电动机（11kW 以下）当 $q = 3$ 时，定子绕组采用单层交叉式绕组。

以 $Q_1 = 36$、$2p = 4$、$q = 3$、$y = \begin{cases} 1 \sim 8/1 \\ 1 \sim 9/2 \end{cases}$ 为例，定子绕组展开图如图 4-3 所示，其嵌线工艺如下：

1）考虑好嵌第一个槽的位置。

2）先嵌第一相的两个大圈中带有引出线的下层边及另一下层边，封好槽，两个上层边暂不嵌（起把）。

3）空一个槽，嵌第二相小圈（单圈）的下层边，上层边也暂不嵌。

4）再空两个槽，嵌第三相两个大圈中带有引出线的下层边，并按大圈节距 $y = 1 \sim 9$ 把上层边嵌入，紧接着嵌另一个大圈的下层边和上层边。

5）再空一个槽，嵌第一相小圈下层边，这时应注意大圈与小圈的连接线，即上层边与上层边相连，下层边与下层边相连。然后按小圈的节距 $y = 1 \sim 8$ 把上层边嵌入槽内。

6）再空两个槽，嵌第二相的大圈，按上层边与上层边相连，下层边与下层边相连的原则，把一个大圈的下层边嵌入槽内，紧接嵌另一大圈。

7）再空一个槽，嵌第三相的小圈，嵌线时注意本相连线。再按上述方法，把第一、二、三相线圈嵌入槽内，最后把第一、二相起把线圈的上层边嵌入槽内。

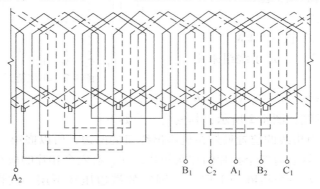

图4-3 单层交叉式绕组

因此，单层交叉式绕组嵌线的特点是：

① 起把线圈数为 $q = 3$；② 一、二、三相轮流嵌，先嵌双圈，空一个槽嵌单圈，空两个槽嵌双圈，再空一个槽嵌单圈，再空两个槽嵌双圈……一直嵌完，最后落把；③ 同相线圈之间的连线是上层边与上层边相连，下层边与下层边相连。

3. 单层同心式绕组

小型三相异步电动机（11kW 以下）当 $q = 4$ 时，定子绕组采用单层同心式绕组。

以 $Q_1 = 24$、$2p = 2$、$q = 4$、$y = \begin{cases} 1 \sim 12 \\ 2 \sim 11 \end{cases}$ 为例，定子绕组展开图如图4-4所示，其嵌线工艺如下：

1）选择好第一个槽的位置后，先嵌第一相小圈带引出线的下层边，再嵌大圈下层边，两个上层边不嵌。

2）空两个槽，嵌第二相线圈的小圈和大圈的下层边，上层边也暂不嵌。

3）再空两个槽，嵌第三相线圈的小圈和大圈下层边，并按节距 $y = 2 \sim 11$ 和 $y = 1 \sim 12$ 把两上层边嵌入槽内。

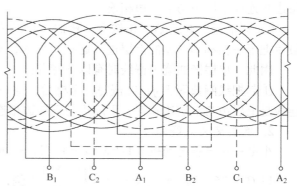

图4-4 单层同心式绕组

4）按空两个槽嵌两个槽的方法，按顺序把其余的线圈嵌完，最后把第一、二相起把线圈的上层边嵌入槽内。

单层同心式绕组嵌线的特点是：

①起把线圈数为 $q=4$；②在同一组线圈中嵌线顺序是先嵌小圈再嵌大圈；③嵌线时的顺序是嵌两个槽空两个槽；④同相线圈间的连线是上层边与上层边相连，下层边与下层边相连。

单层绕组上述三种嵌线方法，连线都要事先套好套管，而且较长。连线之间还会出现交叉现象。因此，目前我国许多电机制造厂采用了单层绕组穿线工艺。在嵌线之前，先把三相绕组按一定的规律穿好，然后根据以上方法把穿好的线圈按次序嵌入槽内。采用穿线工艺时，连线不需要套套管，也不需要加长，因此节省套管和铜线，而且端部也很整齐。

4. 双层叠绕组

容量在 11kW 及以上的中小型异步电动机定子绕组采用双层叠绕组。

以 $Q_1=24$、$2p=4$、$q=2$、$y=1\sim6$ 为例，定子绕组展开图如图 4-5 所示。

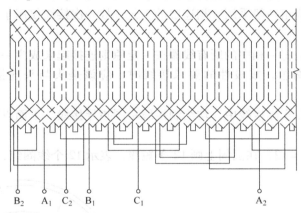

图 4-5　双层叠绕组

从双层绕组展开图可以看出，嵌线工艺比较简单。但应注意的是，在开始嵌线时有 y 个线圈上层边不嵌，其余线圈嵌完下层边后即按 y 嵌上层边。在嵌上层边之前，应先放入层间绝缘。直到全部线圈嵌完后，再把起把线圈的上层边嵌入槽内。

5. 单双层混合绕组

以 $Q_1=36$、$2p=4$、$y=\begin{cases}1\sim9\\2\sim8\end{cases}$ 为例，定子绕组展开图如图 4-6 所示，其嵌线工艺如下：

1）选择好第一个槽的位置后，把第一相第一组的小圈带有引出线的一边嵌入槽内，另一边不嵌，紧接着把大圈的下层边嵌入，上层边也不嵌。

2）空一个槽，嵌第二相第一组的两个下层边，上层边也不嵌。

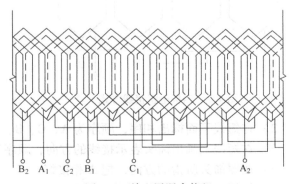

图 4-6　单双层混合绕组

3）再空一个槽，嵌第三相第一组的两个下层边，并按 $y = 2 \sim 8$ 和 $1 \sim 9$ 把两个上层边嵌入槽内。

4）按空一个槽嵌两个槽的方法，顺序把其余的线圈嵌完，最后把第一、二相的起把线圈的上层边嵌入槽内。

单双层混合绕组嵌线的特点是：

① 大圈每圈匝数等于每槽导体数，小圈每圈匝数等于1/2 每槽导体数；②大圈节距是8，是单层；小圈节距是6，是双层；③再同一组线圈中，嵌线的顺序是先嵌小圈，再嵌大圈；④嵌线时的顺序是嵌两个槽空一个槽；⑤同相线圈间的连线规律是上层边接上层边，下层边接下层边。

单双层混合绕组是双层短距绕组变换过来的，它具有短距绕组能改善电气性能的优点，同时它又有一部分是单层绕组，这一部分具有不要层间绝缘、嵌线较快的优点。

四、绕组的接线

电机绕组若以极相组为单元进行绕线，嵌线后就要进行一次接线。从我国主要电机厂的生产工艺来看，单层绕组一般采用一相连绕的工艺，故一次接线仅用于双层绕组和维修中的单层绕组。

所谓一次接线就是将一相中的所有线圈按一定原则连接起来成为一相绕组。例如，一台四极电机，有四个线圈组，按极性的要求接线时，应该是头与头连接，尾与尾连接，如图4-7所示。

为了简便起见，在实际接线中，均绘制接线草图指导接线。下面以图4-7为例，绘制接线草图。

1）因 $2pm = 4 \times 3 = 12$，在圆周上画12条短线，表示12个线圈组，如图4-8所示。

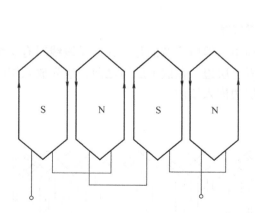

图4-7　四极电机接线方式

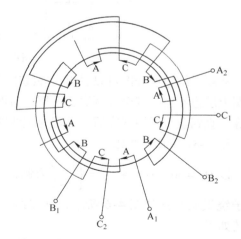

图4-8　$Q = 24$、$m = 3$、$2p = 4$ 接线草图

2）在短线下面标出相序，顺序为 A、C、B、A、C、B、……。

3）在短线上画出箭头表示接线的方向，顺序为一正一反，一正一反……。

4）按照箭头所指的方向，把 A 相接好。

5）根据 A、B、C 三相绕组应互差120°电角度的原则，在此例中，$2p = 4$，总的电角度为 $2 \times 360° = 720°$，线圈组数为12，故两相邻线圈组间电角度为 $720°/12 = 60°$。则 B 相相头滞后 A 相相头两个线圈组；C 相相头滞后 B 相相头两个线圈组。然后，按照 A 相连接方式，分别将 B 相和 C 相接好。

为了得出三相绕组相头互差 120°电角度，可以有各种引出线的位置。如图 4-9 按顺时针方向，B 相相头比 A 相相头滞后 120°电角度，C 相相头比 A 相相头越前 120°电角度，这样三相相头仍互差 120°电角度，同样可以产生三相旋转磁场。这种接线方式，六根引出线靠近，引线较短，可以节省引出线，也便于包扎，故较多工厂采用。

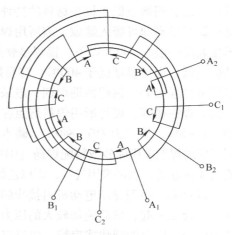

图 4-9 接线草图

双层短距绕组，主要是用在 Y180 及以上较大容量的电机中，因为每相绕组通过的电流较大，这样就必须选用较粗的铜线，但是铜线直径过大，会造成嵌线困难，故在双层绕组中大多采用每相绕组有两个或两个以上的支路进行并联，以减小导线直径。几个支路并联连接的原则是：

1）各支路均顺着接线箭头方向连接，并联时使各支路箭头均是由相头到相尾。

2）并联后各支路线圈组数相等。

这里仍以三相四极电机为例，按照上面所说的原则接成两个支路并联。首先将每相线圈组数分别串联为两个支路。再加两个支路并联，其方法有两种：一种是邻极相组并联，如图 4-10a 所示；另一种是隔极相组并联，如图 4-10b 所示。这两种接法效果是相同的，均符合以上原则。这样，A 相绕组电流分两个支路流过，每个支路电流仅为相电流的一半，导线截面积也可减少一半。

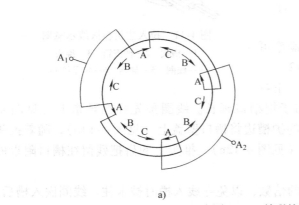
a)

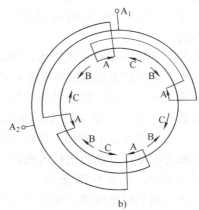
b)

图 4-10 并联接线草图

以上介绍的是一次接线的原则和连接方法。不论是一次接线还是二次接线（即接引出线），都要进行焊接。对于绕组接线中的焊接要求，概括起来有以下三点：

1）焊接要牢固——要有一定机械强度，在电磁力和机械力的作用下不致脱焊、断线造成运行事故。

2）接触电阻要小——与同样截面积的导线相比，电阻值应相等或更小。这样在运行中不致产生局部过热。电阻值还应稳定，运行中无大变化。

3）焊接容易操作，不影响周围的绝缘，成本应尽可能低。

焊接方法主要有两种：熔焊和钎焊。熔焊就是被焊接的金属本体在焊接处熔化成液体，然后再冷却把金属焊在一起，一般都采用焊接变压器的碳极短路电流的加热方式进行焊接。钎焊就是利用熔点低于接头材料的特种金属材料，流入已加热接头的缝隙中，加热温度只要高于焊料熔点即可吸入缝隙。因所用焊料熔点温度的不同又可分为软焊和硬焊两种。软焊的焊接温度一般在500℃以下。锡焊是软焊中的一种，利用锡铅合金作焊料。这种焊接的优点是熔点低，焊接温度低于400℃，容易操作，焊接时的局部过热对周围绝缘影响小；它的缺点是机械强度差。锡焊的助焊剂一般采用酒精加松香或焊油，其加热方法是用烙铁焊或专用工具如焊锡槽等。硬焊所用焊料熔点在500℃以上，常用的为磷铜焊或银铜焊。磷铜焊料含磷6%～8%，熔点为710～840℃，磷本身是很好的还原剂，因此焊接时不再需要助焊剂；银铜焊的助焊剂采用硼砂或特配焊药（031焊药）。加热方法一般采用焊接变压器的碳极短路电流的加热方式，也可采用气焊，即以乙炔火焰加热工件，熔化焊料，然后达到焊接的目的。

近年来，小型异步电动机引接线的焊接采用冷压接新工艺。冷压接是采用对接的压钳将接头钳合在一起，然后施加较大的压力，使接头在冷状态下加压接合的方法。冷压接可以对接$\phi 0.8$mm以上的圆线或扁线，也可以搭接绕组引接线。冷压接的优点是不需加热，无焊料焊剂，接头强度不低于基本金属，因而有效地避免焊接过程中绝缘受损和接头腐蚀等问题，是当前较为理想的接头对接工艺。

五、机械嵌线

机械嵌线分间接拉入法（导线绕成线圈后再嵌入铁心）和直接法（导线直接绕入铁心槽内）两种。图4-11所示为间接法的一种类型——拉入法。

拉入法常用于嵌单层同心式绕组，槽满率可达到75%左右，其原理及嵌线过程见图4-12。

采用一次拉入方法时，每个导指的位置正对

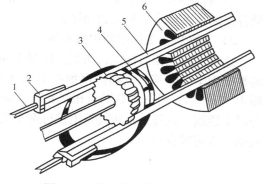

图4-11　拉入法机械嵌线示意图
1—槽楔　2—槽楔箱　3—推头
4—线圈　5—导指　6—定子铁心

着齿，导指数等于齿数。导指的作用相当于把槽口延长。线圈预先挂在导指上（见图4-12a），然后，导指伸入铁心内圆，导指上的护槽边将槽口壁盖上（见图4-12b），随着推头的前进，线圈边沿导指护槽边被拉入槽内（见图4-12c），推头上的齿把残留在槽口附近的导线全部压入槽中，如图4-13所示。

导指护槽边间的间隙应等于导线直径的倍数，以免导线入槽时被卡住。线圈嵌入槽后，槽楔跟着推入槽内，把已进入槽口的导线压紧（见图4-12d）。线圈端部在推头前进到最后行程时滑出导指，以保证端部排列整齐。为了提高效率，嵌线机应和绕线机、端部整形机和绑扎机等设备连接成自动线。

六、质量检查

定子绕组嵌线后的质量检查包括外表检查、直流电阻测定和耐压试验。

1. 外表检查

1）检查所用材料的尺寸及规格应符合图样及技术标准的规定。

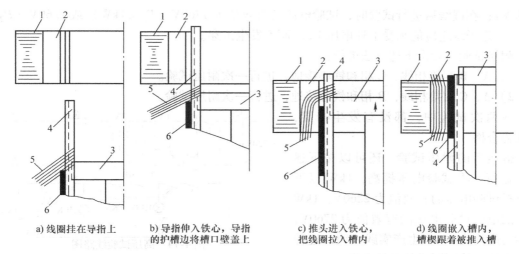

a) 线圈挂在导指上   b) 导指伸入铁心，导指   c) 推头进入铁心，   d) 线圈嵌入槽内，
               的护槽边将槽口壁盖上   把线圈拉入槽内   槽楔跟着被推入槽

图 4-12 拉入法原理及嵌线过程示意图
1—铁心 2—定子槽 3—推头 4—导指 5—线圈 6—槽楔

2）绕组节距应符合图样规定，绕组间连接应正确，直线部分平直整齐，端部没有严重交叉现象，端部绝缘形状应符合规定。

3）槽楔应有足够紧度，必要时用弹簧秤检查，其端部不应有破裂现象，槽楔不得高于铁心内圆，伸出铁心两端的长度应当相等。

4）用样板检查绕组端部的形状和尺寸应符合图样要求，端部绑扎应当牢固。

5）槽绝缘两端破裂修复，应当可靠，对于少于36槽的电机，不能超过三处且不准破裂到铁心。

2. 直流电阻测定

在正常情况下，三相绕组的直流电阻应该是相同的，但因为电磁线制造时有制造公差，绕线

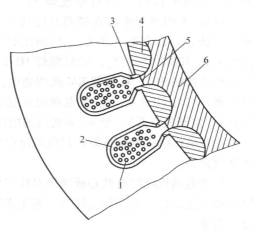

图 4-13 推头上的齿和单推上护槽边的相对位置
1—线圈 2—槽绝缘 3—导指上的护槽边
4—导指 5—推头上的齿 6—推头

时的拉力有时不一样，另外每个焊接头的接触电阻不一定相同，所以三相绕组的直流电阻允许有一些差异，一般要求三相电阻不平衡度在 ±4% 之内，即：

$$\frac{最大值 - 平均值}{平均值} \times 100\% \leqslant 4\% \tag{4-2}$$

$$\frac{平均值 - 最小值}{平均值} \times 100\% \leqslant 4\% \tag{4-3}$$

3. 耐压试验

耐压试验的目的，是检查绕组对地及绕组相互间的绝缘强度是否合格。耐压试验共进行两次，一次在嵌线后进行，一次在电机出厂试验时进行。试验电压为交流、频率为 50Hz 及实际正弦波形。在出厂试验时，试验电压的有效值为 1260V（$P_2 < 1$kW 时）或 1760V（P_2

≥1kW）；在嵌线后进行试验时，试验电压的有效值为1760V（$P_2<1kW$）或2260V（$P_2\geq$ 1kW）。定子绕组应能承受上述电压1min而不发生击穿。

耐压试验一般按下述方法进行：

1）A、B相接相线，C相和铁心接地，进行一次耐压试验。

2）A、C相接相线，B相和铁心接地，进行一次耐压试验。

在两次试验中，都没有发生击穿，便认为合格。

嵌线后的耐压试验，还可以按下述方法进行。将试验电压提高，1kW以下的电机试验电压的有效值为2260V，1kW以上的电机试验电压的有效值为2760V，试验时间均为10s。生产实践表明，这种试验方法可达到同样的考核效果。

下面介绍一种简单的高压试验台线路图（见图4-14），其工作原理如下：

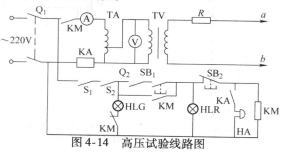

图4-14 高压试验线路图

Q_1—电源开关 S_1—门开关 S_2—脚踏开关

Q_2—零位开关 SB_1—起动按钮 SB_2—停止按钮

KM—交流接触器 KA—过电流继电器 R—限流电阻

TA—自耦变压器 TV—调压器 HLG—绿灯

HLR—红灯 HA—警铃

将a、b两点分别接在被测绕组线头和定子铁心。合电源开关Q_1，同时闭合门开关S_1和脚踏开关S_2，此时绿灯HLG亮。调自耦变压器至零位，使零位开关Q_2闭合。按下起动按钮SB_1，接触器KM线圈通电，衔铁吸合，使常开触点闭合，常闭触点打开，绿灯熄灭，红灯HLR亮，说明电源电压送入调压器，即主回路有电。逐渐调节自耦变压器（这时零位开关打开），使a、b两点的电压值达到试验电压值。考核时间为1min。

若电动机绕组绝缘良好，过电流继电器KA的线圈电流较小时，不发生任何信号，即耐压试验合格。

如果电动机绕组对铁心或绕组对绕组发生击穿，过电流继电器KA线圈有电流流过，使继电器发生动作，常开触点闭合，发生击穿故障信号即电铃响，电流表电流增大，表示这相绕组击穿。

限流电阻R要选择适当，才能保护变压器和仪表。

第三节 绕组绝缘处理

一、绕组绝缘处理的目的

绕组绝缘中的微孔和薄层间隙，容易吸潮，导致绝缘电阻下降，也易受氧和腐蚀性气体的作用，导致绝缘氧化和腐蚀，绝缘中的空气容易电离引起绝缘击穿。绝缘处理的目的，就是将绝缘中所含潮气驱除，而用漆或胶填满绝缘中所有空隙和覆盖表面，以提高绕组的以下性能：

（1）绕组的电气性能 绝缘漆的电气击穿强度为空气的几十倍。绝缘处理后，绕组中的空气为绝缘漆所取代，提高了绕组的起始游离电压和其他电气性能。

（2）绕组的耐潮性能 绕组浸渍后，绝缘漆充满绝缘材料的毛细管和缝隙，并在表面结成一层致密光滑的漆膜，使水分难以浸入绕组，从而显著提高绕组的耐潮性能。

（3）绕组的导热和耐热性能 绝缘的热导率比空气优良得多。绕组浸渍后，可显著改善其导热性能。同时，绕组绝缘材料的老化速度变慢，耐热性能得到提高。

（4）绕组的力学性能 绕组经浸渍后，导线与绝缘材料粘结成坚实的整体，提高绕组的力学性能，可有效地防止由于振动、电磁力和热胀冷缩引起的绝缘松动和磨损。

（5）绕组的化学稳定性 绝缘处理后形成的漆膜能防止绝缘材料直接与有害的化学介质接触而损坏。经过特殊绝缘处理，还可使绕组具有防霉、防电晕及防油污等能力，从而提高绕组的化学稳定性。

二、绝缘处理的主要类型

绝缘处理可分为浸漆处理、浇注绝缘和特殊绝缘处理等。

浸漆处理是最常用的绝缘处理方式，主要有沉浸和滴浸两大类。其中，沉浸法又可分为常压沉浸、真空浸渍和真空压力浸渍等。常压沉浸法设备简单，操作容易，但浸烘周期长，一般用于普通中小型电机。真空浸渍和真空压力浸渍可很好地去除绕组内部的潮气和空气，浸渍质量高，可大大改善绕组的绝缘性能，但设备复杂，常用于绝缘质量要求高的中大型电机。滴浸法浸烘周期短，生产效率高，浸漆质量好，易实现机械化和自动化生产，但对体积较大的电机，绕组难以浸透，因而限于小型和微型电机的绕组浸渍。

电枢绕组采用浇注胶，经浇注、加热固化形成整体浇注件的方法叫做绕组浇注绝缘。浇注绝缘结构紧凑、坚固、整体密封性好，绝缘可靠，三防（防霉菌、防盐雾、防潮）性能良好。常用于控制微电机、直流力矩电机等的绝缘处理。

特殊绝缘处理是根据电机特殊工作条件或特殊环境使用要求而采取的绝缘处理方法，例如湿热带电机的三防处理以及高压电机的防电晕处理等。

三、绝缘处理的材料与设备

浸漆处理的主要材料是浸渍漆，浸渍漆分为有溶剂漆和无溶剂漆两大类。对浸渍漆的基本要求是：

1）有合适的黏度和较高的固体含量，便于渗入绝缘内层，填充空隙和微孔，以减少材料的吸湿性。

2）漆层固化快，干燥性好，储存期长，粘结力强，有热弹性，固化后能经受电机运转离心力的作用。

3）有良好的电气性能、耐热、耐潮、耐油性和化学稳定性。

4）对电磁线及其他绝缘材料有良好的相容性。

有溶剂漆由合成树脂或天然树脂与溶剂形成，具有渗透性好、储存期长等特点，但浸渍和烘干时间长，固化慢，溶剂的挥发还造成浪费与环境污染。常用的溶剂有苯类、醇类、酚类、酰胺类和石油溶剂等。有溶剂漆现以醇酸类与环氧类应用最广泛。

无溶剂漆由合成树脂、固化剂和活性稀释剂等组成，具有固化快、黏度随温度变化大、浸透性好、固化过程中挥发物少、绝缘整体性好、材料消耗少、浸烘周期短、绕组的导热和耐潮性能好等优点。无溶剂漆可适用于常压沉浸、真空压力浸和滴浸等工艺方法。快干无溶剂漆特别适合于滴浸。常用的无溶剂漆主要有环氧型、聚酯型和环氧聚酯型。

浸漆处理的通用设备是烘房、浸漆槽和滴漆架等。烘房采用热风循环式结构，其本体内层为耐火砖，外层由普通砖制成，中间层则用石棉粉或硅藻土等填充。烘房主要用于绕组的预烘和烘干，要求升温快、温度均匀、控制灵敏准确、操作维护方便、能耗少及安全可靠。

烘房的加热方式有电加热、蒸气加热和远红外加热等，电热器发热元件可采用镍铬合金电热丝或远红外加热元件。

四、浸漆处理工艺

浸漆处理包括预烘、浸渍及烘干三个主要工序。

（1）预烘　浸漆前，带绕组定子铁心必须预烘，其目的是驱除绕组中的潮气和挥发物，并使其获得适当的温度，以利于绝缘漆的渗透与填充及提高绕组浸漆的质量。

预烘的主要工艺参数是温度和时间。温度过低，去除潮气和挥发物的时间长。温度过高，影响绝缘材料的使用寿命。预烘温度随绝缘材料的耐热等级而定。常压下的预烘温度取耐热极限温度上下10℃左右，但最高不超过耐热极限温度20℃。在真空状况下，由于水的沸点变低，因而预烘温度可以降低，常取为80～110℃。预烘过程中，预烘温度宜逐步增加，以防表面层温度高而使内部的水分不易散出。

预烘时间与绝缘中的水分含量、绝缘结构尺寸与形状、烘炉情况及预烘温度的高低有关。预烘时间为预烘开始至绝缘电阻基本稳定的时间 t_e 的 1.1～1.2 倍。小型电机为 4～6h，中型低压电机为 5～8h。

（2）浸渍　浸渍方法、浸渍漆的种类及电机的使用要求不同，浸渍处理的工艺规范和工艺参数也不同。

采用常压沉浸法沉浸时，浸渍质量取决于绕组和铁心的浸渍温度、漆的黏度、浸渍时间和浸渍次数。

浸渍次数根据绕组的使用环境和选用的浸渍漆而定。对普通用途的中小型电机，使用有溶剂漆时一般浸渍两次，使用无溶剂漆时可浸渍一次或两次。对直流牵引电机等经常过载的电机，可采用无溶剂漆浸渍两次或有溶剂漆浸渍三次。对防爆电机等要求特别高的电机，常须浸渍有溶剂漆四次或无溶剂漆三次以上。一般来说，使用条件越苛刻，使用环境越恶劣，浸渍次数也越多。

漆的渗透能力，主要取决于漆的黏度。漆的填充能力，主要取决于漆的固体含量。第一次浸渍时，要求漆充分渗透，填满所有的微孔和间隙，故漆的黏度不宜过高，且浸渍时间应稍长，否则难以浸透，并易形成漆膜，将潮气封闭在里面，影响第二、三次浸漆的效果。第二次浸漆是把绝缘与导线粘牢，并填充第一次浸漆烘干时溶剂挥发后所造成的微孔，以及在表面形成一层光滑的漆膜，以防止潮气的侵入。因此，第二次浸漆的漆黏度和固体含量应适当增加，但时间可稍短。第三次及以后的浸渍是要求在绝缘表面形成加强的保护层，因而黏度和固体含量亦比前两次增大。

采用真空压力浸渍时，常采用真空、加压和反复加压的一次性浸渍方式，其工艺参数除应有合适的工作温度、漆的黏度及浸渍时间外，还应选择合适的真空度和压力大小。真空压力浸渍的工作温度为 50～70℃，漆的黏度比常压浸渍大。浸渍时，真空度一般选为 0.096MPa，并保持 15～20min。加压压力为 0.2～0.8MPa，加压时间视工件的结构形状与尺寸而定。单只绕组加压时间为数分钟至30min，整体浸漆的电机绕组，加压时间为 1～3h。中型高压电机采用整体浸漆工艺时，加压时间在3h以上。

（3）烘干　烘干的目的是促进漆基的聚合和氧化作用，使浸入绕组内部的漆固化，并使其表面形成光滑漆膜。

烘干过程分为两个阶段进行。第一阶段主要是溶剂的挥发，这时温度应控制在溶剂的挥发温度以上、沸点温度以下，使溶剂既能顺利逸出，又不致在绕组表面形成微孔和起泡，同时又可避免漆的表面形成硬膜，阻碍内部溶剂的挥发，在此过程中，还应控制风量进行换气，保证有10%左右的空气不断换新，以加速溶剂的挥发和防止溶剂气体过浓而引起爆炸事故。第二阶段主要是漆基的聚合固化，并在工作表面形成坚硬的漆膜。为此，干燥温度一般比预烘温度高10℃左右，升温速度约为20℃/h。在浸渍漆接近干燥时，交换的空气量可适当减少。烘干时间与工件的结构和加热方式有关，可根据试验确定。第一阶段的时间，视溶剂的挥发情况而定，约为2~3h。第二阶段的时间应根据绝缘电阻的情况确定，以绝缘电阻达到持续稳定（约2~3h）为止。多次浸渍时，前几次烘焙时间应短些，最后一次时间长些，使前后几次形成的漆膜能很好地粘合在一起，不致分层。对于转子或直流电枢绕组，最后一次烘干时间要求更长，以免因硬结不良而导致运行时受热出现甩漆现象。另外，转子或直流电枢绕组在烘干时宜立放，以免漆流结在一边而影响平衡。

五、沉浸

沉浸工艺分为普通沉浸和连续沉浸，一般中小型电机绕组均采用普通沉浸工艺，即将一批电机绕组沉入浸漆槽中，漆液表面至少要高出工件200mm以上，使绝缘漆渗透到绝缘孔隙内，填满绕组和槽内所有孔隙。普通沉浸工艺设备简单，即采用通用的烘房、浸漆槽和滴漆架等。普通沉浸典型工艺见表4-17。

Y2系列电机浸渍材料为1140-U型不饱和聚酯无溶剂浸渍树脂或1140-E型环氧树脂无溶剂浸渍树脂，均为F级，稀释剂为苯乙烯（95%），其典型工艺见表4-18。

连续沉浸适用于大批量生产的小型、微型电机绕组浸渍。连续沉浸的主要设备是隧道传送式的连续沉浸烘干设备，每台设备都有几十个工位。电机绕组装进入口工位后，随着传送带的移动，首先预烘一段时间，然后由升降装置将浸漆槽抬高，电机绕组沉入浸漆槽，沉浸1~2min，接着由升降装置使浸漆槽下降，工件连续前移，经后继工位进行烘干。运转一周后，工件回到原入口处，便可取出工件。连续浸烘设备中装有电热元件，其内部温度控制在130~150℃，传送速度可通过调节节拍时间予以控制，以保证工件在传送带上运转一周后能浸透烘干。连续沉浸法生产效率高，质量较好。一台连续沉浸烘干设备，年浸烘电机可达数十万台。

表4-17　普通沉浸典型工艺

工序名称 \ 参数	Y系列电机浸1032漆 温度/℃	时间/h	绝缘电阻/MΩ	低压电机浸5152-2无溶剂漆 温度/℃	时间/h	绝缘电阻/MΩ
预　烘	120±5	5~7（H80~160） 9~11（H180~280）	>50 >50	130±5	6	>50
第一次浸渍	60~80	>15min		50~60	>30min	
滴　干	室温	>30min		室温	>30min	
第一次烘干	130±5	6~8（H80~160） 14~16（H180~280）	>10 >2	130±5	6	>8
第二次浸渍	60~80	10~15min		50~60	>15min	
滴　干	室温	>30min		室温	>30min	
第二次烘干	130±5	8~10（H80~160） 16~18（H180~280）	>1.5 >1.5	130±5	12	>2
备　注	漆黏度（4号黏度计）：　第一次22~26s（20℃）　第二次30~38s（20℃）			漆黏度　30~36s（20℃）（4号黏度计）：		

表4-18 无溶剂浸渍树脂沉浸典型工艺

工序名称	温度/℃	机座号	时间/h	质量要求（绝缘电阻/MΩ）
预 烘	120±5	63~160	2~4	>50
		180~280	4~5	>15
		315~355	>6	>7
第一次浸漆	50~60	63~280	>0.25	无气泡
		315~355	>0.5	
滴 漆	室 温	63~280	>0.5	无滴流
		315~355	>1	
第一次干燥	140±5	63~71	2	>20
		80~112	4	>10
		132~160	6	>5
		180~280	8	>3
		315~355	8	>2
第二次浸漆	50~60	315~355	10min	浸没工件
滴 漆	室 温	315~355	0.5	无滴流
第二次干燥	140±5	315~355	6	>3
备 注	漆黏度 （4号黏度计）	第一次20~35s（23℃） 第二次30~45s（23℃）		

六、真空压力浸渍

对大中型高压电机绕组或牵引、轧钢电机的电枢绕组等要求较高的绕组，采用真空压力浸渍或真空浸渍。真空压力浸渍也称VPI技术，其典型的设备与总体布局如图4-15所示。由图可见，真空压力浸渍设备主要包括浸漆罐、储漆罐、真空泵、加压泵、调合罐、抽真空脱气保管罐、泵及过滤器等。

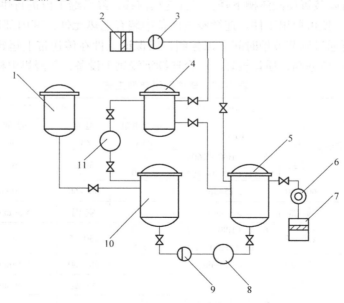

图4-15 真空压力浸渍设备示意图

1—新漆罐 2—真空泵 3—冷凝器 4—抽真空脱气保管罐 5—浸漆罐
6—空气过滤器 7—空气压缩机 8、11—泵 9—过滤器 10—储漆罐

浸漆罐是真空压力浸渍的主要设备。要求密封性能好，能建立 0.096MPa 以下的真空，能承受 0.4MPa 以上的压力，能达到 100℃ 以上的加热温度。

储漆罐用于储存浸渍漆。为使漆液具有合适的黏度和温度，以利漆的长期储存，储漆罐装有搅拌器，并用防爆电动机带动。储漆罐经过滤器与浸漆罐相通，以去除从浸漆罐输回的漆中杂质。

抽真空脱气保管罐可将停留在罐中的漆液抽真空，把漆中含有的低分子挥发物抽出，使漆中气泡少，漆液填充性好，以提高浸渍绕组的绝缘性能。为使漆液具有合适的温度，抽真空脱气保管罐还附有冷热水调节系统。

调合罐用于调合新漆。当储漆罐中的漆液黏度变大时，必须加入适量的新漆，这时必须通过调合罐将不同组份的新漆调合后才能注入储黏罐。

真空泵的作用是使浸漆罐能建立所需的真空。真空泵应装冷凝器，将抽往真空泵气体中的溶剂、水分、油类等凝聚下来，以免损伤真空泵。

压力泵的作用是给浸漆罐加压，以提供绕组浸渍所需的压力。

真空压力浸渍的工艺过程如下：

将拟浸渍的电机绕组预烘后吊入浸漆罐，或将电机绕组吊入浸漆罐中抽真空预烘；将储漆罐中的漆液用泵抽入抽真空脱气保管罐进行脱气处理，并加温使漆温保持在 50~60℃；待电机绕组的绝缘电阻达到规定值（一般约为 100MΩ）时，将漆液输入浸漆罐，并使漆的液面高于工件最高点达到 40mm 以上；在绕组预烘和漆液输入过程中，应对浸漆罐不断地抽真空，直到输入的漆液不冒泡后再延续 10~15min 才解除真空；在大气压力下浸渍几分钟，接着在罐中加压，使工件在不低于 0.3MPa 压力下再浸渍几分钟。经常压浸和加压浸连续循环 2~3 次，最后将漆液送回储漆罐中，工件在浸漆罐中滴漆一定时间后取出，并送烘炉烘干。对一些要求较高的电机绕组，也可连续加压数小时，以提高浸渍质量。

真空浸渍除不需加压浸渍外，其余步骤均与真空压力浸渍相同。

真空压力整体浸渍具有以下突出的优点：

1）简化绕组制造工艺，摒弃单个绕组绝缘热压固化的传统工艺。采用少胶云母带连续包绕绕组，嵌入铁心后再整体浸渍，可使绕组制造简单，嵌线容易，生产效率高，且不会损伤绕组绝缘。

2）提高电机绕组的整体性，可消除电机绕组位移引起的绝缘磨损。

3）提高绕组的导热性，从而可降低电机的运行温度。

4）增强电机绕组适应环境条件的能力，可消除潮气、化学气体和其他污物侵入绝缘内部而造成的绝缘损坏。

5）改善槽内的填充效果，可有效地防止电晕现象的发生。

典型的真空压力浸渍工艺见表 4-19。

表 4-19　真空压力浸渍典型工艺

工　序	工　艺　和　规　范
1. 预烘	炉温（120±5）℃，2~4h，热态绝缘电阻大于 100MΩ
2. 真空预烘	真空度 0.096MPa 以上，温度（75±5）℃，0.5h
3. 真空浸漆	真空度 0.096MPa 以上，真空输漆至漆液面高于工件，温度 50~60℃，10min

（续）

工 序	工 艺 和 规 范
4. 加压浸漆	罐内去除真空，常压下浸渍 3～5min 罐内加气压 0.5～0.6MPa，3～5min
5. 排漆排气	利用浸漆罐内的压力，将漆输回储漆罐，用鼓风机抽出罐内挥发物
6. 滴漆	常压下，工件在罐内滴漆，30min，必要时出罐擦漆
7. 干燥	入烘炉烘干，低温（85±5）℃，3h；高温（130±5）℃，10h
8. 检查出炉	检查绝缘电阻稳定 3h，100MΩ 以上，出炉
9. 涂覆盖漆	工件温度 50℃ 以上，浸涂覆盖漆，滴干 1～2min
10. 最后干燥	低温（85±5）℃，2h；高温（120±5）℃，4h，出炉

七、滴浸

滴浸工艺是将能较快固化的无溶剂漆（快干无溶剂漆）呈细流状连续滴落到旋转的电机绕组上。其特点是，浸渍处理的周期短，漆的流失量小；采用无溶剂漆，无大量溶剂挥发，可改善劳动条件；填充能力强，整体绝缘性好；浸渍设备简单紧凑，易实现自动化生产，生产效率高；适用于大量生产的小型和微型电机绕组的浸渍处理。

滴浸设备有转盘式、传送带式和座式等。典型的转盘式滴浸设备如图 4-16 所示。它由盘体、中央集电环、减速箱及夹具、升降装置、滴漆装置、驱动装置等组成。盘体上设有若干工位（图中央为 12 个工位）。工作时，工件经集电环通电加热，同时，传动与控制系统控制滴漆量和盘体转动节拍时间。每经一个节拍时间，工件就随盘体转过一个工位。工件经预热、滴浸、加热固化等阶段后，盘体恰好转动一周，浸烘便结束。

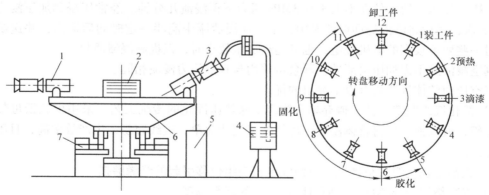

图 4-16　转盘式滴浸设备示意图
1—减速箱及夹具　2—中央集电环　3—工件　4—滴漆装置　5—升降装置
6—盘体　7—驱动装置

八、湿热带三防电机的浸漆处理

湿热带三防（防潮、防霉、防盐雾）电机工作在条件很恶劣的湿热带地区。在这些地区，空气中湿度很大（25℃ 时相对湿度为 95% 左右），有霉菌，有盐雾，所以电机容易受潮而使绝缘电阻降低，绝缘表面容易长霉而使绝缘材料变质（温度 17～38℃，相对湿度 75% 以上最适于霉菌的生长），金属零件和绝缘容易受到盐雾的腐蚀。因此湿热带电机应具有防潮、防霉、防盐雾的能力。

湿热带三防电机定子绕组的浸漆处理，要求比一般的电机严格（其他有关零件都要进行三防处理）。对于 B 级绝缘的电机，定子绕组嵌线和接线后，浸 1032 三聚氰胺醇酸树脂漆三次，其工艺参数与普通的二次浸漆工艺类似；喷环氧酯灰瓷漆一次，黏度为20℃、BZ－4（4号黏度计）、35～45s。喷覆盖漆时工件温度为50～80℃，喷完后，在（120±5）℃温度下烘干（大约烘2h）。

漆膜表面应光滑平整，无气泡、起皱、脱皮及裂纹现象；要求覆盖面全部喷到，并做到表面颜色一致。

第四节　高压定子绕组制造

一、高压定子绕组的绝缘结构

高压异步电动机一般是指额定电压为3～10kV的异步电动机，这类电动机绝缘的耐热等级通常为B级。

异步电动机的绕组绝缘包括匝间、排间、相间、对地和端部等各个部位的绝缘。

定子绕组采用扁导线绕成的框式绕组。对地绝缘绕包在绕组上。对地绝缘由粉云母、玻璃制品和合成树脂等绝缘材料组成。匝间绝缘除导线本身的绝缘层外，一般以云母制品加强，最好采用耐电压强度较高的薄膜绕包导线直接作为匝间绝缘。常用绝缘结构型式见表4-20。

1. 匝间绝缘

在制造和运行过程中，匝间绝缘易因机械力和热应力作用而受损伤。此外，匝间绝缘的总面积大于对地绝缘的总面积，因此出现薄弱环节的可能性随之增加，故要求它具有较高的机械强度和韧性。

表4-20　高压定子绕组常用绝缘结构型式

结　构　型　式		连续式	复合式	套筒式
材料	1. 多胶粉云母带 2. 少胶粉云母带 3. 玻璃漆布带或片云母带 4. 玻璃粉云母箔 槽部	2	1	1	4
	端部	2	1	3	1或3

匝间绝缘承受的电压除了按额定电压计算的匝间工作电压外，还会遇到比它大得多的电源电网瞬变过电压——大气过电压和操作过电压。其中电动机本身的操作过电压是频繁发生而且直接施加于绕组的匝间绝缘上的，故应着重考虑。

单排绕组只有匝间绝缘。功率较小的高压电动机常采用双排绕组，此时应有排间绝缘。排间最大电压等于一个绕组的工作电压，但同样也受到操作过电压的作用，通常采用云母带半叠绕加强。匝间和排间绝缘的强度与电动机功率、工作电压、起动频繁程度、使用时受机电应力等因素有关。可根据匝间冲击电压值 U_s 选择匝间绝缘。U_s 一般大于每匝工作电压20倍。

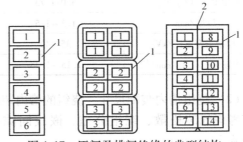

图4-17　匝间及排间绝缘的典型结构
1—匝间绝缘　2—排间绝缘

匝间及排间绝缘的典型结构见图4-17及表4-21。

表 4-21　绕组匝间绝缘结构

匝间冲击电压 U_s/V	结构形式	试验电压[①]工频有效值/V
<500	双玻聚酯漆包线或双玻丝包线垫云母条	500
500~1000	双玻单层薄膜绕包线或双玻丝包线每匝半叠包一层粉云母带	1000
>1000	双玻二层薄膜绕包线或双玻丝包线每匝半叠包二层粉云母带	1500

① 实际试验时应为脉冲电压，其峰值等于 $1.2\sqrt{2}$ 工频试验电压有效值，脉冲次数为3次。

2. 槽部绝缘

槽部绝缘是绝缘结构中的主要部分，它对地承受相电压，故又称对地绝缘。槽部绝缘也受到各种过电压的作用。

（1）槽部绝缘厚度　在选择对地绝缘厚度时，除考虑电气方面裕度外，还必须考虑绕组在制造和嵌线时的工艺损伤、绝缘性能的分散性以及正常运行条件下的使用寿命等因素。由于上述原因比较复杂，绝缘结构型式、绝缘材料和绝缘工艺又各不相同，绕组槽部绝缘厚度实际上很难进行系统地计算，故一般可根据电机额定电压和该绝缘结构的瞬时击穿电场强度求得，并留有 7~9 倍的裕度。对于运行条件较差的电机，其对地绝缘厚度还应适当增加。对地绝缘材料的选用见表 4-22。由这类材料组成的槽部绝缘厚度及原始击穿电压可参考表 4-23。

表 4-22　对地绝缘材料的选用

绝缘结构		绝缘工艺	绝缘材料	
			槽　部	端　部
连续式		真空压力无溶剂浸渍	901（594）环氧玻璃粉云母少胶带	同左
		热模（液）压	桐油酸酐（TOA）环氧或钛环氧玻璃粉云母多胶带	同左
复合式	全带式	热模（液）压	同上	黑玻璃漆布或三合一带或胶化时间较长的玻璃粉云母多胶带
	烘卷式	直线部分烘卷热压	环氧玻璃粉云母（多胶）箔	

表 4-23　绕组槽部绝缘厚度及原始击穿电压

额定电压（U_N/U_Φ）	3.0/1.73	6.0/3.46	10.0/5.78
厚度/mm	1.3~1.5	1.8~2.2	2.8~3.2
原始击穿电压/kV	35~40	48~60	75~85
工作场强/（kV·mm^{-1}）	1.15~1.33	1.57~1.92	1.81~2.06

（2）绕组槽内装配尺寸　绕组的槽内装配尺寸，除按所需导线截面和绝缘厚度考虑外，还需考虑线芯松散、绕组公差、嵌线间隙和其他绝缘件。高压定子绕组槽内装配尺寸见表 4-24。

表4-24　高压定子绕组槽内装配尺寸　（单位：mm）

槽形断面图	项号	名称	材料	槽部尺寸 高度	槽部尺寸 宽度	端部尺寸 高度	端部尺寸 宽度
	1	槽楔	玻璃布板或压塑料	3.0～5.0	—	—	—
	2	楔下垫条	玻璃布板	>0.5	—	—	—
	3	导线	见表4-6	ma	nb	ma	nb
	4	匝间绝缘	见表4-21	—			
		工艺裕度	（导线束公差、松胀量）	0.03	0.2	0.03	0.3
	5	对地绝缘	环氧玻璃粉云母多胶带				
		工艺裕度	—	+0.3 -0.5	+0.2 -0.3	<1.3	<1.3
	6	层间垫条	玻璃布板	0.5～1.0			
	7	防晕层	半导体漆或带				
	8	槽底垫条	玻璃布板	0.5～1.0			

注：表中 m 为沿高度方向股线数；n 为沿宽度方向股线排数；a 为导线厚度；b 为导线宽度。

3. 端部绝缘

（1）端部绝缘厚度及材料　因绕组端部承受较低的电场强度，故端部绝缘厚度可较槽部绝缘厚度减薄20%～30%。根据工艺及绝缘结构的不同，可采用片云母或粉云母带、玻璃漆布带或其他绝缘带作为端部绝缘材料。

（2）端部间隙　绕组端部间隙，除保证通风散热和嵌线工艺需要外，还必须保证在额定电压下两相邻绕组边之间无电晕，并保证电机在耐压试验时无闪络现象。

端部绕组边之间可分为空气隙和有衬垫物（层压板或涤纶护套玻璃丝绳）两种情况，见图4-18。

（3）端部绝缘搭接　为了避免耐压试验时复合式绝缘端部搭接处对铁心产生内络放电，必须保证直线部分和端部的搭接位置和长度，见图4-19及表4-25。

（4）防晕结构　如前所述，电晕产生臭氧及氧化氮，对绝缘中的有机物有腐蚀和破坏作用，时间长了会使绝缘变脆，加速老化，降低绝缘的使用寿命。在6kV级电机中已有电晕现象，随着额定工作电压的提高，电晕现象将愈加严重。因此需要进行防晕处理。

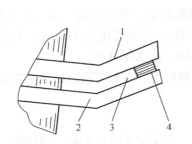

图4-18　端部绕组边之间的绝缘结构

1—绕组端部　2—绕组直线部分

3—空气隙　4—衬垫物

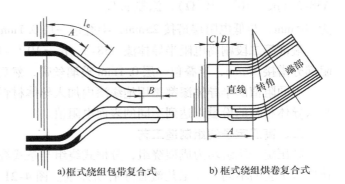

a) 框式绕组包带复合式　　b) 框式绕组烘卷复合式

图4-19　复合式绝缘端部搭接方式

表 4-25 复合式绝缘端部搭接尺寸

结构形式	额定电压 U_N/kV	尺寸/mm		
		A	B	C
烘卷复合式	3	45	15	10
	6	65	25	15
	10	100	30	20
包带复合式	3 ~ 10	$2/3 l_e$ ①	15 ~ 30	—

① l_e 为由出槽口起至鼻端前圆角处的端部长度。

电机中产生电晕现象的部位分为两类。一类是由于空气隙的存在，空气发生游离。属于这一类的如槽部绕组与铁心槽之间、端部绕组与绑环之间以及由于工艺处理不当存在于绝缘层之间的空气隙。另一类是由尖角存在使电场极端不均匀，致使空气游离而产生电晕。属于这一类的如绕组出槽口处及铁心通风道处的绕组表面。

防止电晕发生的办法，就是设法消除绕组表面这一层介电常数小而耐电强度又低的空气层以及设法使电场分布比较均匀。现在采用的办法一种是表面涂半导体漆；一种是绝缘层内部及外部加导体或半导体屏蔽层。这里只介绍表面涂半导体漆的防晕处理工艺。

10000V 及 10500V 高压定子绕组防晕处理工艺如下（见图4-20）。

直线部分长度比铁心长 100mm，两端各伸长 50mm 先刷低电阻半导体漆 A38 – 4 一次（表面电阻率 $\rho_S = 10^3 ~ 10^4 \Omega$），再半叠包一层 0.1mm 玻璃丝带，然后再刷 A38-4 一次。直线部分也可采用半叠包一层 0.15mm 半导体低阻带一次模压成型。直线部分防晕层双边厚度设计时按 0.6mm 计算。

端部第一段刷中电阻半导体漆 A38-2（$\rho_S = 10^8 ~ 10^9 \Omega$），涂刷长度

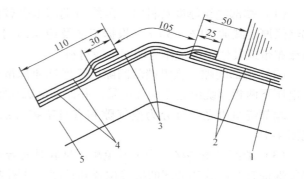

图 4-20 防晕处理示意图
1—0.1mm 玻璃丝带 2—低电阻半导体漆
3—中电阻半导体漆 4—高电阻半导体漆 5—绕组

为 105mm，与低电阻层搭接 25mm，半叠包一层 0.1mm 玻璃丝带，然后再刷一次 A38-2 漆。

端部第二段刷高电阻半导体漆 A38-3（$\rho_S = 10^{11} ~ 10^{12} \Omega$），涂刷长度为 110mm，与中电阻部分搭接 30mm，半叠包一层 0.1mm 玻璃丝带，然后再刷一次 A38-3 漆。

不同阻值的半导体漆都是用绝缘漆内加入导体材料，如碳黑、石墨等混合而成，控制所加入导体材料的份量以达到不同的表面电阻值。

二、高压定子绕组制造工艺

高压定子绕组均为成型绕组，分框式绕组与条式绕组。高压定子绕组根据绝缘结构、固化成型工艺的不同，其工艺流程亦有所差别。图4-21是高压定子绕组的基本工艺流程图。图中分别列举了全粉云母多胶带复合式、端部黑玻璃漆布带复合式、环氧粉云母少胶带无溶剂整浸式及连续式环氧粉云母多胶带等五种典型绝缘结构的工艺流程。由图可见，框式绕组

与条式绕组的工艺流程差别较大，而框式绕组的三种工艺方案的主要差别仅在于对地绝缘的固化成型方法不同，按方案的排列顺序依次为热模压固化成型、热液压固化成型和真空压力整浸固化成型。现将成型绕组主要工序的工艺要点分述如下：

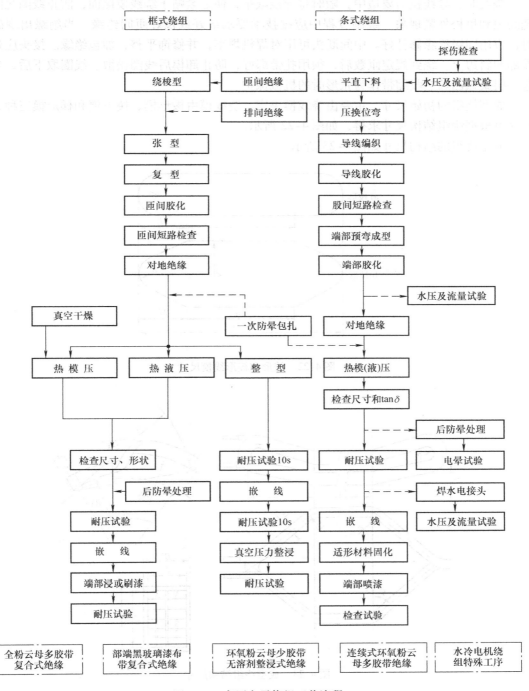

图 4-21　高压定子绕组工艺流程

1. 绕线

多匝成型绕组采用绝缘扁线绕制成棱形、梭形或梯形线圈。棱形和梯形线圈的圈边距离较宽，便于使用包带机包扎。

绕线时，导线拉力要适中，随时将导线敲平，使之紧贴于绕线模侧面，防止线圈之间出现间隙和里松外紧现象。绕制过程中应按技术要求垫好或包好匝间绝缘，当绝缘出现破损时，应用同级绝缘修补好。中间断头可用对焊机焊牢，并修饰平整，加包绝缘。接头应处于端部的斜边上。绕到规定匝数后，须用扎带绑好，防止卸模后线圈松散。线圈取下后，半叠包一层聚氯乙烯热收缩带作为张形时的机械保护。

成型绕组的初始尺寸，主要由绕线模决定。绕线模由梭形模、棱形模和梯形模三种，其尺寸可根据绕组结构尺寸求得，如图 4-22 所示。

成型绕组的结构尺寸如图 4-23 所示。

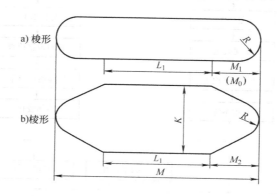

图 4-22 梭形和棱形线模尺寸

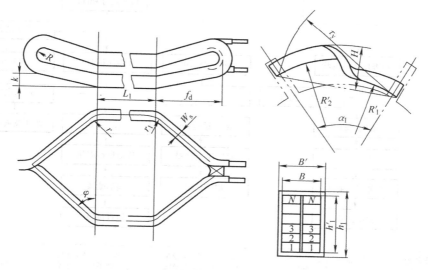

图 4-23 成型绕组结构尺寸

2. 张形与复形

张形是将梭形或棱形线圈半成品基本上拉成所需的形状。张形是在张形机上进行的。张形机有电动式、手动式之分。图4-24为手动式张形机示意图。张形前，应将引出线端头去掉漆膜并搪好锡，以便嵌线后焊接。

复形的主要作用是把绕组端部的形状校准到正确的形状，以保证嵌线后定子绕组端部尺寸的正确与整齐。复形是在专门的复形模上进行的。复形模的端部用硬木制造，其外形如图4-25所示。复形时，把绕组放到复形模内，先矫正直线部分，夹紧，然后矫正端接部分。经过复形后，绕组的形状基本上可达到要求。但高压绕组须经过几次复形才能使几何形状一致。

3. 匝间绝缘胶化

在包扎对地绝缘前，须对匝间绝缘进行热模压胶化。胶化的目的是：

1）使导线排列整齐，并模压成整体，以提高绕组刚度。

2）消除匝间间隙，以防止运行时在空隙中产生空气游离。

匝间绝缘胶化的工艺参数见表4-26。

绕组在热压模上烘压后，须在冷压模中定型到常温。出模后进行匝间绝缘短路检查，合格后才能包绕对地绝缘。

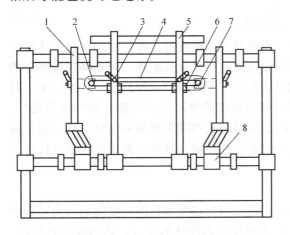

图4-24 手动式张形机示意图

1—端夹支架 2—插销 3—前夹头 4—线圈
5—拉臂 6—后夹头 7—端夹头 8—端夹底座

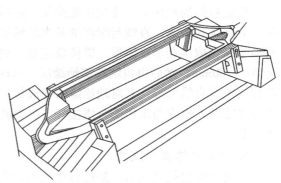

图4-25 复形模外形图

表4-26 匝间绝缘胶化工艺参数

类别	匝间绝缘方式	烘压温度/℃	烘压时间/min
1	玻璃丝自粘薄膜绕包线		5～10
2	半叠包环氧玻璃粉云母带	185±5	15～30
3	浸渍或涂刷环氧酚醛漆		15～20

4. 包扎对地绝缘

电压在3kV及以上的高压绕组都需包绕对地绝缘。绝缘带的包绕方式有叠包（半叠包、1/3叠包等）、平包和疏包，如图4-26所示。对地绝缘只能使用叠包。在叠包情况下，绝缘实际层数比名义层数大一倍。平包主要用于包绕绕组绝缘的保护层，疏包则用于扎紧绕组导线。

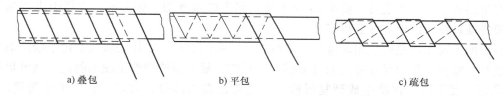

a)叠包   b)平包   c)疏包

图4-26 绝缘带包绕方式

对地绝缘必须包绕紧密，搭缝分布要均匀，各层的搭缝要错开，各层的松紧应一致。所用云母带必须柔软，未胶化变质，且不允许有折叠或受损现象。包扎厚度应考虑留有适当压缩量。采用模压时，压缩量一般控制在 20%～25%，液压时可控制在 15%～20%。压缩量按下式计算：

$$压缩量 = \frac{包扎绝缘厚度（\Delta i）- 设计绝缘厚度（\delta i）}{包扎绝缘厚度（\Delta i）} \tag{4-4}$$

所以，包扎绝缘厚度为：

$$\Delta i = \frac{\delta i}{1 - 压缩量} \tag{4-5}$$

绕组包绕的顺序是：先包引线绝缘，然后包绕组的基本绝缘层，最后在端部包上热收缩带。对连续式绝缘，直线与端部的基本绝缘层连续包绕；对复合式绝缘，则先将直线部分的对地绝缘包成两端呈锥体形，锥体顶端延伸到端部斜边长度的 1/2～2/3 处，锥体长度一般为 80～100mm。然后再包绕端部绝缘层。这时，应将端部绝缘层与直线部分的锥体搭接好。套管式绝缘直线部分，其对地绝缘由剪成梯形的云母箔包成两端为锥体的云母套管。包扎端部绝缘带时，也应与锥体部分搭接好。为提高工效和包扎质量，现在一般采用包带机代替手工包扎。

5. 对地绝缘固化成型

对地绝缘包扎完成后，要进行热压固化成型。热压固化成型的目的是使绕组成为紧密的整体，以获得优良的电气性能、力学性能、导热性能和准确的外形尺寸。热压固化有模压、液压和模液压固化三种方式。不同绝缘结构的成型工艺见表4-27。

表4-27 框式绕组绝缘成型工艺

结构形式	烘卷式	包带复合式	连续式		真空整浸法
			全固化法	半固化法	
匝间胶化工艺	匝间绝缘胶化工艺参数见表4-26				包少胶粉云母带
对地绝缘工艺	直线部分热模成型，嵌线后端部浸漆，进烘房烘焙固化	槽部、端部全液压固化；或槽部模压，端部液压；或槽部模压，端部嵌线后浸漆烘焙	全线圈热模压胶化；或槽部模压，端部液压；或全液压	低温真空干燥，槽部模压固化，端部包热收缩带半固化，嵌线后进烘房加热，端部固化	包少胶粉云母带，未固化成型时嵌入定子槽内，整台定子进行真空压力浸无溶剂漆，烘焙固化

（续）

结构形式	烘卷式	包带复合式	连 续 式		
			全固化法	半固化法	真空整浸法
备注	槽部绝缘厚度可减薄，但搭接处要加强绝缘	修理方便，但性能不及连续式	适用于8极以上的不翻线嵌线的电机绕组	适用范围广，质量比复合式好，但修理不方便	工艺设备复杂，对浸漆要求较高

绕组绝缘固化分为全固化和半固化。全固化处理是嵌线前绕组的端部与直线部分均已固化，其优点是绕组可以长期存放，但由于刚性大，只适用于8极以上的多极电机绕组。半固化处理是嵌线前绕组直线部分已固化成型，但端部不完全固化，仍保持一定的弹性和柔软性，以利于绕组嵌线，而端部的完全固化是在嵌线和浸漆烘焙之后。采用半固化工艺的绕组，经低温真空干燥后，绕组处于半固化状态，直线部分才进入模压。半固化处理时，低温干燥必须适度。烘焙过度，绝缘胶聚合硬化，难以模压成型，且影响柔软性。烘焙不够，模压时胶流失过多，引起绝缘内部"发空"，影响绕组性能。

三种热压成型工艺各有优缺点。模压工艺设备简单，绕组形状及尺寸准确，但生产率较低。模压设备主要为烘压模。烘压模分手动和气动两种。

液压工艺需要专用液压罐，设备复杂，绕组截面尺寸的精度不如模压线圈，但一罐可以同时液压一批绕组，生产效率高。液压时，需严格控制预热时间和输胶温度。

模液压工艺是先模压，以保证绕组直线部分的几何尺寸准确，并使绕组处于半固化状态，以缩短模压时间；后进行液压，以提高绝缘处理质量。因而它兼有模压和液压工艺的优点。

以桐油酸酐（TOA）环氧玻璃粉云母多胶带绝缘为例，上述三种固化成型工艺参数见表4-28。目前，国内绝大多数工厂采用模压工艺。由于真空压力整浸（VPI）工艺具有一系列优点，因而在一些质量要求较高的中型高压电机中，都采用真空压力整浸（VPI）工艺。

三、绕组的质量检查与试验

绕组经绕线、张形与复形、匝间绝缘胶化、包对地绝缘及固化成型后，必须进行质量检查与试验，以便及时发现并消除加工过程中的缺陷，确保绕组质量。

绕组的质量检查与试验分外观质量检查与绝缘性能试验：

1. 外观质量检查

（1）尺寸和形状检查　检查每个绕组边截面的宽度和高度，尤其是直线部分截面尺寸必须在允许公差范围内。同时，检查绕组的轴向长度、宽度（或弦长）、鼻子高度、绕组角度等尺寸和形状，均应符合图样要求，以保证嵌线顺利、配合紧密与绝缘良好。

（2）表面质量检查　检查绕组表面绝缘包扎是否良好、有无破损及直线部分截面等处有无异物，确保绕组质量完好。

2. 绝缘性能试验

为了保证电机成品的质量，高压定子绕组需经匝间绝缘试验、工频耐压试验及高压绕组电晕起始电压和介质损耗角正切值 $\tan\delta$ 的测定。

（1）匝间绝缘试验　高压定子绕组的匝间绝缘试验，通常采用感应冲击法、振荡回路法等。目前按 GB/T 755—2008 规定，则采用施加冲击电压并用波形比较法来判别绕组匝间绝缘故障，如 ZJ-12 电机匝间耐压试验仪，其优点是方法简单、准确率高、检测效率高及应用范围广。高压定子绕组的匝间绝缘试验要求见表 4-21。

表 4-28 热压成型工艺参数（举例）

工艺类别	工序	条式绕组 10.5~18kV 级 工艺参数			框式绕组 6kV 级工艺参数			备注
		温度/℃	时间/min	压力/MPa	温度/℃	时间/min	压力/MPa	
模压工艺	预热	80~90	60	—	190±5	3~5	—	形状及尺寸好，设备简单，但生产率低
	（升温）	—	20~25	—				
	初压	120~130		2~4				
	（升温）	—	10~15	—				
	全压	140~150	180	8~10	180~200	45~120	—	
	恒温恒压	160±5		—				
	卸模	110~120		—				
液压工艺	入罐	40~50	（罐温）	—	40~50	（罐温）	—	生产率高，须十分注意控制形状及尺寸，设备复杂
	预热	约70	20	—	约70	20	—	
	抽真空	约110	120~240	—	80~90	120~240	—	
	输胶	100~130	30~35	—	100~125	30~35	—	
	保温	100~130	10~15	—	100~125	10~15	—	
	初压	130~135	25	0.3	125~135	25	0.3	
	全压	160±5	420~480	0.7~0.75	160±5	420~480	0.7~0.75	
	回胶	—	—	0.7~0.75	—	—	0.7~0.75	
	解压出罐	—	—	0	—	—	0	
模液压工艺	模压	160~170℃，30min，100℃下出模						形状及尺寸好，生产率高
	液压	160~170℃，加压 0.7~0.75MPa，6h						

（2）工频耐压试验 高压定子绕组的工频耐压试验，通常在耐压试验室进行，试验装置包括试验变压器、调压设备、测量仪器、信号装置和保护电阻等。高压定子绕组对地绝缘工频耐压试验必须按工序分阶段进行，且不能重复，具体要求见表 4-29。

表 4-29 对地绝缘工频耐压试验

工艺类别 工序	模（液）压工艺		整浸工艺			
耐压值			3000V		6000V	
	电压/V	时间/s	电压/V	时间/s	电压/V	时间/s
嵌线前	$2.75U_N+4500$	60	10000	10	15000	10
嵌入电机接线前	$2.5U_N+2500$	60	8000	10	13000	10
接线、焊接及绑扎后	$2.25U_N+2000$	60	7000	10	13000	10

（3）高压绕组电晕起始电压和介质损耗角正切值 $\tan\delta$ 的测定 有防晕层的高压绕组需在暗室中检查，要求在 1.5 倍额定电压下不起晕。为了考核 6kV 及以上高压绕组的防晕处理质量，应抽试高压绕组的电晕起始电压，即采用目测法在升高试验电压过程中，其绝缘表面出现浅蓝色的电晕微光为止，此电压即为电晕起始电压。

为了检查绕组绝缘的整体性和密实性，对 6kV 及以上高压绕组应在防晕处理前进行介质损耗角正切值 $\tan\delta$ 的测定。$\tan\delta$ 的测定采用高压电桥在频率 50Hz，电压 $0.5U_\mathrm{N}$、$1.0U_\mathrm{N}$ 和 $1.5U_\mathrm{N}$ 下各测一次，在额定电压和 20℃ 下的 $\tan\delta$ 值不得超过 4%，$1.5U_\mathrm{N}$ 与 $0.5U_\mathrm{N}$ 下 $\tan\delta$ 值不得超过 2%，130℃ 下的 $\tan\delta$ 值不得超过 10%。

第五节　绕线转子绕组制造

绕线转子绕组分散嵌式和插入式两种。散嵌式绕组用于小型电机，插入式绕组用于中、大型电机。

一、散嵌式绕组

由于转子绕组承受离心力的作用，故在选用漆包线时，应选用漆膜软化击穿性能较好的漆包线，并用热态粘结力较强的浸渍漆，使绕组粘结成为一个整体。

转子散嵌绕组的绝缘结构和绕组制造，基本上与定子散嵌式绕组相同，但要注意机械离心力的因素，浸漆干燥时，宜采用立式浸烘，以免引起转子的不平衡。

二、插入式绕组

插入式绕组由半匝成型线圈组成，导条大多采用裸导条。导条的一端先弯成端部形状（斜边），将其直线部位绝缘后，再绕包两个端部的绝缘，见图 4-27。在导条插入槽内后，将其另一端再弯成形。导条绝缘结构见表 4-30，槽部装配尺寸见表 4-31。

直线段绝缘和端部绝缘搭接处的尺寸 C 要严格控制，以保证导条能顺利插入槽内。

绕线转子导条绝缘在嵌线前，要经

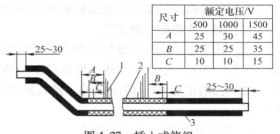

尺寸	额定电压/V		
	500	1000	1500
A	25	30	45
B	25	25	35
C	10	10	15

图 4-27　插入式绕组
1—铁心　2—直线段绝缘　3—端部绝缘

50Hz、$4U_\mathrm{N}+3000\mathrm{V}$、1min 耐压试验；嵌入后经 50Hz、$4U_\mathrm{N}+2000\mathrm{V}$、1min 耐电压试验；并头后经 50Hz、$4U_\mathrm{N}+1500\mathrm{V}$、1min 耐电压试验（以上指可逆转转子）。

表中"卷烘"指热卷包后冷压，热卷包的温度应使云母粘合剂呈胶体状态，热卷时间 10～30s，云母箔和坯布一次卷烘成。"烘后"指绕包后需热压固化。卷烘绝缘"1½层"指重叠在宽边，半叠绕绝缘"½层"指平绕一层。

表 4-30　插入式导条常用的绝缘和种类

部位	类别	绝 缘 形 式	电压/V		
			500	1000	1500
直线	1	0.17mm 薄膜玻璃粉云母箔（卷烘）	3½层	4½层	5½层
	2	0.17mm 粉云母箔（卷烘）	2½层	—	—
	3	0.15mm 玻璃坯布（卷烘）	3½层	—	—
	4	0.14mm 玻璃粉云母带半叠绕（烘压）	2层	3层	4层
	5	粉末树脂涂敷（斜边和直线一次涂敷单面厚度 0.5mm）	—	—	—
斜边	1	0.15mm 玻璃漆布带半叠绕	1层	2层	2层
	2	0.17mm 薄膜粉云母带半叠绕	1层	1½层	2层
	3	0.13mm 玻璃片云母带半叠绕	1层	1½层	2层
		以上三种形式外面均半叠绕 0.10mm 玻璃丝带	1层	1层	1层

表 4-31 插入式导条槽部装配尺寸 （单位：mm）

形 式		名 称	宽 度	高 度
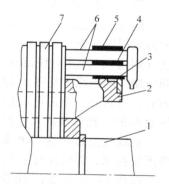	1	导 线 条	裸线总宽度	裸线总高度
		线 弯 公 差	每根 0.10	每根 0.075
		绝 缘 厚 度	见表 4-28	见表 4-28
		导条绝缘后公差	0.20	0.40
	2	槽 底 垫 条	—	0.50 ~ 1.00
	3	层 间 垫 条	—	约 1.00
	4	楔 下 垫 条	—	足量
	5	槽 衬	0.3 ~ 0.4	0.45 ~ 0.6
	6	槽 楔	—	>3
		嵌 线 间 隙	0.20	0.30
		铁心叠后偏差	0.40	0.40

绕线转子的端部绝缘包括绕组支架绝缘和层间绝缘等，中小型电机绕线转子的端部绝缘结构如图 4-28 所示。

三、插入式绕组制造工艺

插入式绕组是由裸导条制成半匝式成型绕组，其工艺过程为：校直→下料→退火→搪锡→弯制导条→热包对地绝缘→冷压成型→包端部绝缘→耐压试验。插入式绕组制造工艺要点如下：

1. 导条的校直、下料与退火

小批量生产时，可用剪切机下料，在平板上校直。中批量生产时，可用自动校直落料机校直与下料。

为便于弯制，当裸导条的截面积较大时，需进行无氧退火处理。无氧退火可避免在铜条上产生氧化皮，免掉去氧化皮的大量劳动。无氧退火处理在无氧炉内进行。达到退火温度和保温时间后，迅速将其投入冷水槽中并冲洗干净。退火温度为 600 ~ 650℃，保温时间视导线厚度而定。厚度为 1.5 ~ 2.5mm 时，保温 45min；厚度为 2.51 ~ 5mm 时，保温 60min；厚度为 5.01 ~ 8mm 时，保温 80min。

2. 弯制导条

弯制导条在专用模具上进行，分打弯与扁弯两道工序，即将导条的一端弯成端部形状（斜边），要求尺寸与形状正确、导条间排列整齐，以便于绝缘后顺利嵌线。

3. 热包对地绝缘与冷压成型

热包对地绝缘在专用的热包机上进行，其对地绝缘在热包机不断旋转下加热、包紧，使对地绝缘紧密地与导条粘贴在一起。

热包对地绝缘后应在专用的冷压模上冷压成型，使对地绝缘固化与导条结合成坚实的整体。

图 4-28 绕组端部
绝缘结构
1—转轴 2—支架
3—扎紧式支架绝缘
4—层间绝缘 5—绑箍
6—导体 7—铁心

四、插入式绕组嵌线工艺

1）按图样要求在槽内放入垫条及槽绝缘。

2）将绕组涂上石蜡，然后根据图样由集电环端插入槽内。先插入底层绕组，此时应根据图样确定引线位置，并以此绕组作为第一个绕组，将此绕组及槽分别作记号。以逆时针方向按接线图所规定的各相转子绕组依次插入转子。最后一节距的绕组若不能从下层插入，就从上层插入，然后落到下层。此时应注意铁心端部到绕组拐弯处的尺寸，两端要一致。

3）用绳子将已嵌入的绕组成型端（前端）扎紧（临时的）。

4）底层绕组弯型。用铁管将绕组的后端部弯成曲线形，使其紧靠在绕组支架上（见图4-29a），按尺寸A在后端划线作为弯型的依据。用弯型工具将绕组弯成图4-29b所示形状。

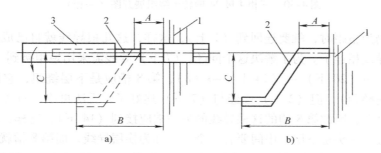

图4-29 绕组的端部弯型
1—铁心 2—绕组 3—弯型工具

图中尺寸A与绕组的成型端对应尺寸一致，尺寸C为1/2后端节距，尺寸B上下层左右各绕组之差、全圆周长短之差应符合图样规定。

弯型之后用木锤打平端部使其紧贴于绕组支架上，注意切勿打坏绕组绝缘。

5）去掉临时绑扎线，根据图样在下层绕组的斜边部分上放好以玻璃丝带扎紧的层间绝缘板，并放入层间垫条。

6）插入上层绕组。将绕组涂上石蜡按顺时针方向从集电环端插入上层，在插入最后一个节距的绕组时，应将先插入的几个绕组抽出来一点让路，而后再逐渐插入。

7）上层绕组弯型。根据第一个绕组位置来检查槽距是否正确，在弯型同时加以修整，使上下层绕组端部接头对齐。

8）打入转子槽楔，此时应注意槽楔下的垫片不要鼓起损坏。

9）耐压试验。

10）用并头套联接上下层绕组，插入并头楔，用钳子夹紧，按图样装上风叶。

11）焊接。

12）扎钢丝或无纬玻璃丝带。

五、接线

以一台三相异步电动机转子24槽、4极为例。

（1）绕组型式　采用双层波绕组（可以节约端部接线）整距绕组。

（2）绕组展开图　如图4-30所示。为清楚起见图中只画出A相绕组。

（3）导线的连接　从A端开始连接为：

A→（1上）→（19下）→（13上）→（7下），前面的节距都是1-7，由第七槽的下

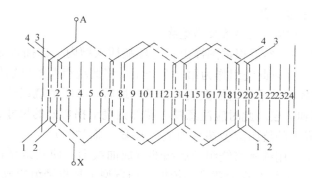

图4-30　三相4极24槽转子绕组展开图（一相）

层再往下连如仍为整距时，就要连回到（1上），这样，这几根导线就自己成闭合回路，无法与其余同相导线相连了。为了解决这个问题，（7下）导线需采用短距接到（2上）。再接下去是（2上）→（20下）→（14上）→（8），第8槽应是下层绕组，它的另一端应接（2上）（这样是整距），但（2上）已经与（7下）连好了，无法再连，而A相绕组还有一半导线没有连接上，因此第8槽的这根导线的另一端应接到（14下），这样，第8槽的这根导线一头是上层，一头是下层，中间要有一个弯，称为换层导线，而第8槽就只放一根。再下去的连接是（8）→（14下）→（20上）→（2下）→（7上）（短距的）→（13下）→（19上）→（1下）→X。可见，第8槽以前由A端开始向左连，第8槽以后就改成向右连，一直到X出线。B相、C相的连接方法和A相相同。

　　这种绕组共有七种导线，它们的尺寸和形状是不一样的，即：

　　①上层导线；②下层导线；③引线，每相一根；④短距导线，每相2根（本例中$q=2$，为2根，若$q=3$，则为4根）；⑤换层导线每相1根；⑥中性点引线，每相1根；⑦和短距导线相连的导线数目和项④一样多。

　　六、端部绑扎

　　绕组端部一般采用无纬玻璃丝带绑箍，个别也有用钢丝绑箍的。

　　1. 绑箍计算

　　端部尺寸见图4-31。

绑箍截面为：

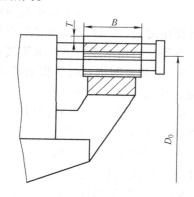

图4-31　绕组端部绑箍

$$TB = 0.89 \times 980 \frac{GD_0}{[\sigma]} \left(\frac{n}{1000} \right)^2 \tag{4-6}$$

式中，T是绑箍厚度（m）；B是绑箍宽度（m）；G是端部质量（kg）；D_0是端部平均直径（m）；n是转速（r/min）；$[\sigma]$是工作温度时绑箍许用应力，单位为Pa，取196MPa，极限强度约490MPa。设绑箍每匝的厚度为t，宽度为b，则

绑箍的匝数　　　　　　　　　　　　　　$$N = \frac{TB}{tb} \tag{4-7}$$

常用的无纬玻璃丝带为 $0.17mm \times 25mm$，即 $4.25mm^2$，故匝数为

$$N_1 = \frac{TB}{4.25 \times 10^{-6}}$$

采用钢丝绑箍时的匝数 $N_2 = \frac{N_1}{K}$，换算系数 K 见下表：

钢丝直径 ϕ/mm	1.0	1.5	2.0	2.5	3.0
换算系数 K	0.3	0.6	1.0	1.6	2.3

2. 绑扎工艺

绑扎前先整平端部，绑扎过程中再边绑边扎整平端部。无纬玻璃丝带绑箍的固化在绕组绝缘处理预烘时进行。绑扎工艺见表4-32。

表4-32　无纬玻璃丝带绑扎工艺

序	工艺简述	$0.17mm \times 25mm$ 带的绑扎拉力/N	适用范围
1	冷态绑扎	500	小型电机
2	预热 $80 \sim 100℃$ 绑扎	500	中型电机
3	绑临时钢丝箍→烘 $80 \sim 100℃$→边拆临时箍，边扎绑箍	$250 \sim 500$	转速较高的中型电机
4	上夹紧工具→浸漆干燥→趁热拆去夹紧工具，随后随时扎绑箍	250	大型电机

第六节　直流电枢绕组制造

一、电枢绕组的分类

直流电枢绕组，只有在容量较小的电机中才用圆绝缘导线，绕成多匝绕组，而在容量略大时，都采用扁导线作为单匝绕组。由于直流电枢绕组要和换向器相连接，故电枢绕组都用铜导线制成。

直流电枢绕组常用的有波绕组和叠绕组两种（图4-32a、b）。图中所示为单匝和多匝的波绕组和叠绕组。要根据电机性能的要求选择绕组型式。波绕组也叫串联绕组，有两个支路（单波），可以获得较高的电压；叠绕组也叫并联绕组，可以得到和极数一样多的并联支路数（单叠），因而可以获得较大的电流。

叠绕组由于磁路可能存在不对称情况，有时需要加上均压线。

较多的情况下，一个槽内上、下层都不只放一个元件边，因此要进行匝间绝缘和对地绝缘。在波绕组中由于换向片数和节距的配合，有时要出现伪元件。因此在单波绕组中换向器节距必须是

$$y_k = \frac{k \mp 1}{p} \qquad (4-8)$$

式中，k 是换向片数；p 是极对数。

从上式可以看出，由于 y_k 必须是整数，因此 k 和 p 的数值就成为有条件的了。

在大容量的直流电机中，有时采用两种混合的绕组，也叫蛙绕组。蛙形绕组元件常制成

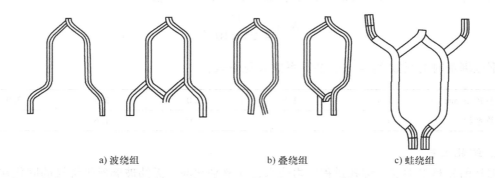

a) 波绕组　　　　　　　b) 叠绕组　　　　　　　c) 蛙绕组

图 4-32　直流电机的电枢绕组

图 4-32c 所示的形状，即叠绕组做成整匝的，而波绕组做成半匝的，下到槽内后，在远离换向器侧用并头套焊接起来。这时波绕组同时起到均压线的作用，对电机性能有好处。

二、电枢绕组的绝缘结构

直流电枢绕组的绝缘结构（500V 以下电压等级、耐热等级为 B 级）如图 4-33 所示。

图 4-33a 为梨形槽散嵌绕组的绝缘结构，其所用材料见表4-33。图 4-33b 为矩形槽成型绕组的绝缘结构，其所用材料见表4-34。绕组端部绝缘结构如图 4-33c 所示。

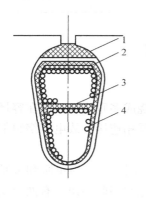
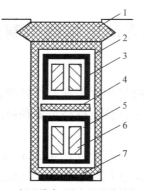
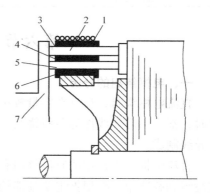

a) 梨形槽散嵌绕组的绝缘结构　　b) 矩形槽成型绕组的绝缘结构　　c) 绕组端部的绝缘结构

图 4-33　直流电枢绕组的绝缘结构

1—槽楔　2—槽绝缘　　　　1—槽楔　2—槽绝缘　　　　1—钢丝　2—上层导线
3—层间绝缘　4—导线　　　3—导线绝缘　4—层间绝缘　　3—钢丝下绝缘　4—端部层间绝缘
　　　　　　　　　　　　5—匝间绝缘　6—导线　　　　5—下层导线　6—支架绝缘
　　　　　　　　　　　　7—槽底绝缘　　　　　　　　7—升高片

三、电枢绕组制造工艺

电枢绕组是由裸导条或绝缘扁导线制成的单匝式成型绕组，其工艺过程为：校直→下料→退火→搪锡→弯制导条→包匝间与对地绝缘→热压成型→包端部绝缘→耐压试验。电枢绕组制造工艺要点如下：

1. 导条的校直、下料与退火

表4-33 梨形槽散嵌绕组的绝缘材料

项号	材料名称	B 级	F 级	H 级
1	槽楔或绑环	环氧酚醛玻璃布板，高强度无纬玻璃丝带	环氧酚醛玻璃布板，高强度无纬玻璃丝带	硅有机玻璃布板，聚芳烷基醚－酚树脂无纬玻璃丝带
2	槽绝缘	聚酯纤维纸－聚酯薄膜－聚酯纤维纸复合材料	聚砜纤维纸－聚酯薄膜－聚砜纤维纸复合材料	聚砜纤维纸－聚酰亚胺薄膜－聚砜纤维纸复合材料
3	层间绝缘	聚酯纤维纸－聚酯薄膜－聚酯纤维纸复合材料	聚砜纤维纸－聚酯薄膜－聚砜纤维纸复合材料	聚砜纤维纸－聚酰亚胺薄膜－聚砜纤维纸复合材料
4	导线	高强度聚酯漆包线	聚酯亚胺漆包线	聚酰亚胺漆包线，聚酰胺酰亚胺漆包线

表4-34 矩形槽成型绕组的绝缘材料

	项号	材料名称	B 级	F 级	H 级
槽部	1	槽楔或绑环	环氧酚醛玻璃布板，高强度无纬玻璃丝带	环氧酚醛玻璃布板，高强度无纬玻璃丝带	硅有机玻璃板，聚芳烷基醚－酚树脂无纬玻璃丝带
	2	槽绝缘	聚酯薄膜玻璃漆布	聚酰亚胺薄膜玻璃漆布	聚砜酰胺纤维纸－聚酰亚胺薄膜复合材料
	3	槽底垫条	环氧酚醛玻璃布板	环氧酚醛玻璃布板	硅有机玻璃布板
绕组	4	包护带	无碱玻璃丝带	浸6301漆无碱玻璃丝带	浸硅有机漆无碱玻璃丝带
	5	对地绝缘	桐油酸酐环氧粉云母带，醇酸玻璃柔软云母板	HF薄膜，F级柔软云母板	硅有机漆粉云母带，聚酰亚胺薄膜
	6	匝间绝缘	高强度聚酯漆及醇酸树脂双玻璃丝或醇酸粉云母带	聚酯亚胺漆和单玻璃丝	HF薄膜－薄硅有机漆双玻璃丝

电枢绕组导条的校直、下料与退火和绕线转子插入式绕组基本相同，参阅第四章第五节插入式绕组制造工艺。

2. 弯制导条

（1）单匝式绕组 这里主要介绍单匝式绕组的弯制工艺。单匝式绕组的鼻端须扁弯成"U"形，一般在气动弯形机上进行。然后，可用拍脚机（见图4-34）敲成"人"形。最后，将拍成"人"形的绕组放到成型模上敲打成型。图4-35为波绕组电枢绕组筒面成型模。模具可用钢板或硬木制造，上面的挡块可根据绕组尺寸需要进行调整。成型时，将"人"形鼻端固定在模具上，从鼻端开始，将两匝边敲打成型。

（2）半匝式（条式）绕组 半匝式绕组分铜条式绕组和换位编织绕组。铜条式绕组的导条较粗，需用专门的弯形工具或专用成型机弯制成型。换位编织绕组弯制与成型工艺这里不作介绍。

（3）包匝间与对地绝缘和热压成型 包匝间与对地绝缘一般为手工包扎，要求紧密、均匀，以保证绝缘良好、可靠。

包完对地绝缘后应在专用的热压模上热压成型，使对地绝缘固化与导条结合成坚实的整体。

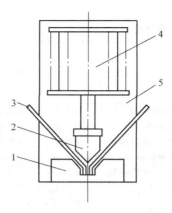

图 4-34　气动拍脚机示意图
1—底模　2—上模　3—U 形线坯
4—气缸　5—工作台

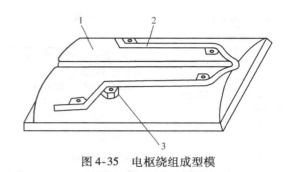

图 4-35　电枢绕组成型模
1—模体　2—绕组　3—挡块

四、电枢绕组嵌线工艺

除了极小型的电枢采用在铁心上直接缠绕绕组之外，一般的直流电枢绕组都是先绕成绕组再下到槽内去。较小容量的直流电机，有的是用圆铜线绕成多匝元件，和交流定子散嵌绕组嵌线方法相同。中大容量的电枢绕组，用扁铜线扁绕成棱形，再经张形工序制成所需形状。

由于直流电枢绕组在嵌好线以后，绕组端头要接到换向片上，这就要求铁心槽、换向片及绕组出线头的相对位置有一定的关系，而不能任意连接。在小型直流电机内为了结构上的简单，电刷固定在端盖上，位置不能调整，这时从槽内出来的绕组端头接到哪一个换向片上就有一定的要求。因为要保证处在电刷下面的换向片所连接的绕组边刚好放在中性区内。对于较大的直流电机，刷杆装在刷杆座上，位置可移动，中性区可以在试车时再调整，但因绕组多为硬扁铜线制成，端头位置全已固定，如果连接的换向片错位，将造成施工上的不方便。所以在开始嵌线前要找一下位置，这个工作称为作电枢标记。下面以波绕组为例来说明。

图 4-36 表示一个波绕组的电枢展开图。

图中 y_1 代表前节距，y_2 代表后节距，y_1、y_2 以元件边数为单位；y_s 代表槽节距，以槽数为单位；y_n 代表换向节距，以换向片数为单位。可见，根据中心线就可以决定两个绕组边所在的槽及其应连接的换向片。

先决定取哪里做中心线。如果槽节距 y_s 为双数，则 $y_s/2$ 为整数，这时中心线应该通过铁心的槽的中心；如果 y_s 为单数，则 $y_s/2$ = 整数 + 1/2，这时中心线应该通过铁心的齿的中心。

对于换向器表面中心线是应该通过换向片中心还是应该通过云母片，可以这样决定，即如果 $[(y_k + 1) - 1]/2$ = 整数，则中心线通过换向片中心；如果 $[(y_k + 1) - 1]/2$ = 整数 + 1/2，则中心线通过云母片。

如果一个绕组边共有 n 个元件，即每个边有 n 个出线头，要连接 n 个换向片，则上面两个式子应写成 $(y_k + n - 1)/2$ = 整数（见图 4-37），则中心线通过换向片；$(y_k + n - 1)/2$ = 整数 + 1/2，则中心线通过云母片。

根据已确定的中心线位置，就可决定第一个绕组所在的槽及所连的换向片了。

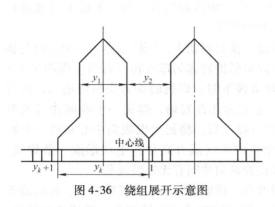

图 4-36　绕组展开示意图

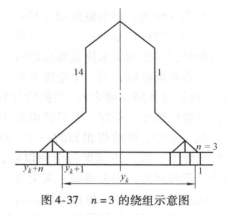

图 4-37　$n = 3$ 的绕组示意图

和前述小型交流电机定子绕组嵌线一样，最初的几个绕组的上层边要等到最后再嵌进去。

电枢绕组嵌线工艺还包括清理线头、焊接及端部绑扎等工序。

五、焊接工艺

电枢绕组与换向片或升高片焊接的方法很多，常用的有烙铁锡焊、整体一次锡焊、中频焊、点焊和氩弧点焊等。烙铁锡焊、整体一次锡焊和中频焊都采用锡或含锡量高的锡铅合金为焊料，焊剂为松香酒精溶液。图 4-38 为整体一次锡焊的设备，环形焊槽 1 下面有套筒 4，其孔的直径稍大于换向器工作表面直径。将换向器直立放入套筒孔中，套筒与换向器之间空隙应用石棉绳塞住。焊锡是在锡锅 5 中熔化，热源由线圈 11 中的交流电流供给，此电流在锡锅 5 的铁壁中产生涡

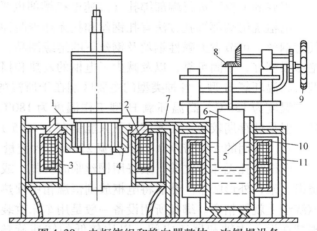

图 4-38　电枢绕组和换向器整体一次锡焊设备
1—环形焊槽　2、10—导磁铁心　3、11—线圈　4—套筒
5—锡锅　6—活塞　7—斜槽　8—伞齿轮　9—手轮

流，涡流产生的热量使焊锡熔化。由于铜的导热快，焊接时焊锡容易冷却，故在焊接前由线圈 3 将环形焊槽和换向器焊接处预热。焊接时先在焊接处涂松香酒精溶液，然后转动手轮 9 放下活塞 6，使焊锡在焊锡锅 5 中的溶液平面上升，经斜槽 7 流入环形焊槽中，将电枢绕组与换向片焊接在一起。焊完后，再转动手轮 9 使活塞 6 上升，焊锡就由斜槽 7 流回锡锅 5。焊锡的温度不宜过高或过低，一般在 280℃ 左右，焊接时间越短越好，一般不超过几分钟，以免换向器过热的太厉害。

电枢绕组与换向器的焊接采用锡焊，设备比较简单，整体一次锡焊的生产率也比较高。但是由于锡及锡合金的熔点低，工作温度只能用于绝缘等级 B 级以下的电机，不适用于 F、H 级绝缘的电机；而且整体一次锡焊后换向器内产生过大的应力以及换向片硬度降低等不良现象，影响换向器质量。为解决上述问题，可以采用氩弧点焊工艺焊接电枢绕组和换向器。

氩弧点焊工艺的原理是用钨丝电极在惰性气体（氩气）保护下，在电枢绕组与换向器焊接处通以短时大电流，使铜熔化成为焊点，熔化深度 2～3mm，焊点直径 2mm 左右，由一

连串焊点连成焊线，使电枢绕组与换向片（或升高片）牢固焊接在一起。不需要另加焊料或焊剂，但是焊接处要保持清洁，不允许有油污灰尘等物。

电枢绕组与换向器采用氩弧点焊时，电枢立放，换向器朝上，用碳刷作为一个电极与换向器的工作表面接触，另一个电极为钨丝。电枢以极低的转速匀速旋转（每转一圈约为3～12min，视换向片多少而定），当换向片转到钨丝电极下时，焊机的探测头引燃电弧，进行熔化，点焊后熄弧。每焊一点只通电几十微秒，电流为几百安培，焊完一个换向片（或升高片）的一点后，继续焊相邻的一片。这样焊完一圈以后，将钨丝电极向中心移进一个距离，继续焊下一圈。连续焊若干圈以后，则每个换向片（或升高片）上均形成一条焊线。焊后要清理焊接处，除去铜瘤、灰尘等杂物，并检查换向片间有无短路现象。

氩弧点焊的优点是：焊接处熔点高，机械强度高，接触电阻小，热影响区小，换向器不会过热，适用于各种绝缘等级的电机。但是，也有焊接所用设备比较复杂，焊接工时较多，焊后修理绕组不太方便等缺点。另外氩气对工人身体健康有影响，应注意劳动保护。

六、绑扎工艺

焊好的电枢要进行端部绑扎（高速电机槽部也要绑扎）。

电枢绕组端部绑扎方法有扎钢丝和扎无纬带两种方法，过去均用扎钢丝法。采用无纬带代替钢丝，可节省无磁性钢丝及钢丝下的绝缘制品，绑扎工艺简单，生产效率高，电枢端部绝缘强度好，牢固可靠，以及减少了电枢的发热和损耗。常用的无纬带有聚酯 B 型、环氧 B 型及高温环氧 H 型，各种类型的主要区别在于所浸的树脂胶不同。聚酯 B 型、环氧 B 型的工作温度为130℃，高温环氧 H 型工作温度为180℃。环氧型无纬带固化后的机械强度较高，但是储存期较短，在零度以下只能储存 1～1.5 月。聚酯型无纬带在 30℃以下可以储存三个月。常用的无纬带厚 0.7mm，宽 25mm，含胶量 25%～30%。

电枢绑扎无纬带之前，最好用钢丝临时绑扎，或用特制钢箍箍紧，使绕组径向收缩紧贴绕组支架，外形圆整。然后将电枢放到恒温箱中预热到 80～100℃，目的是使无纬带绑到电枢绕组上就能粘合。绑扎所用设备一般是用车床改装的，在走刀架上装无纬带拉紧装置，电枢装在设备主轴和尾座之间，以比较低的转速旋转。无纬带由拉紧装置拉紧，拉紧力为4.90MPa，以半叠绕或半叠绕和平绕相结合的方式绑在图样规定的位置，绕到规定的圈数以后，将带剪断，把末端用力粘在最外一层无纬带上。此时，无纬带所含树脂并未固化，无纬带还是柔软的，必须尽快进行固化处理。一般是在电枢绕组浸漆烘干的同时，使无纬带固化成为玻璃钢环。无纬带经固化处理后应成为坚固的整体，表面光滑平整，不高出电枢铁心外圆。为检查固化质量，可以在铁心表面绑扎一个检查环，固化后剖开以检查固化质量。在电枢绕组绑无纬带以前绑扎的钢丝或钢箍，应在无纬带固化以后拆除。

第七节　磁极绕组制造

直流电机和同步电机都有磁极绕组，有的装在固定部分，如直流电机的磁极绕组（包括换向极绕组）装在机座上；有的装在转子上，如同步电机的磁极绕组。

一、磁极绕组的类型

磁极绕组从工艺上分类可分为绝缘导线绕制的和裸铜（铝）条绕制的两种。绝缘导线绕制的又分为圆导线和扁导线两种。裸铜条绕制的又可分为平绕（宽边弯绕）和扁绕（窄边弯绕）两种。

绝缘圆导线绕制的磁极绕组如图4-39a所示，直流电机的并激绕组匝数较多而电流不大时，可以做成这一种。电流较大的中小型直流电机的主极绕组，可用高强度聚酯漆包扁铜（或铝）线或双玻璃丝包扁线绕制，如图4-39b所示。为了出头方便，可按图中所示序号绕制（第11匝、12匝为预先留绕反绕），出头的是最外面的第10匝和第12匝。

用裸铜条平绕的磁极绕组如图4-39c所示，匝间绝缘在绕制过程中用绝缘带边绕边垫。为了工艺上的方便，绕组的段数最好为双数，这样抽头方便。

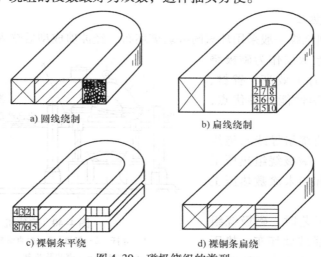

a) 圆线绕制   b) 扁线绕制

c) 裸铜条平绕   d) 裸铜条扁绕

图4-39 磁极绕组的类型

用裸铜条扁绕的绕组如图4-39d所示，绕线应在扁绕机上连续进行。绕组绕好后经过退火、整形等处理，按一定的设计匝数焊好引线，再垫匝间绝缘。这种绕组广泛用作直流电机串激绕组、换向极绕组和同步电机磁极绕组。

磁极绕组按其对地绝缘方式不同又可分为三种：①卷烘式——铁心上包上云母纸、玻璃漆布等绝缘，用漆或树脂粘牢，加热固化，最后把绕好的绕组套上去。②骨架式——用金属的或绝缘的骨架，把绝缘和绕组装上去，然后进行浸漆（或浸胶）处理，最后再和铁心装在一起。③直接绕线式——磁极铁心上包好绝缘以后，直接把导线绕在铁心上面。

二、磁极绕组制造工艺

扁绕磁极绕组的工艺过程为：扁绕→退火→除去增厚部分→整形→焊引出线→匝间绝缘→热压→清理→检查试验，其工艺要点如下：

1. **扁绕、退火与除增厚**

扁绕磁极绕组的带状导线宽而薄，截面较大，沿窄边绕制时有扭转趋势，因而需在专用的防扭转的扁绕机上进行。隐极式同步电机转子绕组采用同心式扁绕绕组结构，扁绕在特殊的旋转平台上进行。典型的扁绕机结构如图4-40所示。扁绕时，导线通过滚轮校直与拉紧压板拉紧，达到扁绕的要求，待绕到规定的匝数后，留好引线头，再把导线剪断。

绕制后导线变硬和刚性增大，线匝不在正确的位置上，而且彼此不能紧贴。因而，必须对绕组进行无氧退火，以消除内应力和减小刚性。无氧退火处理工艺与插入式绕组相同。

导线扁绕时，拐弯的内沿增厚，使绕组高度增加，且在压装时容易损坏绝缘，因此必须除去增厚部分。常用的办法有锉平、压平或铣平。压平的效率高，且不会减少导线截面积，应优先采用。压平时，各匝间应垫入光滑的薄钢板，压力机加压的单位压力应不小于50MPa。

2. 整形

整形的目的是为了校准绕组的几何尺寸，并使各匝平整一致。整形模的结构如图4-41所示。绕组6放到侧板5中，侧板5的距离 a 应调整到绕组宽度，并用拉紧螺杆4防止压型时侧板移动；绕组中间放入支撑木楔，使绕组内部整齐，然后在压力机上加压整形，压力约为30～40MPa。

3. 匝间绝缘与热压

磁极绕组的匝间绝缘一般采用环氧酚醛玻璃坯布，经冲剪成型后垫入磁极绕组匝间。近年来也有采用粉末涂敷层作为磁极绕组的匝间绝缘，具有工效高、省材、成本低、电气与力学性能好等优点，但工艺不够稳定。

热压的作用是使绕组导线与绝缘结合成坚实的整体。磁极绕组热压工艺分坯布热压工艺和粉末涂敷热压工艺两种。

采用坯布热压工艺时，磁极绕组的匝间垫放环氧酚醛玻璃坯布。热压在热压模上进行，热压模结构见图4-42。绕组在未套入热压模以前，先通

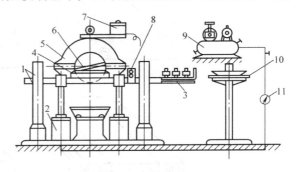

图 4-40　扁绕机

1—导杆　2—气缸　3—校直滚轮　4—压板
5—机身　6—模芯及花盘　7—肥皂小箱
8—拉紧压板　9—空气压缩机　10—线盘　11—阀门

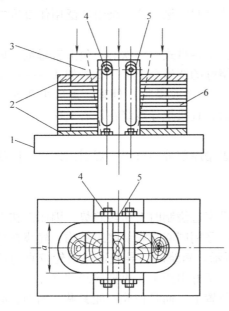

图 4-41　扁绕磁极绕组整形模
1—底板　2—钢垫圈　3—支撑木楔
4—拉紧螺杆　5—侧板　6—绕组

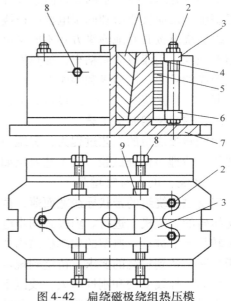

图 4-42　扁绕磁极绕组热压模
1—模心　2—拉紧螺杆　3—上垫圈
4—绝缘纸　5—绕组　6—下垫圈
7—压模底板　8—螺杆　9—木楔

电加热 5min 左右，使绕组温度达 50 ~ 60℃，待坯布软化后，切断电源，套入模心。然后，预加少许初压力，使线匝与坯布靠紧，接着通入低压大电流，经 4 ~ 8min 左右升温到 100 ~ 110℃开始逐渐加压。当温度升至 160℃时，开始加全压并保温一段时间，使绝缘胶聚合固化。在加压过程中，绕组中电流密度保持为 3 ~ 5A/mm²，压力和保温时间选择为：小型电机压力 3 ~ 5MPa、保温时间 30 ~ 40min；大型电机压力 6 ~ 10MPa、保温时间 45 ~ 90min。达到规定的保温时间后，切断电源，用刮刀清除多余的胶质及坯布，冷却到 50 ~ 60℃后解除压力并卸模。

采用粉末涂敷热压工艺时，绕组的匝间绝缘为粉末涂敷层。热压前，先将模具刷上硅油，然后将绕组装入模内，通电使粉层软化后压入模心。所通入电流的大小与坯布热压工艺相同，通电 5 ~ 10min 后开始加压。绕组压到所需尺寸后，保温 20 ~ 25min。当绕组不再流胶和粘手时，停电并冷却 15 ~ 20min 后卸模。

三、绕组的质量检查

绕组的质量检查分外观质量检查与绝缘性能试验：

（1）外观质量检查　检查绕组的尺寸和形状，必须符合图样要求，检查绕组的表面质量，有无破损或异物。

（2）绝缘性能试验　按有关标准进行匝间绝缘试验与工频耐压试验，必须符合技术要求。

习　题

4-1　绕组的分类及其技术要求有哪些？简述电机绕组常用电磁线的技术要求及其种类、特点与应用。

4-2　绝缘材料的性能、分类及其技术要求如何？简述绝缘材料的老化、促进因素及绝缘材料的寿命。

4-3　试述 Y、Y – L 系列和 Y2 系列电机的绝缘结构，并进行比较之。

4-4　试述散嵌绕组的绕制、嵌线、接线工艺要点及其技术要求。

4-5　定子绕组嵌线后的质量检查项目、方法及要求如何？

4-6　绕组绝缘处理的目的、类型、材料与设备如何？简述浸漆处理工艺的主要工序及其技术要求。

4-7　试述沉浸、真空压力浸渍、滴浸及湿热带三防电机的浸漆处理工艺，并进行比较。

4-8　试述高压定子绕组的绝缘结构、制造工艺及绕组的质量检查与试验。

4-9　绕线转子绕组的分类有哪些？简述插入式绕组的绕制、嵌线、接线及端部绑扎工艺过程与要点。

4-10　电枢绕组的分类有哪些？简述电枢绕组的绝缘结构、制造、嵌线、焊接及绑扎工艺过程与要点。

4-11　磁极绕组的分类有哪些？简述磁极绕组的制造工艺及质量检查。

4-12　编制小型三相异步电动机定子绕组绕制、嵌线、接线及绝缘处理的典型工艺守则。

第五章

笼型转子制造

第一节　笼型转子的结构与材料

一、笼型转子的结构类型

按照绕组制造工艺的不同，笼型转子分为铸铝笼型转子（见图 5-1）与焊接笼型转子（见图 5-2）两种。前者由铝或铝合金铸成笼型绕组，并且大多数同时铸出风叶和平衡柱。其结构简单，制造容易，广泛用于小型电机和转子直径小于 600mm 的中型电机。后者则由纯铜、黄铜或青铜导条焊接成为笼型绕组，成本较高，常用于大型电机和性能要求较高的中小型电机。

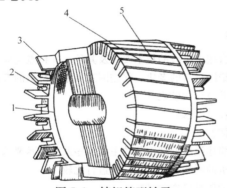

图 5-1　铸铝笼型转子

1—端环　2—平衡柱　3—风叶
4—导条　5—铁心

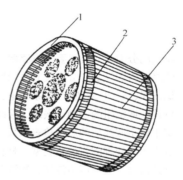

图 5-2　焊接笼型转子

1—端环　2—导条　3—铁心

二、笼型绕组所用的材料

笼型绕组用铝通常选用含铝量（w_{Al}）在 99.5% 以上的工业纯铝，其化学成分见表 5-1，物理性能见表 5-2。杂质含量愈高，铝的强度愈高，伸长率愈低，电阻率增加。工业纯铝中

表 5-1　铝锭的化学成分（GB/T 1196—2008）

级　　别	代　号	含铝量 w_{Al}（%）不小于	杂　质　含　量（%）不　大　于				
			铁	硅	铁+硅	铜	总和
特一级	Al 99.7	99.7	0.16	0.13	0.26	0.010	0.30
特二级	Al 99.6	99.6	0.25	0.18	0.36	0.010	0.40
一级	Al 99.5	99.5	0.30	0.25	0.45	0.015	0.50
二级	Al 99	99	0.50	0.45	0.90	0.020	1.00

的主要杂质是铁和硅。为了保证铸铝转子质量，含硅量 w_{Si} 不应超过 0.25%，含铁量（w_{Fe}）不超过 0.3%，硅与铁含量总和不应超过 0.5%，而且铁硅比不应大于 2.5 比 1。铝的化学性质活泼，与氧的亲和力大，极易被氧化，生成氧化膜。Y 系列电机转子一般采用特二级铝，Y2 系列电机转子通常采用一级重溶铝。对于高起动转矩或高转差率的电机转子，则用高电阻铝合金铸造。常用的高电阻铝合金有 319 合金，Al-Mn-Si 合金，Al-Mg 合金以及 Al-Mn 稀土合金。由于 AL-Mn 合金有较强的耐蚀性，塑性好，电阻率较高，如在 20℃ 时，其值为 $(5 \sim 12) \times 10^{-8} \Omega \cdot m$，因此应用较广。

表 5-2　铝的物理性能

项　目	单　位	性能指标
熔点	℃	658
比热容（20℃）	J/（g·℃）	0.92
热导率（20℃）	J/（cm·s·℃）	2.18
电阻率（20℃）	$10^{-8}\Omega \cdot m$	2.90
抗拉强度	N/mm²	150～180
硬度 HB	N/mm²	350～450
密度（20℃）	g/cm³	2.7
线胀系数（20～100℃）	10^{-6}/℃	23
电阻温度系数（20℃）	10^{-3}/℃	4.03

三、转子铸铝方法

转子铸铝的方法有五种：振动铸铝、重力铸铝、离心铸铝、压力铸铝和低压铸铝。

振动铸铝是将铸铝模安装在振动台上，浇注铝液后，靠振动台的振动产生压力，使铝液充满型腔和转子槽。振动铸铝通常只有个别工厂采用（如浇注细而长的转子）。

重力铸铝是利用铝液本身的重量使铝液充满型腔和转子槽。因铸铝质量不好，现已淘汰不用。因此，本章着重介绍目前广泛应用的离心铸铝、压力铸铝和低压铸铝。

四、笼型转子的技术要求

对铸铝笼型转子的技术要求是：转子无断条、裂纹和明显的缩孔、气孔等缺陷；铁心片间无明显的渗铝现象；端环内外圆的径向偏摆小；对有径向通风沟的转子，通风沟无漏铝，且铁心无严重的波浪度；铁心长度与斜槽角度应符合规定。

对焊接笼型转子的技术要求是：导条与端环应焊接牢靠，接触电阻要小；导条在槽内无松动；端环与铁心端面之间的距离应符合图样规定；端环与铁心的同轴度偏差和端环对轴线的端面跳动量都应较小，以利于转子平衡；铁心长度应符合图样规定。

第二节　离　心　铸　铝

离心铸铝是在转子铁心旋转的情况下，把熔化好的铝液浇入铸铝模中，利用离心力作用，使铝液充满转子槽、铸铝模两端的端环、平衡柱和风叶型腔。所得到的铸件金属组织比较紧密，质量比较好。所用的设备不太复杂，且操作技术比较简单。离心铸铝的转子和压力铸铝相比，杂散损耗比较小，生产率不高，劳动条件较差，劳动强度较大。通常多用于中大型（H＞315mm）电机的转子制造。

一、转子铁心压装

转子铁心在压装前，可以用手工理片，也可用理片机理片，使转子冲片顺飞边方向按键槽（起记号槽作用）对齐。然后，将理好的转子冲片按台称好重量，一叠一叠地套在假轴（即铸铝轴）上。根据转子斜槽的需要，在假轴上装有斜键，斜度由设计确定。从铁心外圆看，斜槽宽一般为三分之二到一个定子齿距。一台冲片叠好后，用压圈和螺母（或开口垫圈）将冲片初步压紧。

转子铁心的压装，一般是在油压机上进行。为了使槽壁整齐，在接近180°的位置插入两根槽样棒，加以整理。转子铁心一般采用定量压装，控制长度、压力（一般为 $2.5 \sim 3.0MPa$）作为参考数值。即适当增减片数，在基本上以重量为主要依据的情况下，保证压力也在合理的范围以内。因为压力太小，压装系数低，影响电磁性能；压力过大，铸完铝卸模后，会有很大的拉力加在铝条上，可能造成铝条被拉断。铁心压紧后，用垫圈和螺母（或开口垫圈）将铁心紧固。压装好的转子铁心如图5-3所示。假轴的型式有多种，图5-3所示的为其中一种。为了退假轴方便，假轴中间做成通孔，以便在退假轴时通水冷却。在铸铝前，必须放上塞子4，以免铸铝时进入铝液。

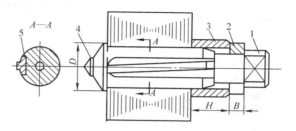

图5-3　压装好的转子铁心

1—假轴　2—开口垫圈　3—压圈

4—塞子　5—子母键

二、离心铸铝的主要设备

离心铸铝的主要设备有离心铸铝机、熔铝炉和预热炉等。

离心铸铝机的结构如图5-4所示。电动机及其传动结构安装在地坑内，法兰盘以上部分在地面以上。电动机21通过三角带20带动主轴17旋转，法兰盘8和主轴连在一起也同时旋转。法兰盘上装有3根长螺杆，作用是压住铸铝模，使它不致因受到离心力作用而抛出。为防止铝液飞溅伤人，离心机须装有防护罩。此外，还有漏斗及刹车装置等等。如果同一台离心铸铝机用来铸不同直径的转子，为适应不同转数的需要，应在传动部分增设变速机构。

熔铝炉的要求是：①温度上升快；②火焰不直接接触铝液表面，以防止铝在熔化时吸收由于煤或油燃烧不完全而挥发出来的氢和碳氢气体；③温度容易控制。实际生产中一般都在采用带鼓风机的焦炉或煤炉。有的工厂还采用电炉，采用电炉的优点是可以实

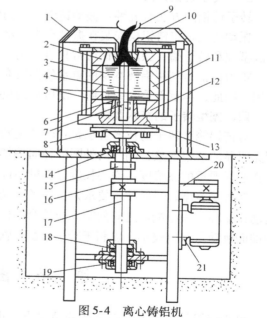

图5-4　离心铸铝机

1—防护罩　2—上模　3—转子铁心　4—假轴

5—长螺杆　6—垫圈　7—销子　8—法兰盘

9—勺子　10—漏斗　11—中模　12—下模　13—石棉纸

14—轴承　15—刹车片　16—带轮　17—主轴

18、19—轴承　20—三角带　21—电动机

现温度自动控制，铝液比较干净，缺点是耗电量大。电炉分为两种，一种是电阻电炉，另一种是工频感应加热电炉，前者已逐渐被后者替代。

离心铸铝的转子铁心和铸铝模必须预热，温度分别为500℃和350℃左右。预热炉通常用反射炉，但也可以采用电阻电炉。

三、离心铸铝模的结构

　　离心铸铝模由上模、下模、中模、分流器和假轴组成，在小型电机中，假轴的端部起分流器作用（见图5-5）。其结构设计是否合理，对转子的铸铝质量和模具的寿命有很大影响。上模和下模是转子端环、风叶和平衡柱的型腔。上、下模的结构应满足下述要求：制造容易，更换和清理方便。用得较多的是二拼结构（见图5-5）和三拼结构（见图5-6和图5-7）。图5-6为风叶和端环型腔在外拼块上的结构，这种结构的风叶型腔可以用插床加工，也可以用刨床加工（风叶型腔的斜度由钳工加工）。图5-7为风叶和端环型腔在内拼块上的结构。这种结构的风叶型腔加工也很方便，可以铣，也可以刨。上模中间呈喇叭口形状的部分为直浇口，这种上小下大的直浇口，可以防止离心铸铝时铝液往上抛，并容易脱模。直浇口和假轴的端部组成内浇口，内浇口是铝液的进口处。

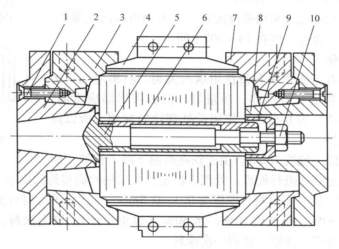

图5-5　离心铸铝模

1—沉头螺钉　2—上模内圈　3—上模外圈　4—中模　5—假轴芯子
6—假轴套筒　7—下模外圆　8—下模内圆　9—压圈　10—六角螺母

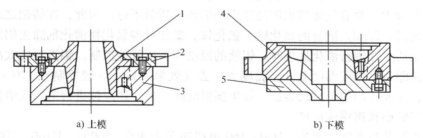

a）上模　　　　　　　　　　b）下模

图5-6　上、下模结构

1—上模内圈　2—上模压板　3—上模外圈　4—下模外圈　5—下模内圈

　　上模和下模也可以是整块的。此时风叶型腔广泛采用电火花加工（有的工厂也采用在

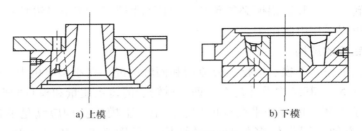

| a) 上模 | b) 下模 |

图 5-7　上、下模结构

立铣上用磨成一定锥度的钻头加工）。

中模结构应能保证铸铝时不漏铝液，并保证在合模时控制转子铁心的长度，而且便于装卸，现在都做成两块或三块拼合的形式，拼合接缝处做成止口，防止漏铝（见图5-8）。为了加强中模的强度和刚度，外围可加一些加强筋。

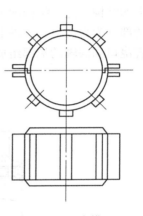

中模与上、下模的配合采用锥度配合，一方面可以防止漏铝，另一方面容易脱模。锥度一般在15～30°之间。

四、熔铝和清化

熔铝坩埚主要有石墨坩埚和铸铁坩埚两大类。石墨坩埚不溶于铝液，所得到的铝液比较纯净，质量好。但石墨坩埚成本高，容积较小，不够坚固，容易损坏，使用前处理比较麻烦，所以逐渐被铸铁坩埚所代替。

图 5-8　中模

铸铁坩埚的厚度一般约30mm。由于铁在高温下溶于铝液，所以铸铁坩埚使用前也必须进行处理。处理方法是预先用钢丝刷将铸铁刷净，然后将铸铁坩埚加热到150～200℃，刷一层涂料，厚度为0.3～0.5mm，一次刷不上时可分几次涂刷。涂料的配方是：石墨粉30%，水玻璃20%，水50%（以重量计）。刷上涂料，冷却到室温后就可以使用。以后，每熔一次铝，要刷一次涂料。

熔铝时，先将铝块加热，除去水分，当坩埚加热到发暗红后，分两次或三次加入预热的铝锭。铝的熔点是659℃。铝在熔化过程与周围介质（如铸铁坩埚、工具等）及空气中的氧气、水蒸气相互作用，一方面生成氧化铝（Al_2O_3）渣滓，另一方面分解出氢气（H_2），同时氢也渗入铝液中。含有气体的铝液浇注出来的转子质量不好，因此，在铸铝之前，铝液必须进行清化处理，即加入适量的氯化钠、氯化铵、氯化锌等氯化物清化剂除去铝液中的气体和氧化物等杂质。在进行清化处理时，铝液的温度应该很好地控制。铝液温度太高，溶渣过于稀薄，无法除尽；铝液温度太低，黏度大，去气效果不好，一般控制在720～750℃。清化后的铝液，不允许用勺子搅动表面。如果搁置时间过长，还应该进行第二次清化处理。

五、转子铁心和铸铝模预热

转子铁心的预热温度一般为：H80～160电机转子为400～500℃；H180～200电机转子为450～550℃；H225～280电机转子为550～600℃。装进加热炉预热的一批转子，其尺寸应相差不多，转子各部分预热温度要均匀，不得过热。温度太高，容易产生漏铝现象，使风叶、平衡柱、甚至端环浇不满；温度太低，铁心槽中的铝液可能先冷却，等下端环冷却时补充不下去，下端环容易出现缩孔。

铸铝模预热温度的高低，对铸件质量的影响很大。下模预热温度过高，下端环容易出现缩孔，而且下模排气槽容易跑铝。温度太低，会把转子铁心下端的热量导散，使铁心槽中的铝液先凝固，也会使下端环产生缩孔。上、下模预热时模面朝下放置，以避免型腔落上烟灰。上、下模预热温度一般为 300~350℃；中模预热温度一般为 150~200℃。为了脱模方便和保护铸铝模型腔不受高温铝液的腐蚀，上、下模在预热到 200℃ 左右时，要刷一层涂料。涂料配方各厂不一样，有的用白铅油 60%，机器油 40%；有的用滑石粉 100g，水玻璃 150g，水 5kg。冷却铸铝模的涂料为黑碳粉 1.5kg，水 8.5kg。

六、离心转速的确定

离心机转速是转子铸铝很重要的工艺参数。如果转速低，则离心力不够，结晶疏散，质量不好，转速太低时还可能有浇不满的现象。如果转速太高，在内浇口截面小的情况下，铝液不易进入，同时会使排气困难，使下端环产生气孔，另外也容易使聚集端环内圈的铝液在未凝固前即被抛开，形成抛空。

根据经验，离心机的转速可近似用下式确定：

$$n = c \sqrt{\frac{r_1}{r_1^3 - r_2^3}} \tag{5-1}$$

式中，r_1 是端环外圆半径（m）；r_2 是端环内圆半径（m）；c 是转速系数，通常取 c 为 80r/min。

由上式可知，转子直径增大时，转速应相应降低，这个趋势是对的，但它只考虑了转子直径大小这个因素，而对铁心长度、槽形尺寸以及浇口大小等因素没有考虑。同时，如果完全按上式确定离心机转速，则对于每个大小不同的转子都有一个不同的转速，这在生产上是很不方便的，而实践证明也是没有必要的。许多工厂实际离心机转速远低于计算值，但同样生产出合格的转子来。这是因为自制的离心机转动时振动很大，铝液承受的压力，既来自离心力的作用，又来自振动力的作用。

根据工艺验证确定的离心机的转速如下：H80~180 电机转子为 1000~1200r/min；H200~225 电机转子为 850~900r/min；H250~280 电机转子为 650~700r/min。

七、浇注方法和浇注速度

把预热好的模具取出，吹去烟灰，并将下模装在离心机上。然后，用压缩空气吹去转子铁心上的烟灰，打平翅齿，装于下模上，合拢中模，扣上上模，旋紧固定螺钉，并上好防护罩，准备浇注。

目前，大多数工厂采用升速浇注法和降速浇注法。

（1）升速浇注法 开动离心机，未达满速时开始浇注。待铝液浇入 3/4 后，离心机达到满速，继续将剩余的 1/4 铝液在满速时浇入，这时离心机仍继续旋转，在离心力作用下使铝液结晶凝固。然后切断电源，让离心机停车，整个浇注过程为 1~2min 左右。升速浇注法的特点是：①开始浇注时转速较低，便于浇入的铝液经槽孔流到下模，保证下端环的浇注质量。待浇入 3/4 铝液后，再将剩余的 1/4 铝液在满速时浇入，铝液完全在离心力作用下将上模填满，使上、下端环的质量都能得到保证。②便于操作和控制，适用于小型转子。

（2）降速浇注法 起动离心机后立即拉掉电源，约 3s 内浇完 2/3 的铝液，再合上电源继续浇完剩余的 1/3 铝液，达到满速后过 10~30s 停车。降速浇注的目的，也是更好地使下模得到填充。降速浇注法多用在大型转子。

在确定浇注速度时，应考虑铝液的流动性好坏、铸铝模温度的高低、转子几何尺寸大小及槽形等，保证模腔及铁心槽中气体的排出。原则上要求浇注速度越快越好，这样一方面可以避免端环的抛空；另一方面使铝液早些注入模内，使其有较长时间保持液态，在离心力的作用下凝固，组织紧密。但是浇注速度太快，则气体来不及排出，容易形成气孔。如果太慢，又有浇不足和冷隔现象。一般对端环厚、直径大的转子由于排气困难，浇注速度应慢些。浇铝用的勺子和盛铝桶必须预热，并涂刷涂料（白垩粉5%，加水95%），防止因铝液的腐蚀作用而增加铝液的杂质。同时，浇注时必须一次浇满，不允许中途停顿，以免产生断条和冷隔现象。每浇5~6个转子以后，要用压缩空气吹去下模的金属残渣，并刷涂料。

八、铸铝转子的质量检查

转子铸铝中往往产生断条、细条、裂纹、缩孔、气孔、浇不满（包括端环抛空，风叶或平衡柱残缺不全）等缺陷，使电机性能变坏。表现为损耗大、转差率大、效率低、温升高等。其中尤以断条、细条、裂纹对电机性能影响最大。因此需要对铸铝后的转子进行检查。

（1）表面质量检查 主要是用目测观察有无裂纹、缩孔、冷隔、残缺等。按零部件检验规范要求：①外圆表面的斜槽线平直，无明显横折形；②浇口清理干净无残留；③端环缩孔 $\phi 5mm \times 3$ 最多三处；④端环、风叶、平衡柱不得有裂纹及弯曲等；⑤风叶冷隔不超过风叶长度的 1/4；⑥端环对轴孔的同轴度不大于 3mm；⑦平衡柱残缺不大于平衡柱高的 1/4，每个转子平衡柱残缺数不多于平衡柱数目的 1/4，并不得在相邻地方。

（2）尺寸检查 主要检查铁心长度和外形尺寸。

（3）内部质量检查 主要是用断条检查器检查转子有无断条、细条、裂纹、缩孔、气孔等缺陷。

第三节 压 力 铸 铝

压力铸铝是用压铸机将熔化好的铝液，采用高压快速的方法压入压铸模中，以完成笼型转子的铸铝工作。压力铸铝的优点是：①铸铝速度快，生产效率高；②工人劳动强度低，劳动条件较好；③转子铁心和铸铝模不必预热；④能保证铝液充满铸铝模而不会有浇不满的现象；⑤便于组织流水线生产。目前，压力铸铝多用于中小型电机 $H < 315mm$ 转子制造。

一、压力铸铝设备及压铸过程

压力铸铝的主要设备是压铸机。立式压铸的铸铝模立式安放在压铸机上，如图 5-9 所示。压板 1 的主要作用是用螺钉固定动模 2，并借液压沿立柱 10 上下移动。料缸 8 装在工作台 7 上，是不动的，用来盛铝液，同时在它上面安装定模 9。活塞 6 借液压推动，可在料缸内上下移动。

整个浇注过程是：先把熔化的铝液倒入料缸内（为防止铝液温度下降过多，通常先在料缸内放入石棉纸袋，然后把铝液倒入石棉纸袋中），再装定模、铁心和中模。当压板 1 向下移动时，动模 2 将转子铁心 3 压紧。然后料缸下部的活塞 6 上升，将铝液压入铸铝模。压铸完后压板 1 上升，取出中模和转子，敲出假轴。

图 5-10 为立式压铸模的结构，料缸中的铝液通过定模中的风叶型腔，压入转子铁心和压铸模中。

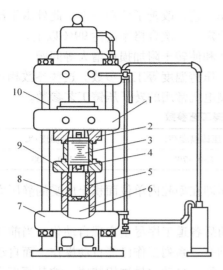

图 5-9 立式压铸示意图

1—压板 2—动模 3—转子铁心
4—假轴 5—石棉袋 6—活塞
7—工作台 8—料缸
9—定模 10—立柱

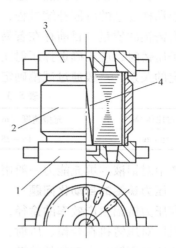

图 5-10 立式压铸模

1—定模 2—中模
3—动模 4—假轴

卧式压铸如图 5-11 所示，压铸机中铸铝模是卧式安放的。它的料缸 4 中有两个活塞，上活塞 3 用以产生浇注压力，下活塞 5 用来封闭浇口和切除余料，压板 1 为水平移动，动模 2 装在压板 1 上。

浇注过程是：先把转子铁心装入中模 8，压板 1 向右移动，铸铝模合模，同时压紧铁心，铝液倒入料缸内，下活塞处于图 5-12a 位置，不使铝液流入浇口。上活塞下压后，下活塞下降到最低位置，铝液即由浇口射入铸铝模，如图 5-12b 所示。压铸完后，上活塞上升，下活塞也随之上升，自动将余料切除和顶出，如图 5-12c 所示。同时，压板向左移动，取出转子。

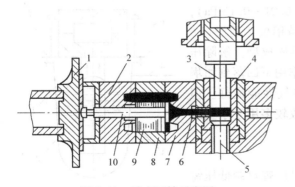

图 5-11 卧式压铸示意图

1—压板 2—动模 3—上活塞 4—料缸 5—下活塞
6—浇口 7—定模 8—中模 9—转子铁心 10—假轴

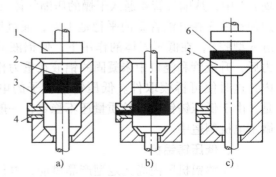

图 5-12 卧式压铸时活塞运动状况

1—上活塞 2—铝液 3—料缸
4—浇口 5—下活塞 6—余料

二、压力铸铝的工艺特点

压力铸铝时，铝液压射到转子铁心槽和型腔中去的速度极高，填充速度可达 $10 \sim 25 \mathrm{m/s}$。压铸时，不像离心铸铝那样铝液有一段流动时间，而是瞬间完成的。因此，铁心和模具均可不必预热。铁心和模具不预热，这就大大减化了操作工艺，改善了劳动条件。此外由于没有离心铸铝那样复杂的凝固补缩过程，铸铝转子质量稳定，一次合格率高达99%以上。

压力铸铝的质量，目前存在着易产生气孔、缩孔和使转子附加损耗增大等问题。

转子压铸时，应正确选择压射比压、充型速度、压铸温度等工艺参数。这些参数相互之间有一定的关系，一般通过试模确定。表5-3为小型电机常用的转子压铸工艺参数。

表5-3 小型电机转子压铸工艺参数

压射比压/MPa	充型速度（m·s⁻¹）	压铸温度/℃	模具温度/℃
45 ~ 60	15 ~ 25	680 ~ 700	180 ~ 200

生产中对铝液的填充能力一般用比压表示，比压即在型腔内单位面积上所受的静压力。

三、压力铸铝的自动化问题

提高压力铸铝生产效率的途径，主要是将压铸前后各道工序尽量实现自动化。当前我国一些电机厂对压铸机在合模、压射、去浇口、退假轴等一系列工作已能自动操作，而自动定量进铝装置是压铸机自动化的关键。根据有关资料介绍，自动定量进铝装置，按其原理大致有以下几种：

1）利用容器倾斜进行注铝。

2）利用空气压力来控制进铝量。

3）利用浇口塞的动作来控制进铝量。

4）利用机械手舀铝。

5）利用电磁泵进行注铝。

其中，以利用电磁泵自动定量进铝装置较为先进，使用也较方便。

第四节 低 压 铸 铝

低压铸铝的基本原理如图5-13所示。在密封的容器（坩埚）1中，从输气管4通入干燥的压缩气体（0.01~0.1MPa），迫使铝液3在升液管2内平稳地上升，通过铸铝模7的浇口6进入型腔8，在低压气体的作用下，使铝液凝固成型。解除压力后，升液管和浇口中未凝固的铝液在重力作用下回落到坩埚内，这时便可拆模取件。低压铸铝转子的电气性能最好。但是，由于低压铸铝转子的质量还不稳定，一般较多用于小型或微型电机制造中。

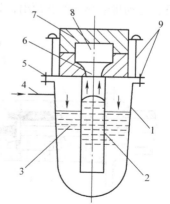

图5-13 低压铸铝的原理图
1—坩埚 2—升液管 3—铝液
4—输气管 5—密封盖 6—浇口
7—铸铝模 8—型腔 9—紧固螺钉

一、低压铸铝机

低压铸铝机国内尚无定型产品供应，电机厂曾自制低压铸铝机，其结构形式有固定式与单臂回转式两种。与其配套的设备有保温炉、液面加压控制系统和液压系统。固定式低压铸铝机的主体构架是固定不动的，单臂回转式低压铸铝机的主体构架有一个可回转的摇臂。

图5-14示出一种转臂式低压铸铝机，机架和保温炉15都是固定的，仅有转臂（横梁）

4 可绕左立柱 2 回转。两个中模开合液压缸（侧液压缸）13 分别装设在两个溜板上，通过丝杠可调整侧液压缸的高度，以适应不同长度转子的铸铝。主液压缸 6 套装在转臂上，主液压缸活塞杆下部装有转子顶出液压缸 12 和上模固定盘 14。转臂转回来时，由楔块 8 进行粗定

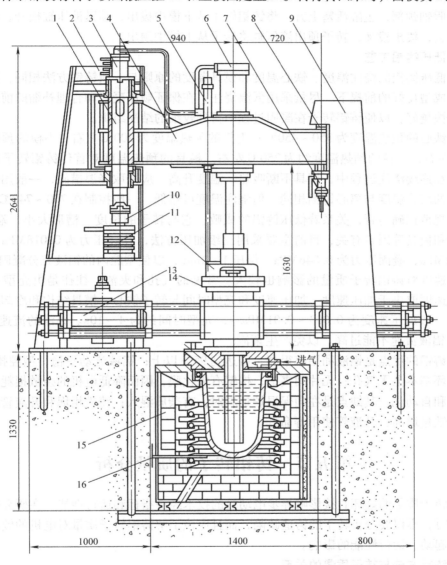

图 5-14 转臂式低压铸铝机

1—转臂轴 2—左立柱 3—分油器 4—转臂 5—伸缩油管 6—主液压缸
7—转臂锁紧液压缸 8—楔块 9—右立柱 10—联轴器 11—回转液压缸
12—转子顶出液压缸 13—侧液压缸 14—上模固定盘 15—保温炉 16—热电偶

位，接着右立柱 9 上的转臂锁紧液压缸 7 的活塞上升，利用活塞杆上的锥形端插入转臂的锥孔进行精定位，使上模与下模对准。下模装在保温炉的坩埚盖上。上模固定盘和坩埚盖上均有止口，以便固定上模和下模。坩埚凸缘与炉盖之间用石棉垫料密封。为保证连续生产，在密封盖上做出一个加料口，当坩埚内铝液即将用完时，可打开加料口的密封装置，向坩埚内

倾注新的铝液。工作时，先把转臂转出去，用吊车或机械手将转子铁心吊到下模上，合拢中模；转臂转回工作位置，由锁紧液压缸锁紧；主缸活塞下降，盖紧上模；由输气管输入压缩气体使铝液沿升液管上升、充型和凝固成型；放气冷却，移开中模，将拨叉从活塞杆下部的窗孔插入假轴颈部，主缸活塞上升，将铸铝转子从下模中拔出，锁紧液压缸松开，转臂带着转子转出去，拔出拨叉，转子顶出液压缸将转子从上模中顶出。

二、低压铸铝工艺

确定低压铸铝的浇注温度、铁心温度和模具温度的原则与一般铸铝方法相同，即在保证铸铝转子成型良好的前提下，尽量采用低温浇注；在保证顺序凝固和合理补缩的前提下，转子冷却越快越好，以使铸铝转子在凝固过程中得到较细的结晶组织。

转子铁心的预热温度为 $350 \sim 450℃$；上模的预热温度为 $200℃$ 左右，中模的预热温度约为 $150℃$ 左右，下模的预热温度约为 $350℃$ 左右。模具的预热温度对首件铸铝转子的质量影响最大。在连续浇注过程中，模具不断吸热，温度升高，应采取降温措施，一般用水冷却。

铝液的熔炼温度与离心铸铝相同，但浇注温度可略低，一般控制在 $700 \sim 740℃$。

加压规范正确与否，关系着低压铸铝的成败，它与转子的长度、槽形大小、端环厚度、液面高低和模具等因素有关，目前主要采用三级加压方法，升液压力为 $0.018MPa$，充型压力为 $0.02MPa$，凝固压力为 $0.046MPa$，保压 $1 \sim 2min$，以使型腔内的铝液充分凝固和收缩。

充型速度对铸铝转子质量的影响也较大。常见的气孔和夹渣，往往是由充型不良引起的。充型速度取决于加压速度。加压速度和充型时间与转子铁心、模具结构和冷却性能等因素有关，一般加压速度为 $0.003 \sim 0.01MPa/s$，充型时间约为 $4 \sim 10s$。铝液的流速取 $0.3 \sim 0.7m/s$，铝液流速不能过高，以免产生紊流。

低压铸铝的优点是铝液利用率很高，可达到 95% 以上；铝液流动平稳，型腔排气充分，导条和端环基本上无气孔；无片间夹铝，槽壁有氧化膜，因而降低电机的杂散损耗；容易实现机械化和自动化。其缺点是在向保温炉加料时，有杂质混入；铸铁坩埚和升液管都是铁器使铝液含铁量增高；升液管使用寿命低。

第五节 铸铝转子的质量分析

铸铝转子质量的好坏直接影响异步电动机的技术经济指标和运行性能。在研究铸铝转子质量问题时，不仅要分析转子的铸造缺陷，而且应该了解铸铝转子质量对电机的效率、功率因数以及起动、运行性能的影响。

一、铸铝方法与转子质量的关系

铸铝转子比铜条转子异步电机的附加损耗大得多，采用的铸铝方法不同，附加损耗也不同，其中压力铸铝转子电机的附加损耗最大。这是因为压铸时强大的压力使笼条和铁心接触得十分紧密，甚至铝液挤入了叠片之间，横向电流增大，使电机的附加损耗大为增加。此外，压铸时由于加压速度快，压力大，型腔内的空气不能完全排除，大量气体呈"针孔"状密布于转子笼条、端环、风叶等处，致使铸铝转子中铝的比重减小（约比离心铸铝减少 8%），平均电阻增加（约 13%），这样使电机的主要技术经济指标大大下降。离心铸铝转子虽然受各种因素影响，容易产生缺陷，但电机的附加损耗小。低压铸铝时铝液直接来自坩埚内部，并采用较"缓慢"的低压浇注，排气较好；导条凝固时由上、下端环补充铝液。因此低压铸铝转子质量优良。采用不同铸铝方法的铸铝转子电机主要电气性能列表于 5-4 中。

表 5-4　一台电机采用不同铸铝转子的电气性能

铸铝方法	温升/K	转子损耗/W	负载电流/A	空载电流/A	转差率（%）
低压铸铝	67.0	327	24.7	7.8	2.5 ~ 2.6
离心铸铝	70.7	359	25.2	7.7	2.7 ~ 2.8
压力铸铝	73.1	380	25.3	8.4	2.8

从表 5-4 可见，电气性能以低压铸铝转子最好，离心铸铝次之，压力铸铝最差。

二、转子质量对电机性能的影响

铸铝转子质量对电机的性能影响较大，下面较详细地讨论这些缺陷产生的原因及其对电机性能的影响。

（1）转子铁心重量不够　转子铁心重量不够的原因有：

1）转子冲片飞边过大。

2）硅钢片厚度不匀。

3）转子冲片有锈或不干净。

4）压装时压力小（转子铁心的压装压力一般为 2.5 ~ 3MPa）。

5）铸铝转子铁心预热温度过高，时间过长，铁心烧损严重，使铁心净长减小。

转子铁心重量不够，相当于转子铁心净长减小，使转子齿、转子轭部截面积减小，则磁通密度增大。对电机性能的影响是：励磁电流增大，功率因数降低，电机定子电流增大，转子铜损增大，效率降低，温升增高。

（2）转子错片、槽斜线不直　产生转子错片的原因有：

1）转子铁心压装时没有用槽样棒定位，槽壁不整齐。

2）假轴上的斜键和冲片上键槽间的配合间隙过大。

3）压装时的压力小，预热后冲片飞边及油污被烧去，使转子片松动。

4）转子预热后在地上乱扔乱滚，转子冲片产生角位移。

以上缺陷将使转子槽口减小，转子槽漏抗增大，导条截面减小，导条电阻增大，并对电机性能产生如下影响：最大转矩降低，起动转矩降低，满载时的电抗电流增大，功率因数降低；定子、转子电流增大，定子铜耗增大；转子损耗增大，效率降低，温升高，转差率大。

（3）转子斜槽宽大于或小于允许值　斜槽宽大于或小于允许值的原因，主要是转子铁心压装时没有采用假轴上的斜键定位，或假轴设计时斜键的斜度尺寸超差。对电机性能的影响是：

1）斜槽宽大于允许值时，转子斜槽漏抗增大，电机总漏抗增大；导条长度增加，导条电阻增大，对电机性能影响同项（2）。

2）斜槽宽小于允许值时，转子斜槽漏抗减小，电机总漏抗减小，起动电流大（因为起动电流与漏抗成反比）。此外，电机的噪声和振动大。

（4）转子断条　产生断条的原因是：

1）转子铁心压装过紧，铸铝后转子铁心胀开，有过大的拉力加在铝条上，将铝条拉断。

2）铸铝后脱模过早，铝液未凝固好，铝条由于铁心胀力而断裂。

3）铸铝前，转子铁心槽内有夹杂物。

4）单冲时转子冲片个别槽孔漏冲。

5）铝条中有气孔，或清渣不好，铝液中有夹杂物。

6）浇注时中间停顿。因为铝液极易氧化，先后浇入的铝液因氧化而结合不到一起，出现"冷隔"。

转子断条对电机性能的影响是：如果转子断条，则转子电阻很大，所以起动转矩很小；转子电阻增大，转子损耗增大，效率降低，温升高，转差率大。

（5）转子细条　产生细条的原因是：

1）离心机转速过高，离心力太大，使槽底部导条没有铸满（抛空）。

2）转子槽孔过小，铝液流动困难（遇此情况应适当提高铁心预热温度）。

3）转子错片，槽斜线不成一直线，阻碍铝液流动。

4）铁心预热温度低，铝液浇入后流动性变差。

转子细条使转子电阻增大，效率降低，温升高，转差率大。

（6）气孔　产生气孔的主要原因是：

1）铝液清化处理不好，铝液中含气严重，浇注速度太快或排气槽过小时，模型中气体来不及排出（压力铸铝尤为严重）。

2）铁心预热温度过低油渍没有烧尽即进行铸铝，油渍挥发在工件中形成气孔。

3）在低压铸铝时，如果升液管漏气严重，则通入坩埚的压缩空气会进入升液管，与铝液一齐跑入转子里去而形成气孔。

气孔对电机性能的影响同项（5）。

（7）浇不满　浇不满的原因主要有：

1）铝液温度过低，铝液流动性差。

2）铁心、模具预热温度过低，铝液浇入后迅速降温，流动性变差。

3）离心机转速太低，离心力过小，铝液充填不上去。

4）浇入铝液量不够。

5）铸铝模内浇口截面积过小，铝液过早凝固堵住铝液通道。

如果铸铝时出现浇不满的缺陷，也将使转子电阻增大，对电机的影响同项（5）。

（8）缩孔　产生缩孔的原因主要有：

1）铝液、模具、铁心的温度搭配不适当，达不到顺序凝固和合理补缩的目的。如果上模预热温度过低，铁心预热温度上、下端不均匀，使浇口处铝液先凝固，上端环铝液凝固时得不到铝液补充，造成上端环缩孔。因为缩孔总是产生在铝液最后凝固的地方。

2）模具结构不合理，如内浇口截面积过小或分流器过高，使铝液在内浇口处通道增长，内浇口处铝液先凝固，造成补缩不良，会使上端环出现缩孔。又如模具密封不好或安装不当造成漏铝，则使得浇口处铝液量过少，无法起到补缩作用也容易造成缩孔。

缩孔将使转子电阻增大，对电机性能的影响同项（5）。

（9）裂纹　铸铝转子裂纹主要是由于转子冷却过程中产生的铸造应力超过了铝导条当时（指产生裂纹的瞬间）的材料极限强度而产生的。铸铝转子的裂纹大多是径向。裂纹有热裂纹和冷裂纹之分。热裂纹是指结晶过程中高温下产生的；冷裂纹是指已凝固的铝在进一步冷却过程中产生的。产生裂纹的主要原因有：

1）工业纯铝中杂质含量不合理。工业纯铝中常有的杂质是铁和硅，大量实验分析证实，硅铁杂质含量比对裂纹的影响很大，即硅铁比在 1.5 ~ 10 之间时容易出现裂纹。

2）铝液温度过高（超过 800℃）时铝的晶粒变粗，伸长率降低，受不住在冷凝过程中产生的收缩力而形成裂纹。

3）转子端环尺寸设计不合理（厚度和宽度之比小于 0.4）。

4）风叶、平衡柱和端环连接处圆角过小，因铸造应力集中而产生裂纹。

（10）**铝的质量不好或回炉废铝用量过多** 铝的纯度不够时电导率降低，使转子电阻增大，对电机性能的影响同项（5）。如果使用过高纯度的铝锭，则转子电阻减小，电机的起动转矩低。

三、减少附加损耗的工艺措施

笼型异步电动机的附加损耗，对于铜条转子，约为额定功率的 0.5%；对于铸铝转子，约为额定功率的 1% ~ 3%。附加损耗的种类很多。对于铸铝转子，因导条与转子槽之间无绝缘，主要由导条间通过转子齿的漏泄电流所引起，这部分附加损耗约占额定功率的 1% ~ 2%。附加损耗大，使电动机效率降低，温升高。为了降低铸铝转子的附加损耗，提高电动机的性能指标和经济指标，在工艺上可采取以下一些措施：

（1）**冲片磷化处理** 磷化处理是用化学或电化学方法使金属表面生成一种不溶于水、抗腐蚀的磷酸盐薄膜。这种磷化膜与金属的结合牢固，有较高的绝缘性能，能耐高温。硅钢片经过磷化处理的磷化膜单面厚度在 0.004 ~ 0.008mm，在 1 ~ 3MPa 的压力下，绝缘电阻可达 10000Ω 以上，并有较高的耐压强度（240V 以上）。电工钢片的磷化膜可在 450℃ 下长期工作，可经受住铸铝时的短时高温。其缺点是磷化膜的导热性比较差，磷化处理工艺比较复杂。

（2）**冲片氧化处理** 目的和冲片磷化处理相同，工艺和定子冲片氧化处理相同。

（3）**脱壳处理** 脱壳处理是利用铝和硅钢片的膨胀系数不同的特点，将加热了的转子迅速冷却，使铁心与铝条之间形成微小的间隙，增加接触电阻，以减少附加损耗。

脱壳处理的工艺如下：将铸铝后的转子放在退火炉内加热到 540℃，保持 2 ~ 3h，然后取出在空气中冷却（或在水中浸 7 ~ 10s），当转子尚有 200℃ 左右的温度时取出，利用此余热使转子自行干燥。

（4）**转子表面焙烧** 将经精车后的铸铝转子表面用喷灯焙烧，待铝条快要熔化时，立即放入肥皂水中急剧冷却。焙烧的目的是去掉铁心表面的飞边和粘上的铝屑，以减少附加损耗。

（5）**碱洗** 用强碱蚀去与转子槽相接触的铝，增加铝条与铁心的接触电阻，以减小附加损耗。碱洗的方法是把转子浸在浓度为 5%、温度为 70 ~ 80℃ 的苛性钠溶液中腐蚀 1min，然后取出洗净、烘干。

（6）**转子槽绝缘处理** 铸铝前对转子槽进行绝缘处理，绝缘涂料必须是耐高温的。

试验证明，采取上述措施的任一项，对于降低电动机附加损耗，都有一定的作用，但目前还缺少这方面大量的定量分析资料。此外，附加措施将显著增加电动机的生产费用，因此电机生产厂在具体采用某一项措施以前，尚需进行综合的技术经济分析。

习 题

5-1 简述笼型转子的结构类型、材料、铸铝方法及其技术要求。

5-2 离心铸铝的原理是什么？其转速如何确定？浇注方法和浇注速度如何选择？

5-3 离心铸铝的常见缺陷有哪些？如何进行铸铝转子的质量检查？

5-4 试述压力铸铝的原理、优点及应用，压力铸铝的工艺特点及其自动化。

5-5 试述低压铸铝的原理、特点及应用，低压铸铝的工艺过程及优缺点。

5-6 试述铸铝方法与转子质量的关系、转子质量对电机性能的影响以及减少附加损耗的工艺措施。

5-7 编制铸铝笼型转子离心铸铝典型工艺守则。

第六章

换向器与集电环制造

第一节　换向器的结构与材料

换向器是直流电机和交流整流子电机最重要、最复杂的部件之一。在电机运行中，换向器既要承受离心力和热应力的作用，又不能有松动与变形。因此，要求换向器的工作表面光滑平整，具有较高的耐磨性、耐热性和耐电弧性，具有可靠的对地绝缘、片间绝缘和爬电距离，具有足够的强度、刚度及片间压力，以保证电机在起动、制动和超速的情况下稳定地运行。总之，换向器质量的优劣，对电机的运行性能有很大的影响。

一、换向器的结构类型

换向器由导电部分、绝缘部分和紧固支撑部分组成。按照结构型式不同可分为拱形换向器、塑料换向器、绑环式换向器和分段式换向器四种。

（1）拱形换向器　拱形换向器生产历史悠久，应用最广泛。其结构如图6-1所示。

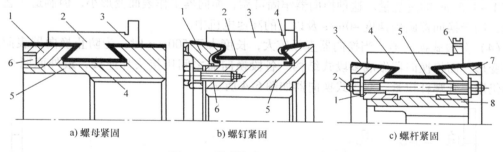

a) 螺母紧固　　　　　　　　b) 螺钉紧固　　　　　　　　c) 螺杆紧固

图6-1　拱形换向器的结构型式

1—钢质V形压圈　2—换向片	1—V形压圈　2—绝缘套筒	1—垫圈　2—螺杆　3—V形绝缘环
3—V形绝缘环　4—绝缘套筒	3—换向片　4—V形绝缘环	4—换向片　5—绝缘套筒　6—升高片
5—钢质套筒　6—螺母	5—钢质套筒　6—螺钉	7—压圈　8—套筒

图6-1a为螺母式拱形换向器。由钢质套筒5和螺母6将换向片和云母片紧固在一起。这种结构用于直径小于250mm、长度小于300mm的换向器。

图6-1b为螺钉式拱形换向器。由螺钉6、V形压圈1和钢质套筒5将换向片和云母片紧固在一起。这种结构用于直径大于300mm、长度小于300mm的中、大型直流电机。

图6-1c为螺杆式拱型换向器。由长螺杆2、V形压圈7和钢质套筒8将换向器与云母片紧固在一起。这种结构用于直径大于360mm、长度大于300mm的换向器。

（2）塑料换向器　塑料换向器用塑料作为换向器的紧固支撑部分，具有结构较简单，生产成本低，加工工时少等优点，因而应用较多。但塑料换向器的机械强度不高，散热能力较差，且维修困难。目前只用于直径在 300mm 以下的小型换向器，其结构如图 6-2 所示。

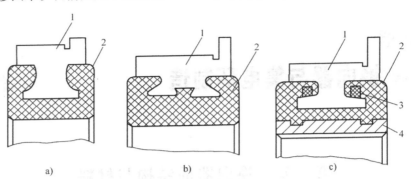

图 6-2　塑料换向器
1—换向片　2—塑料　3—加强环　4—钢套筒

图 6-2a 为不加套筒的结构。换向片与云母片均热压于塑料中，塑料内孔直接与轴配合。换向片为工字形结构，楔力较好，运行时不易发生凸片。换向片根部也可采用图6-2b所示结构以提高强度，这种结构用于直径 40～125mm、长度大于 50mm 的换向器。

图 6-2c 为有钢套筒的塑料换向器。钢套筒与轴配合，在换向片槽部加环氧玻璃丝环，以增强换向器的机械强度。这种结构适用于直径大于 125mm 的换向器。

（3）绑环式换向器　绑环式换向器又称为紧圈式换向器，其结构如图 6-3 所示。绑环 1 热套在换向片 2 的外圆上，绑环下面带有绝缘层，由两个锥形套筒 3 和螺母 4 来支撑及紧固换向器。绑环由合金钢制成，绑环的数量根据换向器的直径和长度确定。绑环与换向片外圆间有 1～1.5mm 的过盈量。这种换向器牢固可靠，换向器工作表面变形小，但制造工艺比较复杂，用于换向器圆周速度 40m/s 及以上的高速电机中。

（4）分段式换向器　当换向器直径较大，长度大于 500mm 时，为防止换向器表面呈腰鼓形变形，而将换向器做成多段式结构。各段换向器之间用接头片连接，最外面两个 V 形压圈仍用一套螺杆拉紧。双段式换向器如图 6-4 所示。

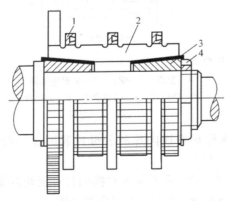

图 6-3　绑环式换向器
1—绑环　2—换向片　3—锥形套筒　4—螺母

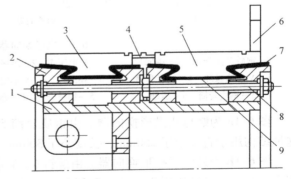

图 6-4　双段式换向器
1—套筒　2—压圈　3—换向片　4—连接片　5—换向片
6—升高片　7—V 形绝缘环　8—螺杆　9—绝缘套筒

二、换向器的材料

在电机运行中，换向片既要导电，又要受到摩擦、发热和离心力的综合作用。因此换向片的材料应具有良好的导电性、耐热性、耐电弧性和较高的机械强度。换向片常用的材料为电解纯铜（纯度在 99.9% 以上）。为提高耐磨性、耐热性、耐电弧性和机械强度，也有采用含银、铬、镉、锆、或稀土元素等铜合金的梯形排材，这些铜合金的主要性能见表 6-1。

表 6-1 换向片材料的主要性能

材料类别	硬铜	银铜	镉铜	铬铜	锆铜	稀土铜
化学成分（%）	99.9Cu	0.2Ag 其余为 Cu	1Cd 其余为 Cu	0.5Cr 其余为 Cu	0.2Zr 其余为 Cu	0.1Ce（或 La）其余为 Cu
抗拉强度/MPa	350~450	350~450	600	450~500	400~500	350~450
伸长率（%）	2~6	2~4	2~6	15	10	2~4
硬度/HBS	80~110	95~110	100~115	110~130	120~140	95~110
电导率/%IACS[1]	98	96	85	80~85	85~90	96
软化温度/℃	150	280	280	380	500	280
高温强度/MPa	200~240（200℃）	250~270（290℃）	—	310（400℃）	350~370（400℃）	—

① 相对标准退火铜线电导率的百分比。

换向片用铜排的截面形状和尺寸是根据电机厂的设计要求制造的。其品种和规格较多，且已标准化。

三、换向器的技术要求

直流电机在起动、运行、超速和制动时，换向器承受离心力、热应力和电弧的作用，要求换向器具有足够的机械强度，以保证片间压力，使换向器形状保持稳定，不产生有害的变形。所以，对换向器提出以下技术要求：

1）换向器工作表面的直径和长度应准确。

2）换向器的工作表面应呈圆柱形，冷态下其外圆径向跳动的容许值为：直径在 1000mm 以下者为 0.03mm；直径在 1000~1400mm 者为 0.04mm；直径在 1400mm 以上者为 0.05mm。

3）换向片应与轴线平行，其平行度公差值为：换向片长度在 100mm 以下者为 0.8mm；换向片长度在 101~400mm 者为 1.0mm；换向片长度大于 400mm 者为 1.5mm。各电刷之间的换向片数应相等，其容许偏差不大于 1 片云母片厚度。

4）换向器工作表面的粗糙度 R_a 应小于 $0.8\mu m$。

5）具有足够的机械强度和刚度，以保持换向器形状的稳定性。

6）换向器两端换向片与 V 形绝缘环之间的间隙必须涂封严密。V 形绝缘环外露表面上应覆盖耐弧性和不易聚积灰尘的材料。

7）升高片与换向片的焊接应牢固可靠，其接触电阻要小。

8）绝缘性能可靠，塑料换向器上的塑料无裂纹和脱壳等缺陷。

第二节 拱形换向器制造

拱形换向器是金属换向器的典型结构型式，它的主要工艺过程如图 6-5 所示。下面仅就换向器制造工艺中比较特殊的部分加以介绍。

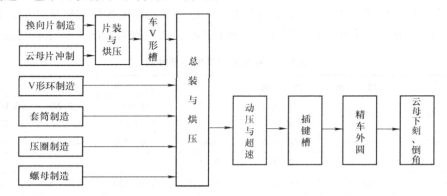

图 6-5　拱形换向器的典型工艺流程

一、换向片的制造

换向片是由梯形铜排经下料、去飞边、校平、铣槽、清理和搪锡等工序制成的。

一般换向片是根据换向器的要求将铜材冷拉成断面为梯形的铜排为原料，然后采用冲、剪、铣等方法制成需要的尺寸。较小的换向片可直接冲成带鸠尾的形状，以减少机械加工量，同时有利于废料回收。较厚的换向片用剪床剪断或在铣床铣断。冲剪下料引起的变形必须校平。

当换向片厚度小于8mm、片高小于70mm时，采用冲剪方法加工。这种方法加工的铜片两端有飞边，而且容易变形，冲剪后必须增加修整校平工序。

铜片较厚和片高较长的换向片，可采用铣床加工，一次可同时铣断几个工件。这种方法加工的换向片较平整，但材料消耗较多，生产效率也较冲剪方法低。当铜片很厚时，可采用锯床锯断。但生产效率低，材料消耗大。换向片切断后还应校平，达到侧面弯曲度不大于0.05～1.0mm的要求。

校平后的换向片要进行机械加工，铣平一个端面作为换向片的装配基准面，以及铣接线槽或升高片槽。当换向片尺寸很小而且不装升高片时，可以在换向器装配后铣接线槽。铣槽一般用卧式铣床，并且可采用专用夹具或自动装卸和自动夹紧的装置，以提高生产效率。

二、升高片及其固定

升高片是换向片与电枢绕组的中间连接零件。在小型电机中电枢直径和换向器直径相差较小时，为了提高使用的可靠性，则将换向片的一端加高来代替升高片，并在换向片加高部分铣槽作为接线槽。但在大、中型电机中电枢直径与换向器直径相差较大，必须借助于升高片来连接。升高片一般用0.6～1.0mm的纯铜板或用1.0～1.6mm韧性好的纯铜带制成。常见升高片的型式如图6-6所示。

图6-6a、b、c为双层厚度结构的升高片，适用于换向片较薄、升高片与并头套之间距离较小的电机。图6-6d为单层厚度结构的升高片，适用于换向片较厚、升高片与并头套之间距离较大的电机。当升高片较长时，其中部弯成弧形，如图6-6e所示，以改善升高片受热后的变形和减少换向片所受的升高片的离心力。

升高片与换向片的连接方式有铆接、焊接等方式。铆接方法的缺点是手工操作多，如搪锡、钻孔、铆接等，所需工时和材料较多，敲打铆钉时铜片易变形以及铆钉高出铜片，影响

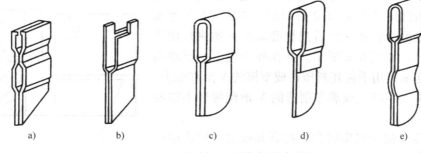

图 6-6　升高片结构型式

压装质量。焊接可采用锡焊、磷铜焊等工艺，要求焊点的机械强度较高，接触电阻小，且应防止换向片过热退火。

三、换向器云母板和 V 形绝缘环的制造

（1）换向器云母板　在换向器中云母板与铜片应组成形状稳定的圆柱体。对于片间绝缘材料的要求是厚度均匀，具有一定的弹性，在高温高压作用下具有较小的收缩率，老化较慢，其耐热等级与电机的耐热等级相适应。换向器装配时不应有较多的胶粘剂流出和个别云母片滑出的现象。它的硬度应合适，加工时不脆裂，最好与铜具有相近似的磨损率。

换向器片间云母板的厚度一般为 0.5 ~ 1.0mm，厚度公差为 ±0.02 ~ 0.03mm，故可以用冲剪方法加工。如果换向片是矩形的，片间云母板也是矩形的，则可以用剪床或冲床落料。当换向片冲出 V 形槽时，片间云板也要冲出 V 形槽，此时，只能在冲床上用冲模落料。在换向器内圆及接线端端面外，片间云母板的尺寸应比换向片大 2 ~ 3mm，以增强换向片片间绝缘。

（2）V 形绝缘环　V 形绝缘环垫在换向片与钢压圈之间作为换向器的对地绝缘。B 级绝缘电机的 V 形绝缘环采用虫胶塑型云母板、醇酸型云母板或环氧玻璃丝布制造。V 形绝缘环的坯料形状如图 6-7 所示。其中圆形和齿轮形是相近的，除落料有些区别之外，外圆直径 D 均等于 V 形绝缘环截面的长度，压制成型的工艺是一样的。由于齿轮形坯料剪去了多余的材料，所以压制的 V 形绝缘环比圆形坯料的平整。这两种坯料用于尺寸很小的 V 形绝缘环。矩形和扇形的坯料是相近的，其中扇形坯料最常用，因为其脱模较容易。矩形坯料脱模比较困难，但矩形坯料落料方便，材料利用率高，故也有采用。

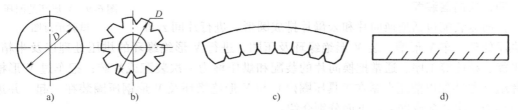

图 6-7　V 形绝缘环的坯料

V 形绝缘环的制造工艺过程如下：

（1）坯料加工　制造 V 形绝缘环的材料都很薄，一般只有 0.2mm 左右，可以用剪刀按样板剪出坯料。也可以把一叠材料放上样板并把两端夹紧，在带锯上锯，这样生产效率较高。剪好的坯料有一面要涂上胶粘剂并晾干。

（2）初步成型 按照需要的厚度，把几层扇形片叠起来，每层彼此错开1/4～1/2切口距，使缺口互相遮盖起来，以保证绝缘性能。然后把整叠扇形片加热软化围住初步成型模，如图6-8所示。并在外面包上一层玻璃纸，用带捆起来，用手将坯料压在成型模的V形部分上，再加压铁压紧（用环氧玻璃布制造的V形绝缘环不需要此工序）。

（3）烘压 初步成型后为了提高其强度，防止运行时外力和热作用下变形，V形环需要进行烘压处理。烘压时所加压力按下式计算：

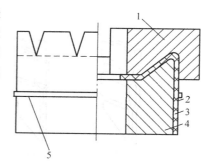

图6-8 V形绝缘环初步成型模
1—压铁 2—玻璃纸 3—云母板
4—成型模 5—带

$$F = pS \tag{6-1}$$

式中，p是单位面积上的压力，一般取25～30MPa；S是V形绝缘环在水平面上的投影面积（m^2）。

V形绝缘环压制好以后，首先从外形上检查，表面应光滑、无皱折、裂纹等缺陷。各部分的尺寸和厚度可以用游标卡尺测量。外形和尺寸检验合格的V形绝缘环还要作耐压试验，耐压试验要求见表6-2。耐压试验方法见图6-9。把V形绝缘环放在盛满金属颗粒的容器中，并在V形绝缘环内部也盛满金属颗粒，然后，在两部分金属颗粒之间通以高压电，保持1min不击穿为合格。

表6-2 耐压试验要求

云母环厚度/mm	1	1.2	1.5	2.0	2.5	3.0
试验电压/kV	5.5	5.5	6.5	8.0	11	11

V形绝缘环过去都是用云母材料制造，因为云母材料绝缘性能好，耐电弧能力强。但是云母价格高，资源少，而且机械强度差，实际生产中对一般产品采用环氧玻璃布制造B级绝缘电机的V形绝缘环，机械稳定性好，成本只有云母的1/4。但是环氧玻璃布的耐电弧能力差，有的工厂采用在环氧玻璃布中加两层0.05mm的聚酰亚胺薄膜，可提高耐电弧能力。

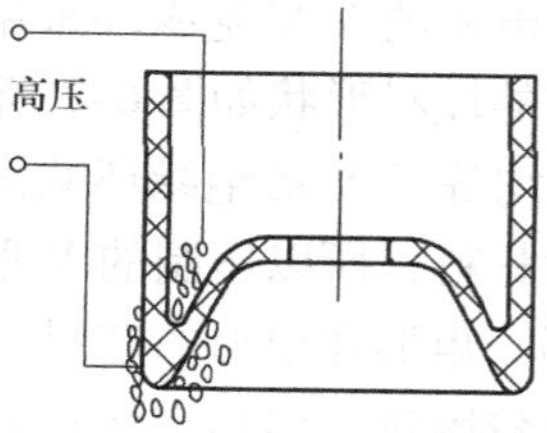

图6-9 V形环的耐压
试验示意图

四、换向器装配

换向器装配包括把换向片和云母片排成圆形、进行片间云母的烘压处理、车V形槽、装V形绝缘环及压圈、进行V形绝缘环的烘压处理以及半精车、动平衡、超速等工序。通常把换向片的装配和烘压称为一次装配或片装；把车过V形槽的铜片组（总装配以前还夹紧在工具压圈内）与V形绝缘环及V形钢压圈装在一起，并进行烘压称为二次装配或器装。下面分别介绍：

（1）排圆 首先逐片测量换向片和云母片的厚度，并分类存放。排圆时按一片换向片和一片云母片相加其厚度相等的条件，把云母片和换向片间隔排列。要求片数准确，外圆尺寸应在规定的范围内，换向片与换向器轴线平行，升高片要排列整齐，换向器内圆处及升高片端其云母片凸出于换向片的高度应一致。

常用的方法是将升高片向上，以另一端为基准在平台上排圆，工具压圈的内径设计得比升高片外圆大，当换向片与云母片立好后用绳扎住，用直角尺校好垂直后围上压瓦、套上压圈。如果排好的圆直径超出了规定的尺寸，则要调整云母片的厚度来改正。调整时，应根据云母片的实际收缩率及各厂的实际经验来进行。

（2）冷热压　换向片冷压所用工具有圆柱形压紧圈、圆锥形压紧圈、辐射螺栓的压紧工具等。换向器直径为30～50mm时，采用圆柱形压紧圈；换向器直径在50～500mm时，一般用圆锥形压紧圈；换向器直径大于500mm时，采用辐射螺栓的压紧工具。下面着重介绍圆锥形压紧圈，其结构如图6-10所示。它由锥形环1和锥状

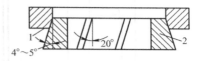

图6-10　圆锥形压紧圈
1—锥形块　2—锥状扇形块

扇形块2组成。扇形块是由一个锥环切成的，可以切成四块、六块或八块，切口线与轴线成20°角，以防止云母片或换向片受压时挤入切口内。锥形环与扇形块配合面的锥度角为4°～5°，以减少摩擦。锥形环用45钢制造。扇形块用铸铁制造，而且配合斜面的表面粗糙度应较低。这种压紧工具的优点是能均匀地增加换向片间的压力，压紧后能保持压力，但是模具制造工时较多。

冷压换向器的设备一般采用油压机，所需压紧力可按下式计算：

$$F = 1.11 \times 2\pi S p \tan (\alpha + \beta) \tag{6-2}$$

式中，S 是换向片侧面积（m^2）；p 是换向片间单位面积所需压力，拱形换向器取30～35MPa，绑环式换向器取60MPa；α 是工具锥度角（4°～5°）；β 是摩擦角（一般取15°）；1.11是修正系数。

换向器冷压之后还需加热烘压。换向器加热烘压的温度、时间、压力与换向器片间云母板所用的胶粘剂及换向器大小有关。换向器烘压用设备为装有恒温控制的烘箱和油压机。烘压的目的是把片间云母板中多余的胶粘剂挤出，并使云母板中的胶粘剂固化。换向器尺寸越大，烘焙时间越长。当温度升高时，换向片和压紧工具都发生膨胀，而铜的膨胀系数较大，冷却后铜片收缩较多，降低了换向片间压力，故换向器在烘压后必须在冷态下再压一次。压紧后换向器外圆直径应符合表6-3所列公差值，还应用直角尺检查换向片对轴线的平行度。

表6-3　换向器直径公差

换向器直径/mm	容许直径偏差/mm	换向器直径/mm	容许直径偏差/mm
300以下	±1.0	800～1600	±2.0
300～800	±1.5	1600以上	2.5

（3）车V形槽　换向片和云母片排圆并经烘压处理以后，拆除夹紧工具之前在车床上车出V形槽。车V形槽加工质量要求如下：①两端V形槽应保持同轴，同轴度应不大于0.03mm；②V形槽形状要精确，用图6-11所示的样板检查，30°锥面不允许有间隙，3°锥面容许有0.05～0.1mm间隙；③V形槽表面粗糙度应达到 R_a 为3.2μm；④换向片间不允许有短路现象。

车V形槽的装夹方法如图6-12所示。车第一面时以换向器外圆及端面为基准找正（见图6-12a），并同时把端面车光及车出定位用的5mm深的止口；然后调头（见图6-12b），利用换向器端面及止口与车床夹具止口配合，并用四个螺杆压紧压圈外圆，加工第二面V形槽。车床夹具止口圆应与车床主轴同心，故两端V形槽的同轴度主要取决于换向器止口与夹具止口的配合间隙。车V形槽时，为了避免换向片片间短路，车床切削速度要高（例如80～100m/min），进刀量和走刀量要小，车刀要用硬质合金材料，而且要锋利。车完以后要

仔细清除飞边，以防止片间短路。

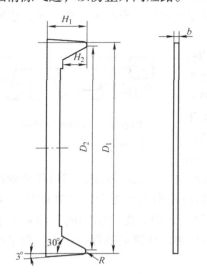

图6-11　V形槽检查样板

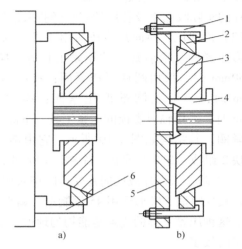

图6-12　V形槽加工的装夹方法

1—螺杆　2—锥形环　3—扇形块
4—换向片组　5—夹具体　6—四爪卡盘

车V形槽以后，要进行片间短路试验。试验电源接交流220V电压，并串联一只灯泡。将试棒放在相邻两片换向片上，如果灯泡亮了，就是片间有短路存在，可用刀片将V形槽内铜片间飞边刮掉，直到不短路为合格。根据需要，在车V形槽前也可以进行一次片间短路试验，试验合格后再车V形槽。

（4）二次装配　即换向器总装配（或称为器装）。二次装配的任务是把换向器所有零件组装起来，再进行烘压，使换向器成为坚固稳定的整体。装配时应有清洁的工作环境，防止粉尘和杂物进入换向器内部。拧紧螺钉或螺母时，要对称均匀地进行，以保证换向片端面与压圈端面的平行。

组装好的换向器还要进行烘焙，烘焙的温度和时间，主要决定于V形绝缘环的材料及换向器尺寸。

热压或冷压所需压力F按下式计算：

$$F = 1.81pS \tag{6-3}$$

式中，p是换向片间单位面积所需压力，拱形换向器取15～25MPa；S是换向片加工V形槽以后的侧面积（m^2）。

每次热压或冷压以后都要拧紧螺母或螺钉，然后卸掉压紧工具，在绝缘环露出的部分绑扎玻璃丝带，间隙处用环氧树脂涂封，以防水气和灰尘进入换向器内部。最后以换向器内孔为基准，在车床上半精车换向器外圆，夹具是用三爪卡盘夹住一心轴，换向器套在心轴上，并用螺母压紧。半精车时对外圆尺寸没有公差要求，但要尽量少车，多留余量，车光即可。

（5）换向器的回转加热（动压及超速试验）换向器装配并半精车外圆表面之后，需进行最后一次加热加压处理，即回转加热。其目的是使换向器在比工作条件更为严酷的条件下，进行最后一次烘压成型，同时检查换向器质量是否符合要求。但并不是每种换向器都作动压和超速，进行动压和超速试验的换向器如下：①工作表面线速度大于13m/s的换向器；

②可逆转电动机的换向器；③双段结构的换向器；④特殊重要的换向器。

动压前要对换向器作动平衡校验（大型换向器可作静平衡校验），以免旋转时产生过大的振动。动压设备如图6-13所示。动压时，把换向器装在动压设备的轴上，换向器内孔与动压轴的配合采用H6/h5。用手转动换向器，在冷态下用百分表测量换向器工作表面的径向圆跳动，一般取圆周四点并记录下来。然后开动电动机，使换向器旋转，转速保持在额定转速的50%，同时加热，在2h内使换向器温度由室温逐渐上升到（125±5）℃（H级绝缘温度为150~160℃），保持这个温度，并把转速提高到额定转速，再旋转3~4h，再升速到额定值的125%~150%，超速旋转5min，停车后用百分表测量换向器表面的径向圆跳动值，并同

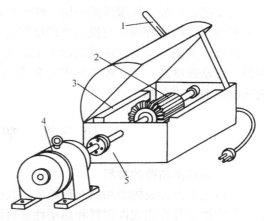

图6-13　换向器回转加热设备
1—温度计　2—换向器　3—软木板
4—直流电动机　5—保温箱

冷态下比较，若相差不超过0.03mm则为合格。若相差超过0.03mm，但不超过0.15mm，就要重新精车工作表面，再进行动压试验，直到合格为止。若相差超过0.15mm，则说明换向器片严重凸出，必须进行返修，重新作动压试验，直到合格为止。

五、换向器的电气性能试验

换向器应做片间短路和耐压试验：

（1）片间短路试验　片间短路试验在车完V形槽以后进行，方法如前述。

（2）耐压试验　目的是检查换向片和套筒之间的绝缘，即对地绝缘。耐压试验要求在换向器装配后烘压前、换向器烘压后或回转加热后、换向器压轴后与电枢线圈连接前共进行三次，加压标准可参考表6-4。几次试验电压逐渐减低是考虑高压的积累效应及加工中的机械损伤。试验以无击穿或闪络为合格。

表6-4　换向器对地耐压试验

试 验 阶 段	试 验 电 压	试验时间/s
换向器装配后烘压前	$2.5U_N + 2600V$	60
换向器烘压后或回转加热后	$2.5U_N + 2500V$	60
换向器压轴后与电枢线圈连接前	$2.5U_N + 2400V$	60

六、总装配后的加工

换向器经过上述加工及检验合格后，就可进行压轴了。在压轴之前，换向器还要在套筒内侧插出一个键槽来。这道工序所以要留到最后，是为了保证在装到轴上去之后，换向片相对于电枢铁心槽的位置能满足设计要求。此时，键槽位置可由换向片位置来确定。也有的工厂在加工套筒时就把键槽加工出来，但在二次装配时要用专门工具来保证键槽与换向片的相对位置符合图样要求。

换向器压到轴上以后，要进行换向器表面的精车。这时可以允许直径大于图样尺寸，因为这样对换向器寿命有好处。

换向器加工的最后一道工序是下刻云母。因为片间绝缘云母板的硬度比铜大，磨损比铜

慢，运行中云母板经常高出换向器的表面，这也是造成直流电机火花的一个原因。为此，在出厂前要把云母板刻掉很浅的一层，使云母板比铜片低 1~2mm，这就是云母下刻。此工序一般安排在电枢嵌好线并与换向片焊接好之后进行，以减少焊锡造成的片间短路的可能。

云母下刻最简单的方法就是用手工锯（如用断锯条一片一片用手拉），这种方法生产效率低，劳动强度高，只在单件生产时偶有采用。一般生产厂多用自制专用设备（用车床或刨床改装的）进行加工。

第三节　塑料换向器制造

一、塑料换向器的材料

塑料主要由合成树脂和填充剂组成，此外还要加入增塑剂、染料及少量附加物等。塑料按树脂特性可分为热固性塑料和热塑性塑料两大类。热固性塑料受热后，树脂熔化具有可塑性，在一定温度下经过一定时间以后，树脂固化成形，以后再受热也不会熔化或软化，只在温度过高时碳化。这类塑料常用的有酚醛塑料、三聚氰胺塑料、聚酰亚胺塑料、硅有机塑料等。热塑性塑料受热后树脂熔化具有可塑性，冷却后固化成形，再受热树脂又会熔化，仍具有可塑性。这类塑料如有机玻璃、聚氯乙烯等。

塑料换向器所用塑料为热固性塑料，常用的有下列两种：

（1）酚醛树脂玻璃纤维压塑料　这是 B 级绝缘材料。酚醛树脂经苯胺、聚乙烯、醇缩丁醛、油酸等改性，然后浸渍玻璃纤维而成。玻璃纤维有两种形式：一种是乱丝状态；一种是直丝状态。后者用于塑料换向器中，因为这种塑料不但顺纤维方向的拉力特别大，而且材料容积小，加料方便，操作时玻璃丝飞扬少。

（2）聚酰亚胺玻璃纤维压塑料　是用玻璃纤维和聚酰亚胺树脂配制的塑料，适用于 H 级绝缘的换向器。

二、塑料换向器的制造工艺

塑料换向器片间云母板的形状和换向片形状基本相同，除工作表面之外，其余每边比换向片大 2~3mm，以增强换向器片间绝缘。

塑料换向器第一次装配和烘压方法与拱形换向器基本相同，烘压之后经检验合格并且作片间短路试验合格之后，再进行塑料压制。酚醛玻璃纤维的压制工艺过程如下：

（1）塑料预热　用电子秤称出每台塑料换向器所需的塑料，放入恒温箱中预热，其目的是使塑料软化，以便装入模中；去除塑料中的水分和挥发物，以缩短压制时间和降低压制压力。预热温度为 60~70℃，持续时间为 30min。

（2）工件和模具预热　其目的是提高塑料的流动性。预热温度为 110~120℃，若温度过高，将使塑料过早固化；温度过低，则塑料的流动性下降，都不利于塑料压制。

（3）装工件和塑料　将工件和塑料依次装入压模内。对于有加强环的换向器，在嵌入塑料前应将加强环装好。

（4）热压　所用设备为带有电热板的油压机。压模结构随塑料换向器的大小和批量而异，其基本结构部件是上模与下模。图 6-14 为一种压模结构，其加料模腔由模心和外模组成。为便于脱模，外模的内腔做成 15′的斜度，上模与模心间采用 H9/f9 的间隙配合。为使塑料体表面光洁，压模型腔的表面粗糙度应达到 R_a 为 0.8μm。压制时塑料的加热温度为

130～150℃，塑料体单位面积上的压力为 40～60MPa，恒温保压时间按照塑料体厚度以
1.5min/mm 计量。压制后，油压机的上电热板上升，松开紧固螺杆，拆开压模，取出工件。

　　生产批量较大时，为了提高生产率，上模和
下模是分别固定在油压机的上部和下部工作台上
的。设计压模时，应考虑塑料的收缩率，适当放
大型腔尺寸。

　　（5）烘焙处理　为使塑料充分聚合反应，
以提高其机械强度、介电强度、耐热性和消除内
应力，需将换向器连同压装工具送入烘炉烘焙。
烘焙温度为 150～160℃，烘焙时间以热态绝缘
电阻达到稳定为止。冷却后，卸下压装工具。

　　塑料换向器压制后，需车去余料和飞边。在
被切削的塑料面上应涂刷一层气干环氧树脂漆，
以增强其防潮能力。

　　三、塑料换向器的加强环

　　直径较大的塑料换向器应有加强环，最初的
加强环是钢制的，机械强度比较高，但容易造成
换向片片间短路。现在均用无纬带绕制加强环，
经烘焙处理后，机械强度很好，本身又是绝缘材
料，故比钢制的加强环好。

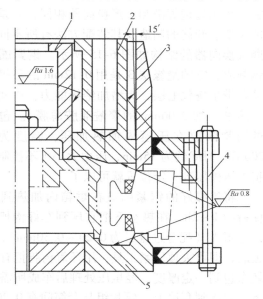

图 6-14　塑料换向器的压模
1—模心　2—压头　3—外模
4—螺杆　5—下模

　　四、塑料换向器的质量检查

　　塑料换向器的质量检查包括以下几方面：

　　（1）外观与尺寸检查　塑料表面应有光泽，无裂纹、聚胶、气泡、疏松和缺料等缺陷。
切削加工表面上应涂有绝缘漆。其外形尺寸检查项目与拱形换向器相同。

　　（2）热态绝缘电阻测定　在涂漆烘干后，在换向器温度为 130℃时，测量换向器对地的
绝缘电阻，其值应不低于 20MΩ。

　　（3）片间短路检查　其方法与拱形换向器的相同。

　　（4）耐压试验　对有金属套筒的塑料换向器在压入转轴前后各做一次对地耐压试验。
对无金属套筒的塑料换向器，则在压入转轴后进行对地耐压试验。

　　（5）机械强度检查　这种检查包括超速试验和低温试验。这时超速试验并无动压成型
的作用，其目的仅在于检查换向器的机械强度，若结构不合理，工艺不完善，则在超速试验
后换向器径向跳动往往超差。低温试验是将塑料换向器从室温迅速冷却到 -40℃，检查塑料
体有无脆裂，仅在有特殊要求时进行这种试验。

第四节　紧圈式换向器制造工艺特点

　　由于拱形换向器工艺较复杂，技术要求高，零件多，费工时，故小型的换向器（直径在
190mm 以下）多为塑料换向器所代替；直径在 190～500mm 的换向器可制成内紧圈式的，而汽轮
发电机励磁机的换向器及速度高达 3000r/min 的中型换向器，都制成外紧圈式的。

（1）内紧圈式换向器的制造 一次装配以前的各工序，包括换向片和云母板的加工，排圆及云母板的烘压处理等都和拱形换向器相同，只是钢紧圈的制造、套筒的制造及其装配方法有所不同。内紧圈式换向器的结构如图 6-15 所示。钢紧圈用铬钼钢制成，它的绝缘层 3 是用 0.12mm 的环氧酚醛玻璃布带半叠包七层，为增加绝缘能力，中间加包一层薄膜（如 0.06mm 的聚酰亚胺薄膜）。包好绝缘的钢紧圈放在压模内加热加压，温度为 180 ~ 200℃，时间约为 15min，压力大小可不控制，只要把上压模压到一定位置就可以了。

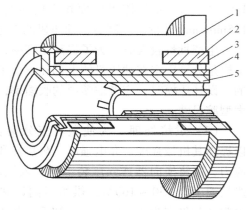

图 6-15 内紧圈式换向器的结构
1—换向片 2—钢紧圈 3—钢紧圈绝缘
4—套筒绝缘 5—套筒

将绝缘好的钢紧圈放在烘箱内加热到 120℃，保持约 1 ~ 2h，在热态下把它压到车好沟槽的铜片云母组内（配合过盈量为 0.20 ~ 0.30mm），冷却后即可起箍紧的作用。两面的紧圈都压进去后，即可去掉压紧工具，用环氧树脂把有间隙的紧圈外圆处涂封。套筒的绝缘也是用玻璃坯布包到一定厚度，经烘压处理后车成所需尺寸，装配时把带钢紧圈的铜片组加热，在热态下把它压到套筒上（铜片组与套筒间有 0.20 ~ 0.40mm 过盈量）。

这种换向器比 V 形压圈式的紧固程度好，绝缘水平高，加工工时和材料消耗都比较少。

（2）外紧圈式换向器的制造 其结构如图 6-3 所示。这种换向器一般沿轴向长度较长，故在一次装配中采用两套夹紧工具（见图 6-16）。两套夹具反向装置，两个压圈一齐向中间压紧，同时夹紧铜片组。

烘压工艺过程如前述一样。将烘压处理后的铜片组一端车出大约 50mm 长的圆柱面，热套上一个较薄的临时紧圈 3（见图 6-16），把上端的夹紧工具拿掉，铜片组靠下端夹紧工具和临时紧圈夹紧，然后把要套紧圈的地方车平，并控制其尺寸、车好以后垫云母及准备热套钢紧圈（见图 6-17）。

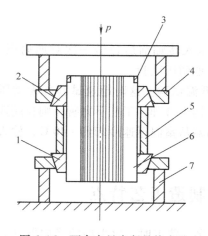

图 6-16 两套夹具夹紧的换向片
1、2—锥状扇形块 3—临时紧圈 4—锥形环
5—垫圈 6—换向片组 7—垫圈

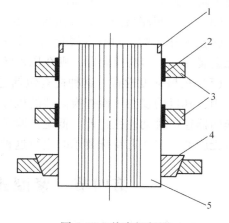

图 6-17 热套钢紧圈
1—临时紧圈 2—绝缘层 3—钢紧圈
4—夹紧圈 5—换向片组

紧圈的绝缘是用天然云母，把经过仔细测量的天然云母片贴在车好的圆柱面位置，并用橡皮带临时紧固住。将天然云母按厚度不同分成组，一片一片相邻排列，每层云母片的厚度应一致，相邻两片间留有 2mm 的间隙，外面一层要把里面一层的缝隙压住。排够一定的层数并使云母片的计算厚度达到 3mm，然后在云母片外面包一层薄铁皮（整圆开口的薄铁皮应控制其外径尺寸）。把钢紧圈放入烘箱内加热到 400℃ 以上，使其内径胀大到比铁皮外径大出约 $0.40 \sim 0.50$mm（钢的膨胀系数为 11.9×10^{-6}），即可迅速把钢紧圈热套上去。图 6-17 中所示两个紧圈热套上去以后，再拿掉下端的夹紧工具，如上述方法在下端套上第三个紧圈。紧圈套好以后，车掉临时紧圈及其所包围的铜片，最后进行套筒装配及精车外圆等其他工序。

　　用含胶的云母板代替天然云母可以降低材料成本，但云母板贴在换向片外面热套紧圈之前，要进行热烘处理。

第五节　集电环制造

　　集电环是绕线转子异步电动机和许多同步电机的一种基本结构部件。它由导电部分、绝缘部分和支承部分组成。

一、集电环的结构类型

　　按照金属环固定方式的不同，集电环分为以下两种：

　　（1）装配式集电环　如图 6-18 所示，它由金属环、导电杆、衬垫绝缘、衬套和套筒等组成。采用过盈配合，使金属环紧固于套筒上。这种集电环广泛用于中型绕线转子异步电机中。

　　（2）塑料集电环　如图 6-19 所示，它由塑料体将各金属环紧固成一整体，结构简单，制造方便，广泛用于中、小型交流电机中。

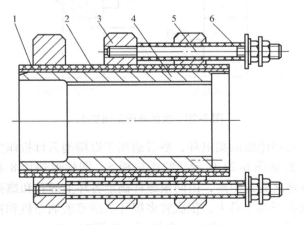

图 6-18　装配式集电环

1—衬垫绝缘　2—衬套　3—金属环　4—套筒
5—导电杆　6—绝缘管

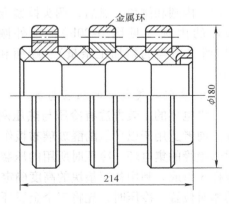

图 6-19　塑料集电环

二、集电环的材料

　　根据导电性能、耐磨性和机械强度的要求，金属环可用黄铜、青铜、低碳钢或中碳钢制成。导电杆用黄铜棒或纯铜棒制成。衬垫绝缘用塑型云母板或环氧酚醛玻璃布板制造。衬套由薄钢板卷弯而成，套筒用铸铁件制造。

塑料集电环用的塑料是热固性的，常用的塑料为酚醛玻璃纤维压塑料。小型塑料集电环的引出线可不用导电杆，而用扁铜排制造。

三、集电环的技术要求

对集电环的技术要求有：

1）集电环要有足够的机械强度和刚度。

2）金属环间以及金属环对地的绝缘应可靠。

3）塑料体无气孔、缺料、裂纹等缺陷。

4）集电环的内孔直径、键槽尺寸、外圆直径和长度均应符合图样规定。

5）各金属环的外圆应同轴，金属环的端面跳动量不应超过0.05mm。

6）集电环外圆表面的粗糙度应不大于R_a为0.8μm。

四、集电环制造工艺

集电环是由许多零件组成的，这里主要讨论金属环制造、集电环的压装与加工。

1. 金属环制造

金属环毛坯可用圆钢锻造，或用黄铜、青铜铸造。金属环铸件不容许有夹渣、砂眼、气孔等缺陷。金属环的切削加工过程基本上是车内、外圆和端面、钻孔和攻螺纹。在塑料集电环中，在金属环的内圆上还需插削三个槽口，使金属环与塑料体结合牢固，不发生径向、轴向和周向位移。

图6-20所示为金属环的车削加工情况。首先，在卧式车床上用四爪卡盘初步夹持金属环的外圆（见图6-20a），找正端面和内圆，再将金属环夹紧，车端面、内圆和倒角。然后，调头撑紧金属环的内圆（见图6-20b），车外圆（应留有适当的精加工余量）、端面和倒角。

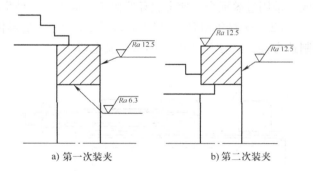

a) 第一次装夹　　　b) 第二次装夹

图6-20　金属环的车削加工

2. 装配式集电环的压装与加工

集电环的压装方法有冷压与热压两种。前者适用于以环氧酚醛玻璃布板作为衬垫绝缘的集电环，后者适用于以塑型云母板作为衬垫绝缘的集电环。冷压时所用的压装工具如图6-21所示，它由底模5、圆柱形垫块8和螺杆3组成。利用各层垫块的高度确定各环之间的距离，由两根螺杆确定各环上通孔和螺孔的相对位置。冷压时，先将三个金属环装在压装工具上，依次将多层环氧酚醛玻璃布板和衬套放入金属环内，在常温下压入套筒，然后浸漆（1032）一次烘干。热压时，除塑型云母板须预先做成瓦形、衬垫绝缘和衬套放入金属环后连同压装工具须加热膨胀外，压入套筒的方法与冷压时相同。云母板的外露部分需半叠包一层玻璃丝带，并用玻璃丝绳扎紧，随后涂刷一层灰瓷漆（1321）。

在压装过程中，应使各层衬垫绝缘的接缝均匀错开，且接缝不搭接，尤其重要的是使金属环与衬垫绝缘之间有合适的过盈量（0.3~0.4mm）。对于环氧酚醛玻璃布板衬垫绝缘，常需用 0.05mm 厚的聚脂薄膜调整过盈量。

依靠精车集电环外圆和套筒内圆达到其同轴度要求。插键槽后，装上导电杆、固定片、螺母等零件。对于钢制金属环，在精车外圆后，可滚压一次，以减小其表面粗糙度，并提高其表面硬度和耐磨性。

3. 塑料集电环制造

塑料集电环制造的关键也在于塑料压制。首先，将导电杆装在金属环上，用压装工具将各金属环进行定位与夹紧。其压制方法、压制温度、单位压力、时间和烘焙处理等工艺与塑料换向器的制造工艺相同。所用的压模结构也与塑料换向器的基本相同。

从压装工具中取出工件后，需车去飞边和余料，插键槽，在塑料体的切削面上涂刷气干漆，及以内孔定位夹紧或套轴后精车各金属环的外圆，以保证各金属环外圆的同轴度。

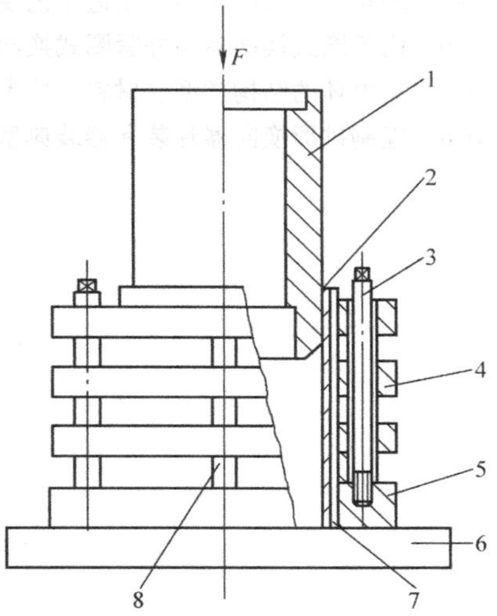

五、集电环的质量检查

在集电环的制造过程中，为了提高产品质量，必须对集电环进行质量检查与分析。

1. 外观与尺寸检查

金属环的外表面应无碰伤、锈蚀等缺陷，金属环的两个侧面应有漆层，以防生锈。各金属环应无松动。对于以塑型云母板作为衬垫绝缘的集电环，云母外露部分上的扎绳应紧密排列，无稀疏间隔和重叠，扎绳的首末端结头应不起疙瘩，其外表面应涂有瓷漆，这样，既能保护云母的外露部分，又使表面不易堆积灰尘。金属环的宽度、相邻两金属环之间的距离都应检查。套筒的内圆和键槽尺寸是与轴和键配合的，精度要求较高，是尺寸检查的重要项目。金属环外圆与套筒内圆的同轴度要求也较高，三个金属环的径向跳动不应超过 0.05 ~ 0.06mm。而金属环的端面跳动不应超过 0.5 ~ 0.8mm。金属环外圆表面的粗糙度 R_a 不大于 0.8μm。

2. 电气试验

用兆欧表测量金属环之间、金属环与套筒之间的绝缘电阻，其值不应低于 0.5MΩ。各金属环之间、及金属环与套筒之间必须进行工频耐压试验。对于不逆转的异步电动机，试验电压（有效值）为 $2U_2 + 3000V$，这里 U_2 为转子电压，即当定子绕组施加额定电压且转子静止和开路时的各金属环之间的电压。对于可逆转的异步电动机，试验电压为 $4U_2 + 3000V$。对于同步电动机，试验电压为 $10U_{fn} + 1500V$，这里 U_{fn} 为额定励磁电压。耐压试验历时 1min，应无击穿或跳弧现象。

图 6-21 装配式集电环的压装
1—套筒 2—衬套 3—定位螺杆
4—金属环 5—底模 6—油压机工作台
7—衬垫绝缘 8—圆柱形垫块

习　题

6-1 试述换向器的组成部分、结构类型、材料及其技术要求。

6-2 试述拱形换向器的工艺过程，换向片、升高片、V 形绝缘环的制造工艺要点及其技术要求。

6-3 何谓换向器的片装和器装？简述其主要工艺参数的选择及有关技术要求。

6-4 换向器的电气性能试验有哪些项目及内容？简述总装配后的加工过程及其技术要求。

6-5 塑料换向器的材料、制造工艺要点及质量检查项目与要求如何？

6-6 内紧圈式换向器与外紧圈式换向器的制造工艺特点如何？

6-7 集电环的结构类型、材料、技术要求、制造工艺及其质量检查项目与要求如何？

6-8 编制拱形换向器片装和器装典型工艺守则。

第七章 电机装配

第一节 电机装配的技术要求

一、概述

按照技术要求和一定的精度标准，将若干零部件组装成电机产品的过程，称为电机装配。电机装配包括组件装配，如定子、转子、端盖、电刷装置、轴承的组装以及电机总装配。总装配也包括电机各部分间隙的调整与测量，以及装配后的检验与涂漆等。

电机产品的质量，一方面取决于零部件的加工质量，另一方面在很大程度上也取决于装配质量。电机装配的好坏对电机影响很大，装配不良或不当，不但严重影响电机的运行性能而且可能导致故障，造成电机损坏或缩短电机使用寿命。因此，在装配过程中，必须严格按照装配的技术要求和装配工艺规程进行，以确保电机的装配质量。

二、电机装配的技术要求

电机装配的主要技术要求包括：

①保证电机径向装配精度；②保证电机轴向装配精度；③绕组接线正确，绝缘良好，无擦碰损伤；④机座与端盖的止口接触面应无碰伤；⑤轴承润滑良好，运转灵活，温升合格，噪声与振动小；⑥转子运行平稳，振动不超过规定值，平衡块应安装牢固；⑦风扇及挡风板位置应符合规定，通风道中应无阻碍通风或振动发声的物体；⑧电刷压力和位置应符合图样要求；⑨换向器、集电环及电刷工作表面应无油污、脏物，接触可靠；⑩电机内部应无杂物，电机所有固定连接应符合图样要求。

三、装配工艺规程的制订

装配工艺规程是指导装配生产的主要技术文件。装配工艺规程的制订是生产准备工作的主要内容之一。它对于保证装配质量，提高装配生产效率，缩短装配周期，减轻工人的劳动强度，缩小装配占地面积，降低生产成本等都有着重要的影响。

（一）制订装配工艺规程的基本原则

生产规模和具体生产条件不同，所采用的装配方案也各异。因此，在制订装配工艺规程时，要遵循以下基本原则：

①先进的技术性；②合理的经济性；③保证技术要求和改善劳动条件；④有利于促进新技术的发展和技术水平的提高。

（二）编制装配工艺规程的主要内容与步骤

编制电机装配工艺的主要内容包括：规定最合理的装配顺序和确定电机产品和部件的装配方法；确定各单元的装配工序内容和装配规范；选择所需工具、夹具和设备；规定各部件装配和总装配工序的技术条件；选择装配质量检验的方法与工具；规定和计算各装配工序的时间定额；规定运输半成品及产品的途径与方法，选择运输工具等。

编制装配工艺规程的步骤包括：

1）研究产品的装配图及验收技术条件，包括审查和修改图样；对产品的结构工艺性进行分析，明确各零部件之间的装配关系；审核技术要求与检查验收方法，掌握技术关键，制定技术保证措施；进行必要的装配尺寸链的分析与计算。

2）选择装配方法与装配组织形式。装配方法与组织形式主要分为固定式和移动式两种。固定式装配是全部装配工作在一固定地点完成，多用于单件、小批量生产，或质量重、体积大的批量生产中。移动式装配是将零部件用输送带或小车按装配顺序从一个装配点移到下一个装配点，分别完成一部分装配工作，直到最后完成产品的全部装配工作。移动式装配分为连续移动、间歇移动和变节奏移动三种方式，常用于产品的大批量生产中，以组成流水作业线或自动装配线。

3）分解产品为装配单元（零件、组件和部件），并编制装配系统图。产品装配系统图能反映装配的基本过程和顺序，以及各部件、组件和零件的从属关系，从而研究出各工序之间的关系和采用的装配工艺。

4）确定装配顺序。正确的装配顺序对装配精度和装配效率有着重要的影响。确定装配顺序的基本原则是：预处理工序在前；"先下后上""先内后外""先难后易"；先进行可能破坏后续工序装配质量的工序；集中安排使用相同工装、设备以及具有共同特殊装配环境的工序，以避免工装设备的重复使用和产品在装配场地的迂回；集中连续安排处于基准件同方位的装配工序，以防止基准件的多次转位和翻身，及时安排检验工序等。

5）编制装配工艺文件，如装配过程卡、工艺守则等。

第二节 尺寸链在电机装配中的应用

在电机的装配关系中，由相关零件的尺寸或相互位置关系所组成的尺寸链，称为装配尺寸链。尺寸链的分析与计算，对保证电机各零件的装配精度，消除各零件累积误差对电机产品性能与质量造成的影响，有着重要的作用。如果不进行尺寸链计算，电机装配后各零件间的位置关系就可能难以保证设计要求，严重情况下还可能使电机装配不起来。故电机各零部件的尺寸公差，必须按尺寸链的原理进行校核。今以轴向尺寸链和安装尺寸链的计算为例，阐明电机的装配精度。

一、轴向尺寸链的计算

以小型异步电动机为例，各零件的装配关系如图7-1所示。设计的意图是装配时，要求保证三个尺寸在允差范围

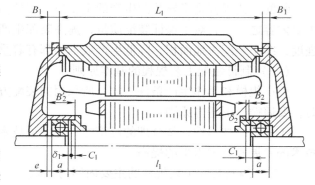

图7-1 小型异步电动机装配示意图

内。一是轴伸端轴承室弹簧片预压尺寸 e 必须在允差范围内；二是非轴伸端的轴承盖必须把轴承外圈压死，要求 δ_2 的最小值不能为负；三是在轴伸端轴承盖的止口与轴承外圈之间留下间隙 δ_1，以容纳各零件加工的公差以及电机运行中的热膨胀。因此，按照尺寸链的理论，可以建立起三个尺寸链，如图 7-2 所示。图中，e、δ_2、δ_1 分别代表三个不同的封闭环。

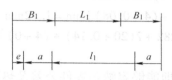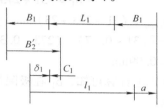

a) 计算弹簧片预压尺寸 e 的尺寸链　　b) 计算非轴伸端间隙 δ_2 的尺寸链　　c) 计算轴伸端间隙 δ_1 的尺寸链

图 7-2　小型异步电动机的装配尺寸链简图

1. 轴伸端轴承室弹簧片预压尺寸的计算

从图 7-2a 可见，B_1、L_1 尺寸增加将使 e 加大，故为增环；而 l_1、a 尺寸增大，将使 e 减小，故应为减环。

已知某一种小型异步电动机的尺寸为：

$$B_1 = 20 {}^{+0.140}_{0}\,\text{mm} \qquad L_1 = 282 {}^{0}_{-0.34}\,\text{mm}$$

$$a = 23 {}^{0}_{-0.12}\,\text{mm} \qquad l_1 = 273 {}^{0}_{-0.34}\,\text{mm}$$

可求得：

$$e(公称尺寸) = (L_1 + B_1 + B_1) - (l_1 + a + a) = (282 + 2 \times 20)\,\text{mm} - (273 + 2 \times 23)\,\text{mm}$$
$$= 3\,\text{mm}$$

$$e_{\max}(上极限尺寸) = \sum_{i=1}^{m} A_{i\max} - \sum_{i=1}^{n} A_{i\min}$$
$$= [(282 + 0) + 2(20 + 0.14)]\,\text{mm} - [(273 - 0.34) + 2(23 - 0.12)]\,\text{mm}$$
$$= 3.86\,\text{mm}$$

$$e_{\min}(下极限尺寸) = \sum_{i=1}^{m} A_{i\min} - \sum_{i=1}^{n} A_{i\max}$$
$$= [(282 - 0.34) + 2 \times 20]\,\text{mm} - (273 + 2 \times 23)\,\text{mm} = 2.66\,\text{mm}$$

由以上计算可知，e 的尺寸在 $2.66 \sim 3.86\,\text{mm}$ 之间变化，而工厂生产图样中弹簧片的厚度为 $(4.6 \pm 0.25)\,\text{mm}$，所以装配后弹簧片是预先受到压缩的，因此就能压住前轴承外圈，可以减少承受较大负荷的前轴承的轴向工作间隙，减少电机运转时产生的窜动，补偿定、转子零件尺寸链的公差和热膨涨所造成的伸缩。

2. 非轴伸端间隙 δ_2 的计算

已知 $C_1 = 4 {}^{0}_{-0.08}\,\text{mm}$，$B_2 = 26.5 {}^{0}_{-0.14}\,\text{mm}$，从图 7-2b 可知，尺寸 C_1、a 是增环，B_2 是减环。故

$$\delta_2 = [(4 + 23) - 26.5]\,\text{mm} = 0.5\,\text{mm}$$

$$\delta_{2\max} = [(4 + 0) + (23 + 0)]\,\text{mm} - (26.5 - 0.140)\,\text{mm} = 0.64\,\text{mm}$$

$$\delta_{2\min} = [(4 - 0.08) + (23 - 0.12)]\,\text{mm} - (26.5 - 0)\,\text{mm} = 0.30\,\text{mm}$$

从计算得知 δ_2 在 $0.3 \sim 0.64\,\text{mm}$ 之间变化，能满足"卡死"非轴伸端轴承外圈的要求。

3. 轴伸端间隙 δ_1 的计算

已知 $B'_2 = 31\,_{-0.170}^{\ 0}$ mm 且从图 7-2c 可知，B_1、L_1、C_1 是减环，而 B'_2、l_1、a 是增环。故

$$\delta_1 = (31 + 273 + 23)\,\text{mm} - (282 + 2 \times 20 + 4)\,\text{mm} = 1\,\text{mm}$$

$$\delta_{1\max} = (31 + 273 + 23)\,\text{mm} - \left[(282 - 0.34) + 2(20 - 0) + (4 - 0.08)\right]\text{mm} = 1.42\,\text{mm}$$

$$\delta_{1\min} = \left[(31 - 0.17) + (273 - 0.34) + (23 - 0.12)\right]\text{mm} - \left[282 + 2(20 + 0.14) + (4 + 0)\right]\text{mm}$$
$$= 0.09\,\text{mm}$$

从以上计算可知，δ_1 在极限情况下仍有很小的间隙，即能够容纳各零件公差及热膨胀的要求。

二、安装尺寸 C 的计算

自轴伸肩至邻近的底脚螺栓通孔轴线的距离 C（见图 7-3），是一个重要的安装尺寸。尺寸 C 超差时就会影响与其他机械配套时整个机组的安装质量，因而尺寸 C 有一定的允许偏差范围。

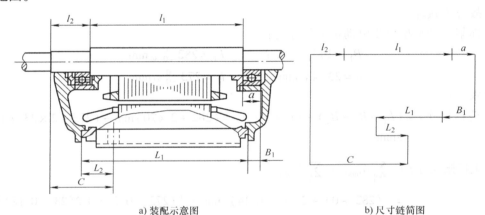

a) 装配示意图　　　　　　　　　　　　　　b) 尺寸链简图

图 7-3　计算安装尺寸 C 的尺寸链

从图 7-3a 可知，l_1、l_2、L_2、a 为增环，L_1、B_1 为减环，安装尺寸 C 为封闭环。计算安装尺寸 C 的尺寸链简图如图 7-3b 所示。

已知 $L_2 = (52 \pm 0.5)\,\text{mm}$　　　$a = 23\,_{-0.12}^{\ 0}\,\text{mm}$　　　$l_1 = 273\,_{-0.34}^{\ 0}\,\text{mm}$

$l_2 = 43\,_{0}^{+0.34}\,\text{mm}$　　　$L_1 = 282\,_{-0.34}^{\ 0}\,\text{mm}$　　　$B_1 = 20\,_{0}^{+0.14}\,\text{mm}$

求得 C 的公称尺寸及上、下极限尺寸为：

$$C = \left[(52 + 23 + 273 + 43) - (282 + 20)\right]\text{mm} = 89\,\text{mm}$$

$$C_{\max} = \left[(52 + 0.5) + 23 + 273 + (43 + 0.34)\right]\text{mm} - \left[(282 - 0.34) + 20\right]\text{mm} = 90.18\,\text{mm}$$

$$C_{\min} = \left[(52 - 0.5) + (23 - 0.12) + (273 - 0.34) + 43\right]\text{mm} - \left[282 + (20 + 0.14)\right]\text{mm} = 87.9\,\text{mm}$$

由计算得到 C 的尺寸为 $89\,_{-1.10}^{+1.18}\,\text{mm}$，完全符合装配技术条件（$89 \pm 2.0$）mm 的规定。

第三节　电机转动部件的平衡

一、平衡的基本原理

电机的转动部件（如转子、风扇等）由于结构不对称（如键槽、标记孔等）、材料质量

不均匀（如厚薄不均或有砂眼）、零件毛坯外形（不加工部分）的误差或制造加工时的误差（如孔钻偏）等原因，而造成转动体机械上的不平衡，就会使该转动体的重心对轴线产生偏移，转动时由于偏心的惯性作用，将产生不平衡的离心力或离心力偶，电机在离心力的作用下将发生振动。不平衡重量产生的离心力大小与不平衡重量、偏移的半径及转动角速度的平方成正比。

例如，在直径为 $\phi 200mm$ 的转子外圈处有不平衡重量 $10g$，当电机转速为 $3000r/min$ 时，产生的不平衡离心力高达 $98.6N$。可见，较小的不平衡重量，在高速转动时将产生较大的离心力。因此，在电机总装配之前，必须设法消除转动部件的不平衡现象，即进行"校平衡"。

二、不平衡的种类

电机转动部件的不平衡状况可分为静不平衡、动不平衡及混合不平衡三种。

1. 静不平衡

如图 7-4 所示，一个直径大而长度短的转子，放在一对水平刀架导轨上，不平衡重量 M 必然会促使转子在导轨上滚动，直到不平衡重量 M 处于最低的位置为止，这种现象表示转子有"静不平衡"存在。其产生的离心力周期地作用于转动部分，因而引起电机的振动。由于转子静止时重心永远是处在最低位置（不考虑导轨与

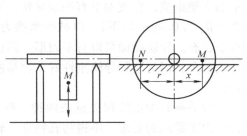

图 7-4 静不平衡

转子之间的摩擦阻力），因此这种不平衡的转子，即使不在旋转也会显示出不平衡性质，故称为静不平衡。假如在与 M 对称的另一边加重量 N 以后，将零件转到任一位置都没有滚动现象发生，即 M 对转轴中心线产生的力矩与 N 对转轴中心线产生的力矩达到了平衡，此时转子达到了静平衡状态。这种方法称为静平衡法。

2. 动不平衡

上面分析的情况，对于一些盘状零件（如带轮、电机的风扇等）是近似地符合实际情况的。如果电机转子较长，情况就不一样了，如图 7-5 所示。假如电机转子的重量在全体上的分布是不均匀的，画斜线处是代表过重的部分，由整体来看，重心 S 是重迭在转动轴线上的，即是静平衡的。也就是说 $Y-Y$ 轴线左边的不平衡重量 M_1（重心为 S_a）与由 $Y-Y$ 轴线右边的重量 M'_1（重心为 S_b）

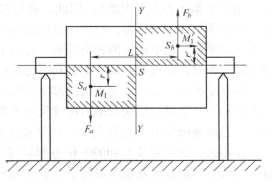

图 7-5 动不平衡

相平衡了，这时转子在静止时可以停止在任意位置。但当这样的转子旋转起来后，M_1 和 M'_1 产生一对大小相等、方向相反的离心力 F_a 和 F_b，形成一对力偶 $F_a L$，周期地作用在电机轴承上，引起电机的振动。这种在转动时才表现出来的不平衡称为动不平衡。由此可知，圆柱形的转动体在作静平衡检验时，它可能是平衡的，但转动起来就不一定是平衡的了。

如果一个转子单纯只有这样的动不平衡，可以用加一对力偶的方法来平衡它。这对力偶应与 $F_a L$ 大小相等、方向相反，加在位置适宜的转子两个端面上。这种方法称为动平衡法。

3. 混合不平衡

一般工件都不是单纯的存在静不平衡或动不平衡，而是两种不平衡同时存在。既有由不平衡重量 M 产生的静不平衡离心力，又有由 M_1 及 M'_1 产生的不平衡力偶同时存在，如图7-6所示。这样就可以用大小不等、方向不是相差 $180°$ 的两个不平衡力 F'_a 及 F_2 来表示。这种不平衡称为混合不平衡。实际上的转子不平衡多数属于此种。

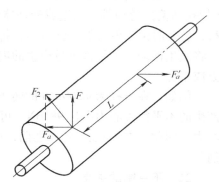

图7-6　混合不平衡

三、校静平衡与动平衡

1. 校静平衡

校静平衡通常是在平衡架上进行。它是由两个保持水平的支架组成，在支架上有两根导轨。导轨的工作部分必须淬硬（$56 \sim 60HRC$），而且要磨光（R_a 为 $0.8\mu m$ 以下），以减少摩擦力。两支架间距离应能调节，使工件及支架都能保持水平状态。导轨截面可以有平刀形、圆柱形和棱柱形。通常小转子校静平衡时，用圆形截面导轨较多，因为这种导轨刚性好，容易制造。当较平衡工件的重量较大时，采用刀形或棱形截面。

校静平衡有加重法和去重法两种。校风扇静平衡通常采用去重法，即在风扇上钻去重量，但由于通风的要求，不得将孔钻穿。转子校平衡通常都用加重法，对铸铝转子是在平衡柱上铆垫圈；对绕线转子，在转子压板上鸠尾形的平衡槽上安放平衡块，再用螺钉将平衡块固定。

2. 校动平衡

校动平衡就是在一定的设备上使转子旋转，测出其振动的大小和不平衡重量的位置，再设法予以平衡。实际上是既解决了动不平衡（由不平衡力偶产生的），同时也解决了静不平衡（由不平衡离心力产生的）。因此，进行校动平衡的转动部件就不再需要另作校静平衡了。校动平衡的方法很多，在中小型电机制造厂都是用动平衡机法，即在一台专用的动平衡机上校动平衡。动平衡机的种类较多，有利用机械补偿原理的动平衡机，有利用摆架测量振动的动平衡机，如火花式动平衡机和闪光式动平衡机。

实际生产中，我国许多电机厂都使用闪光式动平衡机，它是利用闪光确定不平衡位置，仪表指示不平衡量，反映出来的位置及不平衡量都比较准确。如德国造的 H6V 硬支承动平衡机，是由基础底板、左右支架、信号放大机构、传感器、光电头、相位发生器、驱动系统、打印机、电源箱及 CAB690-H 电测箱等部分组成。硬支承动平衡工作原理如下：转子放在支架上，由万向联轴节将转子与平衡机驱动法兰相接，电动机通过皮带经变速齿轮箱带动转子旋转。小型平衡机也可不经万向联轴节而通过皮带直接转动。转子旋转时，由于不平衡而导致主惯性轴对旋转轴线产生偏移，造成周期性的振动，形成一个作用在平衡机支承滚轮上的附加动压力。该附加动压力传递给装在支架上的拾振计。拾振计则利用动线圈原理将这一周期性信号通过多芯屏蔽电缆传输给 CAB690-H 微机测量系统。微机测量系统经处理后，在屏幕上显示出转动体的不平衡重量。不平衡重量的位置则由相位发生器确定，并以矢量形式（或数字形式）显示在屏幕上。相位发生器根据转子的旋转方向，产生基准信号来表示基准角度。相位发生器由一个扫描头和一个螺钉组成。螺钉每转一周，扫描头中的振荡器就产生一个矩形脉冲。该矩形脉冲信号具有与旋转体转速相同的频率，可用示波器加以检测。

上述动平衡机都装有微处理机、显示屏和打印机，因而具有一系列优点：如适用范围广，能适用各种转动体的平衡校正；不平衡质量的大小和位置显示直观；平衡精度高（最大指示灵敏度为 0.3～40g·mm）；平衡范围大（工件重量为 7.5～4000kg，工件直径为 360～3500mm，两支承间距离为 15～5740mm，轴颈范围为 5～560mm）；测量时间短；平衡效率高；操作简便等。

第四节　中小型电机装配工艺

一、定子装配

我国的电机厂生产小型电机时大多采用外压装工艺。定子铁心在嵌线浸烘后，压入机座时必须保证轴向位置符合图样要求，否则会使线圈的一端伸得太多，造成总装配困难，并且会使电机的气隙磁势增大，影响电机性能。同时还会使转子所受的轴向力磨损加剧。

定子铁心在机座内的轴向位置，一般都是在压装胎具上予以保证。如图 7-7 所示，控制压帽上的尺寸使压装后铁心的位置符合图样要求。决定尺寸的方法如下：由产品图样上查得机座止口端面到定子铁心端面的距离 L 的尺寸，该尺寸的公差是自由尺寸公差，而压帽上的公差则取 L 公差之半。尺寸 ϕD_1 及 ϕD_2 受机座铁心档内径及绕组喇叭口最大外径的限制，需根据这两个数据来确定 ϕD_1 及 ϕD_2 的大小。如某电机从图样上查得 $L=71\text{mm}$，查表得公差为 ±0.6mm，故压帽的尺寸 $l=(71\pm0.3)\text{mm}$；从图样上查得绕组喇叭口最大外径为 192mm，机座铁心档内径为 210mm，故应取 $\phi D_1=208\text{mm}$，$\phi D_2=196\text{mm}$。压装

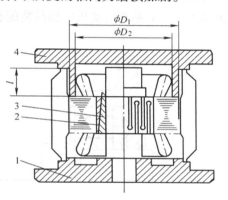

图 7-7　定子铁心压入机座胎
1—下盘　2—胀圈　3—心轴　4—上压帽

胎具的胀圈及心轴起胀紧定子铁心内圆的作用，在压装过程中保证铁心内圆整齐；底盘上止口起安放机座的作用；底盘上镶焊的竖轴起导向的作用，使定子铁心在压入机座的过程中不易歪斜。

在压装完毕后，为了保证定子铁心在机座内不转动，单靠机座内圆与定子铁心的外圆的接触是不够的，所以每台电机还要装上止动螺钉，使铁心完全固定在机座上。

二、转子装配

异步电动机的转子装配包括转子铁心与轴的装配、轴承的装配和风扇的装配等。

（一）转子铁心与轴的装配

电动机在运行时要通过转轴输出机械功率，因此，转子铁心与轴结合的可靠性是很重要的。当转子外径小于 300mm 时，一般是将转子铁心直接压装在转轴上；当转子外径大于 300mm 至 400mm 时，则先将转子支架压入铁心，然后再将转轴压入转子支架。Y 系列电动机是采用将转子铁心直接压装在转轴上的结构。

转子铁心与轴的装配有三种基本形式：滚花冷压配合、热套配合和键连接配合。

（1）滚花冷压配合 在滚花冷压配合中，轴的加工工艺是：精车铁心档—滚花—磨削，然后压入转子铁心，再精磨轴伸、轴承档以及精车铁心外圆。采用滚花工艺时，过大的过盈也是不允许的。因为冷压压力的大小与过盈量是成正比的，过盈量太大时，可能压不进去，或者使材料内应力过大而发生变形或破坏。

（2）热套配合 一般均利用转子铸铝后的余热（或重新加热转子）进行热套。采用热套工艺可以节省冷压设备，同时转子铁心和轴的结合比较可靠。因为热套是使包容件加热膨胀然后冷却，包容件孔收缩抱住被包容件，它保证有足够的过盈值，可靠性较高。

（3）键连接配合 键连接配合的优点是能够保证连接的可靠性，便于组织流水生产；缺点是加工工序增多，在轴上开键槽会使转轴的强度降低，特别是在小型电机中影响更大。

采用键连接时，键的宽度按规定要求选择。为了简化工艺，通常可以与轴伸用同一键槽宽度。

（二）轴承装配

在中小型异步电动机中，广泛地采用滚动轴承结构。它比滑动轴承轻便，运行中不需要经常维护，耗用润滑油脂也不多。同时，滚动轴承径向间隙小，对于气隙较小的异步电动机更加适用。Y系列电动机的轴承装配有以下三种结构，如图7-8所示。

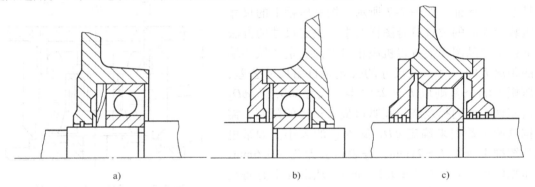

a)   b)   c)

图7-8 轴承装配

在Y系列H132（及以下）电动机中采用了图7-8a、b的结构，使轴承外盖与端盖合二为一，简化了结构，减少了加工工序。在电动机的前端（非传动端，如图7-8所示），采用轴承内盖，并使端盖轴承室端面与轴承盖之间留有间隙，以保证在装配时将轴承卡紧，使电动机转子在运行时不发生轴向窜动；在电动机的后端（传动端）轴承装配时，还在轴承与端盖轴承室底面之间加放了波形弹簧片，利用波形弹簧压住后轴承外圆，以减小承受较大负荷的后轴承的轴向工作间隙，减小电动机运转时所产生的振动和噪声。

Y系列H160～H280电动机采用有内、外轴承盖的结构，如图7-8c所示。根据负荷计算的要求，在后端（传动端）采用了短滚柱轴承。在前端（非传动端）采用滚珠轴承。H160～H280中2极电动机的后轴承采用滚珠式。为了使电动机在承受轴向负荷时，前轴承不致从轴上脱出，使用了一只弹簧加以保险。

轴承质量对电机的振动和噪声的影响很大。单列向心球轴承产生振动和噪声的主要原因是由于电机转动时，轴承钢珠受沟道波纹度的冲击，激发了轴承外圈与电机有关零件（端盖、机座等）形成一个振动系统，从而引起电机振动与噪声。沟道波纹度越大，引起振动的激振力也就越大。Y系列（IP44）电动机中电机的非轴伸端的轴承选用Z1型电动机专用单列向心球轴承。由于 Z1 型轴承沟道经过二次超精研加工，轴承振动与噪声较普通级轴承为小。

滚动轴承的安装方法有敲入法、冷压法和热套法三种。

三、总装配

中小型电机总装配包括转子套入定子，安装其他部件，如端盖、接线盒、外风扇及电刷装置等，总装后还需进行试验和电机外表修饰。

（一）转子套入定子

总装配时，将转子套入定子是关键工序之一。操作不当，很容易造成绕组的撞伤，有时甚至造成转轴变形。套入时，还需注意轴伸与接线盒的相应位置。

转子质量小于 35kg 时，可用手将它穿入定子。较大的转子，需用吊装工具（如图7-9所示）将转子穿入定子。操作时，先在吊环 2 处吊起工具，套于转子轴上，然后改在吊环 1 处吊起转子，手持操纵杆 3 使转子水平而平稳地穿入定子内。

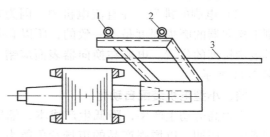

图 7-9　转子吊装工具
1、2—吊环　3—操纵杆

（二）安装端盖

装端盖时，一般先装非轴伸端。在装配止口面上涂薄层机油，以防止口部位生锈。将端盖装入止口后，轻敲端盖四周，使端盖与机座的端面紧贴，然后对角轮流地拧紧螺栓。

装第二个端盖时，需将转子吊平（小电机可不吊），接着把端盖止口敲合，旋紧螺栓。如两头端盖装得不同轴，或端面不平行，转子就可能转动呆滞，需用锤轻敲端盖四周，以消除不同轴、不平行现象，使转子转动灵活。然后装外轴承盖，拧紧轴承盖螺钉。

（三）气隙调整

对于整圆端盖滚动轴承的中型电机，当转子插入定子后，应先装滚珠轴承端的端盖，然后装滚柱轴承端的端盖，以防止滚动轴承受损伤。在一定要先装滚柱轴承端的端盖时，则此端端盖螺钉不应拧紧，待滚珠端端盖装上后，再旋紧螺钉。

端盖装上后，要进行气隙调整。调整的方法是用千斤顶（两端四个）调整端盖的相对位置，如图 7-10 所示。用塞尺在互差 120° 的位置进行测量（两端），直到气隙均匀度符合技术条件规定标准为止。调完气隙后将螺钉紧固，在卧式镗床上按图样规定位置钻铰定位销孔，并打入定位销。

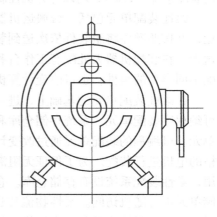

图 7-10　气隙调整

（四）电刷系统的装配

在带有滑环接触的电机中（如大中型绕线转子异步电动机），电刷装配质量对导流的情况有很大的影响；在带有换向器的电机中，其换向情况的好坏，常和电刷系统的装配质量有密切关系。

（1）电刷　集电环和换向器用电刷一般为电化石墨电刷和金属石墨电刷。电化石墨电刷是用天然石墨经过加工去除杂质再经烧结而成。按原料配比不同，又可分为石墨基、焦碳基及碳黑基等几种。碳黑基的电刷电阻系数和接触压降较高，宜用于换向困难的电动机；石墨基常用于正常的电动机。电化石墨电刷的硬度较小，磨损也较慢，电流密度一般可选在 $10 \sim 12A/cm^2$。金属石墨电刷宜用于低电压、大电流电机，它是在石墨内加入 40% ~50% 的铜粉混合烧结而成的。它的密度大，硬度也较低，耐磨系数较小，电阻系数较低，接触压降较低，磨损也较慢，电流密度一般可选在 $17 \sim 20A/cm^2$。

（2）电刷的排列 在直流电机中，因为在正、负电刷下换向器的磨损程度是不一致的，所以必须合理地安排电刷排列的位置。电刷在换向器表面应错开排列，如图7-11所示。

四、小型电机装配自动化

为提高劳动生产率，降低生产成本，缩短产品的研制或生产周期，以增强产品的市场竞争能力，国内外电机行业均竞相在电机装配领域引入自动化技术。

早期的电机装配自动化系统，以电机半自动化总装线为代表，用于大批量少规格的小型电机装配。这种半自动化总装线包括自动装转子机、轴承压装机、端盖压装机和拧紧螺钉机等装配机械，其功能有：定子上料、

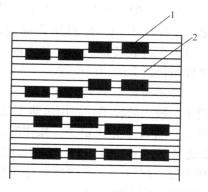

图 7-11 电刷的排列
1—电刷 2—换向器

转子插入定子、压装轴承、装两端端盖和拧紧螺钉。主要装配过程均靠机械完成，辅助工作则由人工完成。这种半自动化总装线的设备均固定安装，具有一定的工作节拍，工作效率较高，可达到 25 ~40s/台。

为适应多品种、小批量产品的自动装配要求，国外相继发展了柔性装配单元（FAC）和柔性装配系统（FAS），均以计算机控制的机器人作为核心设备，因而均具有较高的自动化水平。

柔性装配单元包括一台搬运机器人和多台装配机器人。搬运机器人负责各种零部件的搬运，并按照顺序将组件件依次送到装配机器人的工作站，然后把装好的组件件搬到传送带上送走。在装配机器人处配有工作台和压床等设备，负责各种部件的组装。柔性装配单元可装配不同类型的组件，也可改变计算机程序，以便对不同规格的电机产品进行装配。

在柔性装配单元的基础上，进一步发展了全自动化的柔性装配系统。这种系统主要包括可编程序装配单元、系统存储仓库和柔性物流传送系统等几大部分，其核心是可编程的装配单元。可编程的装配单元通过改变计算机程序，实现对装配机器人的控制，并对各种不同规格的电机进行装配。为了保证无阻滞地向装配系统供应组件，并在系统发生故障时起缓冲作用，柔性装配系统设有存储仓库。仓库内设有可编程序的货架控制装置，使计算机能对各存储单元进行随机访问。柔性物流传送系统由传送带或自动引导小车（AGV）组成，负责物料的搬运和系统内外各工序间物流的交换。自动引导小车运转灵活，不受限制，且停位精度很高（可达 ±1mm），因而成为柔性传送系统的主要设备。FAS 系统通常采用分级分布式计算机控制系统，以对系统中各种自动化设备进行管理与控制。计算机系统包括主计算机、FAS 管理计算机、物流计算机和多台 FAC 计算机。通过这些计算机，FAS 系统可方便地改变程序，并对装配系统加以控制，以实现对多规格电机的自动装配。以国外发展的一种自动装配系统为例，可实现对 450 种不同规格的小型电机的自动装配。由此可见，FAS 柔性装配

系统不但自动化程度高，而且适应能力较强，是当今小电机装配自动化的方向。

除装配自动化外，还有电机出厂试验自动线和静电喷漆自动线。使用这些自动线，将极大地改善劳动条件和提高劳动生产率，并可为实现电机厂的无人化生产创造有利条件。

第五节　大型座式轴承电机装配工艺特点

一、座式轴承

大型电机的转子重，转矩大，滚动轴承担负不了这样大的载荷，而采用滑动轴承。一般多放在轴承座上，如图 7-12 所示。轴承座通常用铸铁或铸钢制成。在轴承座上装有可沿水平直径拆开的两半式轴瓦，上面是轴承盖，轴瓦由铸铁制成，轴瓦的内表面镀上一薄层轴承合金。在转子较长的大中型高速电动机中采用自整位轴瓦（见图 7-13）。把轴瓦与轴承座配合的外表面做成球面或圆柱面，以使轴瓦按轴的挠度自动地相应调整；同时还可以补偿轴承安装时的误差，使轴颈处于它所需要的位置。

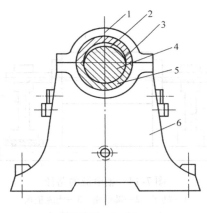

图 7-12　座式轴承示意图
1—轴承盖　2—间隙　3—上轴瓦
4—转轴　5—下轴瓦　6—轴承座

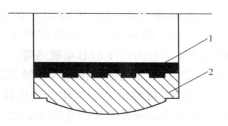

图 7-13　轴瓦示意图
1—轴承合金　2—轴瓦

二、座式轴承电机的装配

大型座式轴承电机装配工作都是在安装地点进行。

（1）电机安装前的准备　电机安装前应对设备进行验收，以便及时发现设备有无不完整和损坏现象，同时对安装基础也要验收。安装电机的基础在承受给定的静、动负荷下，应不产生有害的下沉、变形或振动现象等，并应按基础验收的技术条件要求进行全面验收。

（2）底板和轴承座的安装　底板是固定和支承电机并将负荷传到基础上去的中间板。大型电机的底板有的是由若干块组成，有的是整块的。底板的位置要按基准轴线及规定高度安装。底板的水平度偏差（用水平仪校准）应不大于 0.15mm/m。

安装轴承座时必须保证电机或机组的轴线与已装好的机组的主纵轴线在同一垂直面之内，且各轴承座的中心高一致。一般需经预装和最后调整两个过程。轴承座最后调整是在调整轴中心线时进行。

（3）定子和转子的装配　定子和转子（电枢）装配之前应首先装好联轴器，然后根据定子和转子的尺寸大小和结构情况决定装配工艺过程。整圆定子的大中型电机，可先安放定子，而后穿过转子，再进行轴线调整；分半定子的大型电机，通常首先把转子安装在轴承座上，以便与已装好的其他机器初步对好中心，由于这时尚未安放定子，必要时可以较轻便地调整底板的位置。

转子初步对中心后，从轴承座上取下转子，再把定子吊过来安放在它应放的位置，并初步找一下中心，然后将前轴承座拆下，再把转子插入定子，待转子插入定子后，将轴承座重新装上。最后进行转子与已安装好的机器找中心工作。此时应按技术要求仔细调整轴向串动间隙、联轴器处两轴线的重合性及气隙的均匀性。这项工作必须仔细进行，否则在运行时由于机组连接的缺陷，也会引起电机的振动和损坏。

对于尺寸较小、重量较轻的电机，也可以把转子先插入到定子中，然后再一起吊装到轴承座上去，这样可以节省前轴承座反复拆装的工序。但此时定子和转子的吊装应各用自己的吊索独立地挂在吊车的吊钩上，不允许定子、转子一方面的重量由另一方面来承担，否则会引起部件的变形和损坏。

三、轴承绝缘结构

在安装大型电机座式轴承时，轴承座和底板之间必须垫以绝缘垫板。加绝缘垫板的目的主要是防止轴电流（也叫轴承电流）的危害，如图7-14所示。轴电流产生的原因很多，例如电机的磁场不对称所产生的脉动磁通等。它能在轴颈和轴瓦间形成小电弧侵蚀轴颈和轴瓦的配合表面，严重时能将轴承合金熔化，造成烧瓦事故。同时，油膜的击穿使油质严重变坏，增加轴承发热，故必须予以足够重视。

绝缘垫板由布质层压板或玻璃丝层压板制成，厚度为3~10mm，绝缘垫板应比轴承座每

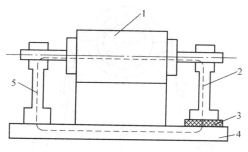

图7-14 轴电流的路径
1—转子 2—轴承座 3—绝缘垫板
4—底板 5—轴电流路径

边宽出5~10mm。除在轴承座和底板之间放置绝缘垫板之外，同时对螺钉和稳钉也应加以绝缘。绝缘垫圈用厚度为2~5mm玻璃丝布板制成，其外径比铁垫圈大4~5mm。与轴承相联接的油管接盘绝缘垫圈可用厚度为1~2mm橡胶板制成。

绝缘的轴承座安装后应检查对地绝缘电阻，轴承座组装后对地绝缘电阻应大于5MΩ；电机总装后，在转轴和轴瓦有径向间隙条件下，轴承对地绝缘电阻应大于1MΩ。

习 题

7-1 电机装配的分类及其技术要求如何？编制装配工艺规程的基本原则、主要内容及步骤如何？

7-2 试述尺寸链在电机装配中的应用、轴向尺寸链和安装尺寸 C 的计算。

7-3 试述平衡的基本原理、不平衡的种类、校静平衡与动平衡的方法及其技术要求。

7-4 试述中小型电机定子装配、转子装配、总装配工艺要点及小型电机装配自动化。

7-5 座式轴承的结构与应用如何？座式轴承电机的装配工艺特点如何？

第八章

微特电机制造

第一节　微特电机工艺特点

一、微特电机的分类及其技术要求

微特电机可以有多种分类方法。根据其工作性质和使用特点基本上可以分为驱动用微特电机、电源用微特电机、控制用微特电机和微特电机组件等几大类。对大多数微特电机按总体结构和工艺特点，可以分为分装式、通孔式及装配式三种。

（1）分装式结构　如大部分直流力矩电机、电动工具、多极旋转变压器、感应同步器以及一些专用电机采用这种结构。

（2）通孔式（一刀通）结构　这种结构适于气隙小、同轴度高的电机，多见于机座号较小的交流伺服电动机、自整角机、旋转变压器和交流测速发电机中。

（3）装配式结构　多数微特电机属于这种结构，因为轴承外径和定子铁心内径能够设计成同一尺寸的电机（一刀通结构）占少数。

二、微特电机的结构特点

微特电机的结构与一般中小型电机有着类似或相近的一面，因为微特电机是在一般电机的基础上发展起来的。它们工作原理相通，结构类似。但是，由于工作和使用要求的差异，微特电机的结构在很多方面有别于普通电机，有很多特征靠近精密机械和仪器仪表，形成了与中小型电机不同的特点。综合起来看，微特电机结构的主要特点有：

（1）体积小、重量轻　在微特电机中采用轻合金（如铝合金）、塑料等材料较多，结构上多采用薄壁件，如机壳、端盖、杯形转子等。

（2）零部件较多　微特电机的零部件多种多样，可以分为标准件（如标准螺钉、螺母、垫圈、标准电刷和标准轴承等）、通用件（如铁心冲片、机壳、端盖、刷架和电刷等）及专用件三类。应当尽量多用标准件、通用件，少用专用件。

（3）结构上要求稳定可靠　为保证工作的稳定可靠，首先从材料选择和结构设计上采取相应措施。

（4）结构精密　微特电机的零部件有较高的尺寸精度、较小的形位误差和较好的表面粗糙度，不少零部件结构与精密机械和仪器仪表结构要求相当。

（5）与电子线路密切配合　各主要类别的微特电机都需要配以相当的电子控制或驱动线路，以发挥各类微特电机的特长。

（6）结构多样性　微特电机品种多，应用范围广，使用的环境条件也有多种，因此微特电机结构受多种因素影响。

三、微特电机工艺的特点

微特电机制造工艺主要包括机械制造工艺和微特电机专门工艺两类。随着微特电机新结构和生产技术的不断发展，微特电机制造工艺中也大量使用着精密机械、仪器仪表、电子工业和自动化技术，形成了有独立特色的微特电机生产技术分支。其主要特点是：

1）微特电机尺寸小，生产批量与单台价值差别大，要求合理地组织生产。

2）微特电机制造工艺技术面广。

3）微特电机作为系统元件，要求可靠性和尺寸精度高。

4）新原理、新结构的微特电机不断涌现，要求工艺方法不断更新，工艺技术不断提高。

除此之外，还应不断提高车间文明生产水平，保证装配车间环境洁净，保持一定温度和湿度。工序间运送和传递可采用适当的工位器具，防止轻、小、薄零部件变形，产生应力和性能变坏等。

第二节　铁心制造

一、铁心冲片的分类与结构

微特电机的铁心绝大部分是由冲片叠压而成，因此铁心冲片的结构与工艺是首要问题。微特电机种类及总体结构不同，其定子和转子的铁心冲片有多种结构形状。

按冲片外形轮廓不同，有圆形、方形、鼓形和各种外形的磁极等。按槽形不同，有圆形槽、梨形槽、矩形槽、梯形槽等。按磁极型式不同，有凸极、隐极、罩极等。

典型定子铁心冲片图形如图8-1所示，典型转子铁心冲片如图8-2所示。

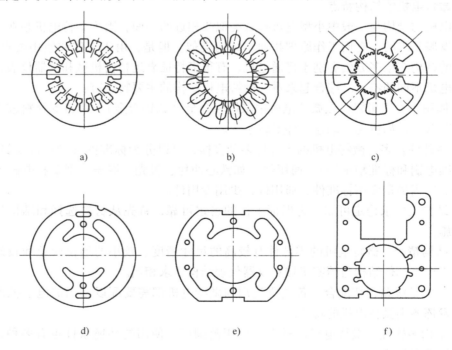

a)　　　　　　　　　b)　　　　　　　　　c)

d)　　　　　　　　　e)　　　　　　　　　f)

图8-1　定子铁心冲片

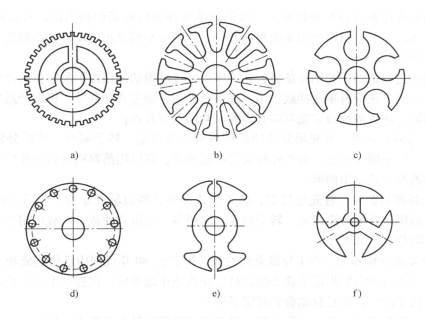

图 8-2 转子铁心冲片

二、铁心冲片的技术要求

图 8-1 和图 8-2 列出的定、转子冲片用于不同的微特电机，都采用冷冲压方法冲制而成。从结构和制造工艺考虑，它们具有共同的主要技术要求：

（1）电磁性能方面 首先应考虑软磁铁心磁导方向性的要求。软磁材料在外力（冲载、碰撞、冲击等）作用后，将改变晶体的排列，使电磁性能改变，这是要考虑的第二个问题。在变化的磁场中工作的铁心会产生涡流现象，使铁损增加，并产生不希望的附加力矩，这是应考虑的第三个问题。为了减少铁心内涡流现象引起的铁损，提高微特电机的效率，保证微特电机的工作精度，应合理选择冲片厚度。

（2）机械要求方面 铁心冲片的机械要求首先是冲片的尺寸精度和几何公差的要求。冲片的尺寸精度和几何公差对电机性能及精度影响甚大。

微特电机中定、转子冲片的内外圆尺寸一般取 IT8~9 级精度，槽分度要求 ±10′，精密电机要求 ±（5′~7′）或更高。定、转子内外圆同轴度偏差一般不大于 0.02mm，其他如槽形、槽口、记号槽等尺寸公差一般为 IT10 级精度。铁心精度的第二个机械要求是冲片表面质量好、飞边（俗称毛刺）小。冲片表面质量要平整光滑、厚薄均匀、断面整齐、无裂纹、飞边小。冲片冲制后的飞边一般应控制在片厚的 5%~10% 以内，小于片厚 5% 时可以省掉去飞边工序。

三、铁心冲片制造

铁心冲片一般都采用冷冲压方法冲制而成。冷冲压方法便于制造形状复杂的薄片零件，精度较高，材料利用率高，配以机械化、自动化冲床等生产设备，生产效率高。为了满足冲片的技术要求，冲片制造的一般工艺过程包括以下几个工序：剪裁、冲裁、去飞边、退火处理、绝缘处理、检验。

1. 硅钢片的剪裁

微特电机铁心冲片用的电工钢片分卷料和平面板料。为使冲床、冲模、钢片及冲片的尺寸能合理搭配，便于加工，第一道工序一般是将整张电工钢板料用剪床裁成一定宽度的条料。条料的宽度比铁心冲片外径略大，以保证冲片冲制时需要的搭边值。有关冲裁力的计算，冲、剪床的选择，材料利用率的提高方法，均与中小型异步电动机铁心制造工艺相同。

2. 冲片的冲裁

卷料或经过剪裁得到的钢片条料，在冲床上经过冲模的冲裁即得所需要的冲片。根据所用冲裁模的不同，相应有单式冲裁、多工序组合冲裁、级进式冲裁等。根据产品要求和工厂生产条件不同，冲片的冲裁方案可以有多种，常用以下几种：

（1）先落料后冲槽　首先用复式冲裁机将钢片冲出定、转子圆片，然后分别经过复式冲模冲出定、转子槽和轴孔。对直径较大的电机冲片，可以用落料模得到圆片后，用单槽冲模或高速单槽冲方式冲出槽形。

（2）先冲槽后落料　首先经过定、转子复式冲模分别以轴孔定位，先后冲出定子槽和转子槽，最后用落料模分离出定、转子冲片。采用多工序组合冲裁，一般可用三台冲床联动完成，故有时称"三联冲"。

（3）全复式冲模和四、六工位级进式冲模　20 世纪 80 年代国内已研制成功十位转子冲片、定子冲片并自动叠装出定子铁心的高精度冲裁叠压级进模，在连续十个工位之后，不仅能冲出定、转子冲片，而且自动叠装好定子铁心。

显然，前两种冲裁方案，工序分散，只能满足中等批量生产要求。第三种，特别是级进式冲裁，采用带状卷料和高速自动冲床，是解决大批量、高速度、高精度冲裁的有效办法，是目前应用最广的方法。

3. 飞边及其消除

冲模间隙过大、冲模安装不当或冲模刃口磨钝等，都会使冲片产生飞边。对中批、大批量生产的铁心冲片，最好是提高冲模的设计与制造水平，正确安装和使用冲模，使冲出的冲片不存在不允许的飞边，从而取消去飞边工序。若冲片飞边过大，可用去飞边机去除。

减小飞边的基本措施是：在冲模制造时，严格控制凸凹模的间隙，而且要保证冲裁有均匀的间隙；冲裁过程中，要保持冲模工作正常，经常检查飞边的大小。如果飞边过大（如 $0.06 \sim 0.1 \mathrm{mm}$），则必须及时将冲模刃口磨锐（刃磨）。对片厚为 $0.35 \sim 0.5 \mathrm{mm}$ 的钢片，凸模和凹模的每次刃磨量一般可为 $0.15 \sim 0.3 \mathrm{mm}$ 和 $0.1 \sim 0.15 \mathrm{mm}$。

4. 冲片的退火处理

软磁材料在出厂时，有的已具有标准规定的磁性能，如热轧硅钢片和全工艺型冷轧硅钢片等。有的材料则需待加工后进行最后的退火处理，才具有规定的磁性，如半工艺型冷轧硅钢片和铁镍软磁合金等。不论哪一类材料，经过下料、冲裁、弯形、去飞边等工序后，常使冲片边缘（约 3mm 以内）的结晶组织畸变或晶格破坏，产生冷作硬化现象，使冲片材料变硬、磁性能下降，特别是对中等和弱磁场下的磁性能影响较大，通常需退火处理。

5. 冲片的绝缘处理

微特电机常用的冲片绝缘处理方法与中小型电机相同，可采用涂绝缘漆、表面氧化处理和磷化处理等方法。冲片在绝缘处理后，要作外观检查，并定期检测绝缘层厚度、绝缘电阻、击穿电压及耐热、耐湿性等。

四、铁心的压装

叠片式铁心制造，一般包括冲片的叠压固紧、铁心在机壳或轴上固定以及铁心表面处理等。对整体铁心不存在片间紧固问题，因为它是由机械加工或粉末压制等方法形成的。下面主要介绍叠片式铁心主要工艺方法和整体式铁心的工艺特点。

（一）叠片式铁心制造工艺

叠片式铁心的工艺过程一般包括：理片、称重或定片数、定位叠压、紧固、表面处理等。

1. 叠片式铁心的叠压

叠片式铁心的叠压一般在定（转）子铁心叠压工具上进行。叠压工具有多种型式。图 8-3 是控制用微特电机定子铁心的叠压工具图。把涂胶的定子冲片以心轴 4 和槽键 5 定位叠压。键数可为一根，也可与槽数相等。球面垫圈 2 可保证压圈 3 受力均匀，方向垂直。加压后烘烤一定时间，打开螺母压出心轴即得胶粘的定子铁心。

采用图 8-3 所示叠压工具，对冲片精度和冲裁一致性有一定要求。对叠压工具的一般要求是：定位准确、合理、可靠及装拆方便。有的还要求压紧力和尺寸可调节。

2. 定子铁心的紧固方法

定子铁心叠压后，紧固方法有以下几种：

（1）选用适当配合紧固 也可采用较松的过渡配合，而在铁心端部外另设压环，使压环与机壳过盈配合，压紧并固定铁心。对小功率电机也可采用较松的过渡配合，而在铁心外表面涂一层粘洁剂固定。因为一般铁心外圆不加工，故这种固紧方式要求冲片精度较高，叠压一致性要好。

（2）铆接紧固 在铁心的合适位置，设置专用通孔，用穿透铆钉铆接紧固。也可在铁心外缘专门设置的扣片槽内用扣片铆接。穿透铆钉也可用压铸来代替。

（3）焊接紧固 常用的焊接方法有二氧化碳气体保护焊、氩弧焊、真空电子束焊和接触（压力）焊等。

（4）粘结紧固 使用滚胶或浸胶等方法使冲片表面涂一层粘结胶，然后装入叠压心轴，定位夹紧到适当程度，连同夹具一起烘干固化形成铁心。为了提高

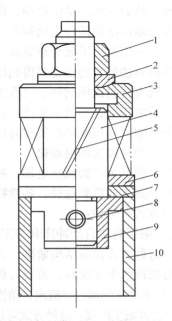

图 8-3 定子铁心叠压工具
1—螺母 2—球面垫圈 3—压圈 4—心轴
5—定位键 6—垫板 7—卸料板 8—圆柱销
9—底座 10—卸料环

铁心叠压系数，简化操作，也可以在冲片装入心轴后，在未完全压紧状态下，沿铁心外圈涂胶，待胶液渗入片间空隙后压紧铁心，烘干固化。这种方法多用于精密控制用微特电机小批量生产。

3. 转子铁心的固紧

转子铁心叠压与在轴上的固定常紧密相联，工艺上也常常合并进行。转子铁心叠压与固定主要有两种方法：

一种方法是以冲片外圆及槽口定位，用专门的叠压工装将铁心压紧后直接把轴压入铁心轴孔。另一种方法是冲片内孔以心轴定位，叠压后退掉心轴，再压入转轴。第一种方法对冲片同轴度要求较高，生产效率较高，适用于大批量及自动叠压生产。第二种方法生产效率相对较低，而且外圆不易整齐。

（二）整体铁心的工艺特点

用电工纯铁镍合金等棒料或锻料形成的整体铁心，机械加工性能良好，不仅免除了冲

片、叠片等工艺过程，而且容易得到较高的尺寸精度和较高的形状位置精度。应当注意的是，退火处理工序要适当安排，以获得良好的磁性能。这种机械加工形成的铁心，一般情况下材料浪费较大，仅适用于小批量或新产品研制。

粉末压制软磁铁氧体已广泛用于无线电电磁元件中，它也可用作磁场变化在几千赫兹频率以上的微特电机的铁心。为了省去冲片的冲裁和叠压的传统工艺，探索新的高效率生产铁心的方法，粉末压制软磁铁心工艺已在不断进行新的开发，并有希望成为定、转子铁心制造的一个新途径。粉末压制在工艺方法上主要有两种，即粉末冶金法和粉末塑压法。

粉末冶金压制法一般是将一定比例的铁粉、镍粉、硅粉等混合均匀，进行退火处理和绝缘处理，然后模压并烧结成型，最后进行磁性能热处理。

粉末塑压法是按一定比例将铁粉和少量硅、镍和环氧树脂粉混合，用类似塑料注塑工艺方法，在一定温度下聚合形成铁心。

两种方法的目的都是要得到磁性能好、电阻率高的各种形状尺寸的整体铁心。要达到这一点，既有材料比例问题、又有工艺方法、工艺规范选取问题，这是个多因素课题，需不断完善。粉末压制铁心的主要优点是可以大量节省冲裁钢片的工时和材料，使定、转子铁心的生产类似塑料件压制那样实现高速自动化。

五、冲片加工的自动化

对大批量生产的微特电机，冲片及铁心加工的自动化，是提高生产率、保证产品质量和降低产品成本的重要途径。各微特电机生产厂正在不断提高冲片及铁心加工的自动化水平，其主要方式有两种：

1）采用高速自动冲床和多工位级进式冲模，使用卷料钢片连续冲裁，这是比较先进的方式。这种方式设备结构紧凑、占地面积小、生产效率高，但大型硬质合金多工位级进冲模设计与制造水平要求高，需要有较大吨位、刚度好、精度高的冲床。

2）各冲床间通过导槽或自动传送装置相联，每台冲床采用单式或复式冲模并连续同步冲裁，组成自动冲裁生产线。这种方式可以利用单台冲床、冲模等，技术要求相对较低，但多台冲床联合生产，占地面积较大，联线较复杂，生产效率也不及前者，适于一定批量的生产。

以上两种冲片加工自动化方式的实现，都要解决以下几个关键问题：

1）冲床应有足够的重复精度和必要的刚度，振动和噪声要小。这主要是机架的刚度、旋转运动部件的平衡及滑块导向的动态精度等。

2）提高模具的制造水平和使用寿命。多工位级进式冲模一般应采用硬质合金材料制造，而且精度应达到微米级甚至更高。寿命应在数千万次以上。对联合自动线方式，各冲床和冲模精度、寿命应互相协调。

3）送料、出料和废料排出机构应连续稳定，简单可靠。送料机构的速度要与冲裁的步距有相应的精度。

第三节 绕组制造

一、绕组分类与技术要求

微特电机常用绕组有很多种类。按照绕组的结构型式主要有集中绕组和分布绕组两类，见表8-1。集中绕组用作各类电机的励磁绕组，分布绕组多数用于各类电机的电枢绕组。

表8-1 微特电机常用绕组种类和应用

名　称				应　用
集　中　绕　组				直流、交流换向器式电机，单相罩极电机，自整角机的励磁线圈，步进电机的控制绕组，各种凸极铁心绕组
分布绕组	嵌(绕)线式绕组	同心式绕组	无槽电枢绕组	无槽电枢直流伺服电机
			等匝绕组	各类交流电机
			不等匝绕组	单相感应电动机
			正弦绕组	旋转变压器、自整角机、移相器等
		交流整距绕组 交流短距绕组（叠绕组）		交流电机、自整角机、旋转变压器
		交流链式绕组		三相交流电机、二相交流伺服电动机
		定子环形绕组		单相、三相定子塑封电机
		直流叠绕组、波绕组		直流、交流换向器电机电枢绕组
	无铁心绕组	线绕空心杯		永磁直流空心杯伺服电动机
		线绕盘形绕组 冲制盘形绕组		盘形电机
		印制绕组		盘形电机，感应同步器
	短路绕组	铸铝、铜条鼠笼绕组		单相、两相、三相异步电动机
		非磁性金属转子杯		交流测速发电机、两相交流伺服电动机

此外，绕组还可以按形成方法分为线绕式和非线绕式两类。线绕式主要包括单匝的成型绕组（如大电流的电枢绕组等）和多匝散嵌绕组。非线绕式绕组主要包括：铸铝或铜条笼绕组、非磁性杯形转子绕组、盘形印制绕组。

尽管绕组种类很多，然而绕组在电机中的作用却基本相同。因此，微特电机绕组的技术要求与普通电机基本相同。

二、绕组的绕制与嵌线工艺

微特电机绕组的绕制与嵌线工艺过程与普通电机基本相同，但微特电机由于受尺寸限制，有结构紧凑、绕组导线细、匝数多、槽满率高、端部尺寸要求严格等特点。因此，在某些电机中首先绕成圆形绕组，然后拉成所需形状进行嵌线。

嵌线时必须保证环境清洁，严防杂物或铁屑等混入铁心槽内及绕组内。嵌线过程中不得用力过量，拉线时应尽量使绕组各匝受力均匀，以防导线拉断或拉细。嵌线后的绕组端部需用专用工具进行整形。整形时，压力不能太大，以免引起匝间短路。

对于批量生产的微特电机，应设计专用设备进行自动绕线与嵌线，以提高生产效率。

三、绕组的绝缘处理

在微特电机制造中，绕组的绝缘处理方法有浸渍和浇注两种。浸渍工艺与普通电机绕组绝缘处理工艺相同，可分为普通沉浸、真空浸渍、真空压力浸渍和滴浸。其中，真空压力浸渍质量较好，应用较广。浇注绝缘结构具有结构紧凑、坚固、整体密封、防潮、防腐蚀、防震、耐热、耐寒及绝缘性能好等优点，在微特电机绕组制造中越来越被广泛采用。但在浇注过程中须针对不同的浇注结构及技术要求，选用合适的浇注配方和工艺方法，并配备一定的工艺装备。否则会产生浇注层裂纹、断层、气孔等质量问题，严重影响绕组的性能。

第四节　机　械　加　工

一、机械加工的技术要求

微特电机的机械加工件主要有：转轴和转子组件、机壳和定子组件以及端盖等三类。它们的机械加工技术要求，既有一般机械加工的要求，也有一些特殊要求，主要包括：

（1）保证气隙的均匀性　当定子内圆和转子外圆两个圆柱体的轴线不重合时（即电机存在偏心），电机的气隙就不均匀。对多数微特电机来说，轴的钢度是足够的，转子重量引起的挠度可以忽略，这样气隙的均匀性就完全决定于有关零部件的尺寸偏差和形位偏差。如图8-4所示，表示一台微特电机引起定转子铁心的尺寸关系简图。

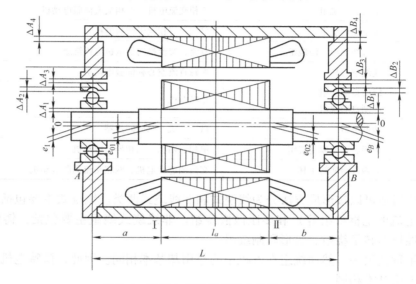

图8-4　微特电机定转子铁心的尺寸关系

为了减小偏心，提高气隙的均匀度，必须采用比较精密的配合和较小的径向跳动量。减小尺寸偏差和形位偏差，势必对机械加工提出较高的技术要求。有些微特电机（如步进电机、交流伺服机、自整角机等）气隙很小，并常由机械加工工艺允许值决定；有的可小到单边气隙0.025mm，相应的零部件配合面的尺寸和圆跳动偏差要求最小达0.001~0.002mm。

（2）防止零部件加工后变形　微特电机转轴较细，机壳端面都是薄壁件，它们的刚度较差，因此，结构设计时应考虑在装夹和加工时可能产生的变形，防止尺寸超差产生废品。为此，一方面要合理选择材料和壁厚等参数，另一方面要合理选择加工时定位和夹紧方式。

（3）保证导磁零部件的对称　对导磁零部件，如磁极、定转子铁心、导磁机壳和导磁转轴等，在材料选择和结构设计上，应力求使磁路对称，便于工艺保证。在加工方面，应考虑不使切削量和切削力过大，防止变形量过大或产生较大的切削应力，降低导磁性能，增大铁心损耗。

（4）不使绝缘零部件的电气绝缘性能恶化　结构设计时或加工时，应采取恰当防护措施，使绝缘体不接触加工用冷却液，不使金属粉末、铁屑的污染和侵入，避免绝缘性能下降或损坏绝缘体。

还应注意定、转子组件材料的多样性，包括有色金属件、不锈钢零件、软磁材料叠片、永磁体、塑压件和粉末冶金零件等，注意它们各自的切削加工的特殊性。

二、转轴和转子的加工

（一）转轴的加工

微特电机转轴可分为台阶轴（有中心孔）和光轴（无中心孔）两类。台阶轴的加工工艺与小型电机基本相同。光轴的主要工艺过程一般包括：

校直—下料—平端面—调质处理—粗磨—热处理—校直—精磨—检查等。

（二）转子组件加工特点

转子组件由铁心、绕组、转轴、换向器等组合而成，其加工工艺与小型电机基本相同。但还需注意以下几个问题：

1）粗车铁心表面时，应避免由于切削进刀量大而引起的铁心和转轴的弯曲变形、铁心冲片与转轴的松动、槽形的扭曲和畸变以及铁心两侧冲片的"扇翘"等。可采用专门的铁心夹装工具，减小切削量。

2）在绕线、浸渍和烘干以后，应检查转轴弯曲度，并进行必要校正，然后再进行精加工。

3）转子组件轴端的键槽、螺纹、销钉孔等的加工，均应在粗加工后精加工前进行。

4）精加工（磨加工）应以两中心孔为基准，中心孔在精加工前必须研磨，使孔内光滑、角度正确。精加工时不允许使用活络顶尖。

5）精加工应按大尺寸到小尺寸的顺序进行。

6）两轴承段的台阶精加工必须清角。两个侧面需与轴中心线垂直，以保证轴定位精确性。

三、机壳和定子组件

（一）机壳加工特点

机壳的机械切削加工主要有车机壳内孔和止口。车外圆、安装用止口、端面，钻固定孔、攻螺纹，有底座时加工底脚平面和固定孔等。实现这些加工要求，可以先加工机壳内孔和止口，后加工底脚平面或安装尺寸。也可以先加工底脚平面或安装尺寸，再加工机壳内孔和止口。这两种方法各有优缺点，可以根据生产条件选用。选用时，应当注意解决好保证机壳内孔对两端止口的同轴度，以及机壳的变形问题。应合理地选用装夹方式，严格控制切削用量，适当安排热处理工序，使变形量减小，保证尺寸精度和形位公差要求。

有的机壳最后机械加工是在压入铁心后，甚至在定子绕组浸渍处理后完成的，这时应和定子组件工艺过程统一考虑。

（二）定子组件的工艺特点

1. 工艺过程

对装配式定子组件，基本工艺过程包括：压装铁心于机壳内→以铁心内孔定位半精车机壳外圆和止口→嵌线→浸渍绝缘处理→粗磨内孔→表面涂覆处理→以铁心内孔定位精车机壳外圆和止口。

对压铸机壳定子组件，基本工艺过程包括：压铸机壳→以铁心内孔定位粗车外圆和止口→精车（磨）铁心内圆→嵌线接线→浸渍处理→以内孔定位精车止口和外圆。或者压铸机壳→精车（磨）铁心内圆→以内圆定位精车外圆及止口→嵌线接线→浸渍处理。

2. 定子组件的工艺特点

微特电机气隙一般较小，多数需要精车（磨）内孔。这道工序的进行，应特别注意定子组件装夹对同轴度的影响，宜采用塑料涨胎夹具（对较小尺寸）或软三爪（对较大尺寸）。夹具本身和机床设备应有足够的精度，否则会使定子组件轴线偏心，造成磁路不对称，特别是小气隙的电机，影响尤为严重。

精磨铁心内孔时，砂轮的行程以露出铁心的距离为砂轮本身轴向长度的1/2～2/3为好，以防铁心内圆两端形成喇叭口或有锥度。精车止口通常是定子组件加工的最后精加工工序。为了保证加工精度，应特别注意机床、夹具等的同轴度。对气隙特别小的微特电机，可以将定子组件套在带锥度的心棒上进行精车，利用心棒两端中心孔定位夹紧，锥度心棒上的锥度可取为150：0.03。

通孔式结构定子组件一般通过浇注绝缘，将定子组件和端盖胶结成一体，后续工艺可以有不同的加工方案。

四、端盖的加工

用拉伸和冲压成形的端盖，一般不需要再进行机械切削加工。铸造和型材成型的端盖，其机械加工主要是车削和钻孔等，其基本工艺要点是保证端盖轴承室内孔与止口表面的同轴度。特别应注意的是加工后端盖的变形量不超差。其工艺要点有：

1）对压铸铝合金及其他铸造端盖，应进行时效处理，消除内部应力，减小变形。

2）应当减小切削用量，特别是精车加工时，切削量小，夹紧力尽可能小，从而减小端面变形量。一般应将粗、精车加工分开进行，以提高生产率。

3）为防止端盖装夹和加工以后变形而超差，需选用合理的定位装夹方式。如常用的软三爪径向定位夹紧、径向夹箍定位夹紧、径向定位轴向压紧法等。

4）端盖止口和轴承室内孔的精加工可以有两种工艺方案，即一次装夹、同时精车止口、轴承室内孔方案和两次装夹、分别精车止口、轴承室内孔方案。它们各有优缺点，适用范围也不同，可合理选用。

一次装夹、同时精车止口和轴承室内孔，止口和轴承室内孔的同轴度高，止口平面对中心线的垂直度也好。此外工艺过程短，所需辅助时间也短，适用于端盖的深度尺寸小、轴承室内孔尺寸较大、刚度较好的情况，如圆盘形端盖等。

两次装夹、分别精车止口和轴承室内孔，比较适合于深度尺寸大、轴承内孔小的端盖（如碗形端盖等）。但需尽量消除两次装夹产生的定位装夹误差，以保证止口和轴承室内孔的同轴度要求。采用两次装夹的方案，最好以止口径向定位、轴向压紧的装夹方式进行，以防零件受径向压紧力而变形。

5）径向尺寸精度的控制，关键是止口和轴承室内孔尺寸。特别是轴承室内孔尺寸，一般为IT6级精度，较难控制。可以采用高精度车床，或在机床上装置直线感应同步器精密测距数显装置来控制，使径向尺寸偏差在0.002～0.005mm或更小。

轴承室最后的精加工也可以采用精确的钢球挤压轴承孔的办法。挤压前轴承孔留有0.01～0.02mm的余量。有时可以连续挤压两次达到公差要求，挤压时应加润滑油。这种方法多用于无衬套的铝制端盖或铁板冲制端盖，采用这种方法可以减小轴承孔内表面的粗糙度值，提高表面的质密度，保证轴承孔尺寸有比较稳定的数值。

6）轴向尺寸的控制，关键是止口端面和轴承室挡肩之间的轴向尺寸，也可以采用直线感应同步器测距数显装置控制机床来达到。

7）端盖上的钻孔、攻螺纹、铣削等工序应在粗车之后、精车之前进行，以防影响和破坏精加工后的尺寸精度和形位公差。钻孔加工都应有钻模定位压紧，孔洞也可在压铸和冲制时形成。

8）尺寸的测量应尽量采用气动测量等各种无损检测法，以保持加工精度和表面粗糙度。

9）对刚度较好的端盖，可以采用组合刀具或多刀多刃进行加工，以提高生产率。

五、机械加工自动化

如前所述，机械加工量在微特电机生产中占有相当的比重。微特电机性能和工作准确度的不断提高，对机械加工技术提出了更高的要求，其核心问题是如何进一步实现高效率、低成本的生产。目前，微特电机机械加工正向以下几个方面发展：

1）加工设备向各种半自动化机床、组合机床以及微处理机控制加工等方面发展。

2）加工要求向高精度、低粗糙度值方向发展。

3）加工方法向无切削、少切削、高效率的生产方向发展（如冷冲压、拉伸、挤压、滚压），向提高配件精度、减小加工余量方向发展。

第五节 电机装配

一、微特电机装配工艺的特点

微特电机装配的特点主要由使用要求和结构特征决定的，主要有：

1）所有零件都应具有互换性。即要求结构设计时，每个零件都应有明确的尺寸、形位公差及表面粗糙度要求，这是保证微特电机产品质量的基础。有些比较精密的微特电机零部件完全互换不能满足要求时，需分组装配。

2）保证轴类装配质量。轴类装配对电机寿命、噪声、静摩擦、温升等影响极大。各类电机对轴类精度与安装要求各不相同，应当有明确的规定，工艺上要切实保证。

3）保证定、转子的同轴度和端盖轴承安装的垂直度。必要时，在装配过程中可增加装配同轴度和垂直度的检查。

4）保证转子的静平衡和动平衡要求。因为，静不平衡和动不平衡使电机工作时产生附加力矩，轻者有振动、噪声，重者可能出现扫膛、共振等。需要专门设备仔细校正。

5）保证滑动接触和导电接触的可靠性。换向器、滑环与电刷的滑动接触，稳速机构的触点接触，必须安装调整得位置正确、压力适中，表面粗糙度达到预定要求。电刷磨合接触面积、电刷压力及其可调范围、接触电阻等都应予以保证。

6）应特别注意轻小、薄壁零件的不变形，不受损伤。微特电机轻小零件和薄壁件很多，刚度差，易变形。加工和装配时，必须采用专门的工具传送、转运和保存。特别是空心杯转子等，不准使其受到不应有的外力，引起变形或损伤。

此外，装配工艺路线应与生产批量相适应。对大批量生产的微特电机，可以流水作业装配，装配过程分得很细，逐工序保证质量。对多品种、小批量产品，宜采用成组工艺装配，常分成定子、转子、刷架、电子线路板、调速器和总装配工艺，可制定统一的专用工艺规程，同时包括各产品的具体要求。这样便于保证质量，必要时可增加中间检验工序。

装配过程的工艺环境对产品质量影响很大。部分微特电机属于精密机械，结构紧密精巧，定、转子气隙和轴向、径向间隙很小，对环境条件十分敏感。装配时，环境的清洁卫生条件直接影响电机性能、可靠性、电气绝缘强度及噪声等。装配车间或工作室内应有空调、吸尘和防尘等设备。

二、轴承组件结构及其装配

微特电机常用的是滚动轴承和滑动轴承两类。在特殊微特电机（如平台用力矩电机等）中还应用气浮轴承等。这里主要介绍大量应用的滚动轴承和固体滑动轴承。

滚动轴承结构简单，标准化程度高，适应范围广，在微特电机中得到了最广泛的应用。为使轴承可靠的工作，安装轴承的部位或组件结构设计时，必须满足如下主要技术要求：使轴承内外圈有足够的同轴度而不倾斜；保证轴承径向和轴向间隙的数值范围；在各种允许的工作状态，保持轴承的工作温度在允许范围以内；保证轴承在工作中有良好的润滑；防止灰尘和脏物进入轴承，破坏润滑，引起腐蚀；便于安装和维护。

微特电机所用的滑动轴承几乎都是粉末烧结压制的含油轴承。含油轴承是有弥散孔隙的海绵状烧结体，可将润滑油浸入轴承体互相贯通的孔隙内。转轴转动后，转轴与轴承表面摩擦发热，使润滑油黏度降低，体积胀大，浸润到滑动表面，当转轴有一定转速时，转轴与轴承间因润滑液体的流动，产生抽真空现象，润滑油有从孔隙中被吸出的作用。这种作用常与孔隙对润滑油的毛细作用共存，能使转轴与轴承表面之间形成一层运动状态的油膜，起连续润滑作用。微特电机中常用的含油轴承有铁基、铜基和铁铜基三类。

轴承安装是微特电机装配的重要一环，必须精心制定轴承安装的工艺规程，并严格执行。轴承安装时，场地和工具必须清洁卫生，必须采取防污、防尘措施；应保证轴承内孔与轴中心线重合，防止两中心线歪斜；电机前后端盖装到机壳上以后，两个轴承的不同轴度应小于轴承径向游隙 e_r 的 $1/3 \sim 1/2$；应使轴承基准面（不打字端面）靠紧轴肩；应通过内圈侧面均匀受力压装到轴承档上，防止滚珠与滚道之间受力过大而损伤；应防止用锤击等冲击力安装。

为了保证安装质量，提高生产率，安装一般应在专用设备上通过压装工具进行，并应有良好的定位基准，避免造成压痕或变形。具体压装时又有热套和冷压等不同方法。

三、电刷组件的结构和装配

微特电机使用的电刷及其压紧弹簧有多种形式，主要有石墨类电刷，配以各种压紧弹簧组件，以及丝片状弹簧电刷等。

由于石墨类电刷有一定截面积和高度，所以多数需要设置刷盒、弹簧、刷握等，并将它们固定在端盖上。常把电刷和固定电刷的刷盒、弹簧、刷握等部件的总体叫电刷组件。电刷组件既要准确保证电刷在换向器或集电环上的位置，又要保证电刷与换向器或集电环的活动接触稳定可靠。因此，结构上常需精心设计和加工，安装要求也较高。

四、装配质量检查

为了保证产品质量，在部件装配和总装配过程中，需逐台进行装配质量检查。在总装检查合格后，再通过产品性能和质量的试验检查，合格产品包装出厂。

微特电机结构精密，精度要求高，装配质量直接影响着电机性能。因此，不少产品随着装配过程的进行，需随时进行质量检查。有时还需要边测试边调整，才能达到指标。装配时应有必要的测试设备。微特电机装配质量检查主要项目有：外形和外观、轴向间隙、轴伸径向跳动、安装配合面及配合面端面跳动、转动灵活性及摩擦力矩等。电气方面的质量检查项目有：测量绕组直流电阻，测量绕组的绝缘电阻、绝缘介电强度检查、接线正确性及旋转方向检查等。主要质量检查项目说明如下：

（1）轴向间隙和径向间隙检查　轴向和径向间隙的具体数值需用专门的测量设备测量。

（2）轴伸及其他部件跳动的测量　微特电机的轴伸端、外壳、换向器或集电环表面常有轴线跳动量的要求，一般用千分表检查。

（3）轴承的摩擦力矩检查　轴承的摩擦力矩检查采用专用的检查指针进行检查。对不同规格的电机，检查指针有相应的规格。

（4）电刷压力检查　对有换向器、集电环和电刷的滑动接触的电机，需对电刷的压力进行测量。电刷压力应在规定的范围之内，过大或过小都对电机性能和寿命有严重影响。采用专用测力计，配以简单的脱离接触的指示灯泡，即可测出电刷弹簧压力具体指数。

五、微特电机装配自动化

微特电机装配生产的型式主要决定于产品结构和产品的批量。新技术的应用，例如专用设备和自动化技术等，对装配型式也有很大影响。特别是电子计算机用于装配过程的控制，可使装配生产实现完全的自动化。

装配生产型式可分为有人工操作装配和无人工操作装配两种。由于微特电机综合了精密机械、仪器仪表和电子线路等方面内容，专业性生产和装配种类繁多，所以绝大部分微特电机的装配为有人工操作装配。

（一）有人工操作装配

在有人工操作装配型式中，又有产品固定式装配和有人工控制的自动装配机装配等方式。目前，在国内有人工操作装配的产品，固定式装配方式占多数。

1. 工序集中的固定式装配

对于多品种、小批量的微型控制电机，采用手工装配为主的固定作业法。装配中，使用一定的装配夹具、电动工具、检查测试设备等。操作者在固定地点（班、组）完成组件装配和总装配的全部工序。这种方式要求操作者技术水平较高，有一定的装配工作场地，一般装配周期也较长。

2. 工序分散的固定式装配

这种方式仍以人工操作为主，但把装配过程分为若干组件装配和最后总装配，分别形成组件和总装生产线，并通过传送带或人工传送。这种方式把装配工序分散在各组件和总装流水线上，使用的专用电动工具和气动、液压设备较多。操作者按工序排列，每个或几个操作者只完成装配中的一个工序，包括中间的检验与测试工序。这种方式需要操作者对单一性操作有比较熟练的技术，生产效率较高，车间单位面积产量也较高。

这种工序分散的固定式装配方式，广泛用于各种成批微特电机的生产，包括家用电器用微特电机、驱动微特电机和部分控制微特电机。

3. 人工控制自动机装配

人工控制的自动机装配，以自动化或半自动化的专用自动机装配为主。但个别工序依靠人工操作或控制。因此，自动机工作时，人不能离开，有的要进行人工上料和人工检测。装配微特电机专用的自动机有转台式、自由循环式和积木式。

这种用自动机装配，人工操作较简单，装配质量较好，生产效率较高，但设备原始投资较大，并需专门的机器调试和检修人员。这种装配方式，比较适于单一品种、高效率、大批量生产，如交流罩极电机、洗衣机电机和录音机电机的装配等。

（二）无人工操作装配

随着科学技术的发展，在单一自动化基础上应用计算机控制，把部件、主件装配生产过程自动化，零部件和生产运输自动化，成品检测自动化等串联成线，实现无人操作的自动化装配。把直接或间接影响产品性能因素都包括在自动化的范围内考虑，全部工序都由机器完成。产品装配和检测可通过自动监测、自动记录、数字显示、打印、故障报警等方式进行管理。

在技术先进的国家中，对于部分批量大的工业和民用产品（如伺服电动机、钟表电动机、玩具电动机等）采用无人操作的全自动装配生产，其生产效率很高，但专用设备用量及原始投资都较大。

习　题

8-1　微特电机的分类及其技术要求、结构特点与工艺特点如何？

8-2　铁心冲片的分类与结构及其技术要求如何？简述铁心冲片制造、铁心压装及冲片加工自动化。

8-3　绕组的分类与技术要求如何？简述绕组的绕制与嵌线工艺及绕组的绝缘处理。

8-4　机械加工的技术要求如何？简述转轴和转子、机壳和定子组件、端盖的加工及机械加工自动化。

8-5　微特电机装配工艺有哪些特点？简述轴承组件与电刷组件的结构和装配、装配质量检查及微特电机装配自动化。

第 二 篇

电器制造工艺

第九章

电器制造工艺特征

第一节　电器制造工艺的多样性

电器制造从某种意义上说是属于机械制造的范畴，但也有它自身的特点。它与机械制造行业最显著的共同之处有两点：第一，电器的主体结构是由金属材料制成的，由其构成的机械结构，完成支承、传动等机械功能；第二，很多电器零件的加工方法主要采用切削加工和压力加工等金属加工工艺，而冷冲压工艺在电器制造中又占有十分重要的地位。

电器根据自身的性能要求、结构造型和体积大小等因素，又有其自身的工艺特点。即结构复杂和工艺涉及面广；工艺装备多；材料品种规格多和精度要求复杂等。这反映了电器制造工艺的多样性。

一、结构复杂和工艺涉及面广

低压电器、继电器和各种自动化元件，由于其结构造型的特点，绝大部分零件是由薄板冲压成型的。因此，冷冲压工艺在电器制造中占有十分重要的地位。此外，塑料压制、绝缘处理、线圈绕制、喷漆和电镀等特殊工艺在电器制造中也都占有重要的地位。

弹性元件是电器产品的重要零件，由于它的质量直接影响到电器性能和稳定性，因此，对其制造工艺的要求非常严格。弹性元件、双金属元件常采用回火和稳定处理。磁性材料除了采用一般退火工艺外，还采用氢气退火和真空退火等特殊的热处理工艺。

各种电器开关柜广泛采用焊接工艺，如机柜门采用角钢作骨架，点焊面板的简单方法，也可采用卷板作门架，内焊加强筋，从而使其边缘方直圆滑，平直性好。如采用先进的激光焊，则其外观更加美观。电器触点的连接、部件的组合和电器的装配，也常常采用气体保护焊、钎焊和点焊等工艺。

二、工艺装备多

工艺装备除主要加工机床外，还包括工、卡、量具和模具。一般说来，用的工艺装备越多，劳动生产率越高，从而降低了产品的成本，也容易保证零件和产品的质量。究竟采用多少工艺装备，要根据生产规模的大小和对产品性能的要求来决定。

三、材料品种规格多

电器对材料的性能有多方面的要求，有些材料不仅要有良好的力学性能，还应有良好的导磁、导电和导热性能；对有些材料还要求有较高的绝缘强度和耐电弧性能；有的还对材料提出耐磨损、耐化学腐蚀的要求。当然，各种材料都应有良好的工艺性。

在电器制造中，大量地采用有色金属、贵重和稀有金属，银和铜的用量最多。继电器制造中常采用金、铂、铑、镍、钯等贵重金属作触点导电材料。在低压电器中，常用黑色金属制造构件；用工程纯铁、硅钢片和铁镍合金制成各种导磁零件；弹簧零件多用碳素弹簧钢丝制成；继电器簧片大都采用磷青铜、德银和铍青铜。工程塑料不仅给电器产品提供了优良的绝缘零件，同时，还可以制成耐磨损和耐腐蚀的构件。

由于在电器制造中采用了大量的有色贵重金属、绝缘材料、电工钢等特殊材料，使其价格比较贵。因此，在电器制造中，节约和采用替代材料是一项十分重要的任务。

四、几何精度与物理精度并重

电器在工作过程中，不仅有简单的机械运动，同时还伴有一系列光、电、热、磁等能量转换。因此，电器产品的许多零件，不仅要求有一定的尺寸、几何形状和相互位置精度，还应考虑材料的导电、导热、导磁和灭弧等性能对产品特性的影响。零件的精度等级必须与电器的技术参数相匹配，否则，可能由于这些参数不合格而造成严重的故障。在电器制造中，精度的概念，应在广义的基础上理解，即在保证几何形状、尺寸精度的基础上，重视电器物理参数的容差分析；应进一步研究某些零件几何形状、尺寸精度、材料性能等对物理参数的影响程度。在选择各种工艺方案时，还应考虑各种工艺方案对零件导电、导磁、绝缘以及产品动作性能的影响等因素。

第二节　电器结构和制造工艺间的关系

电器结构和制造工艺之间有着极其密切的关系。可以说，电器的结构是制造工艺进行的基础，而制造工艺是结构实现的条件。所以，在设计电器时，对电器的结构工艺性必须给予充分的考虑。所谓结构工艺性，是指研究确定电器结构时，既要考虑产品的技术性能，又要考虑生产条件和经济效益。根据电器结构的特点，确定合理的结构方案和加工方法。冷冲压加工工艺是电器制造的先进加工方法，它在技术和经济方面有很多突出的优点。低压电器、继电器等机电元件，正向着结构零件的冲压化、塑料化和装配自动化方向发展。因此，工艺人员要深入生产实际，结合工厂的生产条件来确定切实可行的工艺。

电器的生产类型对于制造工艺和生产经济性有很密切的关系。由于生产类型的不同，对生产的组织、管理、车间的布置、设备、加工方法等的要求也应不同。因此，在拟订工艺过程时应先确定生产类型。关于这部分内容在第一篇第一章第三节中已有详细的介绍，可参阅之。

电器制造的准备工作是按照一定的计划和一定的生产程序进行的，其目的是为了使产品能顺利地进行生产，以及改善现有的制造技术。通常试制新产品时，其技术准备工作所占时间要达到全生产过程的一半以上。关于这部分内容在第一篇第一章第四节中已有详细的介绍，可参阅之。

第三节　电器制造过程概述

在电器产品中，交流接触器和电磁式继电器是典型产品，其生产工艺流程具有一定的代表性。下面通过两个实际产品的生产工艺流程图来对电器产品的制造过程进行概要的介绍：

1）交流接触器的工艺流程，如图9-1所示。

2）电磁式继电器的工艺流程，如图9-2所示。

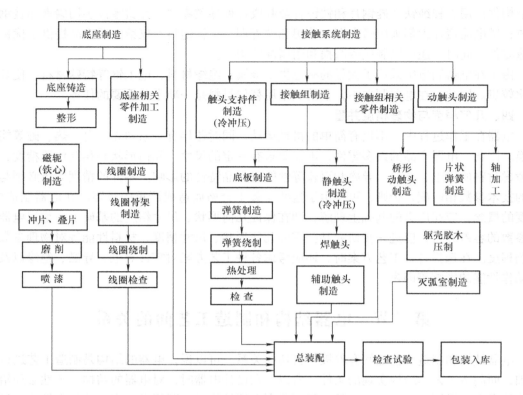

图9-1 交流接触器的工艺流程图

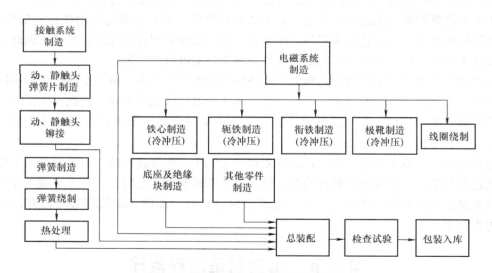

图9-2 电磁式继电器的工艺流程图

电器制造计算机辅助工艺规程设计简写为 CAPP，应在实践中学会掌握与运用 CAPP、了解发展 CAPP 技术的意义、CAPP 系统设计的基本原理及 CAPP 在计算机辅助工艺规程设计的应用与发展趋势，有利于促进电器制造工艺的优化与发展。

习　题

9-1　电器制造工艺的多样性有哪些？何谓电器结构工艺性？其具体内容如何？

9-2　电器的生产类型有哪几种？它们对电器制造工艺有何影响？

9-3　电器生产的技术准备和工艺准备工作包括哪些方面？简述工艺卡片和工艺守则的作用及使用场合。

9-4　绘制交流接触器和电磁式继电器的工艺流程图，并说明其技术要求。

第十章 电器铁心制造

第一节 铁 心 材 料

一、概述

电器铁心材料与电机铁心材料基本相同，电器常用的铁心材料有硅钢片、电工纯铁、铁镍合金、铁铝合金、铁钴合金及永磁材料等，参阅第三章第一节有关内容。

二、影响铁心材料磁性能的因素

铁心材料的磁性能与材料的组织结构、化学成分和机械加工过程等因素有密切的关系。

（一）晶格结构和晶粒的大小

各种金属元素具有不同的晶格结构。例如铁是立方晶格，对单晶体磁化时，发现它具有各向异性的性质，即沿晶体结晶轴不同方向的磁性能也不同，如图 10-1a 所示。铁元素单晶体的结晶轴[100]方向为易磁化方向，[111]方向为难磁化方向，而[110]方向是介于两者之间的中等磁化方向。相对应各方向的磁化曲线见图 10-1b。利用铁心材料的这一性质，使冷轧硅钢片的压延方向与易磁化方向取得一致，就可以提高硅钢片压延方向的磁性能。

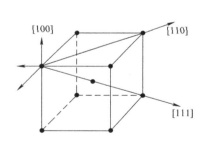

a) 沿结晶轴磁化各向异性

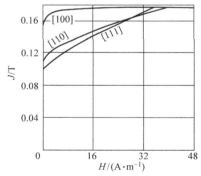

b) 沿不同结晶轴方向的磁化曲线

图 10-1 铁单晶体磁性的各向异性

单晶体的磁性能各向异性，只有在较纯净的晶体中才强烈地表现出来。在普通工程用电工钢中，杂质的影响超过了各向异性的影响。所以，磁性能的各向异性显不出来。

晶粒的大小，对磁性能有显著的影响。晶粒粗大，晶界缩短，磁性能就有很大的提高。热处理规范的选择，会直接影响到晶粒的大小。

（二）杂质及含硅量

由于杂质常常析出在晶粒的边界，故增大了晶粒间的磁阻，使磁性能变坏。

在电工钢中常见的杂质有碳、氧、氮、硅等。①碳（C）——碳元素的存在对材料磁性能十分有害。随着含碳量的增加，阻碍着晶粒的增长。且由于它的存在，使磁感应强度（B）降低，矫顽力（H_c）增大，因而导致磁化曲线的矩形性变坏；磁滞回线的面积增加，也就是铁损增加。②氧（O_2）——它的主要作用是降低初始磁导率（μ_i）。当含氧量增加了三倍时，初始磁导率（μ_i）将下降2/3。另外，由于含氧量的增加使含硅量降低，由此引起硅钢片电阻率减小，促使铁损增大。③氮（N_2）——含氮量的增加，使磁通密度和初始磁导率降低。有些导磁体零件为了防腐，常常采用渗氮处理，渗氮后磁性能就会降低。④硅（Si）——在一般情况下，含硅量的增加是有利的，因为它是很好的脱氧剂，还能促使晶粒的成长。只是在极纯的铁中，硅才成为有害的元素。

（三）机械应力对磁性能的影响

这里主要介绍软磁材料在外加机械力作用下，材料处于弹性变形范围内对磁性能的影响。通常，机械应力有拉应力和压应力之区别。由于铁心材料磁致伸缩的性能有差异，机械应力对不同的铁心材料有着完全不同的影响。以镍的磁致伸缩性能为例，它在外磁场作用的方向，长度缩短，所以它在受拉应力时，磁性能降低，如图10-2a所示；受压应力时，磁性能提高，如图10-2b所示。此外，铁心材料的性能还与外加机械应力和外加磁场的先后顺序有关。

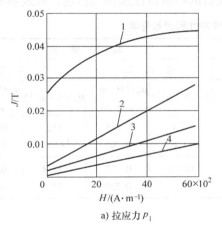 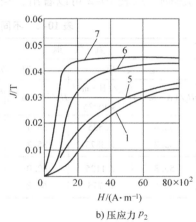

a) 拉应力 p_1　　　　　　　　　　　b) 压应力 p_2

图10-2　镍在应力作用下的磁化曲线

1—p_1 或 p_2 =0　2—65N/mm²　3—130N/mm²　4—195N/mm²

5—50N/mm²　6—200N/mm²　7—300N/mm²

（四）机械加工对磁性能的影响

软磁材料经过切削加工或冷冲压等加工后，由于在机械力作用下，使材料的表面或周边发生塑性变形，形成一层冷作硬化层，从而改变了材料原有的力学性能和物理性能。

所谓冷作硬化层，就是在常温下的加工面附近出现晶格扭曲现象（原子离开了原来稳定部位），产生了内应力；同时晶间产生碎晶。这就使得这些面上继续滑移阻力增大，变形困难。由此，不仅使材料的强度和硬度增高，塑性和韧性下降，同时也使材料的磁性能严重恶化。

在电器制造中有许多磁性材料都要经过冷冲压加工。经冲压加工的软磁材料，其冷作硬化层的厚度与模具间隙的大小有关，同时也与模具刃口的锋利程度密切相关。模具刃口锋利程度对冷轧硅钢片磁性能的影响见表10-1。

表 10-1　冲模刃口锋利程度对冷轧硅钢片磁性能影响

剪切条件	铁心损耗/（W·kg^{-1}）			磁感应强度/T		
	p_{10}	p_{15}	p_{17}	B_{25}	B_{50}	B_{100}
刃口锋利	1.16	2.45	2.85	1.92	1.96	2.00
刃口钝	1.23	2.62	3.02	1.90	1.95	1.99

注：试验用冷轧硅钢片厚度为 0.5mm。

三、铁心材料的时效现象

铁心材料的磁性将随着时间和温度的变化而变坏，例如磁导率减小、矫顽力增大等，这种现象称为铁心材料的磁时效现象，亦称磁性老化。

铁心材料的磁时效现象是由于碳、氮、氧等杂质逐渐析出而产生的，这些元素的溶解随温度的降低而减慢。当铁心材料在退火过程中，达到工艺规范所规定的保温时间，从高温开始冷却其速度较快时，由于杂质没有充分的时间析出来，就会成为过饱和的固溶体。在低温时，随着时间的推移而缓慢地析出晶界间，同时也伴随而产生一定的内应力，这样就使磁性渐渐减小。

为了减少磁时效的影响，可以选用磁时效小的铝静纯铁；亦可采用不同的退火方式减小磁时效的影响。从表 10-2 可以看出，经氢气退火后的材料磁性能相当稳定，时效影响小。

表 10-2　不同炉衬对材料磁性和时效影响

炉管	材料型号	氢 气 退 火				氮 气 退 火			
		退 火 后		时 效 后		退 火 后		时 效 后	
		H_c/(A·m^{-1})	μ_m/(H·m^{-1} ×10^{-2})	H_c/(A·m^{-1})	μ_m/(H·m^{-1} ×10^{-2})	H_c/(A·m^{-1})	μ_m/(H·m^{-1} ×10^{-2})	H_c/(A·m^{-1})	μ_m/(H·m^{-1} ×10^{-2})
含铝	A	38.4	1.525	38.4	1.5250	70.4	0.825	152	0.3825
	R	35.2	1.3875	35.2	1.3875	81.6	0.700	81.6	0.7000
含硅	A	56.8	1.1125	60.0	1.025	131.2	0.475	258.4	0.2375
	R	64.8	0.775	64.8	0.7437	96.0	0.550	101.6	0.5500

第二节　铁心的结构型式

一、直流电器的铁心结构型式

直流电器的电磁操作系统采用直流励磁，其铁心结构型式有转动式和直动式两种。

（1）转动式　转动式铁心的典型结构如图 10-3 所示，又称拍合式，常用于直流接触器和继电器中。常见的转动式铁心结构类型如图 10-4 所示。图 10-4a、b 均为 U 形拍合式结构，前者除铁心柱和极靴用棒材外，其余均用板材；后者除衔铁用板材外，其余均用棒材。图 10-4c 为电话继电器采用的拍合式结构，其特点是漏磁通也参与产生吸力，故灵敏度高；图 10-4d 为 E 形拍合式结构，其特点是吸力特性特别陡峭。

（2）直动式　直动式铁心大都为螺管式，常用于长行程牵引装置和制动装置中。其特点是衔铁行程较长，且在铁心内腔中运动，故不但主磁通产生吸力，其漏磁通也产生称为螺管力的吸力，因而吸力较大。直流螺管式铁心的结构类型如图 10-5 所示。图 10-5a、b 的吸

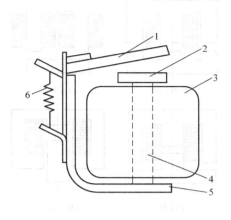

图 10-3 直流转动式铁心结构示意图
1—衔铁 2—极靴 3—励磁线圈
4—铁心柱 5—轭铁 6—反力弹簧

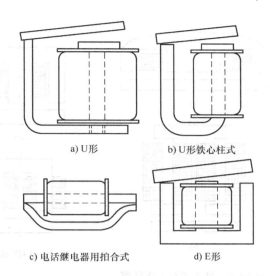

a) U形   b) U形铁心柱式

c) 电话继电器用拍合式   d) E形

图 10-4 拍合式铁心结构类型

力虽小，但却平缓；图 10-5c 的吸力特性较陡峭，且可借改变止座形状以改变特性的陡度。直动式铁心还有盘式和双工作气隙 U 形结构，如图 10-6 所示。前者适用于起重电磁铁和电磁吸盘，后者多用于快速动作和高分断容量的继电器。

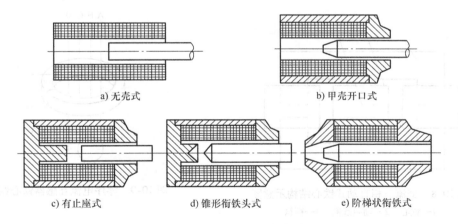

a) 无壳式   b) 甲壳开口式

c) 有止座式   d) 锥形衔铁头式   e) 阶梯状衔铁式

图 10-5 直流螺管式铁心结构类型

二、交流电器的铁心结构型式

交流电器的电磁操作系统采用交流励磁，其铁心结构型式有直动式、转动式、E 形或 U 形及圆环形等四种。

（1）直动式 交流单相直动式铁心的结构类型如图 10-7 所示；交流三相直动式铁心的结构如图 10-8 所示，它的吸力值不随时间变化，故无需设分磁环；大容量长行程的场合还采用三相螺管式结构。

（2）转动式 转动式铁心结构多用双 U 形和双 E 形，但也有少数用单 U 形和拍合式的（如塑壳式低压断路器的电磁脱扣器等）。

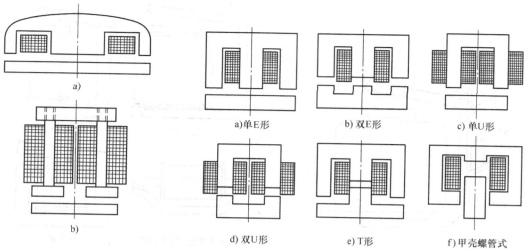

图 10-6 盘式和双工作气隙
U 形直动式铁心

图 10-7 交流单相直动式铁心结构类型

（3）E 形或 U 形 互感器及小容量变压器多采用双 E 形或双 U 形硅钢片叠铆铁心。双 E 形结构的线圈集中置于中柱，双 U 形的则分置于两个铁心柱上。

（4）圆环形 电磁式漏电保护器中零序电流互感器的铁心为封闭式实心圆环形，如图 10-9 所示，且多采用坡莫合金制造。

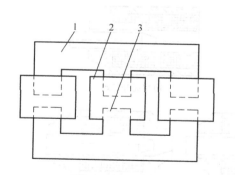

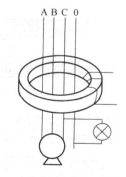

图 10-8 交流三相直动式铁心结构示意图
1—铁心 2—励磁线圈 3—衔铁

图 10-9 零序电流互感器铁心结构

三、铁心结构型式与其特性

铁心的基本特性是其吸力特性、即其衔铁所受吸力与其行程之间的关系。由此可知，吸力特性的形状与铁心的结构型式密切相关。因此，实用中的铁心结构型式远不止上述这些种类，而且即使是同一种结构型式的铁心，只要改变其磁极极面处的形状，即可得到不同的特性。

直流电器的铁心消除剩磁影响的措施，是以非磁性垫片来调整。而交流铁心只能通过在铁心结构上采取下列措施来解决：

（1）加去磁间隙 如图 10-10 所示。E 形铁心的去磁间隙设在中极，可直接测量，易保证间隙值。U 形铁心的去磁间隙设在磁轭中部，其抑制剩磁的效果相当稳定。

（2）其他措施　如使铁心夹板低于铁心极面 1～2mm，采用铜质铆钉和隔磁铜片等，如图 10-11 所示。

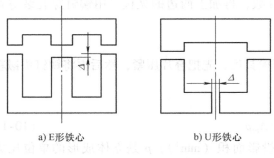

a）E 形铁心　　　　b）U 形铁心

图 10-10　交流铁心的去磁间隙

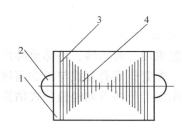

图 10-11　采用铜铆钉和隔磁铜片的铁心结构
1—钢夹板　2—铜铆钉　3—铜片　4—硅钢片

第三节　铁心制造工艺

一、直流电器铁心制造

直流电器铁心的制造工艺流程如图 10-12 所示，对其中的部分工序说明如下：

（1）落料　用剪床切割坯料（板材），或用锯床截割坯料（棒材）。

（2）成型　U 形铁心以冲床压弯；棒状铁心以车床加工。

（3）极面加工　多采用立铣或卧铣加工。

（4）表面处理　极面镀锌，其余部分涂漆；或者整体镀锌。

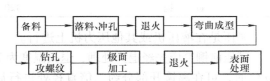

图 10-12　直流电器的铁心制造工艺流程图

二、交流电器铁心制造

交流电器铁心制造和组装的主要工艺如下：

1. 备料

1）硅钢片应沿轧向剪成带状成卷，现在多采用滚剪机。

2）夹板要先剪成条料，并注意料纹方向的要求，夹板常常采用低碳钢板或黄铜板。

3）短路环多用纯铜板和黄铜板，下料时也是先剪成条料，为了保证短路环各方向的强度要求，也应注意料纹方向。

4）铆钉下料通常是直接用圆盘料在冷镦机上打帽制成铆钉。铆钉材料应有较好的塑性。强度过高而脆性大的材料，在成千上万次冲击负荷作用下易过早地断裂。制造铆钉的材料应尽量采用铆钉钢，需代用时，一般情况下可用低碳钢材料代替。

2. 冲片

将硅钢片和夹板条料在冲床上冲制成片。冲制过程中要求冲片飞边（俗称毛刺）不大于 0.1mm，否则会影响铁心的组装质量，即不易保证铁心的几何形状和尺寸精度，同时会增加铁心的涡流损耗，引起铁心过热。

3. 磷化处理

通常铆钉都要经过磷化处理，有的夹板也要进行磷化处理。

4. 选片和穿铆钉

通常用称重法分出每个铁心的硅钢片冲片数，再加上两边的夹板，用铆钉穿孔装好待铆压。

5. 压紧铆合

一般采用分级压铆，将称重冲片放入铆压模具后，先把叠片压紧，然后再将铆钉头镦粗或铆开。夹紧压模有复式与单式两种。

铆压压力可按下列经验公式估算：

$$F_m = A_m p \tag{10-1}$$

式中，F_m 是铆压压力（N）；A_m 是铆钉头的投影面积（mm^2）；p 是立体成形的单位压力（N/mm^2）。

p 值可按表 10-3 所列数据选用。

表 10-3　p 值范围　　　　　　　　　　　（单位：$N \cdot mm^{-2}$）

材　　料	压　制　方　式	
	在敞开模中	在封闭模中
10 ~ 15 钢	180 ~ 250	250 ~ 300
黄　铜	120 ~ 160	160 ~ 200

铆压是在液压机或其他压力机上进行。

铆压前铆钉应先经退火处理，退火温度为 700 ~ 750℃。如果铆钉长度与直径之比超过 7 ~ 10 倍时，可在离铆开部分约二倍直径处进行局部退火；当比值小于 7 倍时，可将铆钉进行全部退火处理。

6. 短路环固定

短路环固定主要有两种形式，一种是在铁心铆压成型后，通常用胎具在压力机上把短路环铆压在铁心极面上；另一种是用环氧树脂把短路环粘结在铁心极面槽内。现在国内多采用后一种办法。

国外除采用铆压和粘结方法固定短路环外，还有以下几种方法可供参考：

方法一是铸造法，它是将两块黄铜片放在铁心短路环槽内，再涂以焊剂，经高频加热使黄铜熔化后自行充满槽内而形成导电回路。短路环完全埋在铁心极面内，没有外露部分。

方法二是把作为短路环用的黄铜条料弯成两个 U 形插入铁心槽内，而后将两端用银焊焊接在一起而形成短路环，两端外露。

方法三是用螺旋弹簧把短路环固定在铁心槽内，这种短路环更换方便，而且具有消震作用。

交流铁心短路环固定采用环氧树脂粘结工艺比采用短路环铆装工艺好处多，由于短路环与铁心衔接处无应力集中和耐震动，因而可以减少短路环的断裂和松动，极大地提高短路环的机械寿命。

7. 铣磨铁心极面

为了保证铁心可靠吸合、减小噪声，要求铁心极面光洁而平整，表面粗糙度 R_a 在 1.6 ~

0.8μm 之间。可以采用铣削或磨削来达到规定的尺寸、公差以及表面粗糙度。为保证铁心几个极面的不平度，铁心夹具的定位基准很重要，其夹具结构如图 10-13 所示。

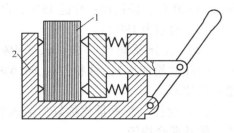

图 10-13　铣磨铁心用夹具
1—待磨铁心　2—夹具

应当指出，不论是铣削还是磨削，不宜采用乳化液，以防铁心锈蚀，而应采用干铣或干磨。

8. 涂漆和烘干

一般多用手工涂漆和喷漆。现在可以采用电泳涂漆，以实现涂漆自动化。电泳涂漆可采用水溶性酚醛电泳漆或水溶性环氧电泳漆。电泳涂漆自动线与电镀用的挂镀自动线相似，其工艺流程是：

除油污、除锈二合一槽→热水槽→流动冷水槽→电泳槽→流动冷水槽→烘箱。

9. 喷面漆

一般产品铁心不喷面漆，湿热带产品铁心需喷氨基醇酸烘漆。应当指出，当铁心喷上面漆后要静置 4h 以上，再放入烘箱内烘干，否则会在硅钢片叠缝处起泡。

10. 磨剩磁气隙

为了保证动静铁心之间吸合可靠，并消除断电后剩磁影响，E 形铁心的中间铁心柱上应有剩磁气隙，且应低于两侧边柱铁心极面约 0.15mm，极面粗糙度为 $R_a = 1.6$μm。此气隙可磨削加工，也可用铣削加工而获得。铣、磨完后可用图 10-14 专用工具来测量其剩磁气隙。

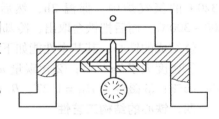

图 10-14　测量铁心剩磁气隙工具

11. 极面涂防锈油

为防止铁心极面的锈蚀，又不影响铁心的释放动作，在铁心极面上应涂上一层较稀的防锈油。一般用 FY-5 防锈油，而不用黄油或凡士林。国外采用冲片上滴防锈油代替极面涂防锈油。

12. 检验

按技术要求检测铁心形位尺寸、磁性和涂漆质量等。

这里需要说明的是，采用上述工艺过程，铁心夹板来不及磷化处理，如需要磷化处理，则磷化膜需很薄而均匀，否则影响电泳涂漆。如果不用电泳涂漆工艺，可先喷磷化底漆，再喷底漆烘干，然后喷面漆和烘漆。

三、粉末冶金铁心制造

长期以来，交直流铁心的制造工艺没有离开传统的车、铣、磨、冲、铆等加工方式。这种工艺不但生产效率低，而且浪费材料。随着电器工业的不断发展，粉末冶金已在各种工业部门得到了广泛应用。在电器制造工业中，不仅用它制成触点，而且应用铁粉压制烧结成各种用途的交直流和永磁铁心，如图 10-15 所示。这种新工艺的优点是节省材料和工时，同时还可以减少制造模具的套数，因而使成本显著下降。我国还有些工厂正在研究如何应用粉末冶金铁心来代替用硅钢片制成交流铁心的问题。

粉末冶金铁心主要工艺过程为：

（1）选料　铁粉：含碳 w_C 低于 0.1%，在氢气炉中加温到 750℃，保温 1h 还原而得，粉细为120目。硅铁粉：含硅45%，含碳 w_C 低于0.14%，粉细为180目。

（2）成分及配比 硅：w_{Si} 5.4%（以含硅45%的硅铁粉加入），铁粉：w_{Fe} 94.6%（指铁粉总质量比）。

（3）搅拌 按重量比称好后装入料筒，搅拌4h，使其混合均匀。

（4）压形 将搅拌好的料装入模具内，在油压机上压制成型，单位压力为 600～700MPa，压件密度大于 $6g/cm^3$。

（5）装盒 把压制成型的铁心装入铁盒内，如图10-16所示。工件要用填料（氧化铝和氢化钛粉的配比为3∶1）隔离，以防工件互相粘结在一起。

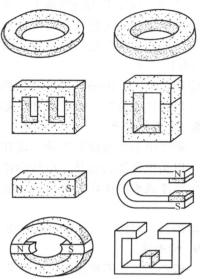

（6）烧结 将装好铁心的铁盒放在 1300～1320℃的氢气炉中，保温 2h，然后随炉冷却至200～300℃，而后把铁盒取出，冷却至室温，再开盒取出铁心。

图 10-15 各种用途的粉末冶金铁心

烧结成的铁心，其基本性能如下：

①密度大于 $7g/cm^3$；②含碳量 w_C 小于0.07%；③硬度等于200HBS；④烧结收缩率：5%～6%；⑤磁性为 $B_{25} = 1.2T$，$B_r = 0.67T$，$H_c = 80A/m$（10_e）。

四、铁心的结构工艺性

铁心因电磁线圈励磁电流的性质不同，可分为直流铁心和交流铁心。当电磁铁线圈用交流励磁时，导磁体内通过交变磁通，产生了涡流和磁滞损耗，导致线圈温升提高。为了降低铁心损耗，限制线圈温升等，这就导致了交流铁心结构和制造工艺的复杂性，其结构工艺性也远比直流铁心差。所以有些交流铁心采用直流励磁方式，将会使直流铁心制造工艺取代交流铁心制造工艺，其结构工艺性也得到显著的改善。另外，采用粉末冶金结构的交流铁心，具有良好的工艺性。随着电器工业的不断发展，国内外研究用铁粉压制烧结铁心，这种新工艺的优点是节省材料和工时，也减少了模具制造的套数，因而成本下降，简化了交流铁心制造工艺，具有良好的工艺性。如果设法进一步提高其磁性能，将会取代部分由硅钢片制成的铁心。

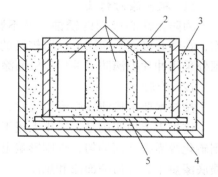

图 10-16 粉末冶金铁心烧结装盒示意图

1—零件 2—铁盒 3—填料
4—铁箱 5—铁垫板

五、铁心制造自动化

（一）半自动铁心加工线

以一种交流接触器半自动铁心加工线为例，其工艺流程如图10-17所示。下面就其主要工位作简单的介绍。

工位1 在料架上装好按预定要求开剪的硅钢带，并经送料机构送到下一工位。

工位2 冲片，用硬质合金级进模以200次/min的高速冲床冲片。

工位3 理片，即使冲片沿滑道自动输送，并排列整齐。

工位4 以人工方式用两根约500mm长的钢丝将滑道上的冲片穿上，送往叠片架，再抽出钢丝。

工位5 利用叠片架上冲片叠的自重压紧冲片，以人工方式按厚度取出所需数量的冲片。

工位6 以人工方式在叠片两边加上夹板，手工穿铆钉，称量铁心重量，然后预铆，防止叠片松散。

工位7 铆压铁心，采用三缸铆压和专用夹具，先将铁心压紧，再铆压铆钉。

本铁心加工线总长为4m。其中工位1~3系自动传送，料架、冲模及滑道可按铁心冲片规格作相应调整；工位4~6以人工协助操作，其中叠片架可按铁心规格作相应调整。

综上所述，本铁心加工线在多品种、低产量，即每种规格铁心产量小于10万件/年时，极为适用。它可以一线多用，故利用率较高，同时又能减少人工操作（全线最多只需4人）。

（二）全自动铁心生产线

现以一种交流接触器的静铁心生产线为例，其工艺流程图如图10-18所示。

1. 结构说明

本生产线由主机、液压站和电气控制系统三部分组成。主机部分包括硅钢带送料机构、高速自动冲床及14工位传送线。液压站按程序要求分别驱动14只主缸及8只定位液压缸工作。电气控制系统包含微处理机和无触点开关。

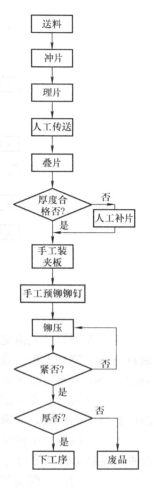

图10-17 半自动铁心加工线工艺流程图

2. 工位说明（只介绍主机11个工位的工作情况）

工位1 叠片 叠片工位液压缸动作，从冲片包中推出总厚达14.5~15mm的冲片，并通过限止块使之进入铁心槽。限止块的作用在于根据铁心片的飞边调节叠厚，保证铆压后的铁心厚度。

工位2 测厚 它具有两个工步：①定位，即通过定位液压缸使定位爪将铁心准确地定在本工位上；②测厚，即紧接前一工步后借测厚液压缸之动作使测厚块压紧铁心，由3SG系列无触点编码信号系统测出该铁心所缺片数。

工位3 补片 若缺片铁心进入本工位，微处理机即控制补片液压缸动作，补齐所缺片数（最多只能补4片）。

工位4 插钉 本工位需插5只铆钉。考虑到夹具尺寸的影响，采取分段插钉。程序上是先由定位液压缸动作使铁心准确定位，保证铁心片铆钉孔对准夹具上的铆钉，再由插钉液压缸使铆钉插入铆钉孔内。

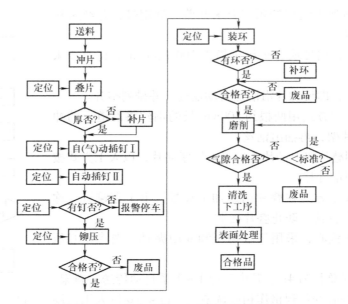

图 10-18 全自动铁心生产线工艺流程图

工位 5 测钉 先由定位液压缸使定位爪将铁心准确定位，使铆钉头与测杆头对准。然后油缸下压，测杆上抬，让上面的翻板翻起，使 3SG 无触点开关接通。倘有缺钉，翻板不能翻起，3SG 不通，而微处理机发出报警信号，并令全生产线停车。

工位 6 铆压 先由定位液压缸使斜楔和定位爪将铁心准确地定位于压模内，然后由压紧液压缸将铁心压紧，而铆压液压缸则铆开铆钉。

工位 7 检测 由测厚液压缸驱动信号杆、检查铆后铁心的厚度是否符合要求。两信号杆分别确定铁心厚度的上、下限，并控制两只 3SG 开关。厚度尺寸合格，两开关均不动作；若任一开关动作，则说明已超差，铁心为废品。此时剔除液压缸动作，将废品推入废品箱。若连续出现 20 只废品，控制系统报警、并发出停车信号，提示操作人员进行调整。

工位 8 装环 先由定位液压缸使铁心极面槽的中心对准分磁环的中心（对称度误差不大于 0.03mm）并夹紧，再令装环液压缸动作，将两只分磁环同时压入槽内。

工位 9 补环 先由定位液压缸将铁心环对准测杆，并压紧铁心，然后由测环液压缸驱动测杆下移。当测杆触及分磁环时，它就上升，使 3SG 发出信号。若缺环，测杆就不上升，3SG 亦无信号发出。于是定位液压缸后退，由微处理机令补环液压缸动作，对准铁心槽推入分磁环。

工位 10 压痕 这是固定分磁环的关键工位。先由定位液压缸使铁心环对准压痕刀，并由推杆将铁心推上工作装置。然后压紧液压缸动作，紧压环的四周，最后是压痕液压缸动作，使分磁环牢固地嵌装在铁心上。

工位 11 检测 由检测液压缸驱动 4 根测杆与环接触。若环的质量良好，3SG 便发出信号；否则 3SG 无信号发出。于是剔除液压缸动作，将此不合格铁心推入废品箱。

3. 使用与维护

该铁心自动线为铁心生产专用线，一般仅适用于一种产品的铁心，且宜用于年产量超过 30 万件的生产规模。这种自动线省工、省力、质量稳定，但要经常对泵站和控制系统的工作状况予以监视和维护。

第四节　铁心退火处理

一、铁心退火处理的分类及其技术要求

铁心退火处理方法常用的有普通退火、氢气退火、真空退火、磁场退火等。铁心退火的目的在于消除内应力，减少有害杂质（如磷、硫、氧等），从而改善其磁性能和机械加工工艺性能。为了能达到预期的退火效果，要求正确地选择退火工艺及其退火工艺规范。这是一个十分重要的问题，它既影响铁心性能的好坏，同时也对提高劳动生产率和降低生产成本起着重要的作用。

二、铁心退火处理工艺

（一）电工纯铁退火工艺

1．普通退火

将工件放入铁盒内，以干燥的氧化铝或氧化镁粉为填料填实，防止空气进入。再以耐火泥密封，然后送入炉内退火。退火后应达到的磁性能见表10-4。

表 10-4　退火后电工纯铁的磁性能

型　　号	矫顽力 H_c/ $10^3/4\pi\mathrm{A/m}$ 不小于	最大相对磁导率 不小于	磁感应强度/T			
			B_5	B_{10}	B_{25}	B_{50}
			不小于			
DT1～DT4	1.2	6000	1.4	1.5	1.62	1.71
DT1A～DT4A	0.9	7000	1.4	1.5	1.62	1.71

2．氢气退火

将工件放入不漏气的罐内，排除空气，再通入氢气，并加热。在温度尚低于700℃时，可少通氢气；待温度高于700℃后，再多通氢气。当加热到约1000℃上下时，应保温0.5h。氢气退火可防止氧化，且有还原作用；唯设备复杂，同时有爆炸危险。退火工艺参数根据不同情况，由试验确定。

3．真空退火

将工件放入密闭的真空炉内进行。它也能防止氧化，但无还原作用，设备亦复杂。

（二）铁心冲片退火工艺

硅钢片和铁镍合金与电工纯铁一样，经过机械加工后，也需作退火处理。铁心冲片的退火方法主要有以下四种：

1．普通退火

其方法与电工纯铁相同，但退火规范有所不同：

1）以250℃～300℃/h的升温速度加热到830～850℃，然后保温0.5h。

2）以60℃/h的降温速度冷却至700℃。

3）再以150～200℃/h的降温速度冷却至室温。

2．氢气退火

1）含硅量 w_{Si} 为3%的硅钢片的退火要求是：当温度低于700℃时宜少通氢气；高于

700℃后则多通氢气。当冷却至 750℃时保温 0.5h。

2）铁镍合金的氢气退火方法同上，但在升温到 1200℃时应保温 4h。然后以 100 ~ 150℃/h 的降温速度冷却。必须注意，不同含镍量的材料在降温过程中保温时的温度也不同。例如，含镍 w_{Ni} 为 50% 的铁镍合金是在 550℃时保温 0.5h；含镍 w_{Ni} 为 80% 的铁镍合金则在 590℃时保温 0.5h。

3. 真空退火

对含镍 w_{Ni} 为 80% 的铁镍合金需在 1100 ~ 1150℃时保温 0.5h。

4. 磁场退火

此法用于铁镍合金之退火。对含镍 w_{Ni} 为 65% 的铁镍合金来说，经过真空退火或氢气退火、并且冷却到居里点以上时，如果加上磁场强度为 1200 ~ 1600A/m 的磁场，其相对磁导率可以从 20.000 上升到 200.000，即提高到原来的 10 倍。

在以上各退火方法中，氢气退火兼具防止氧化及去除杂质的作用，在改善磁性能方面效果尤佳。

三、铁心退火处理工艺的正确选择与应用

正确地选择铁心退火处理工艺是十分重要的。虽然经过退火后铁心的磁性能得到改善，但是退火工艺的生产周期较长和消耗电能较多。为此，在采用退火工艺时，要考虑到所能达到预期的技术和经济效果。要选择合理的退火工艺规范，主要由退火温度、保温时间和冷却速度所决定。它既影响铁心性能的好坏，同时也对提高劳动生产率和降低生产成本起着重要的作用。

第五节 铁心的质量分析

一、铁心的质量检查

检查噪声、分磁环、中柱间隙、铆钉、电磁系统温升以及线圈断电后是否释放等。

（1）噪声超标 叠片式铁心的噪声主要有：电磁性噪声和机械振动噪声。前者目前尚无法消除，只能加以限制（我国现行国家标准规定此噪声值不得超过 45dB）；而后者是能够通过采取技术措施加以消除的。

（2）分磁环断裂 分磁环断裂将破坏吸力与反力特性配合，导致衔铁发生周期性振动，使产品不能正常工作，并产生人们难以忍受的噪声。

（3）中柱间隙消失 中柱间隙消失将使剩磁过强，以致衔铁不能释放。

（4）铆钉头断裂 铁心上的铆钉在铁心闭合时受到张力和剪切力的作用，因而经反复碰撞后，有些铆钉头会断裂。

（5）电磁系统温升过高 电磁系统通常是指线圈和铁心。其所用绝缘材料的温升每超过 8℃，其寿命将缩短一半。因此，线圈温升过高将使线圈绝缘老化，并因热积累引起线圈绝缘的热击穿，造成匝间短路，最终烧毁线圈。

（6）线圈断电后铁心不释放 线圈断电后铁心若不释放，后果是严重的。它将使系统失控或工作机械该停不停，以致影响产品质量，甚至导致设备损坏和人身伤亡事故。

二、铁心的故障分析

1. 噪声超标

（1）噪声的来源

1）电磁性噪声，是由于交变磁场使铁心硅钢片中发生磁致伸缩产生的噪声。它是受迫振动的发声，其频率等于磁通的频率。铁心工作点通常选择在磁化曲线的拐点，故磁通多属非正弦的，其基波频率是噪声的基频，至于与磁通高频分量相对应的高频噪声在量值方面较诸基频噪声要小得多。电磁性噪声目前尚无法消除，只能采取相应措施减少其影响。

2）机械振动噪声，就运动式铁心而论，这种噪声多为衔铁作周期性振动产生的。导致衔铁振动的主要原因是吸力和反力特性不匹配，以致衔铁作用于反力大于吸力时发生振动。引起特性不匹配的原因多为极面接触不良，例如极面不平或运动侧装配不良。经长期运行后，铁心极面磨损不匀也会导致极面不平。至于分磁环断裂则更是产生强烈振动噪声的原因。机械振动噪声的基频是电源频率的 2 倍。机械振动噪声能够采取技术措施消除，因而不允许存在。

（2）处理方法　通常采取限制噪声的措施如下：

1）消除冲片飞边或控制它在 0.05mm 以下，同时减小铆压后的冲片间隙。

2）采用三缸铆压工艺铆紧铁心。

3）磨平极面，使其不平度不大于 0.015mm，极面粗糙度 R_a 不大于 1.60μm。

4）改善运动侧的配合，保证动静铁心极面接触良好。

5）消除极面污秽，在极面滴入抗磨油。

2. 分磁环断裂

（1）断裂原因　分磁环发生断裂的原因大致有：

1）分磁环在冲压、铆压等加工过程中受损伤。

2）分磁环结构设计不良，在转弯处无圆角，造成应力集中。

3）分磁环与铁心配合过紧，以致压装时挤伤分磁环。

4）分磁环与铁心配合尺寸裕度小，在工作中因铁心极面处于反复的机械碰撞下，且硅钢片硬度不高，以致极面张开，挤断分磁环端部。

（2）处理方法

1）分磁环由用板材冲制改为以型材切割，以减弱应力集中的影响。

2）将分磁环的结构改为两端悬挂式，以免极面张开时拉断分磁环端部。

3）分磁环与铁心槽口尺寸的配合宜采取松动配合，避免发生挤压。

3. 中柱间隙消失

（1）产生原因　使中柱间隙消失的原因主要是铁心硅钢片硬度不高，经长期反复碰撞后使极面磨损，中柱间隙终于消失。实践证明，以低硅钢片（如 DR500－50 等）制作的铁心，经 200 万至 300 万次机械寿命试验后，中柱间隙均消失。

（2）处理方法

1）采用高硅钢片（如 DR440－50、DR405－50）代替 DR500－50，以冷轧无取向硅钢片代替热轧硅钢片，以 0.7mm 或 1.0mm 厚的硅钢片代替 0.5mm 厚的硅钢片。

2）采用极面强化措施，如添加抗磨油、氮化、喷丸等，增强极面耐磨性，可保证铁心的机械寿命高达 1000 万次以上。

4. 铆钉头断裂

（1）产生原因　铆钉头断裂的原因大致有：

1）外购铆钉的钉头与钉杆交接处不是以圆角过渡，而是呈倾角，以致该处应力集中，钉头断裂脱落。

2）铁心铆压工艺不当，铁心未铆紧，以致铆钉因铁心变形过大而受到过大的剪切力。

3）铆压时铆钉头不规则并受到损伤。

（2）处理方法

1）采用自制铆钉，并采取双向铆钉头，使成形时钉头与钉杆自然地以圆角过渡；

2）采用三缸铆压，先将铁心片压紧，再铆开铆钉，以免除铆压过程中的诸多不利因素，保证铆压质量。

5. 电磁系统温升过高

（1）产生原因　因铁心质量不良引起线圈温升过高的原因有：

1）去磁间隙过大，使线圈电抗减小，线圈吸持电流增大，从而导致线圈过热。

2）铁心温升按标准虽无需考核，但它过高一则会将热量传给线圈，使其温升增高，再则也会将热量传给与之接触的绝缘件（如各种缓冲件、触点支持件等），加速它们的老化。过热的铁心还会降低极面硬度，加速极面磨损。

导致铁心温升过高的原因主要是铁心材料选用不当，如使用无绝缘层的硅钢片及低硅钢片，以致涡流损耗和磁滞损耗增大。另外，磁系统设计不当，如让铁心工作于材料磁化曲线的饱和段，也会使铁心损耗增大。

（2）处理方法

1）控制铁心的去磁间隙值。

2）设计时应将铁心的工作点选择在材料磁化曲线的拐点附近。

3）恰当地选用硅钢片，例如选用有绝缘层的硅钢片及冷轧硅钢片等。

6. 线圈断电后铁心不释放

（1）产生原因

1）铁心极面有油泥，粘住衔铁，使之不能释放。

2）中柱间隙过小或消失，因过大的剩磁吸住衔铁。

3）作为铁心夹板的钢板厚而且与极面齐平，以致剩磁过大将衔铁吸牢。

4）使用的铁心材料不当，矫顽力过大。

（2）处理方法

1）揩净油泥，清洁极面。

2）控制中柱间隙尺寸，尤其对 U 形铁心的去磁间隙不易检查，必须以检查电磁线圈的吸持电流值来控制去磁间隙的大小。

3）钢夹板尺寸应略小于硅钢片的尺寸，并低于极面一定距离，以削弱钢夹板剩磁的作用。对于能形成剩磁闭合回路的铆钉，应由钢制改为铜制。

习　题

10-1　试述电器铁心材料、影响铁心材料磁性能的因素以及铁心材料的时效现象。

10-2 试述直流电器和交流电器的铁心结构型式与特性，并进行比较之。

10-3 直流电器铁心和交流电器铁心制造工艺过程与要求如何？粉末冶金铁心制造的工艺过程与优点如何？

10-4 何谓铁心的结构工艺性？简述其改进措施及铁心制造自动化。

10-5 铁心退火处理的分类及其技术要求如何？简述铁心退火处理的工艺要点与正确选用。

10-6 铁心的质量检查项目、内容及要求如何？铁心的故障分析现象、产生原因及处理方法如何？

10-7 编制直流电器和交流电器铁心制造典型工艺卡片。

第十一章 线圈制造

第一节 线圈材料

一、概述

线圈是各种电器电磁系统的重要组成部分,它的质量直接影响电器的性能指标和工作可靠性。线圈的作用是将电能转变为机械能,并在磁能的作用下完成预定的工作。

根据电器工作环境条件,线圈应能承受机械应力、热应力、电击穿及化学腐蚀等作用,尤其是工业污染严重及潮湿的湿热带气候中要求更为突出。在各种机械、热和电磁应力的作用下,线圈容易松动与摩擦而导致短路、断路或烧毁。因此,在线圈制造中,必须正确地选择线圈材料,并采取有效的工艺措施,提高线圈质量,以防止有害故障的发生。

二、线圈的分类及其技术要求

1. 线圈的分类

1) 按照电气参数的性质,可分为电压线圈和电流线圈。电压线圈使用时与电源并联、承受电源电压,所以它具有导线细、匝数多、绝缘水平要求高的特点;电流线圈使用时与负载串联,负载电流通过线圈导线,所以它具有导线粗而匝数少的特点。电压线圈用于交直流接触器、电压继电器、牵引电磁铁、失压和分压脱扣器等电器中,电流线圈用于电流继电器和过载脱扣器等电器中。

2) 按照结构工艺特点,可分为电磁线圈、大电流线圈和环形线圈。电磁线圈是用电磁线绕制而成的,它包括了电压线圈和一部分电流较小的电流线圈。习惯上所说的电器线圈往往是指电磁线圈,它占线圈生产的绝大部分。大电流线圈是用较粗(许多情况下采用矩形截面)的裸铜线绕制而成,这类线圈的制造工艺和前者完全不同。除常见的较大电流的电流继电器和过载脱扣器线圈外,大容量的吹弧线圈也具有大电流线圈的结构特征,故也就包括在大电流线圈制造之中。图 11-1 所示是常用电磁线圈和大电流线圈的结构。

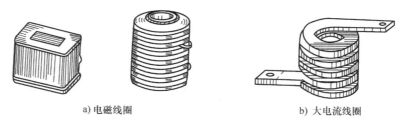

a) 电磁线圈　　　　　　　　　　　　b) 大电流线圈

图 11-1　电磁线圈和大电流线圈

3）按照有无骨架，可分为有骨架线圈和无骨架线圈。有骨架线圈是将导线直接绕在骨架上，线圈骨架大多数是塑料压制而成，也有用塑料层压板制成。图 11-2a 所示是塑料压制而成的骨架。个别情况也有用金属制成的骨架，这种骨架对线圈导线有保护作用，散热情况也好，多用于直流电磁铁，图 11-1a 中第二个线圈属于此类线圈。骨架形状有圆形和方形之分，如图 11-2a、c 是方形骨架，图 11-2b 是圆形骨架。通常，直流电磁系统多用圆形骨架，交流电磁系统多用方形骨架，其形状主要依据电磁铁铁心结构形状而定。大量生产都是用塑料压制而成，而小批或试生产多采用粘结骨架和组合式骨架，如图 11-2b、c 所示。无骨架线圈是将导线绕在垫有绝缘衬垫，即内层绝缘的模子上，绕完后取下再包扎外层绝缘，并把引出线固定好，如图 11-3 所示。也有些直流电磁系统把线圈直接绕在垫有绝缘的铁心上，此种结构有利于散热，但它的结构工艺性差、维修困难，故很少采用。

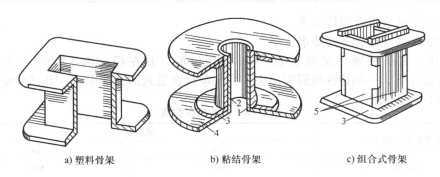

a) 塑料骨架   b) 粘结骨架   c) 组合式骨架

图 11-2 线圈骨架结构

1—套筒 2—衬垫 3—法兰 4—垫圈 5—冲制绝缘板

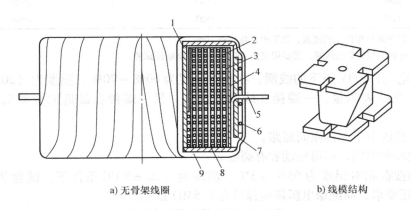

a) 无骨架线圈   b) 线模结构

图 11-3 无骨架线圈及线模

1—内层绝缘 2—铜导线 3—层间绝缘 4—出线端衬垫 5—硬出线
6—扎线 7—外层衬垫绝缘 8—端绝缘垫圈 9—包扎绝缘带

4）按照绕组的数量，可分为单绕组线圈和多绕组（两个或两个以上的绕组）线圈。

2. 线圈的技术要求

1）应有合格的技术参数，如线径、匝数、电阻值等应符合图样要求。通常线圈直流电阻的允许公差见表 11-1，线圈匝数允许公差见表 11-2。

表 11-1 直流电阻值允许公差

线径/mm	直流线圈（±%）	交流线圈（±%）
≤0.16	10	20
0.17~0.25	7	10
>0.25	5	7

表 11-2 匝数允许公差

线圈匝数	允许公差（±%）
<100	0
100~500	1
>500	2

2）尺寸形状应符合图样要求。

3）绝缘结构应符合下列要求：

① 耐压，成品线圈用交流正弦50Hz电压试验，并在相对湿度60%~70%、温度（20±5）℃条件下，一端接在线圈引出头，另一端接在最近的金属架上，其试验电压的数值应符合表11-3的要求。

表 11-3 试验电压数值

线圈额定电压/V	试验电压/V	
	1min	1s
0~24	500	650
25~48	1000	1250
50~500	2000	2500
660	2500	3500
1140	3500	4500

注：1. 500V以下湿热带产品的线圈，试验电压应提高10%。

2. 高压电器中用的低压线圈，需要用交流400Hz进行匝间耐压试验。

② 绝缘电阻，500V以下的线圈，在相对湿度为60%~70%、温度为（20±5）℃条件下，用500V兆欧表测量，一端接在线圈引出头，另一端接在最近的金属架上，数值达10MΩ以上。

4）交流线圈中不允许匝间短路。

5）出线端要牢固，不得松动和有裂纹。

6）耐潮性在相对湿度为95%±3%、温度为（20±5）℃条件下，试验72h，应满足表11-4之耐压要求，而绝缘电阻还应保持在1.5MΩ以上。

表 11-4 耐潮性耐压试验数值

线圈额定电压/V	试验电压/V	
	1min	1s
24	250	—
48	500	—
250	1500	1900
500	2000	2500
660	2500	—
1140	3500	—

7）浸漆的线圈要浸透和烘干。

综上所述，应严格按照设计提出的技术要求，制造出质量合格的线圈。但是为了便于制造，要求能设计出结构工艺性好的线圈。对于湿热带产品，要求线圈绝缘具有很好的防潮和防霉能力。

三、常用线圈材料

电器制造常用线圈材料与电机制造常用绕组材料基本相同，参阅第一篇第四章第一节常用绕组材料有关内容。

四、常用绝缘材料

电器制造常用绝缘材料与电机制造常用绝缘材料基本相同，参阅第一篇第四章第一节常用绝缘材料有关内容。

五、线圈骨架与辅助材料

1. 线圈骨架

（1）金属骨架　一般用铝或铜制成，因它们的机械强度及散热性能好，但其加工困难，成本高。

（2）热固性塑料骨架　机械强度好，耐热，但易碎裂。常用的热固性塑料的主要性能和用途见表 11-5。

（3）热塑性塑料骨架　加工容易，工效及成品率高，但耐热性能稍差，且易变形。小型继电器中应用广泛。常用于骨架的热塑性塑料有聚丙烯（PP）、聚甲醛、尼龙 66、尼龙 1010、增强尼龙、聚碳酸酯和短纤维增强涤纶等。

表 11-5　线圈骨架常用塑料主要性能和用途

名　　　称	型　　号	长期允许工作温度/℃	主要性能	用　　途
酚醛压塑料	D141（旧型号为4010）	105	电气性能、力学性能一般，压制工艺性良好	制造一般绝缘零件，可用作线圈骨架材料
酚醛压塑料	H161（旧型号为4013）	105	电气性能、机械强度、耐热性、耐潮性、防霉性较好，压制工艺性良好	适宜制作湿热带电器绝缘件、化工产品的一般绝缘件，宜作线圈骨架材料
酚醛玻璃纤维压塑料	4330-1 4330-2	130	同 H161 机械强度和耐热性更高	适宜制作形状简单但机械强度高的绝缘零件，可制作线圈骨架，可用于湿热带地区

2. 引出导线

线圈常用引出导线的主要性能与用途见表 11-6。

表 11-6　常用引出导线的性能与用途

名　　　称	型　　号	长期允许工作温度/℃	主要性能	用　　途
丁腈聚氯乙烯复合物绝缘引接线	JBF	130	耐　　热	用于交流 500V 以下的电器、仪表线圈的引出线和安装线，可用于湿热带地区
橡皮绝缘丁腈护套引接线	JBQ	130	耐　　潮 耐　　霉 耐　　热	用于交流 1140V 以下的电机、电器、仪表的引出线及配套接线，可用于湿热地带地区

（续）

名　　称	型　号	长期允许工作温度/℃	主要性能	用　　途
镀锡铜心聚四氟乙烯绝缘安装线	AF-200	200	耐热、耐寒耐燃、耐潮耐油	用于交流 500V、直流 1000V 以下的电气设备，作为特殊用途的引出线及安装线
聚氯乙烯绝缘线	BV BVR BLV	65	耐油耐燃耐潮尚可耐热较差	用于交流 500V、直流 1000V 以下的电气设备、仪表及照明装置的连接
铜心聚氯乙烯绝缘软线	RV-105	105	耐热耐寒耐老化性好	用于交流 250V、直流 500V 以下的电器仪表和电信设备线路的连接

3. 粘合剂

它是用于粘合线圈外层绝缘以代替绑带和包扎用线。常用粘合剂有虫胶片、酚醛树脂漆、环氧树脂胶和硝化纤维清漆等。有些电器厂还采用聚四氟乙烯生塑料带作为线圈外层绝缘包扎，它可以自粘，不需要任何粘合剂。

常用粘合剂的主要性能与用途见表 11-7。

表 11-7　常用粘合剂性能与用途

名　　称	型　号	长期允许工作温度/℃	主要性能	用　　途
酚醛聚乙烯丁醛胶		−40 ~ 105	接触压力即可粘牢	可胶接聚乙烯、聚丙烯、聚脂薄膜等，也可粘接铭牌
聚异丁烯橡胶萜烯树脂	JY − 201	−40 ~ 50		
涤纶绝缘胶带		−40 ~ 80	单层耐压 2000V	用于电子仪表、电器粘接、电镀掩蔽、包装等。亦可胶接聚脂薄膜
酚醛缩醛粘合剂	204 胶	−70 ~ 200	粘接力强	各种金属、耐热非金属的粘接及玻璃漆布、玻璃纤维带的粘接等
硝基清漆	Q01 − 1	−40 ~ 50	一般	可粘接纸类、黄蜡绸等
醇酸清漆	1430	−40 ~ 80	一般	可粘接醇酸云母板
缩醛胶液	X98-1	−40 ~ 120	较好	可粘接黄蜡绸和各种漆布

第二节　线圈制造工艺

一、绝缘结构与结构工艺性

电器线圈一般采用 E 级或 B 级绝缘，通常采用 QZ 型高强度聚酯漆包圆铜线、醇酸玻璃漆布（带）、环氧玻璃漆布（带）、醇酸玻璃漆管及聚酯薄膜等材料，并按 E 级或 B 级绝缘要求进行绝缘浸漆处理。

线圈的结构工艺性是设计和选择电器线圈的主要因素，本着形状简单、制造方便、绕制容易、节省工时与材料等原则，主要考虑下述几点：

1. 线圈形状

在可能的情况下尽可能采用圆柱形线圈，这种线圈制造起来比较方便。方孔线圈制造起来比较复杂，而且在绕制过程中不可能使线圈空间填充得很均匀，在棱角处导线压得很紧密，而在侧面显得很松。

2. 线圈骨架结构形式

首先决定线圈是采用有骨架或无骨架的结构，这要根据使用要求和生产条件而定：

1）用于重任务工作条件、较小的电磁交流线圈可采用无骨架结构，它适合于大量生产，其缺点是在包扎外层绝缘时操作困难。小线圈由于内孔小难于保证绝缘，应当采用有骨架的结构。

2）用于轻任务工作条件、较小的电磁线圈，适合采用塑料骨架，它与无骨架线圈比较，简化了线圈外层绝缘的操作。但必须注意到，线圈的散热条件变差了。

3）直流线圈最好绕在金属骨架上，目的是利用线圈内表面散热。

4）在以下情况，最好采用组合式线圈骨架：小量生产的电磁线圈，这时没有必要去制造塑料骨架；大尺寸的电磁线圈采用无骨架结构时制造困难，又不可能制造塑料骨架。

5）匝数较少而导线较粗（导线直径大于 0.51~0.8mm）的线圈最好设计成无骨架的结构。在没有任何限制的情况下，应当采用无骨架的结构。

3. 内层绝缘和导线的选用

1）绝缘材料根据线圈的耐热等级选用，为了提高线圈的可靠性，减少重量和缩小体积与尺寸，应当采用耐热等级高的绝缘材料。但是考虑到这种材料价格高，应当结合制造成本与使用寿命等因素综合考虑，并尽量避免采用价格昂贵的绝缘材料。

2）为了简化材料供应部门的繁重工作，在生产过程中力求把所采用绝缘材料的品种、规格、形状等限制在最小的范围内。

3）根据电气和机械性能的要求，所用绝缘材料的层数应尽量减少，过多的绝缘材料层数会导致制造的复杂化，又会增加线圈体积、尺寸和成本，并使散热变差。

4）在没有特殊要求的情况下，尽量采用高强度漆包线，这样有利于提高线圈的填充系数，也可以减小线圈的尺寸和重量。但是，要与降低成本统一考虑。

5）尽量避免采用很细的导线，因为这种导线价格贵，而且绕制时容易断头。断头焊点多和焊点的包扎都比较困难，这会给生产和质量带来许多麻烦。

6）具有很大横截面的线圈，可以采用两根导线并行绕制，这样使绕制方便，并可缩短绕制时间。

4. 导线的绕法

导线直径不粗的多匝线圈，在没有提出特殊要求的情况下，最好采用自动排线，因为这种方式生产率高。

当线圈采用导线直径粗时（如超过 0.3mm，有时超过 0.2mm），就可采用控制严格的排绕方法，排绕的速度要低于自动排线的速度。但对于线圈电流密度大、尺寸小和要求散热好的线圈应当采用排绕。

5. 绕制方向

绕制方向顺时针或逆时针绕制并不影响结构工艺性。但是，有些非对称和要求有一定极性的直流线圈，设计者则应在图样上注明绕制方向。

双节线圈应特别注意绕制方向。

6. 引出线形式

线圈采用哪种引出线，即软引线或硬引线，主要取决于电器结构和运行的要求。

一般情况下，尽可能采用硬引线。软引线大部分采用橡塑绝缘，这种绝缘在长期干燥的高温作用下以及浸漆时，容易失去弹性而损坏。因而应当在浸漆后再把橡塑或相类似的绝缘套在引出线上，但是这样就使外层绝缘包扎困难。最好将硬引线固定在塑料骨架上。

7. 外层绝缘

从各种结构工艺性的要求出发，外层绝缘应当作以下规定：

1) 不浸漆的骨架线圈，外表面的保护采用一层薄的绝缘膜包扎，如采用聚脂薄膜和聚四氟乙烯生塑料带等，最好用有自粘性的塑料薄膜，这样会给生产带来很多方便；

2) 有些无骨架线圈外表面应包扎玻璃丝带，而后再进行浸漆处理。

8. 浸漆方法

线圈工作于干燥而暖和的地方时，仅为了防止尘埃和其他介质积存于表面，如二次保护继电器线圈可以不浸漆。代替浸漆的办法是外表面涂漆。现在采用耐高温等级的高强度漆包线，有许多过去需要浸漆的线圈也不需要浸漆了。因此，线圈浸漆并不是一个必不可少的工艺。

在选择浸漆方法时，应考虑尽可能地缩短浸漆和烘干的周期，以提高劳动生产率。同时，还应考虑工厂现有浸漆设备的条件：

1) 可以采用简单的浸漆设备，但是必须反复进行多次（2~3次）浸漆，以保证线圈质量。每次浸漆后必须有长时间的烘干，所以浸漆时间很长。

2) 采用真空浸漆能够减少浸漆次数，但是要求具有复杂和昂贵的浸漆设备。

9. 涂表面漆或釉

表面涂的漆或釉的选择，主要决定于线圈的耐热要求。干燥的方法可以采用空气冷却和加热炉烘干。不论采用哪种方法都要求缩短烘干时间和提高涂漆质量。

二、线圈的绕制

1. 线制设备

线圈绕制主要是指采用各种绕线机来完成绕制任务的工艺。根据操作方式的不同，绕线机可以分为手摇绕线机、半自动绕线机以及数控自动绕线机等。使用不同的绕线机对线圈绕制的质量和效率都有影响，要根据线圈的结构、大小、导线的粗细等因素，选用合适的绕线机。

导线较细、匝数较多的线圈，宜选用速度高的数显自动或半自动绕线机；导线粗、匝数少的大线圈，宜选用转速慢、绕制力大的绕线机，如大电流线圈多选用车床式绕线机；环型线圈只能选用环型线圈绕线机绕制。

2. 绕制工艺过程

(1) 有骨架电磁线圈的绕制

1) 准备工作　备齐各种材料、工具，调整、检查设备。

2) 绕制过程　固定线圈骨架→调节导线的拉紧力→包内层绝缘→焊内引出线、绝缘并固定→开机绕线→焊外引出线、绝缘并固定。

3) 绝缘浸漆处理　详见本章第三节。无浸漆要求的可直接进行包扎。

4）包扎　根据要求包扎 2～3 层绝缘线（绕一层后再绕另一层），最后把印有线圈数据的醋酸纤维粘胶带包在最外层。这种方法省工省料，比包纸标牌再包透明薄膜的方法好。

5）焊导电片　焊引线导电片。

6）检验　详见本章第四节。

（2）无骨架线圈的绕制

1）准备工作　备齐各种材料、工具，调整、检查设备，并做好骨架模芯。模芯的一般用料为铝、硬塑料、胶木板或木材。

2）绕制过程

① 将绕线模芯及挡板固定在专用轴上，再将专用轴安装到绕线机转轴上。

② 在模芯上包两层较厚的绝缘纸（一般用青壳纸或牛皮纸）。

③ 焊内引出线并绝缘，固定好。

④ 调节导线拉紧力。

⑤ 开机绕线，纱包线不垫层间绝缘，漆包线层间要垫绝缘纸。绝缘纸适当宽一点，弯折后包上绝缘一、二匝。差最后 15～20 匝时停车，包一层电缆纸或牛皮纸，放上外引出线，再绕完剩余导线，将外引出线捆牢。

⑥ 焊外引出线并绝缘，固定好，再包一层牛皮纸，用粘接剂粘牢。

⑦ 取下线圈，如有变形，可用木榔头轻轻敲打整形。

3）包扎　线圈两端用青壳纸或牛皮纸粘一层，用玻璃丝带进行外部包扎。

4）浸漆处理　浸漆烘干后，涂表面漆。

5）装线圈标牌　将有线圈参数标记帖好。

6）检验　按技术条件进行检验。

（3）电流线圈的绕制　小电流线圈的绕制方法与电磁线圈相同。用粗裸纯铜线绕制的大电流线圈，其绕制工艺过程如下：

1）下料　按线圈展开长度下料，并留有适当裕量。

2）调直　用调直机或手工调直，手工调直的工具为木质或黄铜榔头。

3）绕制　多在专用的车床式绕线机上绕制，若手工绕制应在专用胎具上进行。

4）整形　通常是手工整形。

5）检验　按技术条件进行检验。

（4）环形线圈的绕制　通常要用专门的环形绕线机，按使用说明进行绕制。

当环形铁心的内径较小时，只能手工绕制。手工绕制方法是将导线绕在预制的梭子上，在芯径内反复穿梭而完成绕制的。

环形线圈的绝缘、外引线、固定等方法，与前述方法大致相似，不再重述。

3. 绕制工艺要点

（1）导线要保持适当的拉力　绕制时导线的拉紧程度要适当，拉紧力应保证线圈导线不松动，且以小些为好。拉力太小，会使线圈绕得太松，当线圈在工作中承受各种作用力时，由于导线之间松动而互相摩擦，易把导线漆层磨损而造成短路。拉力太大，会使线圈绕得太紧，在绕制过程中易断线，或者导线虽未达到拉断程度，但却因为导线被拉长而使其漆层产生裂纹或剥落，造成不易发现的隐患，或在工作过程中也可能受热应力而产生断线现象。

此外，线圈绕制时的松紧程度，还影响到线圈的外形尺寸和电阻值。

（2）排线方式　当采用手摇绕线机和半自动绕线机（无自动排线）绕制线圈时，线匝的排列大致可以分为两种情况，即乱绕和排绕。一般线径较细时（如线径小于0.2mm），采用乱绕的方法；当线径大于0.5mm时，不宜采用乱绕而多采用排绕的方法。如果采用半自动绕线机和自动绕线机时，无需考虑采用那种排线方式，它会自动均匀地绕在线圈骨架上。

（3）绕线速度　绕线速度的选择应当根据导线粗细而定。一般粗导线采用低速绕制；细导线采用高速绕制，但也要选择适当，以免造成过多的断线。

在绕制过程中不要擦伤漆包线的漆层。用半自动或自动绕线机时，漆包线是通过一个牛皮或塑料膜夹头的，此夹头内表面应光滑，不要夹的太紧，否则漆包线通过它时要擦伤漆层，影响绝缘性能，甚至会造成短路。

（4）层间绝缘　为了增加层间的绝缘能力和提高线圈的机械强度，线圈应采用层间绝缘。一般较细的油基性漆包导线多采用电容器纸做层间绝缘。有时怕线圈绕的不平，也可以用垫绝缘纸的办法找平，但要适当，不要因过多垫绝缘纸而影响浸漆或绝缘性能。采用高强度漆包线的线圈，原则上可以不用层间绝缘，因为采用层间绝缘纸的绝缘等级低于高强度漆包线，反而影响线圈的绝缘等级。由于高强度漆包线的应用已十分广泛，垫层间绝缘的作用也小了。

（5）始末端引线的固定　线圈的始末端有引线端，它是线圈与外电路连接的过渡导体。引出线可分为软出线与硬出线。硬质引出线头是用纯铜或黄铜片冲制而成，如图11-4a所示，其上冲孔便于用螺钉与外电路连接。导线和硬引出头用锡焊在一起，并包扎黄蜡绸或聚脂薄膜，如图11-4b所示，而后再用扎线绕数匝压紧固定，以防松动。

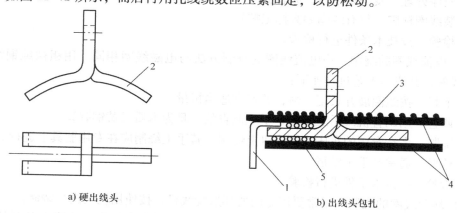

a) 硬出线头　　　　　　　　　　b) 出线头包扎

图11-4　硬质出线头和导线的联接

1—导线　2—硬出线头　3—扎线　4—黄蜡绸　5—焊接处

软出线是用能耐高温的电磁线。软引出线和导线接头形式也很重要。0.3mm以下导线可采用如图11-5的形式，这是一种较好的引出线形式，铜线不易折断，而后用黄蜡绸或聚脂薄膜将焊接部分及附近裸铜部分上下包扎好，并用扎线扎紧，不得松动。引出线处理不当，最容易造成线圈引出端的断线或短路等故障。

在和引出线焊接前，导线端头要用砂纸擦去漆层。由于操作者用力过分，往往把导线的基体金属也擦掉一部分，使导线截面变小，尤其是细导线，将因此而在工作中产生断线的故障。为了避免用机械办法擦伤导线金属，有些工厂采用化学方法除去漆层。脱漆溶剂配方有很多种，这里仅介绍两种可供选用：一种是用30%苯酚与70%氨水混合装入烧杯中，加热到90℃左右，再把要焊接的漆包线头浸入溶剂中，大约待2~3min后取出，而后用毛巾布擦掉漆层，露出光亮的铜线，即可焊接。溶液有些臭味，对皮肤有轻微的烧伤作用，使用时应注意。另一种配方是用甲酸80g，苯酚12g，三氯甲烷100g，石蜡2g，有机玻璃粉1g，再加乙基纤维素1g，而后调成糊状即可使用。用时将漆包线头插入溶剂中，约数分钟后，漆层剥开，用棉纱擦去即可焊接。此溶剂稍有腐蚀作用，应防止对皮肤的腐蚀。不用时要把容器盖好、密封。

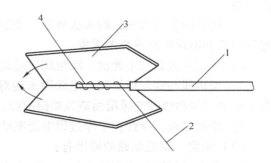

图 11-5　软引出线接头形式
1—引出线　2—漆包线　3—黄蜡绸　4—焊头

接头的锡焊点要光滑不带飞边，否则易擦破绝缘层，造成线圈匝间短路。焊剂用中性的较佳，否则线圈在通电工作过程中，由于剩余酸的作用，会引起电化学腐蚀而产生断线故障。

（6）线圈填充系数　线圈填充系数是与绕制工艺有密切关系的系数。线圈导线总截面积与线圈横截面积之比称为线圈的填充系数，它用符号 K 表示

$$K = \frac{NS}{HL} \tag{11-1}$$

式中，N 是线圈匝数；S 是导线的金属截面积（cm^2）；H 是线圈的厚度（cm）；L 是线圈的高度（cm）。

填充系数小于1，它表示线圈空间的利用率。一般设计线圈时，希望选取较高的填充系数值，以缩小电器的体积与尺寸。但是，填充系数除了受线圈的结构形式、导线质量和粗细的限制外，还与排线的方式、层间绝缘厚度、绕线机的类别等工艺因素有关。许多工厂积累了填充系数的经验数据，可作为设计的参考值。

图 11-6 示出填充系数和导线直径 d 的关系，曲线1和2说明不同种类的绝缘导线对填充系数的影响，其中，曲线1是指各种漆包线的填充系数；曲线2是指双纱包线和玻璃丝包线的填充系数。

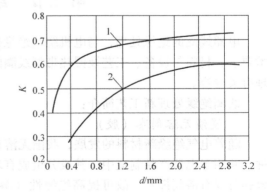

图 11-6　填充系数和导线直径的关系
1—双纱包和玻璃丝包铜线　2—漆包铜线

4. 线圈制造中常见质量问题

有许多线圈所发生的问题，常常因为线圈绕制过程质量控制不严造成的。下面就常见的质量问题做一些简单说明。

（1）短路　引起短路的原因有：

1）漆包线质量不好、耐刮性不合格，针孔过多，绕制中漆层损坏而造成短路。因此，漆包线进厂时要严格检验。有的是由于保管不当，长期受潮或置于有腐蚀性气体的空气中造成

的侵蚀。

2）绕制时拉力太大，断头次数多，漆层受损而出现裂纹。当时不易发现，在以后使用过程中常会出现短路或烧毁现象。

3）导线夹太紧和不光滑，漆包线通过此夹时，漆层受擦损伤。

4）引出线与漆包线焊接处绝缘层未包好，焊点有飞边破坏绝缘层，接头处压得不紧，在工作中因振动磨破绝缘层而造成短路故障。

5）绕制太松，导线在工作过程中受电动力或机械力的作用而相互摩擦，漆层磨损。

（2）断路　常见断路的原因有：

1）引出线与漆包线焊接点松动，工作中因受力振动疲劳而断开。

2）绕制过紧，再因受热膨胀和其他力的作用，使导线被拉断。

3）因引出线与导线接头处焊药未清洗干净，工作过程中形成电化学腐蚀而断线。

（3）匝数超差　常见原因有：

1）手摇绕线机计数机构失灵。

2）自动绕线机计数器或控制匝数机构失灵，使计数不准。

3）测匝仪有毛病，读数不准确。

4）断线次数多也会产生超差现象。

（4）骨架断裂　常见的有些是绕制太紧，骨架受挤压力过大而破碎；或因骨架设计不合理，个别地方壁太薄；或因平面相交处有尖角，造成应力集中而断裂；或因材料选用不合理；或因在制造、运输、转工序过程中磕碰等原因而使骨架损坏。

（5）线圈在使用中烧毁　多数是因为导线匝间短路、局部过热使绝缘材料烧毁而引起。

上述各种质量问题，在线圈制造过程中要充分注意。过去线圈制造过程要加层间绝缘和浸漆处理，近年来，由于多层高强度漆包线大量供应，许多制造厂已取消垫层间绝缘和浸漆处理工艺，也能满足技术要求。要消除以上所述各种质量问题，必须在线圈绕制过程中严格按工艺规程操作。

第三节　线圈绝缘处理

电器线圈的绝缘处理，与电机绕组绝缘处理基本相同，有关绝缘处理的目的、类型、技术要求、材料与设备、工艺及湿热带型线圈的绝缘处理参阅第一篇第四章第三节绕组绝缘处理有关内容。

线圈绝缘处理新工艺简介：

1. 浸渍无溶剂漆（胶）

随着电气绝缘新材料的发展，我国无溶剂绝缘漆的生产水平不断提高，发展了很多新品种，并用于电器产品制造中。其成分组成有环氧树脂和不饱和聚酯两大类。无溶剂漆在固化成膜时没有溶剂挥发，故可提高绝缘性（溶剂从内部挥发过程中，会形成毛细孔，使空气进入漆的内部，加速内部氧化），改善劳动强度和减少环境污染。无溶剂浸渍胶的黏度是随着温度的升高而迅速下降的，利用这一特性，可以使线圈内部充分浸透。801浸渍胶是一种B级绝缘材料，有多种黏度，浸透性能好，固化失重极低，填充致密饱满，固化温度低和时间短，粘结力强，烘焙时无毒无味。1140F级无溶剂浸渍胶是单组分的低温快干胶，用于电机、电器绕组的浸渍，它的浸渍烘干时间很短，是一种经济效益显著的节能产品。

2. 环氧树酯浇注

电器线圈经环氧树酯浇注处理后，成为一个牢固的封装绝缘体，其电气性能、机械强度、尤其是防潮性能均优于真空压力浸漆。国内外许多电器产品的线圈，都采用了环氧树酯浇注绝缘处理。随着工业技术的不断发展，环氧树酯浇注将会获得更广泛的应用。

第四节　线圈的质量分析

一、线圈的外观和外形尺寸检查

1）用观察的方法进行外观检查，外观应平整、清洁、美观。引出线的粗细与颜色应符合设计要求，且要牢固固定。标牌要端正、牢固，字迹应清晰、规范，且应标明代号、导线型号、线径、匝数、电阻值及额定电压与电流等技术参数；

2）用长度计量器具进行外形尺寸检查，外形尺寸应符合公差要求，尤其是安装尺寸不得超差。

二、线圈的性能测试

1. 电阻值的测试

按照表 11-1 的规定进行线圈直流电阻值的检测。常用惠斯顿电桥检测电阻值，并换算到标准室温 20℃时的电阻值。

2. 短路测试

判断线圈是否有匝间短路，对交流绕组是十分重要的。它可用短路测试仪测得线圈是否有短路，短路测试仪的原理如图 11-7 所示，它由振荡器、指示器、T 形测量铁心等组成。在 T 形铁心中心柱上绕有励磁线圈 w_0，由振荡器供给励磁电流；铁心两边绕有平衡线圈 w_1 和 w_2。当 w_0 通电时，w_1 和 w_2 感应

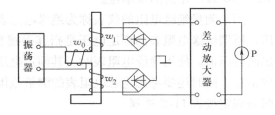

图 11-7　短路测试仪原理图

产生大小相等的电动势 e_1 与 e_2，分别经全波桥式整流后以相反极性串联相接，在正常情况下，互相抵消，回路内无电流，指示器指针无偏转；当被测线圈 w_x 套入测量铁心某一端时，如果 w_x 匝间有短路匝存在，则由于短路匝内产生感应电流，破坏了磁路磁通平衡，使 e_1 和 e_2 不再相等，回路内有电流流通，经全波整流后送入放大器放大，将使指示器指针偏转，显示线圈有短路。该测试仪器采用阻容式振荡器。

3. 匝数测试

线圈匝数测量一般是用已知标准线圈作比较来测量被测线圈，比较法有两种：①比较两个线圈中由相同的磁通量变化感应出来的电动势，称为"电势比较法"；②比较通过同样大小电流时两个线圈所产生的磁通势（亦称磁压），此法称为"磁势（压）比较法"或"磁压法"。现在许多电器厂采用的 YG-2 型线圈匝数测量仪是用磁压法原理制成的。该仪器主要由振荡器、指示器、标准线圈及环形指示感应线圈等组成，如图 11-8 所示。在环形回路中套有相互串联的标准线圈 w_s 和被测线圈 w_x，由振荡器供给交流电流 i，此时沿环形回路的总磁压 $U_m = \oint H_1 \mathrm{d}l = (N_s + N_x)i$。式中，线圈 w_s 和 w_x 相对应的匝数用 N_s 和 N_x 表示。如

果把 w_s 与 w_x 反向串联，并变换 w_s 的匝数 N_s，一直到 $N_x = N_s$ 时，使 w_x 所产生的磁通势与 w_s 所产生的磁通势互相抵消，使总磁通势，即磁压 U_m 为零，则沿环形回路总磁压为

$$U_m = \Phi H_1 \mathrm{d}l = (N_s - N_x)i = 0 \qquad (11-2)$$

式中，l 是环形回路的总平均长度。

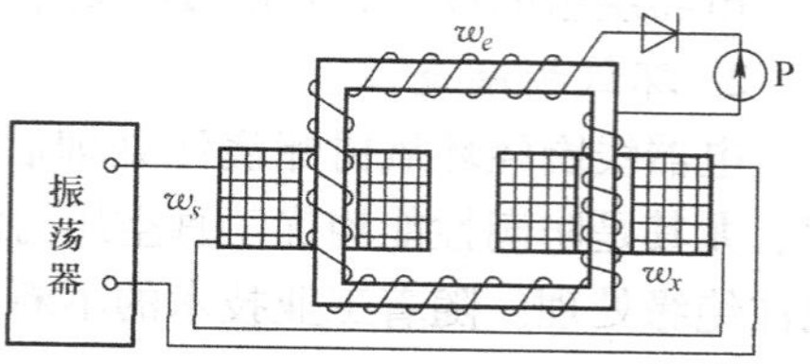

图 11-8　匝数测量仪原理图
w_s—标准线圈　w_x—被测线圈
w_e—指示感应线圈　P—检流计

该仪器测量匝数范围在 1～21110 匝，被测线圈的几何尺寸是：内径大于 10mm，高度小于 60mm。

4. 绝缘性能测试

为了保证导电部分之间及导电部分对地之间的绝缘，以及保护操作人员的安全，各种电器产品在出厂试验中必须进行绝缘试验，以检查电器的绝缘性能。通常，线圈的绝缘试验是通过测量绝缘电阻和耐压试验来检查电器线圈的绝缘材料及其结构的绝缘性能。

（1）绝缘电阻　因为在绝缘材料中总是或多或少地存在着一些自由电荷，当对绝缘体加上电压后，这些电荷会由电介质中分离出来而形成泄漏电流。所加电压越高，泄漏电流也越大。绝缘材料所通过的泄漏电流的大小，也就反映出其电阻的大小，这个相应的电阻就称为绝缘材料的绝缘电阻。它表示绝缘材料对电的绝缘能力，绝缘电阻越小，即说明其绝缘性能越差。绝缘材料即使在很高的电压作用下，也只能通过极少量的泄漏电流，所以一般用 $M\Omega$（$10^6\Omega$）作为测量单位。

用来测量绝缘电阻的仪表称为绝缘电阻表（习称兆欧表）。绝缘电阻表有不同的额定电压，所谓绝缘电阻表的额定电压是指其手摇直流发电机在额定转速（约 120r/min）下所输出的电压值。使用绝缘电阻表时，其额定电压不应超过被试电器的抗电强度电压值，以免造成击穿；同时还要考虑绝缘电阻表的测量范围应满足要求。因此，对测量绝缘电阻的绝缘电阻表规定按表 11-8 选择。

表 11-8　测量绝缘电阻绝缘电阻表选择

被试产品的额定电压/V	绝缘电阻表的电压等级/V
≤48	250
>48～500	500
>500～1000	1000

在测量时，要把绝缘电阻表放平稳，摇动手柄时尽量不使指针摆动，以免造成测量误差。另外，绝缘电阻的数值与通电时间有关，这是因为在测量绝缘电阻时，两电极间夹着绝缘材料，具有电容充电和放电的效能。当开始加压时，除有泄漏电流通过外，还有电容器的充电电流（吸收电流），因而电流较大，绝缘电阻值较低。过一段时间后，电容器充电结束，这时只有泄漏电流通过，因而绝缘电阻升高。这种现象叫做绝缘体的吸收特性，通过绝缘体的电流与加压时间的关系如图 11-9 所示。i_2 表示吸收电流，它是随时间而衰减的，i_1 表示泄漏电流。测量时，应该经过 1min 后，读出仪器指针稳定后的数值。

（2）耐压试验　绝缘材料所能承受电压的能力用抗电强度（又称绝缘强度或击穿强度）

来表示，其值为绝缘体在击穿时单位厚度所承受的电压值，即击穿处的绝缘厚度除以击穿电压，单位应以 kV/mm 表示。击穿时，绝缘材料突然形成了导电通路，由于电流的剧烈增加，致使绝缘材料局部破坏。

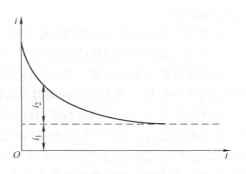

图 11-9 吸收电流和泄漏电流

绝缘材料的抗电强度与温度、湿度、电源频率（一般可以用 50Hz）及其波形（一般用正弦波，畸变不大于 5%）有关，应按规定进行试验。

耐压试验用变压器的额定容量规定为：试验电压每 1000V 应不小于 0.5kVA，但其最小容量不应小于 0.5kVA。

各种绝缘材料均有其在无限时间内所能承受的最大电压，若超过此电压时，经一定时间后就要发生击穿，而加压时间越短，其所能承受的电压越高。因此，加压时间的长短与击穿电压值的大小有很大的关系。根据外加电压的短时间作用和较低电压长时间作用的等效原则，对于低压电器，其中也包括线圈的耐压试验，一般所加试验电压比电器工作电压高得多，而施加试验电压的时间为 1min。在作检查试验时，允许提高试验电压 25%，则可缩短试验时间至 10s，可按表 11-3 规定对线圈进行检查试验。对于施加 1min 的试验，为防止电压击穿，应从小于试验电压的一半开始逐渐升高电压。试验时应从达到规定试验电压时算起，到降低电压时为止。

5. 线圈温升测试

线圈的温升是指线圈温度与周围介质温度之差。由于沿线圈厚度的温度分布是一条如图 11-10 所示的曲线，不易测得准确的数值。因此，一般都用电阻法测定线圈的平均温升。

电阻法是根据金属导线的电阻值随温度的升高而增大的特性来间接地确定温升的方法。当采用电桥测量线圈的冷态电阻 R_1 和热态电阻 R_2 时，可以用下式计算出线圈的平均温升：

$$\tau = \theta_2 - \theta_{02}$$
$$= \frac{R_2 - R_1}{R_1} \left(\frac{1}{\alpha} + \theta_{01} \right) + (\theta_{01} - \theta_{02}) \qquad (11-3)$$

式中，θ_2 是线圈在热态时的平均温度（℃）；θ_{01} 是线圈在冷态时的介质温度（℃）；θ_{02} 是线圈在热态时的介质温度（℃）；α 是在 0℃时导线材料电阻的温度系数。

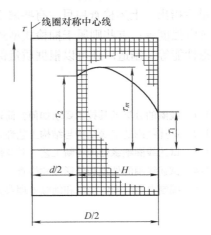

图 11-10 沿直流线圈厚度的温升分布
d—线圈内径 D—线圈外径 H—线圈厚度
τ_1—外表面温升 τ_2—内表面温升 τ_m—最大温升

测量线圈电阻常用的电桥有两种。一种是用单臂电桥又称惠斯顿电桥，适用于测中值电阻（$1 \sim 10^6 \Omega$）；另一种用双臂电桥又称凯尔文电桥，这种电桥能消除接线电阻和接触电阻对测量的影响，因而适用于测低值电阻（1Ω 以下）。此外，也可以用电压表电流表法测量，即测出线圈两端的电压和通过线圈的电流，由欧姆定律间接计算出电阻值。还可以采用最先进的数字表测量电阻值。

不论采用哪种测量方法和使用哪些仪表，都有不同程度的测量误差。为易于比较，线圈的热电阻与冷电阻应当用同样的方法和同一种仪表进行测量，导线的联接点也应相同。

在测量线圈冷电阻以前，为了使整个线圈的温度与周围介质温度一致，应将被试线圈放在测量室内不少于8h，并需保持介质温度的稳定，在测量前1h内室温变化应不大于3℃。

线圈的热电阻应在发热试验结束后立即测量，因为测量准确度与测量速度有很大关系。若不可能立即测量时，则应在切断电源后经过相同时间间隔，用电阻法求出温升冷却曲线，由外推法来间接确定线圈的稳定温升。现在可以用数字计算机进行对实验数据的处理，用最小二乘法的原理求出线圈冷却曲线的温升表达式。

三、线圈的浸漆质量检查

1. 外观检查

表面应光洁平整，不应有气泡和漆瘤等缺陷。引出线外层不能有裂纹，不应变硬发脆。

2. 性能检查

浸漆后线圈不应有短路和断路，可分别用短路测试仪和万用表测量。

3. 抽样解剖

主要检查浸漆、烘干情况。线圈内应完全浸透漆和胶，且固成一个整体，还应达到基本干燥，以不粘手为合格。当改变工艺或材料时，对首批产品应进行解剖检验。

对湿热带型线圈，还应增加耐热、防霉性能的检查，具体检查方法及合格判断标准要按照有关的技术条件的规定执行。

最后指出，上述检查项目，有些属于100%检查的项目，如外观、电阻值、匝数、匝间短路、抗电强度等；有些则属于抽检式型式检查项目，如绝缘电阻、温升、浸漆线圈的解剖、耐热防霉性能等。制造厂还可以根据质量保证的要求，制定其他检查项目。

习 题

11-1 线圈的分类及其技术要求如何？简述常用线圈材料、绝缘材料、线圈骨架与辅助材料。

11-2 试述线圈的绝缘结构与结构工艺性，线圈的绕制工艺过程与要点及常见质量问题。

11-3 试述线圈绝缘处理的新工艺，并与传统工艺相比较。

11-4 试述线圈的外观和外形尺寸检查、线圈的性能测试及线圈的浸漆质量检查项目、内容及要求。

11-5 编制电器线圈的绕制和绝缘处理典型工艺守则。

第十二章

绝缘零件制造

第一节 绝 缘 材 料

一、概述

导电和绝缘是高低压电器的两大基本功能。绝缘的定义是：各带电部位之间或带电部位对地之间的隔离。所谓绝缘介质，即形成绝缘的气体、液体或固体物质。绝缘材料是经过初级加工的绝缘介质，包括气体、液体和固体材料，但在工业上多指固体材料。绝缘件是固体绝缘材料经过加工或处理后形成的零部件或制品。

二、气体绝缘介质

常用的气体绝缘介质有空气、压缩空气，真空也是一种良好的绝缘介质。除此之外，有用惰性气体作为绝缘介质的，例如氮气（N_2）；也有用负电性气体（气体分子对电子有亲和力而产生粘着作用）作为绝缘介质的，例如六氟化硫气体（SF_6）。

用气体绝缘介质的高压电器有真空电容器、真空接触器、真空断路器、高能加速器、充六氟化硫气体的全封闭组合电器、充六氟化硫气体或普通大气的高压变压器、充氮气的高压电器及压缩空气断路器等。利用大气（即一个大气压的空气）作为绝缘间隙或绝缘间隔的高压电器或高压设备，则应用更为广泛。

三、液体绝缘介质

常用的液体绝缘介质有变压器油、开关油、氟里昂、三氯联苯、硅油和烷基苯新型电容器油等。蒸馏水有时也作为一种绝缘介质来使用。用液体绝缘介质的高压电器有多油或少油型的高压断路器、变压器、电容器、油浸电抗器和调压器、充油型电流或电压互感器、高压试验用的水阻等。

四、固体绝缘介质

固体绝缘介质按其成分，基本可分为无机和有机材料两大类。常用的无机绝缘材料有：电瓷或陶瓷制品、石棉制品、玻璃和云母制品等。有机绝缘材料有：各种树脂和塑料制品、橡胶制品、各种电工纸板、经过绝缘处理的木材以及把纸、棉布、玻璃布经浸渍树脂后的层压制品或卷压制品（绝缘板和绝缘管）等。各种绝缘漆、绝缘胶、粘结剂原形呈液态或流体，处理后呈固体，也是一种重要类型的有机绝缘材料。

五、绝缘材料的技术要求

尽管各类电器产品的不同零部件采用绝缘材料的着眼点不尽相同，但它们对绝缘材料的基本要求却大体一致。这就是：绝缘材料应具有良好的电气性能、足够的机械强度和适当的耐热性能和良好的工艺性能。

关于这部分内容在第一篇第四章第一节中已有详细的介绍，可参阅之。

第二节　绝缘零件加工

在电器产品中通常采用的绝缘零件，按其加工成型的方法基本上可分为两类，一类是模塑成型；另一类是各种层压材料经机械加工成型。

一、模塑成型

适于模塑成型的材料有：满足一般要求的 4010 酚醛塑料，适用于湿热带地区（具有一定耐热性能和防霉性能）的 4013 高树脂含量酚醛塑料，具有一定耐震性的 4511 丁腈橡胶改性酚醛塑料，具有一定耐电弧性能的 4220 氨基石棉塑料，机械强度较高的酚醛玻璃纤维塑料，耐弧性好、机械强度高、介电性能好、适于作高压电器灭弧室结构材料的三聚氰胺玻璃纤维塑料等。

二、机械加工成型

各种层压材料经过机械加工可以制成各种几何形状和尺寸的零部件。

1. 常用层压材料及其性能

层压绝缘材料是由绝缘浸渍纸、电工用棉布、电工用无碱玻璃布浸以各种合成树脂（如酚醛树脂、环氧树脂、三聚氰胺树脂），经过卷绕或压制后成型的各种层压板、棒、管或其他压制件。由于这类材料具有良好的介电性能、物理化学性能、力学性能，因而已广泛用于电机、电器及其他各种工业中。随着高压电器的发展，对层压绝缘材料要求越来越高（例如：高机械强度、高介电性能以及好的环境适应性）。因此，以无碱玻璃布为补强材料的层压制品产量越来越大，而以纸和棉布为补强材料的层压制品产量则日趋减少。

层压绝缘材料种类很多，分类方法不一。可按补强材料不同，分为胶纸板（管）、胶布板（管）、玻璃布板（管）、木质板、合成纤维板等。也可按胶粘剂的不同，分为不同类型层压制品，如环氧玻璃布板（管）、酚醛玻璃布板（管）、三聚氰胺玻璃布板等。

2. 层压绝缘材料的机械加工

层压绝缘材料的机械加工特点取决于它的层状结构与组织均匀程度如何。与金属相比，绝缘材料的硬度较低，弹性较大，导热率低，吸湿性高，电气绝缘性能容易变坏等。因此，虽然它的机械加工设备与金属机械加工的通用设备相同，但还有与之不同的机械加工的工艺特征：

1）大多数绝缘层压制品在机加工时产生大量粉尘，为保证正常的劳动条件，减轻设备工作部分的磨损，必须装有除尘装置。自切削工具部分，应直接吸出切屑及粉尘，如图 12-1 所示。

2）虽然具有局部除尘装置，但在工作场所仍有部分粉尘散布。所以，绝缘材料机加工的生产设备，应安装在单独房间并装有强迫通风装置。

3）因被加工材料硬度不大，尤其是纸基层材料，可进行高速切削。

4）由于绝缘材料导热率很低，因而加工时刀具的温度很高而迅速磨损变钝，因此应采用硬质合金刀。

5）为保证加工面的粗糙度和减少摩擦热，刀具必须保持锋利，不允许采用已磨损变钝的刀具进行加工。

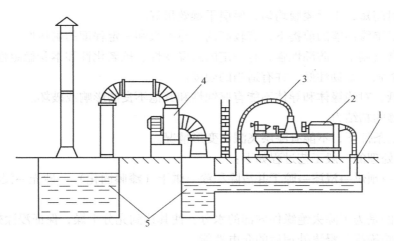

图 12-1　车床除尘示意图

1—风道　2—车床　3—蛇纹抽风管　4—风机　5—水沉降室

6）大多数层压绝缘材料是由纤维状的基材所制成，因此有很大的吸湿性，并且在吸湿后绝缘性能变坏。所以，进行机加工时，不宜采用冷却液，而只能用压缩空气进行冷却。

7）坯料边缘容易开裂，因此开始和终止切削时，应减小走刀量。

8）由于材料硬度小、弹性大，在切削时刀具会压进材料一些距离，当刀具离开后，因弹性关系，零件尺寸又会变大些，从而影响工件的尺寸精度，对此应予注意。

9）在钻孔时，选择钻头要考虑到层压绝缘材料的相当大弹性及钻孔时产生的高热量。在冷至室温后会产生一定的"干缩"，使得钻出的孔径总比钻头直径小。视材料与孔径不同，孔径尺寸可缩小 0.1～0.3mm。

10）当钻深孔时，应经常将钻头提出，以利散热和导出切屑。

11）剪冲时，为降低加工面的粗糙度、减少开裂现象，可先将层压板预热至 100℃ 左右，并趁热加工。

由于层压绝缘材料的上述工艺特性，故其机械加工零件难以达到高精度和低粗糙度的要求。

第三节　绝缘零件浸漆处理

绝缘零件浸漆处理，一般是对层压绝缘材料的零件采用的工艺措施。因这种材料本身有较大的吸湿性，特别是经过机械加工后，使原有绝缘表面层遭到破坏，为了得到较好的介电性能，使其在电器产品的使用中性能稳定，并提高对环境的适应性，常常采用浸漆处理工艺。对模塑零件，由于其表面有一层比较完整的树脂被覆层，且成型后不再进行加工，所以模塑零件除特殊要求外，一般都不进行浸漆处理。

浸漆处理用的主要材料是绝缘漆、稀释剂。如果产品需适应湿热带地区的环境，则需在漆液中配一定数量的防霉剂。对绝缘漆的一般要求是：

1）电阻率大，介电强度高。

2）固体含量高，黏度低，渗透性好，容易浸渍。

3）干燥时间短，干后漆膜均匀，厚层干燥效果好。

4）在满足绝缘性能的前提下，有较高的导热系数和一定程度的耐热性。

5）在通常气候下，防潮性强，有一定的耐温变性、抗老化性和本身稳定性。

6）附着力强，柔韧性好，并有适当的硬度。

7）酸值低，对绝缘体和导体不能有腐蚀性和其他不良的影响或破坏。

8）有足够的粘结力。

9）在一定条件下，不能有漆层飞溅和变形情况。

绝缘浸漆处理的一般工艺过程如下：

零件砂光→预烘→浸漆→晾干并清除积漆→烘干（漆膜固化）→砂光→浸漆。

一、预烘

预烘的目的是为了除去绝缘件内部的水分，使其达到充分干燥，保证浸漆效果。预烘的好坏将直接影响绝缘件浸漆处理后的介电性能。

预烘一般有两种形式，一种是在大气压下，使绝缘件中水分强烈蒸发，基本消除零件中大部分水分，通常在温度为 100～110℃ 下预烘。但这种方法仍会使零件内部残留一定数量的水分，在某种薄膜厚度下，余下的水分将停止蒸发，这是由于表面张力等于蒸发力的缘故。对无特殊要求的零件，常压下预烘亦可满足要求，视材料厚度与品种一般预烘 6～16h。提高预烘温度可加快干燥速度，但部分绝缘材料当温度过高时，会使有机材料遭到破坏或使层压材料开裂。对 A 级绝缘材料，预烘温度提高到 130～140℃ 是可以的，而 B 级绝缘材料可提高到 130～180℃，时间以不超过 4h 为宜，材料以不产生裂纹和明显变色为准。但对某些高压绝缘零件，则有较高的介电性能要求，当一般的预烘方法满足不了要求时，则可采用真空预烘，以保证水分能比较彻底的蒸发掉。因在真空状态下水的沸点明显降低，当剩余压力为 6.67kPa 时，水的沸点为 35℃，而当剩余压力为 1.33kPa 时，水的沸点为 15℃。因此，采用真空预烘时，开始真空度可低些，经一段时间后可提高真空度到 96～100kPa。

在预烘过程中，应尽量避免由于干燥不均匀而造成开裂，所以开始时采用较低温度，然后再按材料干燥程度，把温度适当提高。

二、浸漆

为了得到较好的漆膜，实际生产中多采用醇酸漆类、氨基醇酸漆类、环氧醇酸漆类及环氧酯漆类。漆液用稀释剂调至适当黏度，可控制在 20℃、BZ-4（4 号黏度计）、14～18s。一般采用常温常压法浸漆，有特殊要求时也可用反复真空浸漆。

三、烘干

烘干的目的是使零件上所浸的漆，在一定温度作用下缩聚成坚固的漆膜。采用的设备是附有热风循环的电热、气热箱式烘炉或红外线、远红外线加热式干燥箱。电热或蒸气加热的热风循环干燥炉示意图，如图 12-2 所示。

烘干开始时，已浸漆的零件应先在空气中晾干 3h 以上，这个过程是必须的，因为浸漆后的零件，马上入炉会造成溶剂快速挥发，在漆膜形成过程中，其表面会留下针孔，影响漆膜质量。烘炉温度应从室温逐渐升至 110～130℃，在此温度下保持 6～10h。升温速度以不超过 20℃/h 为宜，如升温速度快或开始即放入高温炉中，不仅会留下针孔，而且由于表面马上结膜还会影响内层的干燥效果。

预烘、浸漆、烘干整个过程都应注意零件的堆放和悬挂，零件之间应留有一定间隙，以

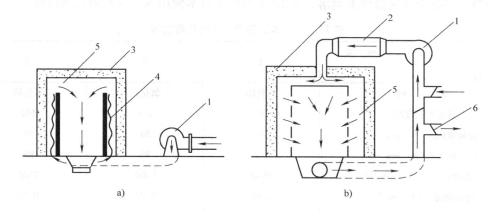

图 12-2　电热或蒸气加热的热风循环干燥炉示意图
1—鼓风机　2—加热器　3—保温层　4—加热元件　5—干燥室　6—调节空气的风门

利浸渍及热空气循环。对于易变形的大型零件，应采用适当挂具进行吊挂，以减小变形。

第四节　环氧树脂浇注

由于环氧浇注具有优异的电气性能、机械强度以及良好的工艺性能，所以在电器制造业中得到广泛地应用。人们普遍地用这种环氧浇注绝缘来代替油浸纸质绝缘和陶瓷绝缘，制成了各种类型的环氧浇注电流互感器、电压互感器、变压器、高压绝缘子、绝缘拉杆、套管等，使此类产品体积小、重量轻、性能好、使用方便及运行可靠。

环氧树脂浇注质量的好坏与原料选择、保管、配方、浇注技术、浇注设备水平，嵌件形状及其表面处理，浇注过程中固化温度和时间的控制，脱模后环境温度等有关。

环氧树脂料通常包括环氧树脂（双酚 A 或脂环族树脂）、填充材料（石英砂或氧化铝等）、固化剂、固化促进剂、稀释剂、增塑剂等成分。环氧树脂料的黏度特性、耐裂纹性、力学特性和电气性能都是影响浇注零件质量的关键因素。例如在浇注时，普遍希望黏度低一些，既可改善流动性，也可减少气泡的残留。但是黏度太小，则树脂当量较大，固化反应以后收缩严重，成品硬脆。有的生产厂采用黏度小的树脂，加入稀释剂来改善浇注的工艺性，这样获得的成品，力学性能和耐热性均不理想。因此，对一般浇注树脂均采用当量较小的树脂。从成品的力学性能和零件成本来考虑，加入填充材料愈多愈好；但填料过多，势必使浇注料黏度增加，工艺性恶化。因此，希望填料具有可以加入较多，而浇注料黏度增加较少的特性。在浇注料中加入固化剂以后，树脂固化反应开始，黏度不断增加，黏度增加的时间与树脂浇注料的配比有关，如果考虑生产的经济性和质量的稳定性，希望黏度增加的时间长一些好。目前一般均采用高速浇注方法，是在浇注料中加入固化促进剂，使之在高温条件下，短时间内固化。

树脂耐裂纹性能是极为重要的。在浇注件内加入金属埋设件（如线圈、铁心、导体之类）后，由于树脂固化反应，造成固化内应力。另外，由于温度变化，两种材料收缩不均造成温度应力，以及由于加工或其他原因造成的应力等。这些应力如不能很好消除，树脂就可能开裂，甚至全从埋设件上剥落。表 12-1 列出了日本使用的浇注料的几项指标。

表 12-1 日本使用浇注料的几项指标

配　料 项　目	I	II	III
填　　料	石英粉	氧化铝	氧化铝
热变形温度/℃	115	116	140
拉伸强度/（N·mm^{-2}）	75	56	58
抗弯强度/（N·mm^{-2}）	112	86	96
弯曲弹性率/（N·mm^{-2}）	9600	9600	7500
冲击韧度/（J·cm^{-2}）	0.85	0.72	0.72
热膨胀率/（10^{-5}℃）	3.7	3.5	3.9

环氧浇注工艺大致有三种：

（1）常压浇注法　在正常大气压下，把真空搅拌好的树脂混合物浇到模具里去，这种方法适用于形状简单而且电压较低的构件。

（2）真空浇注法　在浇注时去除模腔内的残余气体，以保证浇注件完全不产生气泡。一些大型零件，如盆式绝缘子、大型套管、互感器等均可以采用真空浇注。它又有两种办法：一种是把模具放在真空罐里浇注；另一种是把模具的内腔抽真空进行浇注。

（3）真空压力浇注　将树脂、固化剂与经处理的填料混合后，在真空下输入到压力浇注罐中，浇注罐需要加压 $(2～4)×10^5$ Pa。这种浇注是在类似塑料注射机的环氧浇注机上进行，由于迅速脱模，故在模外固化。同时因为浇注时加压，零件质地紧密，机械强度高，这是一种快速浇注法。对于形状复杂的小型零件、薄壳零件，均采用加压浇注。

国内大多数生产厂基本上采用真空浇注的工艺方法。随着电机工业的不断发展，在原有的设备条件下，正在不断改进和提高工艺技术。我国的许多生产厂先后采用德国海德里希（Hederich）公司制造的环氧浇注生产线及自行设计制造的环氧浇注生产线，促进了环氧浇注水平的不断提高。

我国上海×××厂引进的瑞士 BBC 公司的压力注塑设备，型号为 CH-4015，这是一台上下带有抽心装置、左右开模的注射机。注射机如同一般的热塑性塑料注射成型机一样是由下列部件组成：根据所注射成型的零件设计制造的模具、固定用的模板、液压传动系统、加热控温系统、液压合模开模系统和与模具预热、具有自动开起、关闭的可移动注射头等。注射成型前要对树脂、填料、固化剂进行脱水、真空等预处理，注射料的准备，注射模的准备等。压力注射成型操作时，要将经处理的模具固定到注射机上，并将装有注射料的容器，注入一定压力的干燥气体，并与注射头联通，调整好注射时间、压力、模具等参数后就可进行压力注射。注射后的零件必须要送入 160℃ 的烘箱继续进行固化，固化时间不小于 6h。对内有金属嵌件的零件在固化完成后必须缓慢冷却，直至室温，以减少冷热收缩，防止开裂，必要时还必须对嵌件进行预处理。目前已将此工艺成功地应用于 HB 型中压 SF$_6$ 断路器的绝缘外壳等生产，并正应用到 110kV、220kVGIS 的盆式绝缘子的生产中。注射一个 SF$_6$ 断路器的环氧绝缘筒共需用 16min，大大提高了模具的利用率。能较好地控制放热反应，具有好的尺寸稳定性和机械强度等优点。

第五节 灭弧室制造

灭弧室材料主要有石棉水泥、陶瓷、耐弧塑料、红钢纸管等。常见的几种灭弧室材料见表 12-2。

表 12-2 常用灭弧室材料特性

特　性	MP-1	塑　料		陶　瓷	
		塑 33-3,	塑 33-5	热压注浆	冷压法
		三聚氰胺甲醛塑粉			
比重/$(g \cdot cm^{-3})$	≤2	≤1.8	≤2.1	<1.9	>1.9
收缩率（％）	0.1~0.4	0.4~0.8	0.2~0.6		
吸水性/$(mg \cdot cm^{-2})$	≤0.4	≤1	≤0.8	<13	<13
耐热性（马丁）/℃	≥180	≥140	≥150	>50	>50
耐电弧性/s	≥200	≥1	≥15	1~3 级	1~3 级
冲击强度/$(kgf \cdot cm^{-2})$①	≥15	≥4.5	≥2.5	>1.6	>1.2
弯曲强度/$(kgf \cdot cm^{-2})$	≥800	≥700	≥500	450	>250
表面电阻系数/Ω	≥1×10^{11}	≥1×10^{12}		>10^9	10^9
体积电阻系数/$(\Omega \cdot cm)$	≥1×10^{10}	≥1×10^{12}			
击穿强度/$(kV \cdot mm)$	≥11	≥11		>1.3	>1.3

① 1kgf=9.8N。

石棉水泥在仿制前苏联的产品上应用甚多，由于它吸水性好，耐电弧磨损差，目前用得较少。但在产量不多时，作为零星加工或模型，还时有应用。

陶瓷灭弧室用得很多，如接触器和断路器的灭弧室，很多均采用陶土制造，而熔断器的灭弧室则采用电瓷制造，无填料熔断器则用反白纸管制成。陶瓷件虽然为较理想的灭弧室材料，当前由于制造工艺落后，研究工作做得不多，尺寸公差变化大，几何公差控制不住，加上包装运输不当，在产品到达用户时，破损很大，对它的使用产生一定的影响。

陶土灭弧室的制造工艺有冷压和热压两种，热压的生产效率高，模具寿命长，尺寸、形状易保证，公差尺寸也比较稳定，但在电寿命试验中有起层剥落和磨损现象。冷压的则相反，模具易磨损，尺寸公差不易达到，但耐电弧寿命长。随着电器工业的不断发展，耐弧塑料获得了广泛应用，在主要电器产品中，接触器和断路器的灭弧室上较多采用耐弧塑料。它的优点是工艺性较好，尺寸公差能保证，有一定的耐电磨损性，强度好，不易碎裂，外观美观。耐弧塑料灭弧室的制造工艺与塑料零件制造工艺相同，故不再叙述。

在高压电器中，所用灭弧室的制造基本分为两类。一类是目前用得较多的三聚氰胺玻璃纤维塑料，这种材料成型的灭弧室其特点是：工艺简单、机械强度高、具有耐弧性，是国内高压电器制造中主要的灭弧材料。其成型工艺与一般热固塑料成型工艺过程相同，但固化时间较长。由于三聚氰胺树脂比较脆，加之与玻璃纤维组成的不均匀性，造成收缩应力不同而导致开裂。另外，由于成型固化不彻底，灭弧板中还可能残存少量的低分子挥发物；在储存和使用过程中，由于内应力造成开裂和变形。因此，用三聚氰胺玻璃纤维塑料成型的隔弧板，其成型工艺条件要比一般热固性塑料的压制工艺控制更严格些。现以 D540 三聚氰胺玻璃纤维塑料为例，介绍压制工艺中应特别注意的几个问题。

1. 预烘

D540料一般含有5%左右的挥发物。预烘不仅可排除挥发物，而且可增加部分三聚氰胺树脂的交联度，从而缩短了压制的固化时间，同时对提高隔弧板质量，减少开裂也有明显效果。预烘温度115～125℃，时间3～5min，受热要均匀。

2. 放气

压制过程中的放气，对排除材料中的挥发物是极为有利的。成型后的零件内部含有挥发物愈多，在使用和储存过程中尺寸稳定性愈差，由于内应力造成的开裂和变形就尤为突出。一般采用阶段性加压、多次放气效果较好，即合模后加额定压力的20%左右→放气→加压50%→放气→满压→放气的逐渐加压、多次放气工艺。

3. 温度

压制温度135～145℃，温度过高会引起三聚氰胺甲醛树脂的分解，使成型零件的机械强度下降、表面无光泽、发白、易开裂；温度过低则固化不彻底。因此，应严格控制成型温度。

4. 压力

单位压力45.0～60.0MPa，时间1.5～2.5min。

压制工艺控制得当，成型后的零件表面光滑、质地坚硬、呈青白玉色泽。

虽然在高压电器中，三聚氰胺玻璃纤维塑料被广泛应用，但由于其成型时间长、容易龟裂，故废品率较高。因此，在高压电器生产中，隔弧板的生产是比较薄弱的环节。以SN10-10Ⅱ型开关为例，三个工人一班只能生产2台量的隔弧板，这种生产状况远远满足不了高压电器发展的要求。为了适应生产发展的需要，一种快固三聚氰胺塑料（D543）已投入使用，其固化时间可比D540缩短1/3左右。另一种三聚氰胺玻璃纤维注射成型工艺也已投入使用，其质量与生产效率更佳。D540三聚氰胺压塑料的性能如表12-3所示。

表 12-3　D540 三聚氰胺压塑料性能

序　号	项 目 名 称	性 能 指 标
1	外　观	模压成型后表面平滑、无气泡、无开裂
2	密度不大于	$2t/m$
3	吸水性不大于	0.25%
4	马丁耐热性不小于	160℃
5	抗冲击强度不小于	$100N/mm^2$
6	抗弯强度不小于	$120N/mm^2$
7	表面电阻率不小于	$10^{11}\Omega$
8	体积电阻率不小于	$10^{11}\Omega \cdot cm$
9	击穿强度不小于	$10kV/mm$
10	耐电弧性（6～6.5mm）电极距离（5mm）	60s
11	收缩率不大于	0.3%

另一类灭弧室由反白板经机械加工而成。反白板是层压绝缘板中耐弧性较好的材料，在

高压大电弧作用下，碳化较轻微；机械加工性能比胶纸板、玻璃布板等优越，是高压电器中经常应用的另一种灭弧室材料。反白板的机械加工特性与一般层压绝缘材料机械加工特性基本相同，但由于反白板吸湿性较强，易受潮、变形，并影响尺寸精度。因此，加工完的隔弧板，应及时进行绝缘处理或经干燥后放在变压器油中保存。

习　题

12-1　试述绝缘的定义、分类及其技术要求。

12-2　绝缘零件的加工成型方法有哪些？简述常用层压材料、性能及其机械加工的工艺特征。

12-3　绝缘零件浸漆处理的目的、材料及对绝缘漆的要求如何？简述浸漆处理的工艺过程及其技术要求。

12-4　环氧浇注的优点、用途、材料及其技术要求如何？并对三种环氧浇注工艺进行比较。

12-5　试述灭弧室材料、陶瓷灭弧室和高压电器灭弧室的制造工艺分类、特点及其技术要求。

12-6　编制绝缘零件加工典型工艺卡片及绝缘零件浸漆处理与环氧浇注典型工艺守则。

第十三章

冲压零件制造

第一节 冲压工艺特点

冲压件是在常温下利用安装在压力机上的冲模对材料施加压力，使其产生分离或塑性变形，从而获得所需的零件。这种加工零件的方法称为冷冲压或板料冲压，简称冲压。

一、概述

冲压是一种先进的加工方法，在技术和经济方面有很多突出的优点：①可以加工壁薄、质轻、刚性好、形状复杂的零件，是其他加工方法所不能替代的；②冲压是一种材耗、能耗较低的少无切削加工方法之一；③冲压件精度较高，尺寸稳定，互换性好；④操作方便，便于组织生产，生产率高，适合于大批量生产，此时冲压件成本低；⑤生产过程易于实现机械化、自动化。冲压的主要缺点是：需要精度高技术要求高的模具，模具制造周期较长，费用高。

冲压件是电器产品的主要零件。如：继电器中的触点导电零件，高低压电器中金属结构件、导磁零件及非金属绝缘件等。据不完全统计，电器产品中冲压件占60%～80%。不少过去用铸造、锻造、切削加工方法制造的零件现已被质量轻、刚性好的冲压件所代替。因此，冲压是电器制造的主要工艺方法。电器行业要创规模效益、提高生产率和制造质量、降低成本，需要广泛采用冲压工艺。

二、冲压工艺的分类

由于电器产品中的冲压件形状、尺寸、精度要求、生产批量及原材料性能等各不相同，因此生产中所采用的冲压工艺方法是多种多样的。概括起来，其基本冲压工艺可分为分离工序和成形工序两大类。分离工序是使材料按一定的轮廓线分离而获得一定形状、尺寸和切断面质量的冲压件；成形工序是坯料在不破裂的条件下产生塑性变形而获得一定形状和尺寸的冲压件。上述两类工序按冲压方式又分为很多基本工序，表13-1和表13-2列出了电器制造中较常见的基本工序，其中冲裁、弯曲工艺占70%左右。

表13-1 分离工序

工序名称	工序简图	特点及其应用范围
落料	零件　　　废料	用冲模沿封闭轮廓线冲切，冲下部分是零件 用于制造各种形状的平板零件
冲孔	废料　　　零件	用冲模沿封闭轮廓线冲切，冲下部分是废料。用于在材料或工序件上获得需要的孔

（续）

工序名称	工序简图	特点及其应用范围
切断	废料　零件	用剪刀或冲模沿不封闭轮廓线切断。多用于加工形状简单的平板零件
切边		将成形零件的边缘修切整齐或切成一定形状
剖切		将冲压后的半成品切开成为两个或数个零件。多用于不对称零件的成双或成组冲压成形之后
切舌		将材料沿敞开轮廓局部分离，并使分离部分发生弯曲变形

表 13-2　成形工序

工序名称	工序简图	特点及其应用范围
弯曲		把板料弯成一定曲率、一定角度和形状的零件。可以加工形状较为复杂的零件
扭曲		把冲裁后的半成品扭转成一定角度
拉深		将板料毛坯制成各种空心零件
变薄拉深		把拉深后的空心半成品进一步加工成为底部厚度大于侧壁厚度的零件

（续）

工序名称	工序简图	特点及其应用范围
翻孔		在预先冲孔半成品的板料上冲制成竖立的边缘，常用于成形螺纹底孔
起伏		在板料毛坯或零件的表面上用局部成形的方法制成各种形状的突起与凹陷
校形		为提高已成形零件的尺寸精度或获得小的圆角半径而采用的成形方法

此外，在电器产品的冲压工艺设计中，为提高生产率和制件尺寸精度，或因冲压小尺寸零件的需要，通常将两个或两个以上的基本工序组合成一道工序，即复合、连续、复合—连续的组合工序。

三、冲压用材料

（一）冲压工艺对冲压材料的要求

冲压用材料，不仅应满足产品的设计要求，还应满足冲压工艺要求。

（1）材料应具有良好的塑性　在成形工序中，塑性好的材料，其允许的变形程度较大，可以减少冲压工序及中间退火工序。这对于拉深及翻孔工艺尤为重要。

（2）具有较高的表面质量　材料表面应光洁平整、无缺陷损伤、锈斑、氧化皮等。表面质量好的材料，冲压后制件表面状态好，且制件不易破裂，也不易擦伤模具工作表面。

（3）材料厚度公差应符合国家标准　这对弯曲、拉深尤为重要。否则不仅直接影响制件的质量，还将损坏模具和冲床。

（二）板料冲压的材料种类和规格

冲压生产中使用的材料相当广泛，有金属材料和非金属材料，常制成各种规格的板料、带料和块料。板料的尺寸较大、一般用于大型零件的冲压。对于中小型零件，常将板料剪裁成条料或块料后使用。带料又称卷料，有多种宽度规格，展成可达几十米，有的薄电工硅钢甚至长达几百米，适用于大批量生产的自动送料。少数钢号和价格昂贵的有色金属常制成块料形式。

（1）黑色金属　普通碳素钢、电工硅钢、电工用工业纯铁、优质碳素结构钢、弹簧钢等。

厚度低于4mm的轧制普通碳素结构钢板，按国标GB/T 700—2006规定，钢板的厚度精度可分为A、B、C三级，分别表示高级、较高级、普通级精度。对于优质碳素结构钢板，根据GB/T 710—2008规定，按钢板表面质量可分为Ⅰ～Ⅳ四组，分别代表特别高级、高级、较高级、普通级精整表面。在Ⅰ～Ⅲ组中按拉深级别又分为Z、S、P级，分别为最拉深、深拉深和普通拉深级。

（2）有色金属　纯铜、黄铜、锡磷青铜、铍青铜、铝等。

（3）非金属　纸胶板、布胶板、纤维板、云母板、橡胶板、胶木板等。

在冲压工艺文件和图样上，对材料的表示方法有特殊规定。如：08 钢，2mm 厚，较高级精度，高级精整表面，深拉深级的钢板可表示为：

$$钢板 \frac{B-2-GB/T\ 700-2006}{08-II-S-GB/T\ 710-2008}$$

关于材料的牌号、规格和性能，可查阅电工材料手册等有关设计资料和标准。但在电器大量生产中，也可以根据工艺要求，用最佳的排样方案确定其规格尺寸，向钢铁厂专门定货。这样虽价格高于标准规格的材料，但提高了材料利用率。

第二节　冲　裁　工　艺

冲裁是利用模具使板料产生分离的冲压工序。它包括切断、剪裁、落料、冲孔、切边、剖切、切舌等工序，但通常是指落料和冲孔两工序。冲裁工艺既可以制作成品零件，又可为弯曲、拉深等工序制作毛坯。冲裁可分为一般冲裁和精密冲裁，前者制件可达 IT10 ~ IT11 级，$R_a = 12.5 ~ 3.2\mu m$，后者制件可达 IT6 ~ IT9 级，$R_a = 2.5 ~ 0.32\mu m$。这里主要介绍一般冲裁工艺。

一、板料剪裁

板料剪裁常是板料冲压的首道工序，主要用于下料工作，也可用于制作精度不高、小批量生产平板类零件。根据生产批量、坯料几何形状及尺寸的差异，剪裁工序可分别采用平刃剪床、斜刃剪床、振动剪床、滚剪机及 CNC 剪板中心等设备来完成。

1. 平刃剪床剪裁

平刃剪床有两把刀片，上下剪刃相互平行，故称平刃剪床。工作时，将板料置于上下剪刃之间，随着上剪刃向下运动，板料沿剪刃整个宽度同时被剪断。平刃剪床剪裁所需剪裁力较大，但所剪板料较平整。适用于剪裁宽度小而厚度较大的板料或条料，且只能沿直线剪裁。

2. 斜刃剪床剪裁

斜刃剪床的上剪刃呈倾斜状态，与下剪刃成一夹角。工作时类似于剪刀的裁剪，随着上剪刃的下行，板料沿宽度方向连续地逐渐分离。故所需剪裁力较小，但已剪部分材料向下弯扭而变形。斜刃剪床一般用于剪裁截面积较大的板料，电器制造中应用不多。

3. 滚剪机剪裁

滚剪机上下剪刃皆为圆盘形状，材料依靠本身与刀片之间的摩擦力而进入刀片中被连续剪切。该工艺生产率高，能剪裁曲线轮廓，但所剪板料弯曲现象严重。有些滚剪机可同时安装多组刀盘，同时剪裁多种或相同宽度的带料。一般适用于将长带料或板料裁成条料或剪裁曲线轮廓（参阅第一篇第三章第二节有关内容）。

4. 振动剪床剪裁

如图 13-1 所示，振动剪床工作原理与斜刃剪床相同，但上下刃口窄而尖。工作时上剪刃紧靠固定的下剪刃作高达每分钟 1000 ~ 2000 次的往复运动。此方法能剪裁各种曲线和内孔，适用于小批量复杂形状毛坯的下料或冲孔，生产率低，刃口易磨损，剪断面有飞边。

5. CNC 剪板中心

CNC 剪板中心即计算机数控剪板中心，它带有自动喂板、堆叠装置和快速剪刀改换系统，能完成冲孔、分段冲裁等工作。该设备具有一定的柔性，生产率较高，是中小批量加工板料的新型设备。

二、冲裁工艺过程分析

冲裁是分离工序。条料2置于模具的上下模1、3之间，随着上模的下行，条料所受的外力不断增加，内应力逐渐加大，自塑性变形至断裂的过程，可分为三个阶段，如图13-2所示。

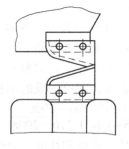

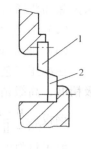

图 13-1　振动剪床工作简图
1—上剪刀　2—下剪刀

1. 弹性变形阶段

凸模接触材料，由于凸模加压，材料发生弹性压缩与弯曲，并略有挤入凹模洞口。这时材料内应力尚未超出屈服极限，在条料与凸、凹模接触处形成角，即工件断面的圆角带。

2. 塑性变形阶段

凸模继续对材料施加压力，使材料内应力达到屈服极限，部分材料被挤入凹模洞口，产生塑性变形，得到光亮的剪切断面，即光亮带。因凸、凹模之间存在间隙，故材料还伴有弯曲与拉伸变形。此时凸模继续施压、材料内应力不断增大，在凸、凹模刃口处由于应力集中，内应力首先达到抗剪强度，出现微小裂纹。

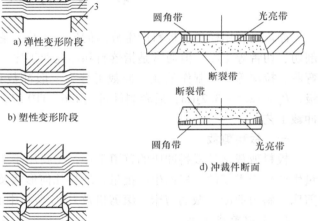

图 13-2　冲裁过程及冲裁后断面
1—上模　2—条料　3—下模

3. 断裂阶段

随着凸模继续施压，材料内应力达到剪切强度时，刃口的微小裂纹不断向材料内部扩展直至被剪断而分离，形成断裂带。当凸、凹模间隙合理时，上下裂纹重合。

冲裁变形的三个阶段，形成了工件断面的三个特征区，即圆角带、光亮带和断裂带。三者所占的比例随材料的机械性能，凸、凹模间隙，刃口磨损及模具结构等不同而变化。通常光亮带占整个断面的 1/2 ~ 1/3。生产中若想提高冲裁件断面质量和尺寸精度，可通过增加光亮带的高度或采用切边工序来实现。增加光亮带高度的关键是延长塑性变形阶段，推迟裂纹的产生。这可以通过增加金属的塑性、减少刃口附近的变形与应力集中来实现。

三、冲裁件质量分析

冲裁件质量主要包括尺寸精度、断面质量和形状精度。冲裁件的尺寸误差应在图样规定的公差范围内；剪断面应垂直、光洁、飞边小；外形应满足图样要求，表面尽可能平直。影响冲裁件质量的因素很多，如：材料性能、模具间隙大小及均匀性、刃口状态、模具结构与制造精度、排样设计等。

1. **冲裁件尺寸精度及其影响因素**

冲裁件的尺寸精度是指冲裁件的实际尺寸与理想尺寸的符合程度。其偏离程度即为尺寸误差，它包括两个方面：一是冲裁件相对于模具刃口尺寸的偏差，二是模具本身的制造偏差。

（1）模具间隙等因素的影响　冲裁件相对于模具刃口尺寸的偏差，主要是工件脱离模具时，材料的弹性恢复引起的。该弹性恢复量的大小取决于凸、凹模间隙、材料性质、工件形状与尺寸等因素。落料时，若模具间隙过大，材料除受剪切外还产生拉伸弹性变形。冲裁后由于"回弹"将使制件尺寸有所减小，减小的程度随着间隙的增大而增加。若模具间隙过小，材料除受剪切外还产生压缩弹性变形，冲裁后由于"回弹"将使制件尺寸有所增大，增大的程度随着间隙的减小而增加。冲孔时，情况与落料相反，即间隙过大，使冲孔件尺寸增大；间隙过小，使冲孔件尺寸减小。

材料性质决定了其弹性变形量，软钢的弹性变形量小，冲裁后的弹性恢复量也小，故制件精度高。反之，则制件精度低。

此外，材料厚度、工件形状及尺寸对冲裁件的尺寸精度也有影响。材料厚、尺寸大、形状复杂的冲裁件，其尺寸精度一般较低。

（2）模具制造精度等因素的影响　模具刃口尺寸及制造公差直接决定了制件的尺寸精度，表13-3列出了两者的关系。模具的结构形式、定位方式对冲裁件精度亦有较大影响，一般由精密多工位级进模生产的制件尺寸精度高。

表 13-3　模具精度与冲裁件精度的关系

模具精度	材料厚度 t/mm											
	0.5	0.8	1.0	1.5	2	3	4	5	6	8	10	12
	工件精度											
IT6 ~ 7	IT8	IT8	IT9	IT10	IT10	—	—	—	—	—	—	—
IT7 ~ 8	—	IT9	IT10	IT10	IT12	IT12	IT12	—	—	—	—	—
IT9	—	—	IT12	IT12	IT12	IT12	IT12	IT12	IT14	IT14	IT14	IT14

2. **冲裁件断面质量及其影响因素**

一般冲裁件断面的粗糙度和允许的飞边高度分别见表13-4和表13-5。影响断面质量的主要因素有：

表 13-4　冲裁件断面的近似粗糙度

材料厚度/mm	~ 1	>1 ~ 2	>2 ~ 3	>3 ~ 4	>4 ~ 5
粗糙度/μm	$R_a3.2$	$R_a6.3$	$R_a12.5$	R_a25	R_a50

表 13-5　冲裁件断面允许的飞边高度

冲裁材料厚度/mm	~ 0.3	>0.3 ~ 0.5	>0.5 ~ 1.0	>1.0 ~ 1.5	>1.5 ~ 2.0
新模试冲时允许飞边高度/mm	≤0.015	≤0.02	≤0.03	≤0.04	≤0.05
生产时允许飞边高度/mm	≤0.05	≤0.08	≤0.10	≤0.13	≤0.16

模具间隙的影响 由冲裁变形过程分析可知，若凸、凹模间隙合理，材料分离时，凸、凹模处的两组剪裂纹重合，如图13-3b所示。此时制件断面虽有一定斜度，但比较平直、光洁、飞边小，且所需冲裁力小。当模具间隙过小或过大时，上、下裂纹不能重合。间隙过

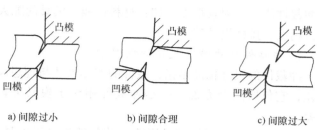

图13-3 间隙大小对零件断面质量的影响

a) 间隙过小　　b) 间隙合理　　c) 间隙过大

小时，凸模刃口附近的裂纹向外错移，如图13-3a所示。上、下裂纹中间的一部分材料，随着冲裁的进行，将被第二次剪切，在断面上形成第二光亮带。两光亮带之间形成撕裂的飞边和层片。间隙过大时，凸模刃口附近的裂纹向里错移，如图13-3c所示。由于材料受很大拉伸，断面光亮带减小，飞边、圆角和锥度都会增大。

此外，若模具间隙不均匀，将使制件产生局部飞边，即间隙大的一侧产生拉长飞边，间隙小的一侧产生挤压飞边，并加剧了刃口磨损。

四、冲裁件的结构工艺性

冲裁件的结构工艺性是指冲裁件对冲裁工艺的适应性，即其形状结构、尺寸大小、精度等级、材料与厚度等是否满足冲裁工艺要求。结构工艺性良好的冲裁件，应能满足容易冲压成形、省材料、工序少、模具易加工与寿命较高、操作方便及产品质量稳定等要求。冲裁件结构工艺性分析主要包括以下几个方面：

1）冲裁件形状应力求简单、对称，并有利于材料合理排样。工件内、外形转角处要尽量避免尖角，应以圆角过渡，以便于模具加工，减少冲压时尖角处的开裂现象，防止尖角部位的刃口过快磨损。其最小圆角半径参见表13-6。但当采用少废料、无废料排样或镶拼结构模具、级进模时不需要圆角。

表13-6 冲裁件最小圆角半径

工序	线段夹角	黄铜、纯铜、铝	软　钢	合金钢
落料	≥90°	0.18t	0.25t	0.35t
	<90°	0.35t	0.50t	0.70t
冲孔	≥90°	0.20t	0.30t	0.45t
	<90°	0.40t	0.60t	0.90t

注：t为材料厚度，当$t<1$mm时，均以$t=1$mm计算。

2）冲裁件凸出或凹入部的宽度不宜太小，应避免过长的悬臂与狭槽。如图13-4所示，当材料为高碳钢时，$b \geq 2t$；材料为黄铜、铝或软钢时，$b \geq 1.5t$。对于厚度$t<1$mm的材料，按$t=1$mm计算。

3）冲孔时，因受凸模强度的限制，孔的尺寸不能过小。用一般冲模冲孔的最小尺寸见表13-7。

4）制件上孔与孔之间、孔与边缘之间的距离a，受凹模强度和制件质量的限制，不宜太小，一般取$a \geq 2t$，并应保证$a \geq 3 \sim 4$mm。

5）在弯曲件或拉深件上冲孔时，孔边与直壁之间

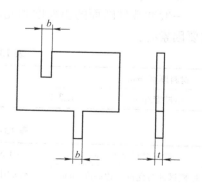

图13-4 冲裁件最小宽度

应保持一定距离，以免冲孔时凸模受水平推力而折断，如图 13-5 所示。

表 13-7　冲孔的最小尺寸

材料	自由凸模冲孔		精密导向凸模冲孔	
	圆形	矩形	圆形	矩形
硬钢	1.3t	1.0t	0.5t	0.4t
软钢及黄铜	1.0t	0.7t	0.35t	0.3t
铝	0.8t	0.5t	0.3t	0.28t

注：t 为材料厚度（单位为 mm）。

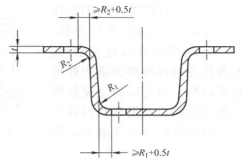

图 13-5　弯曲件孔边距最小值

6）冲裁件的经济精度不高于 IT11 级，一般要求落料件最好低于 IT10 级，冲孔件最好低于 IT9 级。制件的尺寸公差及孔距公差参见表 13-8、表 13-9。

表 13-8　冲裁件外形与内孔尺寸公差　（单位：mm）

零件尺寸	材料厚度			
	<1	1~2	2~4	4~6
<10	0.12 / 0.08	0.18 / 0.10	0.24 / 0.12	0.30 / 0.15
10~50	0.16 / 0.10	0.22 / 0.12	0.28 / 0.15	0.35 / 0.20
50~150	0.22 / 0.12	0.30 / 0.16	0.40 / 0.20	0.50 / 0.25
150~300	0.30	0.50	0.70	1.00

注：表中分子为外形的公差值，分母为内孔的公差值。

表 13-9　孔边距公差　（单位：mm）

孔距尺寸	材 料 厚 度			
	<1	1~2	2~4	4~6
<50	±0.1	±0.12	±0.15	±0.2
50~150	±0.15	±0.20	±0.25	±0.30
150~300	±0.20	±0.30	±0.35	±0.40

7）冲裁件尺寸的基准应尽可能与制造模具时的定位基准重合，并选择在冲裁过程中不参加变化的面或线为基准。如图 13-6a 中所示的尺寸标注是不合理的，因为模具的磨损将导致尺寸 C 的设计基准不稳定，应改用图 b 的标注方法。

五、冲裁件的排样与搭边

冲裁件排样与搭边是依据工件几何形状、冲压材料、生产批量及有关模具结构等因素来确定的。

1. 排样

制件在板料或条料上的布置方法称为排样。排样好坏对于减少材耗、提高劳动生产率和延长模具寿命有很大关系。根据材料的利用情况，排样方法分为三种：

（1）有废料排样　如图 13-7a 所示，沿制件的全部外形冲裁，制件周边都留有搭边。该排样方式材料利用率低，但冲裁

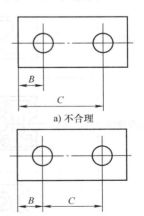

图 13-6　冲裁件的尺寸标注

件质量及模具寿命高，多用于冲裁形状复杂、尺寸精度较高的冲裁件。

（2）少废料排样 如图13-7b所示，沿制件的部分外形冲裁，制件外形局部留有搭边与余料。这种排样在制件外形无搭边处尺寸精度较低，但可以简化模具制造、降低冲裁力及提高材料利用率，多用于某些尺寸要求不高的冲裁件。

（3）无废料排样 如图13-7c

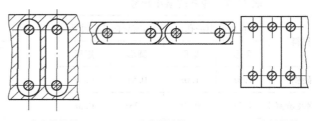

a) 有废料排样　　　b) 少废料排样　　　c) 无废料排样

图 13-7　排样的基本方法

所示，沿制件外形无搭边，对于条料或带料来说，只有料头和料尾的损失，材料利用率可达85% ~90%，但对冲裁件的结构形状有要求。

此外，按工件在条料上的布置方法还可分为：直排、斜排、直对排、斜对排、混合排、多行排和冲裁搭边等，见表13-10。对于形状复杂的冲压件，通常用纸片剪成3~5个样件，然后摆出各种不同的排样方法，经分析计算，确定出合理的排样方案。

表 13-10　常见的排样方式

排样方式	有废料排样	少废料及无废料排样
直排		
斜排		
对排		
混合排样		
多排		

（续）

排样方式	有废料排样	少废料及无废料排样
冲裁搭边		

2. 搭边

排样时，工件之间或工件与条（板）料之间留下的余料称为搭边。其作用是补偿定位误差，以保证冲裁件质量；保持条料刚度，便于送料；避免冲裁时条料边缘飞边被拉入模具间隙，以提高模具寿命。搭边量要合理确定，搭边量过大，材料利用率低；搭边量过小，对模具寿命和工件质量不利。影响搭边量的主要因素有：

（1）材料的力学性能　硬材料的搭边量可小些，软材料及脆材料的搭边量要大些。

（2）工件的形状与尺寸　工件尺寸大或有尖突的复杂形状时，搭边量要大些。

（3）材料厚度　材料越厚，搭边量越大。

（4）送料及挡料方式　手工送料，带有侧压装置的模具，搭边量可小些；用侧刃定距较用挡料销定距的搭边量小些。

搭边量一般是由经验来选取的，表 13-11 供参考。

表 13-11　最小工艺搭边量　（单位：mm）

材料厚度 t	圆件及 $r>2t$ 的圆角		矩形件边长 $L\leqslant 50mm$		矩形件边长 $L>50mm$ 或圆角 $r\leqslant 2t$	
	工件间 a_1	沿边 a	工件间 a_1	沿边 a	工件间 a_1	沿边 a
0.25 以下	1.8	2.0	2.2	2.5	2.8	3.0
0.25~0.5	1.2	1.5	1.8	2.0	2.2	2.5
0.5~0.8	1.0	1.2	1.5	1.8	1.8	2.0
0.8~1.2	0.8	1.0	1.2	1.5	1.5	1.8
1.2~1.6	1.0	1.2	1.5	1.8	1.8	2.0
1.6~2.0	1.2	1.5	1.8	2.0	2.0	2.2
2.0~2.5	1.5	1.8	2.0	2.2	2.2	2.5
2.5~3.0	1.8	2.2	2.2	2.5	2.5	2.8
3.0~3.5	2.2	2.5	2.5	2.8	2.8	3.2
3.5~4.0	2.5	2.8	2.5	3.2	3.2	3.5
4.0~5.0	3.0	3.5	3.5	4.0	4.0	4.5
5.0~12	0.6t	0.7t	0.7t	0.8t	0.8t	0.9t

注：表列搭边量适用于低碳钢，对于其他材料，应将表中数值乘以下列系数：

中等硬度的钢	0.9	软黄铜、纯铜	1.2
硬钢	0.8	铝	1.3~1.4
硬黄铜	1~1.1	非金属	1.5~2
硬铝	1~1.2		

3. 条料宽度

在确定排样方案和搭边量之后，就可以确定条料的宽度尺寸。其确定原则是：最小料宽应保证在冲裁时，制件周边有足够的搭边量；最大料宽能顺利地在导料板之间送进，并与导料板之间有一定间隙。由于表 13-11 所列侧面搭边量 a 已经考虑了剪料公差所引起的减小值，故条料宽度可用下述简化公式计算。

（1）有侧压装置时条料宽度　侧压装置能使条料始终沿导料板送进，故可按下式计算：

$$B^0_{-\Delta} = (L_{max} + 2a)^0_{-\Delta}$$

式中，B 是条料宽度的公称尺寸（mm）；Δ 是条料宽度的单向（负向）偏差（mm），见表 13-12；L_{max} 是条料宽度方向冲裁件的最大尺寸（mm）；a 是侧搭边量（mm），参考表 13-11。

表 13-12　条料宽度下偏差 Δ 值　　　　　（单位：mm）

条料宽度 B	材　料　厚　度　t			
	~1	1~2	2~3	3~5
~50	0.4	0.5	0.7	0.9
50~100	0.5	0.6	0.8	1.0
100~150	0.6	0.7	0.9	1.1
150~220	0.7	0.8	1.0	1.2
220~300	0.8	0.9	1.1	1.3

（2）无侧压装置时条料的宽度　由于送料过程中条料摆动使侧面搭边减小，故条料宽度应增加一个条料可能的摆动量，以补偿侧面搭边的减小。

$$B^0_{-\Delta} = (L_{max} + 2a + z)^0_{-\Delta}$$

式中，z 是导料板与最宽条料之间的间隙（mm），其最小值见表 13-13；B、Δ、L_{max}、a 含义同前。

（3）用侧刃定距时条料的宽度　当条料的送进步距以侧刃定位时，条料宽度需增加侧刃切去的部分。

表 13-13　导料板与条料之间的最小间隙 z_{min}　　　　（单位：mm）

材料厚度 t	无侧压装置			有侧压装置	
	条料宽度			条料宽度	
	100 以下	100~200	200~300	100 以下	100 以上
~0.5	0.5	0.5	1	5	8
0.5~1	0.5	0.5	1	5	8
1~2	0.5	1	1	5	8
2~3	0.5	1	1	5	8
3~4	0.5	1	1	5	8
4~5	0.5	1	1	5	8

$$B^0_{-\Delta} = (L_{max} + 1.5a + nb_1)^0_{-\Delta}$$

式中，n 是侧刃数；b_1 是侧刃冲切的条料宽度（mm），见表 13-14；B、Δ、L_{max} 含义同前。

表 13-14 侧刃冲切条料边宽度 b_1 值 （单位：mm）

条料厚度 t	b_1	
	金属材料	非金属材料
~1.5	1.5	2
>1.5~2.5	2.0	3
>2.5~3	2.5	4

4. 材料利用率

材料费用一般占冲压件成本的 60% 以上，故合理排样，对节约材料、提高经济效益具有重要意义。通常以制件的实际面积与所用板料的面积百分比，即材料利用率作为衡量指标。如图 13-8 所示，一个步距内的材料利用率 η 可用下式表示：

$$\eta = \frac{A}{Bs} \times 100\%$$

式中，A 是一个步距内冲裁件的实际面积；B 是条料宽度；s 是步距。

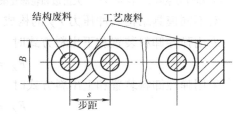

图 13-8 废料的种类

若考虑到料头、料尾和边余料的材料消耗，可计算出一张板料（或带料、条料）总的材料利用率 $\eta_总$。

六、冲裁力

1. 冲裁力的计算

在冲裁过程中，冲裁力是变化的。通常冲裁力即指冲裁力的最大值，它是选择压力机和设计模具的重要依据。对于平刃冲裁，可按下述公式计算冲裁力：

$$F = KLt\tau$$

式中，F 是冲裁力（N）；L 是冲裁周边长度（mm）；t 是材料厚度（mm）；τ 是材料抗剪强度（MPa）；K 是系数，一般取 $K = 1.3$。

为计算方便，也可按 $F \approx Lt\sigma_b$ 估算冲裁力，其中 σ_b 为材料的抗拉强度（MPa）。

2. 压力机公称压力的确定

压力机的公称压力应不低于冲压力。冲裁时冲压力由冲裁力、卸料力、推件力及顶件力组成，生产中常用经验公式计算：

卸料力 $F_X = K_X F$

推件力 $F_T = nK_T F$

顶件力 $F_D = K_D F$

式中，F 是冲裁力；K_X、K_T、K_D 分别为卸料力、推件力、顶件力系数，参见表 13-15；n 是同时卡在凹模内的冲裁件（或废料）数，$n = h/t$；t 是板料厚度（mm）；h 是凹模洞口的直壁高度。

表 13-15 卸料力、推件力和顶件力系数

料厚 t/mm		K_X	K_T	K_D
钢	≤0.1	0.065~0.075	0.1	0.14
	>0.1~0.5	0.045~0.055	0.063	0.08
	>0.5~2.5	0.04~0.05	0.055	0.06
	>2.5~6.5	0.03~0.04	0.045	0.05
	>6.5	0.02~0.03	0.025	0.03
铝、铝合金		0.025~0.08	0.03~0.07	
纯铜、黄铜		0.02~0.06	0.03~0.09	

注：卸料力系数 K_X 在冲多孔、大搭边和轮廓复杂制件时取上限值。

对不同模具结构其冲压力 F_Z 的构成不同：

采用弹性卸料装置和下出料方式时

$$F_Z = F + F_X + F_T$$

采用弹性卸料装置和上出料方式时

$$F_Z = F + F_X + F_D$$

采用刚性卸料装置和下出料方式时

$$F_Z = F + F_T$$

最后根据 $F_J \geqslant F_Z$ 选择压力机公称压力 F_J。

第三节　成型工艺

冲裁是电器冲压加工的最主要工艺方法，弯曲次之，而拉深、翻边、起伏等成型工艺亦占有一定比例。

一、弯曲工艺

将板料、棒料、管材或型材弯成具有一定曲率、角度和形状的冲压工序称为弯曲。弯曲工序应用广泛，常利用模具在曲柄压力机、摩擦压力机或液压机上进行。

（一）弯曲变形分析

1. 弯曲变形过程

如图 13-9 所示，板料在 V 形模具内弯曲过程中，板料的弯曲半径与板料在凹模上的支点距离均随凸模下行逐渐减小，直至行程终了时，板料与凸、凹模完全贴合。

2. 弯曲变形特点

如图 13-10 所示，观察变形后位于弯曲件侧壁的坐标网格及断面的变化，可以看出：①弯曲变形区主要位于弯曲件的圆角部分，此处正方形网格变成了扇形。在远离圆角的两直边，没有变形。靠近圆角处的直边，有少量的变形。②变形区的外层纵向金属纤维受拉伸长，内层受压缩短，其间有一层纤维长度保持不变，称为中性层。当变形程度较大时，由于径向压应力的作用，中性层明显向内侧移动，即非板料断面的几何中心。③当相对弯曲半径 r/t 较小时，变形区板料厚度由 t 变薄为 t_1，如图 13-11 所示。④变形区中剖面畸变分两种情况，宽板弯曲后横断面几乎不变，窄板弯曲后断面由矩形变成了扇形。

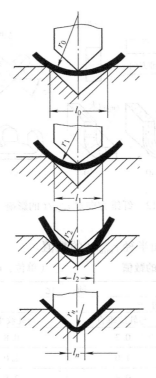

图 13-9　V 形件弯曲过程

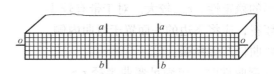

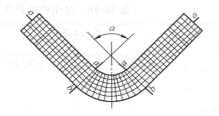

图 13-10　弯曲前后坐标网格的变化

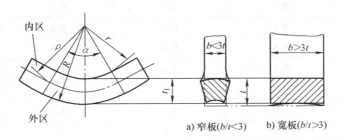

图 13-11　弯曲时毛坯断面形状的变化

（二）弯曲件质量分析

在弯曲工艺中，常见的质量问题有：弯裂、回弹和弯曲过程中工件偏移。

1. 弯裂

由弯曲变形原理可知，中性层内移，弯曲件外层纤维变形最大，即受拉伸长，故此处易断裂而造成废品。弯曲半径越小，则外层纤维受拉越长。为防止弯裂现象，应使弯曲半径大于最小弯曲半径 r_{min}，即导致材料弯裂之前的临界弯曲半径。影响最小弯曲半径 r_{min} 的因素主要有：①材料塑性愈好，r_{min} 愈小。②安排退火处理，可减弱或消除冲裁后的加工硬化，使 r_{min} 减小。③大于 90°的弯曲角对 r_{min} 无明显影响，反之外层纤维拉伸变形较严重，r_{min} 增大。④轧制钢板具有纤维组织，如图 13-12，当工件的弯曲线与板料的纤维方向垂直时，r_{min} 较小（见图 13-12a）；当弯曲线与板料的纤维方向平行时，r_{min} 较大（见图 13-12b）；在双向弯曲时，应使弯曲线与材料的纤维方向呈一定的夹角（见图 13-12c）。⑤板料表面和侧面质量差时，易造成应力集中并降低塑性变形的稳定性，r_{min} 较大。对于带有较小飞边的坯料，应将飞边的一面置于弯曲内侧，可防止弯曲件产生断裂。

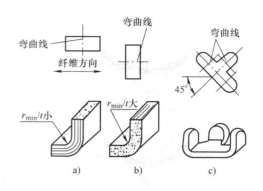

图 13-12 纤维方向对 r_{min}/t 的影响

设计弯曲件时，应满足弯曲半径 $r > r_{min}$ 的要求。表 13-16 列出了部分电器常用材料的最小相对弯曲半径 r_{min}/t 的数值。

表 13-16 最小相对弯曲半径 r_{min}/t 的数值 （单位：mm）

材　　料	正火或退火		硬　　化	
	弯曲线方向			
	与轧纹垂直	与轧纹平行	与轧纹垂直	与轧纹平行
铝			0.3	0.8
退火纯铜	0	0.3	1.0	2.0
黄铜 H68			0.4	2.8
05、08F			0.2	0.5
08、10、Q195、Q215	0	0.4	0.4	0.8
15、20、Q235	0.1	0.5	0.5	1.0
25、30、Q255	0.2	0.6	0.6	1.2
35、40、Q275	0.3	0.8	0.8	1.5
45、50	0.5	1.0	1.0	1.7
55、60	0.7	1.3	1.3	2.0
硬铝（软）	1.0	1.5	1.5	2.5
硬铝（硬）	2.0	3.0	3.0	4.0

注：本表用于板料厚 $t < 10mm$、弯曲角大于 90°、剪切断面良好的情况。

2. 回弹

材料的弯曲变形是由弹性变形过渡到塑性变形的。由于弹性变形的回复，使弯曲件的弯曲角和弯曲半径发生变化而与模具尺寸不一致，这种现象叫回弹。回弹的程度以回弹角 $\Delta \alpha$ 表示，即弯曲后制件的实际弯曲角与模具弯曲角的差值。回弹角越大，制件角度变化越大，直接影响了制件的尺寸精度。影响回弹的主要因素有：①回弹角与材料的屈服点 σ_s 成正比，与弹性模量 E 成反比。②随着材料的相对弯曲半径 r/t 的增大，弯曲区材料变形程度增大，其回弹角也增大。③形状越复杂的弯曲件，一次成形角的数量越多，弯曲时各部分相互牵制作用越大，拉伸变形成分越高，则回弹量越小。如 U 形件较 V 形件的弯曲回弹角小。④弯曲 U 形件时，模具间隙越大，弹性变形越大，回弹角也越大。⑤弯曲终了时进行校正，可增加圆角处的塑性变形程度，可减少回弹。校正时，可通过调整冲床滑块位置来增大校正力，减小回弹角。

弯曲工序中回弹不可避免，生产中常采取以下措施以减小回弹：

（1）改善工件结构 在制件的弯曲变形区压制加强筋，以增加弯曲区材料的刚度和塑性变形程度。

（2）合理安排工艺 对冷作硬化的材料，弯曲前安排退火处理，以降低材料屈服极限，减小回弹。必要时可采取加热弯曲。

（3）合理设计模具 在 V 形单角弯曲中，可将凸、凹模角度减去回弹角。在双角弯曲中，将凸模壁作出等于回弹角的倾斜度，并适当减小凸、凹模间隙，如图 13-13a 所示；也可以将凸模和顶料板制成弧形曲面，使工件底部局部成弯曲状态，如图 13-13b 所示。上述方法，均以回弹补偿回弹。在设计模具时，需事先计算出回弹角，待试模后再作适当调整。由于影响因素多，难以准确计算，因此很难全部弥补回弹角。

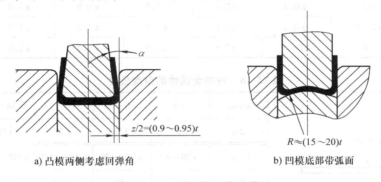

a) 凸模两侧考虑回弹角   b) 凹模底部带弧面

图 13-13 用补偿法修正模具

（4）校正法弯曲 即在弯曲终了时，凸、凹模对制件局部进行挤压校正，使制件变形区的弹性变形变为塑性变形，以减少回弹。图 13-14 为校正法弯曲凸模几何形状和尺寸。

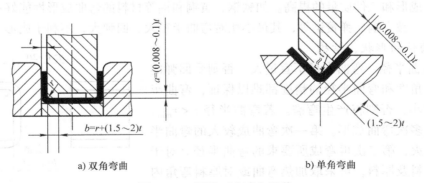

a) 双角弯曲   b) 单角弯曲

图 13-14 用校正法减少回弹

（5）减小凸、凹模间隙 间隙小可使回弹减小。

3. 偏移

在弯曲过程中，材料沿凹模圆角滑移时，向材料各边实际所受的摩擦力不等，使材料可能向左或向右偏移，造成制件边长不合要求的现象即为偏移。生产中可采用压料装置或定位销防止材料移动的措施。

（三）弯曲件的结构工艺性

弯曲件的结构工艺性是指弯曲零件的形状、尺寸、精度、材料以及技术要求等对弯曲工艺的适应性。具有良好结构工艺性的弯曲件，能简化弯曲工艺过程及模具结构，提高制件质量。

1. 弯曲件的精度

弯曲件的精度受坯料定位、偏移、翘曲和回弹等因素的影响。弯曲的工序数目越多，精度也越低。一般弯曲件非配合尺寸的精度取 IT13 级。表 13-17、表 13-18 分别列出了弯曲件卡度尺寸的极限偏差和角度公差。若零件角度公差超出表列数值，则须安排校正弯曲。

表 13-17　弯曲件未注公差长度尺寸的极限偏差　　　　（单位：mm）

长 度 尺 寸 *l*		3 ~ 6	>6 ~ 18	>18 ~ 50	>50 ~ 120	>120 ~ 260	>260 ~ 500
料 厚 *t*	≤2	±0.3	±0.4	±0.6	±0.8	±1.0	±1.5
	>2 ~ 4	±0.4	±0.6	±0.8	±1.2	±1.5	±2.0
	>4	—	±0.8	±1.0	±1.5	±2.0	±2.5

表 13-18　弯曲金属件的角度公差

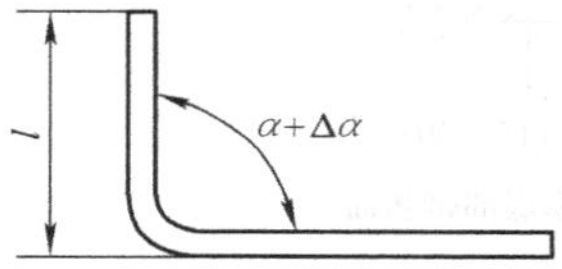

l/mm	<6	>6 ~ 10	>10 ~ 18	>18 ~ 30	>30 ~ 50
$\Delta\alpha$	±3°	±2°30′	±2°	±1°30′	±1°15′
l/mm	>50 ~ 80	>80 ~ 120	>120 ~ 180	>180 ~ 260	>260 ~ 360
$\Delta\alpha$	±1°	±50′	±40′	±30′	±25′

2. 弯曲件的材料

弯曲件的材料具有足够的塑性、屈强比（σ_s/σ_b）小、屈服极限与弹性模量比值小，则有利于弯曲成形和工件质量的提高。如软钢、黄铜和铝等材料的弯曲成形性能好；而脆性较大的磷青铜、铍青铜、弹簧钢等，其最小相对弯曲半径大、回弹大，不利于成形。

3. 弯曲件的形状、结构

（1）弯曲半径　弯曲半径不宜过大，否则受回弹的影响，弯曲角度和弯曲半径的精度都难以保证；弯曲半径也不宜过小，否则将产生弯裂。若弯曲半径 $r < r_{min}$，可分两次或多次弯曲成形。第一次弯曲成较大的弯曲半径，然后退火，第二次再弯成所要求的弯曲半径。对于比较脆的材料及厚料，可采取加热弯曲或对厚料弯角内侧先开槽后弯曲的工艺措施。

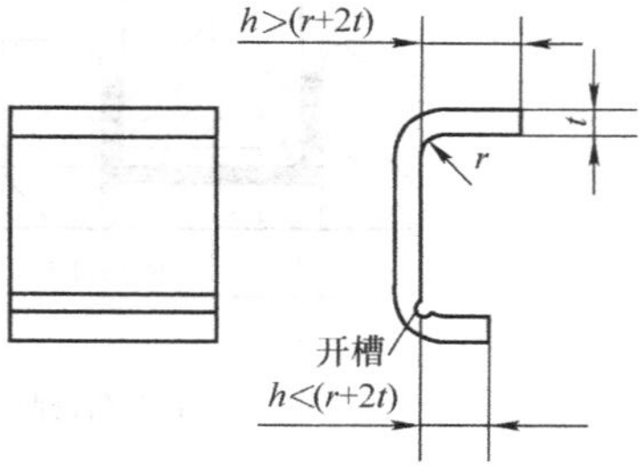

（2）弯边高度　弯曲件弯边高度 *h* 应满足 $h > (r + 2t)$，如图 13-15 所示。当 *h* 较小时，弯边在模具上支持

图 13-15　弯曲件弯边长度

长度过小，不易形成足够的弯矩，很难得到形状准确的零件。此时可采取预先压槽或增加弯边高度、弯曲后再切除等措施。

（3）弯曲件孔边距离　弯曲使位于变形区附近孔的形状会发生变形，为此，应使孔分布在变形区域之外，如图 13-16a 所示。一般孔边至弯曲半径 r 中心的距离按料厚确定：当 t <2mm 时　$l \geq t$；当 $t \geq 2$mm 时　$l \geq 2t$。

若 l 过小，为防止弯曲时孔的变形，可在弯曲线上冲孔或切槽（见图 13-16b、c），或采取先弯曲后冲孔工艺。

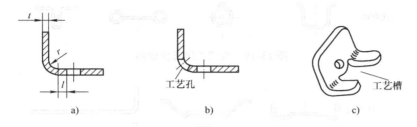

图 13-16　弯曲件孔边距离

（4）阶梯形毛坯件　局部弯曲时，为避免根部撕裂，应减小不弯部分的长度 B，使其退出弯曲线之外，即 $b \geq r$，如图 13-17a 所示。若零件长度不能减小，应在弯曲部分与不弯部分之间切槽或在弯曲前冲出工艺孔，如图 13-17b、c 所示。

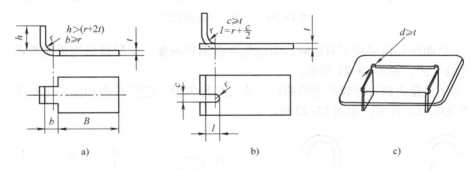

图 13-17　阶梯件弯曲

（5）弯曲件形状　弯曲件形状对称，弯曲半径左右一致，则弯曲时坯料受力平衡而无滑动，不会造成偏移。

（6）边缘部分有缺口的弯曲件　若在毛坯上先将缺口冲出，弯曲时会出现叉口，严重时便无法成形。对此，可在缺口处留有联结带，使之封闭，待弯曲后将其切除，如图 13-18 所示。

（四）弯曲工艺过程分析

弯曲件的冲压工艺，应根据工件的形状、精度要求、生产批量和材料的力学性能等因素合理安排，以满足减少工序数目、简化模具结构、延长模具寿命、提高工件质量和劳动生产率等要求。拟定弯曲工艺时，应考虑以下原则：

1）对于形状简单的 V 形、U 形、Z 形等弯曲件，可以一次弯曲成形。对于形状复杂的弯曲件，一般需要两次或多次弯曲成形。一般是先弯两端，后弯中间部分，前次弯曲应考虑后次弯曲有可

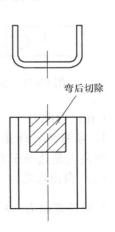

图 13-18　边缘有缺口的弯曲件

靠的定位，后次弯曲不影响前次弯曲的成形。图 13-19、图 13-20 分别为两次及三次弯曲成形示例。

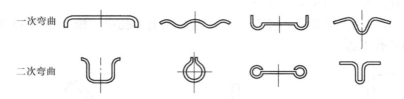

图 13-19 两道工序弯曲成形

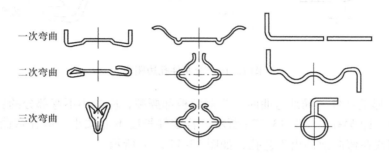

图 13-20 三道工序弯曲成形

2）当弯曲件几何形状不对称时，为避免弯曲偏移现象，应尽量采用成对弯曲，然后再切成两件的工艺，如图 13-21 所示。

3）对于批量大而尺寸较小的弯曲件，为使操作方便、定位准确和提高生产率，应尽可能采用级进模或复合模，如图 13-22 所示。

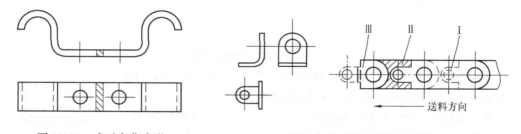

图 13-21 成对弯曲成形　　　　图 13-22 级进弯曲示意图

（五）弯曲力

1. 弯曲力的计算

弯曲力是选择压力机和设计模具的重要依据，生产中常用经验公式计算。

（1）自由弯曲时

V 形件弯曲力　$F_自 = \dfrac{0.6Kbt^2\sigma_b}{r+t}$

U 形件弯曲力　$F_自 = \dfrac{0.7Kbt^2\sigma_b}{r+t}$

式中，$F_自$ 是冲压行程结束时的自由弯曲力（N）；b 是弯曲件的宽度（mm）；t 是弯曲材料厚度（mm）；r 是弯曲件的内弯曲半径（mm）；σ_b 是材料的强度极限（MPa）；K 是安全系数，一般取 $K=1.3$。

（2）校正弯曲时

$$F_{校} = Ap$$

式中，$F_{校}$ 是校正弯曲力（N）；A 是校正部分垂直投影面积（mm²）；p 是单位校正力（MPa），参见表 13-19。

表 13-19　单位校正力　　　　　　　　　　　　　　　　（单位：MPa）

材　　料	料厚 t/mm		材　　料	料厚 t/mm	
	~3	>3~10		~3	>3~10
铝	30~40	50~60	10~20 钢	80~100	100~120
黄铜	60~80	80~100	25~35 钢	100~120	120~150

2. 压力机公称压力的确定

对于有压料的自由弯曲，压力机吨位 F_J 为

$$F_J \geqslant F_{自} + F_Q$$

对于校正弯曲，顶件力和卸料力 F_Q 可忽略，即

$$F_J \geqslant F_{校}$$

其中顶件力和卸料力 $F_Q = (0.3~0.8) F_{自}$。

二、拉深工艺

拉深是利用模具将平面坯料变成开口空心件的冲压工序。拉深可以制成圆筒形、阶梯形、球形、锥形、盆形及其他复杂形状的开口空心零件。拉深件尺寸范围较大，精度较高，一般可达 IT9~IT10 级。拉深工艺可在普通冲床、双动冲床或液压机上进行，在电器制造中有一定应用。

（一）拉深工艺特点

圆筒形工件的拉深过程如图 13-23 所示，其主要特点是金属由外缘向凹模内有较大的流动。如图 13-24a 所示，拉深后圆筒底部的网格形状没有变化，筒壁的网格则由原来的扇形变为长方形，且距底部愈远的部位，长方形的高度尺寸愈大。这充分说明拉深过程中，位于圆筒底部的金属没有产生塑性变形，塑性变形仅发生于筒壁部分，且由底部向上逐渐增大。圆筒上部的变形最大，该处金属圆周方向受到最大压缩，高度方向得到最大伸长。其材料流动如图 13-24b 所示，三角形阴影部分产生了塑性流动。

（二）拉深过程中出现的现象

1. 起皱

图 13-25 是拉深过程中某一瞬间坯料的应力与应变分布状态。从中可以看出，凸缘部分的材料主要受径向拉应力和切向压应力的作用。当切向压应力 σ_3 超过了材料抵抗失稳的能力时，凸缘部分材料出现起皱现象。因凸缘外边缘处 σ_3 最大，所以起皱主要出现在最外边缘上。拉深过程中 σ_3 越大，材料抗失稳能力越低，即毛坯相对厚度 t/D（t 为毛坯厚度，D 为毛坯直径）越小，凸缘越易起皱。起皱影响了零件质量，甚至使零件被拉破。它是拉深工艺产生废品的主要原因之一。生产中常采取拉深模具上设置压边圈的防止起皱方法。

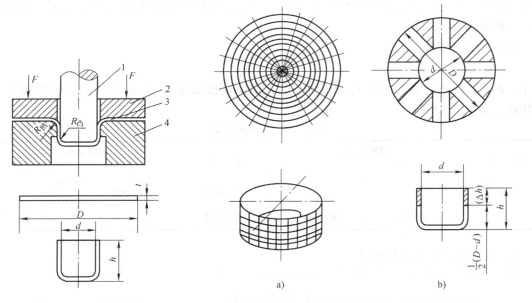

图 13-23　拉深过程

1—凸模　2—压边圈　3—毛坯　4—凹模

图 13-24　拉深变形情况及材料流动示意图

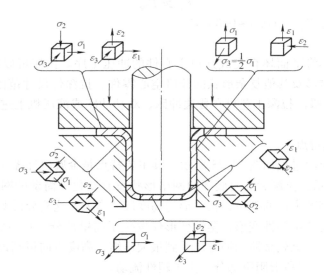

图 13-25　拉深过程的应力与应变状态

2. 材料的厚度变化

拉深过程中，拉深件除底部中心处材料厚度保持不变外，其他部位厚度都发生了不均匀变化，如图 13-26 所示。制件的侧壁上部变厚，下部变薄；底部圆角处厚度最薄，此处最易破裂而造成废品。

3. 材料的硬度变化

拉深过程中不同部位的材料发生了较大的、不均匀的塑性变形，必然引起不同程度的冷作硬化，如图 13-26 所示。冷作硬化现象使材料塑性降低，故对于需多次拉深的零件，一般

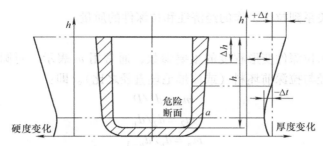

图 13-26　拉深件的厚度和硬度的变化

需要在拉深后安排退火处理。

（三）拉深件的结构工艺性

具有良好拉深结构工艺性的零件，可以缩短拉深流程和简化模具结构，否则成型困难。

1. 拉深件的精度

拉深件横断面的尺寸精度一般低于 IT12 级，如果精度等级要求高，可增加整形工序。由于多数情况下拉深件口部质量差，常安排切边工序。拉伸件内形或外形的直径偏差以及高度偏差可参考《冲模设计手册》。

2. 拉深件的形状要求

1）拉深件应尽量简单、对称。对半敞开的空心件，应考虑合并成对称形状一次拉深成形，然后剖切。

2）拉深件的高度不宜过大，便于一次拉深成形。

3）允许拉深件各处厚度的不均匀性。

4）多次拉深的零件，应允许内、外表面有拉深过程中的印痕。

5）在保证内、外侧尺寸或装配要求的前提下，应允许拉深件直壁有一定的斜度。

6）带凸缘拉深件的凸缘直径 D 与内腔直径 d 应满足：$D \geqslant (d + 10t)$。

7）拉深件底部或凸缘上有孔时，孔边到侧壁的距离应满足：$A_1 \geqslant (r + 0.5t)$，$A_2 \geqslant (R + 0.5t)$，如图 13-27a 所示。

8）拉深件的底与壁、凸缘与壁、矩形件的四角等圆角半径应满足：$r \geqslant t$，$R \geqslant 2t$，$r' \geqslant 3t$，如图 13-27b 所示。否则，应增加整形工序。

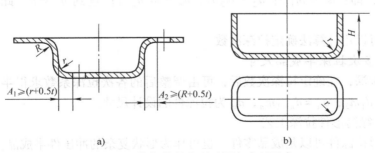

图 13-27　拉深件的孔距及圆角半径要求

（四）筒形件拉深工艺

在设计拉深件工艺时，需要确定采用几道拉深工序。既要使材料的应力不超过其强度极限、不出现起皱和拉裂的现象，又要充分利用材料的拉深性能，使之达到最大变形程度。拉深工序的多少直接关系到拉深工作的经济性和拉深件的质量。

1. 拉深系数

拉深系数是表示拉深件变形程度的重要参数，通常用 m 表示。对圆筒形件来说，拉深系数就是拉深后直径与拉深前坯料（或筒形毛坯直径之比）。即：

第一次拉深 $\qquad\qquad m_1 = d_1/D$

以后各次拉深 $\qquad\qquad m_2 = d_2/d_1$

$$m_n = d_n/d_{n-1}$$

式中，m_1、m_2、$\cdots m_n$ 是各次拉深的拉深系数；D 是毛坯直径（mm）；d_1、d_2、$\cdots d_n$ 是以后各次半成品直径（mm）。

拉深系数 m 是小于 1 的系数，其值越小，表明变形程度越大。

2. 影响拉深系数的因素

影响拉深系数因素较多，主要有以下几个方面：

（1）材质　不同材质其塑性及拉深强度不同，这两项性能是决定拉深系数的主要因素。

（2）毛坯相对厚度　料厚与毛坯直径之比为相对厚度 t，当 t/D 较大时，在相同条件下，拉深时不易起皱。此时允许拉深件的变形程度大，m 可取小些，即允许变形程度较大。

（3）模具结构　采用压边装置的模具，可取较小 m 值。

（4）拉深顺序　由于拉深后材料冷作硬化，使其塑性降低，因此同一工件不同次拉深系数亦不同，即 $m_1 < m_2 \cdots < m_n$。

3. 拉深系数值

圆筒形件的极限拉深系数（带压料圈或不带压料圈），可从有关冷冲压工艺手册中查得。

4. 拉深次数

在制定拉深工艺时应比较零件要求的拉深系数值与材料的许用拉深系数值。如要求值大于许用值，零件可一次拉深成形，否则需多次拉深。拉深次数常用以下两种方法确定：

（1）查表法　筒形件的拉深次数可根据零件的相对高度 h/d 和材料的相对厚度 t/D，由有关冷冲压工艺手册中查得。

（2）推算法　根据已知条件，由冷冲压工艺手册查得各次极限拉深系数，并依次计算各次拉深直径，即：$d_1 = m_1 D$；$d_2 = m_2 d_1$；$d_n = m_n d_{n-1}$；直到 $d_n < d$。此时 n 即为拉深次数。

此外，还可以用计算法确定拉深次数。

5. 筒形件多次拉深半成品尺寸

对于多次拉深，在确定拉深次数后，可由调整后的各次拉深系数求得半成品尺寸，即：$d_1 = Dm_1$；$d_2 = d_1 m_2$；$d_n = d_{n-1} m_n$，d_n 为拉深件的设计尺寸。

（五）有凸缘筒形件拉深工艺

带凸缘筒形拉深件可以是成品零件，也可作为形状复杂的冲压件半成品。其拉深成形过程和工艺计算与无凸缘筒形件有一定差别，主要差别在于首次拉深。

根据凸缘直径与筒部直径之比，可将有凸缘筒形件分为窄凸缘件（比值为 1.1 ~ 1.4）和宽凸缘件（比值大于 1.4）。前者可按筒形件拉深方法处理，只在最后两道拉深工序中才能将工序件拉成具有锥形的凸缘，最后通过整形工序，压成平面凸缘。图 13-28 为窄凸缘筒形件及其拉深过程，材料为 10 钢，板厚为 1mm。

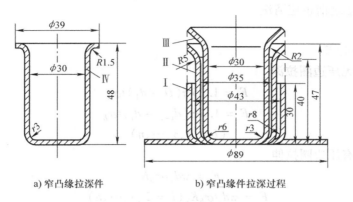

a) 窄凸缘拉深件   b) 窄凸缘件拉深过程

图 13-28 窄凸缘筒形件的拉深

Ⅰ—第一次拉深 Ⅱ—第二次拉深 Ⅲ—第三次拉深 Ⅳ—成品

拉深宽凸缘件时，应遵循下述原则：首次拉深就应拉成具有与工件相同凸缘直径的工序件。在以后各次拉深时，凸缘不再参与变形，而拉深变形只在中间圆筒部分进行。其原因在于宽凸缘件凸缘较宽，要使凸缘变形，必将使筒壁拉应力剧增，可能导致筒壁变薄或拉裂。生产实践中，宽凸缘件的多次拉深常采用以下两种方法：

1）缩小筒形直径，增加筒形高度，凸、凹模圆角半径基本不变，见图 13-29a。此法适于材料较薄、高度较大的中小型（$d_t < 200$mm）宽凸缘件。

2）减小圆角半径，缩小筒形直径，筒形高度基本不变，见图 13-29b。此法适于料厚较大、拉深高度较小的大中型（$d_t > 200$mm）宽凸缘件。

（六）拉深工艺的辅助工序

为了保证拉深工艺过程的顺利进行，提高拉深零件的尺寸精度和表面质量，延长模具的使用寿命，需要安排一些必要的辅助工序，如：坯料或工序件的热处理、酸洗和润滑等。

（1）润滑 以圆筒形件为例，在拉深过程中，对于压料圈和凹模、凹模圆角、凹模侧壁与板料的接触部位，需安排润滑工序，可选用植物油乳化液、工业凡士林、滑石粉等润滑剂，以减小摩擦力，但凸模不需润滑。

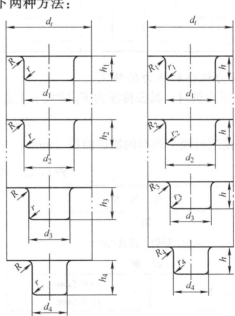

a) R 及 r 不变、缩小直径而增加高度   b) h 不变、减小 R 和 r 而减小直径

图 13-29 宽凸缘件的多次拉深

（2）热处理 为降低拉深过程中的加工硬化、恢复材料塑性、消除内应力，可以在拉深工序间安排退火等热处理。

（3）清洗 热处理后的工序件需安排清洗，去除表面氧化层后方可继续进行冲压加工。有些坯料，在成形之前也应清洗。

（七）拉深力

1. 拉深力的计算

（1）筒形件无压边圈拉深

首次拉深 $$F = 1.25\pi(D - d_1)t\sigma_b$$

以后各次拉深 $$F = 1.3\pi(d_{i-1} - d_i)t\sigma_b$$
$$(i = 2、3、\cdots、n)$$

（2）筒形件有压边圈拉伸

首次拉深 $$F = \pi d_1 t\sigma_b K_1$$

以后各次拉深 $$F = \pi d_i t\sigma_b K_2(i = 2、3、\cdots、n)$$

式中，F 是拉深力（N）；t 是板料厚度（mm）；D 是坯料直径（mm）；d_1、$\cdots$、d_i 是各次拉深工序件直径（mm）；K_1、K_2 是修正系数，参考表13-20选取。

表13-20 修正系数 K_1、K_2 值

m_1	0.55	0.57	0.60	0.62	0.65	0.67	0.70	0.72	0.75	0.77	0.80	—	—	—
K_1	1.0	0.93	0.86	0.79	0.72	0.66	0.60	0.55	0.5	0.45	0.40	—	—	—
m_2、m_3、$\cdots$、m_n	—	—	—	—	—	—	0.70	0.72	0.75	0.77	0.80	0.85	0.90	0.95
K_2	—	—	—	—	—	—	1.0	0.95	0.90	0.85	0.80	0.70	0.60	0.50

2. 压力机公称压力的确定

选择压力机时，其公称压力 F_J 应大于工艺总压力 F_Z（拉深力 F 与压料力 F_Y 之和）。

$$F_Y = Ap$$

式中，A 是压料圈下坯料的投影面积（mm^2）；p 是单位压料力（MPa），参见表13-21。

表13-21 单位压料力

材 料 名 称		p/MPa
铝		0.8 ~ 1.2
纯铜、硬铝（已退火的）		1.2 ~ 1.8
黄 铜		1.5 ~ 2.0
软 钢	$t < 0.5\text{mm}$	2.5 ~ 3.0
	$t > 0.5\text{mm}$	2.0 ~ 2.5
镀锡钢板		2.5 ~ 3.0
耐热钢（软化状态）		2.8 ~ 3.5
高合金钢、高锰钢、不锈钢		3.0 ~ 4.5

在实际生产中可按下式确定压力机的公称压力，一般不需校核拉深力。

浅拉深 $$F_J \geqslant (1.6 ~ 1.8)F_Z$$

深拉深 $$F_J \geqslant (1.8 ~ 2.0)F_Z$$

三、其他成型工艺

在板料冲压工艺中，除冲裁、弯曲、拉深等主要工序外，还有胀形、翻边、缩口、校平与整形等工序。下面对电器制造中常见的起伏与翻边作一简单的介绍。

（一）起伏成形

板料在模具作用下，通过局部胀形而产生凸起或凹下的冲压加工方法称为起伏成形，俗称局部胀形。它主要用来增强制件的刚度和强度，也可用作表面装饰或标记。常见的起伏成形有压加强筋、压凸包、压字和压花等（见图13-30）。

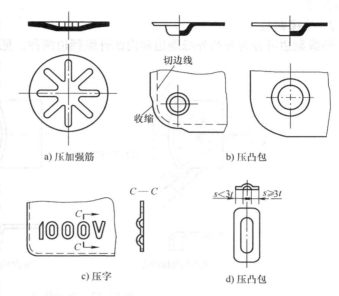

a) 压加强筋

b) 压凸包

c) 压字

d) 压凸包

图 13-30　起伏成形

在制订工艺时，应考虑起伏成形的极限变形程度。如果零件要求的局部胀形超过极限变形程度时，可以采取多次冲压成形（见图 13-31）。以形状简单的加强筋零件为例，能够一次成形加强筋的条件为：

$$\varepsilon_P = \frac{l_1 - l_0}{l_0} \leqslant K\delta$$

式中，ε_P 是许用断面变形程度；l_0、l_1 是变形前后变形区横断面的长度；K 是系数，一般 $K = 0.7 \sim 0.75$，视加强筋形状定，半圆形筋取上限值，梯形筋取下限值；δ 是材料延伸率。

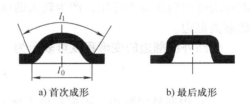

a) 首次成形

b) 最后成形

图 13-31　两道工序成形的加强筋

（二）翻边

翻边是利用模具将板料的内孔或外缘翻成竖直边缘的一种成形工艺。它可加工形状较为复杂且有良好刚度的立体制件，能在冲压件上制取与其他零件装配的部位（如铆钉孔、螺纹底孔等）。翻边还可代替某些复杂零件的拉深工序，改善材料塑性流动，以免发生破裂或起皱。用翻边代替先拉深后切底的方法制取无底零件，可减少加工次数，并节省材料。

翻边分内孔翻边和外缘翻边两种形式。

1. 内孔翻边

在翻边过程中纤维沿切向方向伸长，越靠近孔口纤维伸长越大。竖边的壁厚有所减薄，尤其孔口处减薄更为显著。孔口处所受切向拉应力达到最大值，孔口边缘易被拉裂而成为危险区域。孔口拉裂的条件取决于变形程度的大小。变形程度通常用翻边系数表示：

$$K = d/D$$

式中，K 是翻边系数；d 是翻边孔预制孔的中径；D 是翻边后孔的中径。

影响翻边系数的因素较多，生产中可采取多种措施，以改善内孔翻边成形性能。如：减小翻边内孔孔缘飞边和硬化层；冲孔后增加修整和退火等工序；以钻削代替冲孔；将预制孔有飞边的一面朝向凸模放置等。各种材料的极限翻边系数可从有关冷冲压工艺手册中查得。

2. 外缘翻边

外缘翻边可分为外凸外缘翻边和内凹外缘翻边两种，见图13-32。

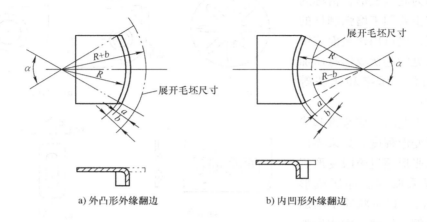

a) 外凸形外缘翻边　　　　　　b) 内凹形外缘翻边

图13-32　外缘翻边

（1）外凸外缘翻边　用模具把毛坯上外凸的外缘翻成竖边的冲压工序叫做外凸外缘翻边。其应力和应变情况近似浅拉深，竖边根部附近的圆角部位产生弯曲变形，而竖边的其他部位均受切向压应力作用，产生较大的压缩变形。导致材料厚度有所增大、容易起皱，属于压缩类翻边。

外凸外缘翻边的变形程度可表示为

$$E_凸 = \frac{b}{R + b}$$

（2）内凹外缘翻边　用模具把毛坯上内凹的外缘翻成竖边的冲压工艺叫做内凹外缘翻边。其应力和应变情况与圆孔翻边相似，属于伸长类翻边，即竖边切向伸长、厚度减薄，易发生破裂。

内凹外缘翻边的变形程度可表示为

$$E_凹 = \frac{b}{R - b}$$

外缘翻边的成形极限 $E_凸$、$E_凹$ 可参阅《冲模设计手册》。

第四节　冲 压 模 具

冲压模具是对板料等进行冲压加工以获得合格产品的专用工具，简称冲模。

一、冲压模具的分类及工艺特点

1. 冲模的分类

冲模的种类很多，按工艺性质可分为冲裁模、弯曲模、拉深模、成形模；按工序组合可分为单工序模、复合模、级进模；按材料送进方式可分为手动送料模、半自动送料模、自动送料模；按适用范围可分为通用模和专用模；按导向方式可分为无导向模、板式导向模、滑动导柱模、滚珠导柱模。此外，还可以从模具材料、尺寸大小及制造难易等来区分。通常多按工艺性质和工序组合分类。

（1）单工序冲模　冲床每次行程中只能完成同一种冲压工序。

（2）级进模　在冲床一次行程中，按一定顺序在模具的不同位置上完成两种以上的冲压工序。

（3）复合冲模　在冲床一次行程中，在模具同一位置能完成几个不同的冲压工序。

2. 不同类型冲压模的工艺特点

表 13-22 列出了单工序冲模、级进模、复合冲模的工艺特点。

表 13-22　单工序冲模、级进模与复合冲模的比较

模 具 性 能		单工序冲模		级进模	复合冲模
		无导向	有导向		
工作精度	尺寸精度	低	较低	略高	高
	位置精度			略高	高
制品表面平整度		不平	一般	不平、需要校平	平整、不翘曲
制品尺寸及厚度		不受限制	长 300mm 厚 6mm	长度 <250mm 厚度 0.2 ~ 6mm	长 1000mm 厚 0.05 ~ 3mm
生产率		低	低	高、便于自动化	较高
使用高速冲床的可能性		只能单件不能连冲	可连冲速度不高	适于高速冲床冲压	不易高速冲压及连续冲压
生产安全性		不安全	不安全	较安全	不安全
材料要求		可用边角余料等任何材料	条料，要求不严格	条料宽度要求有较高的尺寸精度	除条料外可用边角余料，尺寸要求不严
冲模制造难易程度		容易	若导向机构采用标准化不难	制造困难，制模技术要求高	制造较困难，要求有较高的制模技术
冲模安装与调整		麻烦	容易	容易、操作简单	容易、操作简单

二、冲压模具的结构组成

冲压模具结构复杂，按照各组成零件的独立功能可以归纳为两大类，即工艺零件和辅助零件，详见表 13-23。

三、典型冲裁模结构简介

参阅第一篇第三章第三节有关内容。

表 13-23　冲模结构的组成及其零件作用

零　件　种　类			零件名称	零　件　作　用
模具基本结构	工艺零件	工作零件：凸　模／凹　模／凸凹模／刃口镶块		完成板料的分离成形
		定位零件：定位销（板）／挡料销（板）／导正销／导料板／定距侧刃／侧压器		确定条料（坯件）在冲模中的正确位置
		压料、卸料及出料零件：压边圈／卸料板／顶出器／顶销／推杆（板）／废料刀		使零件从条料分离后，将零件从冲模中卸下来。而拉深模的压边圈起防止失稳起皱作用
	辅助零件	导向零件：导柱／导套／导板／导块		正确保证上、下模的正确位置，以保证冲压精度
		支承及夹持零件：上、下模板／模柄／固定板／垫板／限位器		连接固定工作零件，使之成为完整的模具结构
		紧固零件：螺钉／圆柱销		紧固、连接各类零件，圆柱销起稳固定位作用
		缓冲零件：弹簧／橡皮		利用弹力起卸退料作用

第五节　冲压设备及其自动化

一、冲压设备

选择冲压设备包括设备类型和设备规格两个方面。

（一）冲压设备类型的选择

冲压设备是锻压设备的重要组成部分，根据机械行业标准 JB/T 9965—1999 规定，通用的锻压设备类型及代号见表 13-24。其中机械压力机又可分为若干组、型（系列），可参考《冲模设计手册》。

表 13-24　通用锻压设备的类型代号

类　别	机械压力机	液压机	自动锻压机	锤	锻机	剪切机	弯曲校正机	其他
字母代号	J	Y	Z	C	D	Q	W	T

选择冲压设备类型，主要是根据冲压工艺性质，生产批量大小，冲压件的几何形状、尺寸及精度要求等因素来确定的。对于中小型冲裁件、弯曲件和浅拉深件，主要选用开式压力机。此类压力机具有三面敞开的操作空间，操作方便，容易安装机械化装置及成本低廉等优点。但工作时床身的角变形会导致冲模间隙分布不均，降低冲模的寿命和制件质量，主要用于精度不太高的冲压件生产。对于大中型和精度高的冲压件，主要选用闭式压力机。在小批生产，尤其是大型厚板料的成形工艺中，多选用液压机。在大量生产中应选用高速自动压力机或多工位自动压力机，以提高生产效率与精度。表 13-25 列举了冲压工艺与冲压设备选用对照表。

表 13-25　冲压工艺与冲压设备选用对照表

冲压类型 冲压设备	冲裁	弯曲	简单拉深	复杂拉深	整形校平	立体成形
小行程通用压力机	✓	○	×	×	×	×
中行程通用压力机	✓	○	✓	○	○	×
大行程通用压力机	✓	○	✓	○	✓	✓
双动拉深压力机	×	×	○	✓	×	×
高速自动压力机	✓	×	×	×	×	×
摩擦压力机	○	✓	×	×	×	✓

注：表中✓表示适用，○表示尚可使用，×表示不适用。

（二）冲压设备规格的选择

参阅第一篇第三章第二节有关内容。

二、冲压自动化

参阅第一篇第三章第三节有关内容。

随着冲压自动化的不断发展，计算机辅助工艺设计与制造 CAD、CAM 及 CAPP 逐步被推广使用，使冲压模具精密化和多功能化，使生产过程自动化和高速化，促进了冲压技术的不断发展。

习　题

13-1　何谓冲压件？冲压的优缺点及在电器制造中的作用如何？简述冲压工艺的分类及冲压用材料。

13-2　何谓冲裁工艺？简述板料裁剪、冲裁工艺过程分析、冲裁件质量分析、冲裁件的结构工艺性、冲裁件的排样与搭边及冲裁力。

13-3　试述弯曲工艺弯曲变形分析、弯曲件质量分析、弯曲件的结构工艺性、弯曲工艺过程分析及弯曲力。

13-4　试述拉深工艺特点、拉深过程中出现的现象、拉深件的结构工艺性、筒形件拉深工艺、有凸缘筒形件拉深工艺、拉深工艺的辅助工序及拉深力。

13-5　试述冲压模具的分类、工艺特点、结构组成、典型冲裁模结构简介、冲压设备及冲压自动化。

13-6　编制冲压件、弯曲件及拉深件加工典型工艺卡片。

第十四章
塑料零件制造

第一节 塑 料

塑料是以合成树脂为主要成分，加入一定的添加剂，在一定的温度、压力、时间条件下，可以塑制成具有一定形状、且在一定条件下仍能保持形状不变的材料。

塑料制品在日常生活和工业生产各部门已得到日益广泛的应用。据有关文献估计，到2014年全世界塑料年产量已达到28亿吨，几乎每类电器都有塑料件。特别在低压电器中，塑料件的比重越来越大，多则达到80%；在家用电器中应用也比较广泛。

这对于节约金属材料，提高产品技术经济指标，促进技术进步都具有十分重要的意义。

一、塑料的组成及分类

（一）塑料的组成

塑料一般是由树脂和添加剂组成的。

1. 树脂

树脂是构成塑料的主要成分，它决定了塑料的类型，影响着塑料的基本性能，如力学性能、物理性能、化学性能和电气性能等；它胶粘着塑料中的其他成分，使塑料具有塑性或流动性，从而具有成型性能。目前，生产中使用的树脂主要是合成树脂，很少用天然树脂。合成树脂是以煤、石油等为主要原材料，经化学物理方法合成的高分子化合物。常用的合成树脂有：聚氯乙烯、聚乙烯、酚醛树脂、氨基树脂和环氧树脂等。

2. 添加剂

为了改善塑料的成型工艺性能，改善制品的使用性能或降低成本，塑料中或多或少都加入各种添加剂。常用的添加剂有：

（1）填充剂（又称填料） 填充剂是塑料中重要的但并非是必不可少的成分，起增量和改性作用。如加入钙质填料，具有增量、提高刚性与耐热性作用；加入玻璃纤维可提高力学性能和耐热性；加入氧化铝可提高电气性能及阻燃性；加入云母和石棉可提高耐热性及耐电弧性能，亦可增加绝缘性能等。填充剂有粉状、纤维状及层状，分无机和有机两类。除上述几种填料外，常用的还有木粉、石墨及棉纤维等。

（2）增塑剂 为了增加塑料的塑性、流动性和柔韧性，改善成型性能，常加入增塑剂。常用的增塑剂有邻苯二甲酸二丁酯、磷酸三苯酯及樟脑等。

（3）稳定剂 稳定剂的作用是抑制和防止树脂受光、热、氧等外界因素所引起的破坏作用，使之不易氧化，延长使用寿命。常用的稳定剂有环氧树脂、硬酯酸盐及铅化合物等。

（4）润滑剂 其作用是便于脱模并使制品表面光滑。常用的润滑剂有硬脂酸等。

（5）固化剂　其作用是加速成型，使树脂由线性结构转变成体型结构。不同的合成树脂对固化剂选择亦不同，如酚醛树脂中加乌洛托品（六次甲基四胺），环氧树脂中加入苯二甲酸酐等。

（6）阻燃剂　在不耐热的塑料中加入一些含磷卤素的有机物或三氧化二锑等物质，就能阻止或减缓其燃烧。

（7）其他添加剂　如着色剂、发泡剂、耐热剂、防静电剂及防毒剂等。

（二）塑料的分类

塑料的品种很多，其分类方法如下：

1. 按受热性质分类

（1）热固性塑料　在加热时发生了不可逆的化学反应，经交联固化后，再重复加热也不会软化，即失去了可塑的性质，故又称不可逆塑料。热固性塑料的主要成分是热固性树脂，如常见的酚醛树脂、环氧树脂及氨基树脂等。

（2）热塑性塑料　在加热时不发生化学反应，经冷却成型后，再重复加热仍能保持着塑料原有的可塑性，故又称为可逆性塑料。热塑性塑料的主要成分是热塑性树脂，如常见的聚乙烯、聚氯乙烯、聚碳酸脂及聚砜等。

2. 按用途分类

（1）通用塑料　指一般使用的、产量大、应用面广、价格便宜及易于成型加工的塑料。如酚醛塑料、氨基塑料、PE、PP、PS 和 PVC 等。

（2）工程塑料　泛指综合性能（电性能、力学性能、耐高低温性能）好，可代替金属作工程结构材料的塑料。如 PA、PC、ABS、PDM 等。

（3）功能塑料　指具有某种物理功能（如耐高温、耐烧蚀、耐辐射、导电及导磁等）的塑料。电器产品中多见于耐高温，常用的有聚四氟乙烯、硅树脂及环氧树脂等。

二、塑料的主要特性

在电器中得到广泛应用的塑料，具有良好的使用性能和工艺性能：

（1）电气绝缘性能好　要求塑料具有优良的电气绝缘性能与极小的介质损耗，因此常用于制造电器中的绝缘支承件及底板等零件。

（2）化学稳定性好　塑料具有较好的耐腐蚀能力，一般塑料均有耐酸、碱等化学物质侵蚀的特性。

（3）密度小　塑料的密度一般为 $0.9 \sim 2.3 g/cm^3$，泡沫塑料只有 $0.02 \sim 0.5 g/cm^3$。这对于减轻电器产品的重量具有重要的意义。

（4）机械强度和耐磨性好　大部分塑料都具有较好的机械特性，甚至部分塑料的机械强度超过了普通钢材。很多塑料的摩擦系数小，耐磨性能好。

（5）灭弧、耐弧、耐热和阻燃好，同时还具有美观、吸振和消声等特性。

（6）优良的成型性　在一定的条件下，塑料具有良好的流动性、一定的收缩性和硬化速度，因而可以采用多种成型加工方法，制成复杂的塑料零件，并可实现少、无切削加工。

当然，塑料也有它的不足之处：大部分塑料的机械强度不及金属；耐热性能较差；易老化；膨胀系数大，且抗外力蠕变能力差等。这些缺点使塑料在电器中的应用范围受到了一定的限制。

三、塑料在电器制造中的应用

塑料在电器制造中主要用于结构零件、绝缘零件、耐电弧零件、摩擦零件及粘合剂等。常用塑料的基本性能及用途见表 14-1。

表 14-1　常用塑料的基本性能

塑料名称	缩写	物理性能密度/(g·cm⁻³)	成型收缩率(%)	吸水性(%)	弯曲强度/MPa	冲击强度/(N·cm·cm⁻²)(无缺口)	体积电阻率/(Ω·cm)	表面电阻率/Ω	击穿强度/(kV·mm⁻¹)	耐漏电痕迹性/kC	耐电弧性/s	长期使用最高温度/°C	最低使用温度/°C
低压聚乙烯	LDPE	0.91~0.93	1.0~3.0	<0.01	20~40	>30	>10^{16}	>10^{14}	>18		130~150	60~75	-50
高压聚乙烯	HDPE	0.94~0.96	1.2~3.0	>0.01	10~20		>10^{16}	>10^{14}	>18		135~160	70~80	-50
聚丙烯	PP	0.80~0.91	1.3~2.5	0.01~0.03	70~90	>15	>10^{16}	>10^{13}	>18	>600	136~185	100	-30
尼龙6	PA6	1.13	0.8~2.0	0.50~0.56	68~98	>50	>10^{13}	>10^{12}	>17	>600	130~145	70~105	-30
尼龙66	PA66	1.14	0.8~2.0	>0.394	98~117	>50	>10^{13}	>10^{12}	>16	>600	130~140	70~105	-30
尼龙610	PA610	1.0~1.13	1.0~2.0	0.10~0.116	68~88	>50	>10^{14}	>10^{13}	>16	>600	120~140	70~105	-30
尼龙1010	PA1010	1.0~1.05	1.2~2.5	0.08~0.13	76~80	>50	>10^{14}	>10^{13}	>17	>600	120~130	70~105	-30
聚甲醛	POM	1.41~1.43	1.3~2.5	0.22~0.25	30~80	>25	>10^{15}	>10^{13}	>19	>600	130~170	75~85	-60
聚苯乙烯	PS	1.04~1.06	0.4~0.8	0.03~0.10	30~70	>20	>10^{15}	>10^{13}	>15	150~250	60~95	60~80	-10
聚甲基丙烯酸甲酯	PMMA	1.15~1.18	0.3~0.6	0.10~0.40	30~80	>20	>10^{14}	>10^{13}	>17	>600	140~190	65~90	-40
丙烯腈-丁二烯-苯乙烯共聚物	ABS	1.0~1.06	0.4~0.6	0.20~0.45	45~85	>50	>10^{14}	>10^{13}	>13	>600	50~85	70~85	-40
聚碳酸酯	PC	1.18~1.20	0.5~0.8	0.14~0.16	78~93	>60	>10^{16}	>10^{15}	>15	260~300	10~120	125~135	-100
聚砜	PSU	1.20~1.25	0.7~1.0	0.20~0.43	90~105	>35	>10^{16}	>10^{14}	>15	>600	75~120	130~150	-100
聚苯醚	PPO	1.06~1.07	0.7~1.0	0.05~0.06	88~102	>4	>10^{14}	>10^{13}	>15	300~400	20~70	100~155	-100
聚对苯二甲酸丁二酯	PBTP	1.30~1.32	1.0~2.2	0.07~0.08	50~100	>45	>10^{15}	>10^{14}	>17	380~450	30~120	70~120	-30
酚醛塑料 木粉填料	PF	1.40~1.50	0.4~0.9	0.25~0.80	65~90	>40	>10^{10}	>10^{11}	>8	300~400	10~80	110~120	-30
酚醛塑料 矿物粉填料	PF	1.70~1.95	0.3~0.8	0.20~0.40	70~95	>30	>10^{11}	>10^{12}	>10	>600	20~100	120~130	-30
酚醛塑料 玻璃纤维填料	PF	1.75~1.85	0.1~0.4	0.03~0.40	80~130	>150~250	>10^{11}	>10^{12}	>10	>600	4~100	150~180	-40
三聚氰胺塑料 纸浆填料	MF	1.45~1.60	0.6~1.4	0.10~0.60	65~85	<40	>10^{10}	>10^{11}	>8	>600	90~140	110~120	-30
三聚氰胺塑料 玻璃纤维填料	MF	1.75~1.85	0.1~0.4	0.03~0.40	80~130	>150~250	>10^{10}	>10^{12}	>10	>600	180~200	150~180	-40
脲醛塑料（纸浆填料）	UF	1.45~1.55	0.6~1.4	0.40~0.80	65~90	<40	>10^{10}	>10^{11}	>8	>600	30~60	110~120	-30
不饱和聚酯塑料（玻璃纤维填料）	UP	1.75~1.85	0.1~0.8	0.05~0.20	70~130	>150~250	>10^{12}	>10^{13}	>11	>600	180~195	150~180	-40
环氧模塑料	EP	1.5~2.0	0.1~0.5	0.05~0.10	90~140	>80~150	>10^{15}	>10^{13}	>20	>600	50~70	60~130	-30

第二节 塑 料 成 型

塑料制品生产主要由成型、机械加工、修饰和装配四个过程组成。成型是将各种形态的塑料制成所需形状的制品或坯件的过程。塑料成型的方法很多，采用何种成型工艺，要根据塑料性质而定。对于热固性塑料通常采用压制成型、注射成型和挤出成型工艺；对于热塑性塑料除采用上述成型工艺外，还采用吹塑成型和真空成型工艺等。

一、压制成型工艺

（一）压制成型工艺的特点及应用

压制成型亦称压塑成型、模压成型。它是历史最久的塑料成型工艺，主要用于压制热固性塑料制件，有时也可用于热塑性塑料的成型。但在热固性塑料广泛推广注射成型使生产率大幅度提高的今天，压制成型的地位被逐渐削弱。压制成型法具有设备费用低，适于多种塑料加工，制件取向性小、材耗低等优点，且由于压制成型工艺制得的塑料件具有较高的机械强度、电气性能和耐热性、耐弧性能，并能压制以纤维片或长玻璃纤维为填料的各种工件，所以它在电器和仪表制造中得到了广泛的应用。压制成型法的缺点是成型周期长、制件有毛边及需修饰，故生产率低。复杂形状、精密件、壁厚不均匀者不宜采用。通常不同塑料压制成型工艺所能达到的精度等级不同，塑料压制件的设计应满足压制成型工艺的要求，可参照有关手册合理确定技术要求、标注尺寸及几何公差等。

（二）压制成型工艺过程

压制成型工艺过程主要包括：装料、闭模排气、固化、脱模、清理模具等。此外，压制前需做一些准备工作，压制后进行塑化处理等。

1. 压制前的准备工作

（1）模塑料的称量和预压 一般应根据工艺文件的要求，准备每一模所需要的塑料份量。拟定工艺时，其质量的计算公式如下：

$$m = (1 + K_T)\rho V$$

式中，m 是所需压塑料的质量（g）；V 是制件的体积（cm^3）；ρ 是塑料的密度（g/cm^3）；K_T 是放料系数，一般取 0.03 ~ 0.08。

预压，即压制成型时，为了操作方便和提高制件的质量，常利用预压模将粉状或纤维状的热固性塑料压成大小相同、形状一致的锭料或压片。

（2）塑料预热和干燥 其目的是去除水分和挥发物，为压制成型提供热塑件，缩短成型时间，降低成型压力，提高制件的质量。目前预热和干燥的方法主要有：热板加热、烘箱加热、红外线加热、高频加热及螺杆混练加热等，其中高频加热法不用于干燥。预热的温度和时间随预热的方法、材料不同而异。表 14-2 为部分热固性塑料的预热温度。预热温度控制不好，会出现提前固化，故目前也有生产厂不再对塑料单独预热。

（3）清模 将模具清理干净，并按照工艺卡片要求将模具安装在压力机上。

（4）设备准备 按照工艺文件调整好设备的工艺参数，备好专用工具。

表 14-2　部分热固性塑料的预热温度

品种 参数	PE	UF	MF	PDAP	EP
预热温度/°C	90 ~ 120	60 ~ 100	60 ~ 100	70 ~ 110	60 ~ 90
预热时间/s	60	40	60	30	20

（5）模具及嵌件预热　装料前，必须按照工艺文件的要求对模具及金属嵌件进行预热。预热温度的测量可以用热电偶。当测量的是加热板温度时，应根据模具的高矮及模压时间，相应地减去 5 ~ 20°C 作为压模的工作温度。金属嵌件通常是作为导电或使制品与其他零件连接用，如轴套、螺钉、螺母和接线柱等。嵌件在安装前应放在预热设备或压力机加热板上预热，小型嵌件可不预热。

2. 装料

打开模具，用手或专用工具安放嵌件，要求位置正确和平稳，以免造成废品或损伤模具。然后将准备好的塑料均匀合理地放入下模中，必须严格定量。定量的方法有质量法、容量法、和记数法三种。质量法准确但麻烦；容量法不如质量法准确，但操作方便；记数法仅用于预压物，实质上仍是容量法，因为预压物是用容量法定量的。

3. 闭模

加料后就进行闭模。闭模分两步：当凸模尚未接触塑料前，为缩短模塑周期，避免塑料在闭模之前发生化学反应，应低压快速进行；当凸模触及塑料后，为防止破坏嵌件，并充分排除模内空气，改用高压慢速闭模。一般完全闭模的时间为几秒至数十秒。

4. 排气

压制热固性塑料时，闭模后有时需再松动塑模少许时间，以排除塑料中的水分、挥发物及化学反应时产生的副产物。排气操作应力求迅速，并要在塑料处于可塑状态下进行。排气的次数和时间根据实际需要而定，通常排气次数为 1 ~ 2 次，每次时间为几秒至 20s。

5. 固化

压制热塑性塑料时，只需将模具冷却，使制件变硬，并具有相当强度而不致在脱模时变形即可。而热固性塑料需加压加热至工艺文件规定的要求，并保持一定的时间，使分子交联反应进行到要求的程度。为此，必须注意固化速度和固化程度，两者对制件的质量影响很大。固化速度通常以试样硬化 1mm 厚度所需的时间表示。在一定的塑料和制品情况下，可以通过调整成型工艺参数、预热、预压锭等来控制固化速度。为获得合格制品，必须有适度的固化程度，确定适当的固化时间。固化时间一般用实验法确定，通常调节在 30s 至数分钟。对于固化速度较低的塑料，也可以在制件能够完整地脱模时就结束模压过程，然后用后处理（后烘）的方法完成全部硬化过程，以缩短成型周期。

6. 脱模

使固化后的制件与模具分开的工序称为脱模。脱模方法有机动和手动推出脱模。对有嵌件的制品，需先将成型杆拧脱，然后再脱模。对于脱模后因冷却不均匀而产生翘曲的制件，可将制件放在形状与之相吻合的型面间于加压下冷却。部分制件还可以置于烘箱中缓慢冷却，以降低冷却时产生的内应力。

7. 清理模具

脱模后，有时需用铜刀与铜刷去除模内的塑料废边，然后用压缩空气吹净模具。用上法不易清理时，则用抛光剂拭刷。

8. 塑化处理

对一些电气性能、耐热性、耐弧性要求较高及尺寸要求稳定性好的大型和壁厚不均匀的制件则需塑化处理，即在一定的温度、一定的时间下加热处理。

（三）压制成型工艺参数的确定

成型压力、温度和时间是压制成型工艺的三要素。其中成型温度与时间密切相关。

1. 成型压力

成型压力是指模压时压力机对塑料单位投影面积上所施加的压力，即

$$p = \frac{\pi R^2 p_{表}}{A}$$

式中，p 是成型压力（MPa）；R 是注油缸活塞的半径（mm）；$p_{表}$ 是压力机主液压缸的液压，即表压（MPa）；A 是凸模与塑料接触部分的投影面积（mm^2）。

提高成型压力有利于提高塑料的流动性，有利于充满型腔，并能促进交联固化速度加快。但成型压力高，消耗能量多，易损坏嵌件和模具。因此压制成型时应选择适当的成型压力。影响成型压力的因素很多，主要取决于塑料品种和流动性。此外，塑料是否预热、压缩率、模温、制件深度及形状、制件密度及强度要求等对成型压力也有一定影响。常用热固性塑料的成型压力可参见表 14-3。

表 14-3 常用的热固性塑料压制成型工艺参数

塑 料 名 称		成型压力/MPa	成型温度/°C	成型时间 / (min·mm^{-1})	预热温度/°C[1]	预热时间/min
酚醛塑料	木粉填料	30 ±5	160 ±5	0.8 ~1.0	110 ±10	4 ~8
	矿物粉填料	30 ±5	160 ±5	1.5 ~2.0	110 ±10	4 ~6
	石棉填料	35 ±5	160 ±5	1.5 ~2.0	120 ±10	4 ~6
	云母填料	30 ±5	155 ±5	1.5 ~2.0	120 ±10	4 ~6
	碎布填料	40 ±5	155 ±5	1.0 ~1.5	110 ±10	4 ~8
	玻纤填料	45 ±5	165 ±5	1.5 ~2.0	110 ±10	3 ~6
	木粉矿物填料	30 ±5	160 ±5	1.0 ~1.5	115 ±10	4 ~8
	PVC 改性矿物填料	30 ±5	155 ±5	1.0 ~1.5	110 ±10	4 ~6
三聚氰胺塑料	纸浆填料	30 ±5	145 ±5	1.0 ~1.5	110 ±10	6 ~8
	石棉填料	35 ±5	165 ±5	1.5 ~2.5	110 ±10	6 ~8
	碎布填料	40 ±5	145 ±5	1.5 ~2.0	110 ±10	6 ~8
	玻纤填料	45 ±5	145 ±5	1.5 ~2.5	110 ±10	6 ~8
	环氧模塑料	10 ±20	170 ~180	1.5 ~3.0	90 ±10	2 ~4
	脲醛塑料纸浆填料	30 ±5	145 ±5	1.0 ~1.5	110 ±10	4 ~6
	不饱和聚脲玻纤模塑料(湿式 BMC)	15 ±3	165 ±5	0.5 ~1.0	—	—
	不饱和聚酯玻纤模塑料（干式）	30 ±5	165 ±5	0.5 ~1.0	110 ±10	4 ~6

[1] 指电热烘箱预热温度。

2. 成型温度

成型温度是指压制时所规定的模具温度。它主要取决于塑料品种和制件形状、大小等因素。过高的成型温度会使塑料分解，甚至过早硬化，降低流动性，导致制品起泡或缺料不能成型。相反，过低的成型温度则硬化时间长，流动性差，几乎无法成型，也容易损坏模具及嵌件。适当的成型温度可以加速塑料硬化，降低成型压力和成型时间。一般来说，成型温度不能低于120°C，常在150~160°C之间。表14-3列出了常用热固性塑料的成型温度。

3. 成型时间

成型时间是指闭模后，从压力加到规定压力开始，到制件出模所需的时间。成型时间过长会降低制件的机械强度和电气性能，生产率低；成型时间过短，制件易发生"夹生"、变形、起泡等现象。成型时间与成型温度密切相关，且两者对制品质量都有极大影响。确定成型温度和时间时，既要保证应有的固化程度，又要防止塑料制件的"过熟"。在保证制品质量的前提下，应力求缩短成型时间。原则上以制件最大壁厚乘以该塑料单位成型时间作为成型时间的计算值。

4. 常用热固性塑料压制成型工艺参数

热固性塑料成型工艺参数一般由塑料制造厂提供，可以查阅其产品样本和说明书，也可以参考有关资料。在实际生产中，必须结合塑料的特性和实际情况全面分析，并根据制件质量的检验结果对成型工艺参数加以修正。表14-4列出了成型工艺中常见的质量问题及其处理方法。

表14-4 热固性塑料压制成型常见的质量问题及其处理方法

质 量 问 题	产 生 原 因	处 理 方 法
表面起泡或鼓起	塑料中水分与发挥物含量太大 模温过热或过冷 成型压力不足 成型时间过短 加热不均匀 放气不足	将塑料进行干燥或预热 调整适当温度 提高压力 增长压制时间 均匀加热模具 必要时放气
翘曲、变形	成型时间不够 制品厚薄不均，形状不规则 上下模温差过大 顶杆放置不对称，顶出不均匀	放长固化时间 改进制品设计 调整整形温度 合理设置顶杆，顶出均匀
疏松缺料	用量不够 压力不足 塑料流动性过小或过大 闭模太快，排气太快 模具温度太高，闭模速度太慢	调整用料量 增大压力 调整加工工艺，选用合适材料 减慢闭模或排气速度 加快闭模或降低模温
裂 缝	固化时间过长，顶出开裂 顶出不均，顶杆位置不合理 嵌件边缘塑料厚度不够 制品厚度不均 塑料中水分和挥发分含量过大，材料收缩率大	缩短固化时间 均匀顶出，调整顶杆位置 增加厚度 改进制品设计 选用合适材料或进行预热

（续）

质量问题	产 生 原 因	处 理 方 法
表面灰暗	模具表面粗糙度不合适 润滑剂选用不合理 模温过高或过低	提高模具粗糙度水平 改用适合的润滑剂 调整成型温度
粘　模	塑料中润滑剂用量不当 模具表面粗糙度过大 模温太低 成型时间太短 死角部分树酯含量大，强度低	检查塑料 打光模具或涂脱模剂 提高模温 放长固化时间 适当开设排气槽
制品尺寸不符图样	模具尺寸不符要求 塑料收缩率变化太大	修正模具 选用合适收缩的塑料
废边太厚	加料量过多 塑料流动性太大 模具间隙太大	正确称量 加压速度放慢 修正模具
制品变色	成型温度太高 塑料本身色泽不均 有其他色泽物质混入	降低模温 调换塑料 正确用料
表面桔皮状	塑料颗粒度太粗 成型温度太高，闭模速度太快	预热塑料，更换塑料 闭模速度降慢
电性能不符要求	塑料含水量大 塑料固化时间太短 塑料中含有金属污物 塑料本身电性能差	进行预热干燥 放长成型时间 防止外来杂物 更换合格塑料
机械强度差	塑料固化程度不够 用料不足，压力太低	放长固化时间 调整用料量

二、注射成型工艺

（一）注射成型工艺过程

注射成型工艺过程包括成型前的准备、注射成型过程和制件的修饰与后处理。

1. 成型前的准备

为了使注射成型顺利进行，保证制件质量和产量，在注射成型前需完成一系列准备工作。

（1）原料的检验和预处理　在成型前应对原料的外观和工艺性能作检验。对要求有不同颜色和透明度的制件，成型前应先在原料中加入所需的着色剂，若在原料中加入颜色母料则效果更好。对于吸水性强的塑料（如 PA、PC、PSU 等），在成型前必须进行干燥处理。干燥方法很多，可根据塑料的性能和生产批量等条件进行选择。如小批量生产大多用热风循环干燥烘箱和红外线加热烘箱进行干燥；大批量生产宜采用负压沸腾干燥或真空干燥，效果好，时间短。干燥的温度与时间应根据塑料的性能合理确定。

（2）嵌件的预热　金属嵌件放入模具前必须预热，尤其是较大的嵌件，以减少金属与塑料冷却时的收缩量，降低嵌件周围产生的内应力。预热温度以不损坏金属嵌件表面镀锌或镀铬层为限，一般为 100~130℃。对于表面无镀层的铝合金或铜嵌件可预热到150℃。

（3）料筒的清洗　当改变产品，更换原料及颜色时均需清洗料筒。生产中可根据注射机类型、塑料特性选择清洗方法，如换料清洗、料筒清洗剂清洗等。

（4）脱模剂的选择　常用的脱模剂有三种：硬脂酸锌、液体石蜡和硅油。可根据塑料品种、模具和制件的要求合理选用。若选用专用的脱模剂，以雾状喷洒在模具表层效果最佳。

2. 注射成型过程

注射成型过程包括加料、塑化、注射、保压、固化成型、脱模和清理等。

（1）加料　每次加料量应尽量保持一定，以保证塑化均匀一致，减少注射成型压力传递的波动。

（2）塑化　塑化的效果关系到塑料制件的产量和质量。塑化后应能提供足够数量的、达到规定成型温度的熔融塑料。

（3）注射　注塑机用螺杆或柱塞推动塑化后的熔融塑料经喷嘴、流道、浇口注入模具型腔。此阶段主要控制注射压力、注射时间和注射速度等工艺条件。

（4）保压　指注射结束到注射螺杆或柱塞开始后移的这段过程。保压不仅可防止注射压力卸除后模腔内的塑料发生倒流，还可少量补充模腔内的塑料体积收缩。

固化成型、脱模、清理等成型过程基本类似于压制成型工艺。

（二）注射成型工艺条件的确定

对于某一塑料制品，当塑料品种、成型方法、成型设备、成型工艺过程及成型模具确定之后，其工艺条件的选择和控制是保证成型顺利进行和提高制件质量的关键。注射成型主要工艺条件仍是温度、压力和时间。

1. 热固性塑料注射成型主要工艺条件

（1）料筒温度　成型热固性塑料的料筒温度一般较低，以免出现过热使塑料硬化。料筒温度通常分两段加热控制，前料筒温度为 80~150℃，后料筒温度为 50~70℃，常以60℃以下为宜。料筒可用温水或电加热，前者温度易于控制。值得注意的是，注射时经喷嘴后料温会提高 20~30℃。由于每批塑料的流动性等差异，故料筒的温度不完全相同，生产中常通过对制品的直观分析和"对空注射"进行检查。如熔料射空速度快，色泽暗黑，其断面较松有微孔，略呈空心，射出料的直径略大于喷嘴口直径，冷却后性脆易折断。上述情况说明料筒温度合适，条件正常。

（2）模具温度　模具温度影响到生产率及制品的质量。其范围为 150~200℃，一般常在 160~175℃之间。动模温度应低于定模温度 5~10℃，以便于粘附在动模上的制件能顺利脱模。

（3）注射压力和注射速度　注射压力的选择取决于塑料的流动性、硬化速度和填料性质及模具等因素。如塑料流动性小，硬化速度快，模温高，模具型腔复杂时注射压力应大。注射速度与注射压力紧密相关。一般来说，只要不引起塑料外溢现象及制品表面产生凹穴不平，宜选较高的注射速度。

（4）加料量　注射成型工艺应注意控制加料量，以保证每次注射后料筒前端还剩有极少的熔体作为传压介质和满足压实、补缩的需要。加料量过多，则会带来制件尺寸误差，螺杆注不到底、料筒堵塞、严重溢流，甚至损坏模具等问题。加料量的控制十分复杂，通常通过对螺杆转速、背压、料筒温度等变量的调节来确定每批塑料的加料量。

（5）螺杆转速及背压　螺杆转速必须根据材料的性质和整个周期时间来决定。流动性好的塑料，可选较低的转速，反之可选较大的转速。螺杆直径大，转速宜小些。实际生产中一般转速不低于 30r/min。背压也即塑化压力，指螺杆顶部熔体在螺杆转动后退时所受到的压力，其大小取决于加多少料，就流出多少料。一般选取的背压以喷嘴有少量流动为宜。在操作时，对流动性好的塑料可取较小的背压，反之可取较大。常用背压为注射压力的 1/10 左右（表压约 0.3~0.6MPa）。

（6）成型周期　成型周期是指完成一次注射模塑过程所需的总时间。包括加料（塑化）、注射、保压、保温、固化、开模、取件、闭模等工序的时间。成型周期与其他工艺条件彼此有关。

在成型周期中，最主要的是注射与保温（或冷却）时间。注射充模时间一般为 2~6s，可通过调节注射速度来控制。保压时间则与浇口中塑料的固化时间有关，只有在浇口中塑料固化后才能卸压。一般保温时间为 60~80s，成型周期为 15~2min，加工效率较压制成型工艺提高 2~8 倍，而且改善了劳动条件，并能实现半自动化和全自动化操作。

常用热固性塑料注射成型工艺条件见表 14-5。

表 14-5　常用热固性塑料注射成型工艺条件

工艺条件 塑料名称	料筒温度		树脂温度/℃	注射压力/MPa	注射时间/s	模具温度/℃	固化时间/s
	前区/℃	后区/℃					
酚醛注射料	85~95	55~75	110~125	60~130	5~15	160~180	15~90
DAP	80~100	70~80	100~110	60~120	5~15	160~180	15~60
不饱和树酯塑料（粒料）	70~90	50~60	100~110	50~120	5~10	160~180	15~50
氨基注塑料	85~105	60~75	120~135	70~130	5~10	155~170	20~60
三聚氰胺注塑料	90~110	60~75	115~130	70~130	5~10	155~170	20~60
不饱和聚酯塑料（湿式 BMC）	60~70	40~50	70~80	60~120	5~10	170~180	15~50

2. 热塑性塑料注射成型的主要工艺条件

（1）温度　注射过程中必须控制料筒的温度、喷嘴的温度及模具的温度。前两者影响到塑料的塑化，模具温度则关系到塑料成型。

料筒的温度以确保塑料塑化良好，能顺利地进行注射，且塑料不分解为原则。主要根据塑料的熔点或软化点来确定，一般应高于塑料的熔点或软化点。同一塑料，螺杆式注射机的料筒温度可比柱塞式低 10℃ 左右。实际生产中，仍以低压"对空注射"来观察判断料温。若料流均匀，光滑、无气泡，色泽均匀则料温合适。条件允许可用点温计测量塑料熔体的实际温度。喷嘴的温度一般低于料筒温度 5~10℃ 为宜。模具温度的高低取决于制件尺寸与结构、塑料性能及工艺条件等因素。一般无定型塑料采用低模温，其他塑料采用高模温。模温必须低于塑料的玻璃化温度。对聚苯乙烯、聚乙烯、聚丙烯、聚酰胺等塑料，注射成型时模具一般不加温。

（2）压力　包括塑化压力和注射压力，它们影响到塑料的塑化压力和充模成型质量的好坏。

塑化压力是指用背压阀调节螺杆后退的阻力，也即螺杆的背压。高背压有利于排气，但引起塑化能力下降。PVC、PC等塑料宜用低背压及低转速。注射压力就是使熔融塑料进入型腔的压力，其大小应根据塑料性能、制品大小及壁厚、流程的长短来确定。注射完毕还应保持压力一定时间。塑料黏度高及精度高、壁厚、形状复杂的制件，压力应有所提高。注射速度亦应加以控制，一般以保证注射顺利进行和制件质量为宜。

（3）成型时间　合理的成型时间是保证制件质量、提高生产率的重要条件，其构成可参见热固性塑料注射成型。注射时间一般为 3～10s，注射速度约为 80～120mm/s。保压时间一般控制在 20～120s 范围内，其作用是补料及防止型腔中塑料凝固之前的外流现象。浇口小的模具保压时间可缩短。

（4）辅助工艺条件　为稳定制件质量，提高生产率，生产中往往还需安排辅助工艺。如塑料的预干燥，金属嵌件的预热，料筒中保留 10～30mm 的缓冲垫，模塑制件的热处理和调湿处理等。

常用热塑性塑料注射成型工艺条件见表14-6。

表 14-6　常用热塑性塑料注射成型工艺条件

塑料名称（缩写）		PZ(低压)	PVC(硬质)	PP	PC	POM	PS	ABS	PMMA	PPO	PA$_6$	PA$_{66}$	PA$_{610}$	PA$_{1010}$	PBTP	PSU
预热	温度/℃	70~80	70~90	70~80	100~120	80~90	75~85	80~90	70~80	100~120	100~110	100~110	100~110	100~110	90~110	110~120
	时间/h	1~2	4~6	1~2	6~10	2~6	1~2	3~5	2~4	2~4	8~12	8~12	8~12	8~12	4~6	4~6
料筒温度/℃	后段	150~160	160~180	160~180	210~240	170~180	160~180	170~180	170~180	220~240	220~230	220~230	220~230	190~200	190~210	290~300
	中段	160~180	180~200	180~200	240~280	180~190	170~190	180~200	180~200	240~260	230~240	240~260	230~240	200~220	210~230	300~320
	前段	170~210	200~220	200~220	260~300	190~200	190~200	200~230	200~220	260~290	240~250	260~280	240~250	220~230	230~250	320~360
模具温度/℃		60~70	40~60	50~80	80~110	30~70	30~70	50~80	40~90	40~110	70~100	70~100	70~100	40~80	40~80	70~80
喷嘴温度/℃		190~200	190~210	190~210	270~290	190~200	190~200	210~220	200~210	270~280	230~240	260~270	230~240	200~220	220~240	320~340
注射压力/MPa		40~100	100~150	70~120	130~150	40~130	80~110	80~130	70~130	70~160	80~120	70~120	70~120	70~120	70~120	110~140
注射保压时间/s		15~60	20~100	15~60	20~90	20~90	20~45	20~90	20~90	20~90	15~90	15~90	15~90	15~90	15~90	15~90
冷却凝固时间/s		15~60	20~90	15~60	20~90	20~90	10~40	20~120	20~100	20~100	15~120	15~120	15~120	15~120	20~120	20~120

塑料注射成型工艺参数的确定是一个复杂的问题，在参照有关手册选择工艺参数后，生产中还需通过对制件质量的分析，经过数次调整才能确定出其合理的工艺参数。关于塑料注射成型常见的质量问题及其处理方法见表14-7。

表 14-7 热塑性塑料注射成型常见的质量问题及其处理方法

质量问题	产生原因	处理方法	质量问题	产生原因	处理方法
熔接痕	料筒温度太低	提高料筒温度	制品溢边	增压太高	降低增压
	注射压力太低	提高注射压力		缓冲垫（料垫）过大	减少缓冲垫
	注射速度太慢	提高注射速度		注射速度太快	降慢注射速度
	喷嘴温度太低	提高喷嘴温度		模具温度太高	降低模具温度
	机器容量不足	更换设备		料筒温度太高受热	严格控制料筒温度
	模温太低	提高模温		时间太长	
	接痕处排气不良	改进模具结构	气泡	塑料干燥不良	干燥塑料
	分流道太小	加大分流道		模具排气不良	改进模具
	浇口太多	合理设置浇口		背压不够	提高背压
	材料流动性太小	更换材料		注射压力太小	提高注射压力
	注射压力太低	提高注射压力		制品厚薄不均	改进制品设计
	模具温度太低	提高模具温度		料筒温度太高	降低料筒温度
充模不足（缺料）	料筒温度太低	提高料筒温度	凹痕	注射压力太小	提高注射压力
	加料量不足	增加用料		注射速度太慢	提高注射速度
	材料流动性差	更换材料		喷嘴孔太小	增大喷嘴孔径
	排气不良	增设排气槽		加料量不足	加大用料量
	注射速度太慢	提高注射速度		模温太低	提高模温
	注射时间太短	放慢注射时间		流道浇口太小	增大流道浇口截面积
	浇口堵塞	清理浇口		材料含水分太高	干燥材料
	制品太薄	改进制品尺寸	银丝和斑纹	料中混有异料和异物	更换材料
	喷嘴太小	更换喷嘴		料筒温度太高太低	严格控制料筒温度
	注射压力太高	调低注射压力		冷料穴太小	增大冷料穴
粘模（粘附浇口或型腔）	喷嘴孔比浇口孔大	更换喷嘴		模具上有污物	清洁模具
	浇口斜度不够及粗糙	增加斜度和减小表面粗糙度值		冷却时间不够	增长冷却时间
	料温太高	降低料温	变形翘曲	浇口位置不当	改进浇口位置
	保压时间过长	减少保压时间		脱模斜度不够	改进模具斜度
	增压过高	降低增压		顶出不均，顶杆分布不均	改进模具顶出杆位置
	机器容量过大	更换注射机		顶出速度太快	均匀缓慢顶出
	冷却时间太长	缩短冷却时间		模温太低或太高	调整模温
	模具表面粗糙度高	提高模具光洁度		制品厚薄不均	改进制品设计
	有凹穴及倒斜度	避免凹穴和倒斜度		取向应力大	消除应力
	浇口无拉料机构	增设拉料勾		保压时间过短	增长保压时间
	顶出不平衡	调整顶出杆位置与数量		料筒温度过低	调整料筒温度
	喷嘴 R 与模具浇口 R 不吻合	修整吻合	裂纹	制件冷却时间太长	缩短冷却时间
	定模温度太高	降低定模温度		顶出不均衡	顶出均匀
制品溢边	注射压力过大	调整注射压力		模具温度太低	提高模具温度
	模具闭合不紧或单向受力	调整模具闭合水平		注射压力太低	提高注射压力
	锁模力太小	增大锁模力		注射速度太慢	提高注射速度
	料温太高	降低料温		背压太高	降低背压
裂纹	材料强度低	更换塑料		材料含湿量大	干燥塑料
	料筒温度太高	严格控制料筒温度	制件强度下降	制件内应力大	消除内应力
制件强度下降	料筒温度太低，塑化不均	严格控制料筒温度		模具温度太低	提高模具温度
	注射速度太低	提高注射速度		塑料强度低	调换塑料
	注射压力太低	提高注射压力		塑料回料次数多	减少回料次数
	螺杆转速太高	降低螺杆转速		材料含湿量大	很好地干燥塑料

三、其他成型工艺

压制成型和注射成型是塑料成型的两种主要方法。其他成型方法如下：

（1）吹塑成型 将熔融状态的热塑性塑料型坯置于模具内，借压缩空气吹胀冷却，而得到一定形状的中空制品。

（2）常压或真空浇注成型 在常压下或真空中，将已配置合理的塑料原料注入模具中，然后在常温或一定温度的烘炉中使其固化，脱模得到制件。如互感器、接触器线圈、大型绝缘件及电子元件、组件的封装等均采用环氧树酯或不饱和聚酯树酯浇注成型。

（3）发泡成型 即采用不同树酯和发泡剂，通过物理的、化学的发泡工艺，制得各种性能不同的泡沫塑料制品。近年来已广泛应用于电器绝缘件、触头座等零件的制造。

（4）挤出成型 用于连续成型片材、管材及线材，如电器产品中的走线槽、异型材等。

四、塑料制件的结构工艺性

在确定塑料成型工艺过程及工艺条件时，除了对塑料的品种、型号及性能作分析外，还应注意分析制品的结构工艺性。正确的制品结构、合理的尺寸公差和技术标准，能够使塑料制品成型容易、质量高及成本低。反之，结构工艺性差，将给模塑工艺及对工艺条件的调节带来一定的困难。

1. 制品的尺寸及公差

为降低模具成本，在满足使用要求的前提下应尽量放宽制品的尺寸公差，降低对表面粗糙度的要求。具体可参考有关手册推荐的精度等级及公差。如 SJ1372—78 标准中推荐酚醛塑料等一般精度等级为 4 级。

2. 制品的结构工艺性

（1）形状 制品形状应便于成型、脱模，其内外表面转角处尽量采用圆角过渡；有利于提高制品的强度和刚度；有利简化模具结构，降低成本，保证制品质量等。

（2）壁厚 制件壁厚应合理均匀。太厚易造成凹陷、缩孔等缺陷，太薄成型困难。对于热固性塑料，小型件一般取 1.6～2.5mm，大型件取 3.2～8mm；对于热塑性塑料，一般取 2～4mm。塑料制品壁厚应力求均匀，如图 14-1 所示，否则制品内部易产生内应力，导致制品产生翘曲、缩孔甚至开裂等缺陷。

（3）斜度 为便于脱模，与脱模

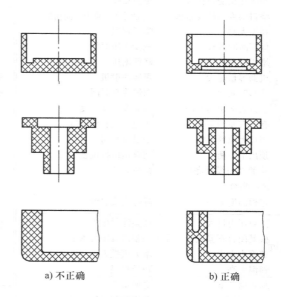

a) 不正确　　　　b) 正确

图 14-1 壁厚要均匀

方向平行的塑料表面，都应具有合理的脱模斜度，其大小与制件的形状、壁厚及塑料收缩率等有关。具体可参见表 14-8 所示。条件允许情况下，斜度应稍大。

表14-8 塑料制件脱模斜度

塑 料 制 件 材 料	脱 模 斜 度	
	型 腔	型 芯
聚酰胺		
通用	20′～40′	25′～40′
增强	20′～50′	20′～40′
聚乙烯	20′～45′	25′～45′
聚甲基丙烯酸酯	35′～1°30′	30′～1°
聚苯乙烯	35′～1°30′	30′～1°
聚碳酸酯	35′～1°	30′～50′
ABS 塑料	40′～1°20′	35′～1°

（4）加强筋 为确保塑料制品的强度和刚度而又不致于制品壁厚过大，可合理设置加强筋。如图14-2所示，筋厚常取壁厚的一半左右，筋高不超过其厚度的3倍，取2°～5°的脱模斜度。加强筋的布置以多一些、矮一些为好。

（5）支承面 以制件整个底面作为支承面是不合理的。如图14-3a所示，制件稍有变形就会造成底面不平。宜采用边框或底脚为支承，如图14-3b、c所示。

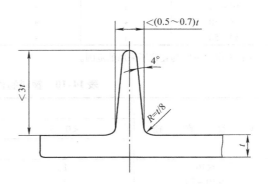

图14-2 加强筋的尺寸

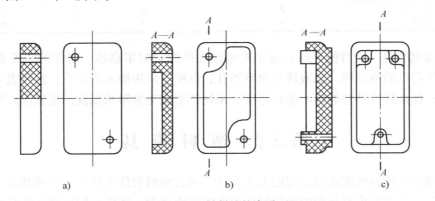

图14-3 塑料制品的支承面

（6）孔的设计 塑料制件上的孔应尽量开设在不减弱塑料件机械强度的部位。相邻两孔之间及孔与边缘之间的距离通常应不小于孔的直径。设计中尽量避免成型过深的孔，当孔深尺寸过大时，可改用图14-4所示结构。

塑料制件上的孔有三种加工成型方法，即完全模塑成型、部分机加工钻孔及全部机加工钻孔。若孔的尺寸小且深度大于直径时，可待模塑成型后另行钻孔。

（7）螺纹 为增强塑料制件的螺纹强度，应选择较大直径及螺距的螺纹。对于经常拆装或受力较大的螺纹宜采用金属螺纹嵌

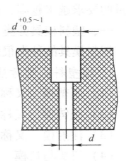

图14-4 深孔成型

件。塑料制件上的螺纹选用范围参见表14-9。制件上的螺纹由于冷却后收缩变形，将影响螺纹的旋出。因此在保证使用要求的前提下，螺纹长度应不大于螺纹直径的1.5倍。制件的螺纹上不能设有退刀槽，否则无法脱模。此外，为防止制件的螺纹始、末端在使用中崩裂或变形，可按表14-10选取螺纹始、末端长度，使螺纹在过渡长度内逐步消失。

表14-9 螺纹选用范围

螺纹公称直径 d/mm	螺 纹 种 类				
	公制标准螺纹	1级细牙螺纹	2级细牙螺纹	3级细牙螺纹	4级细牙螺纹
3 以下	+	–	–	–	–
3~6	+	–	–	–	–
6~10	+	+	–	–	–
10~18	+	+	+	–	–
18~30	+	+	+	+	–
30~50	+	+	+	+	+

注：表中"–"为建议不采用的范围。

表14-10 塑料制件上螺纹始末端长度 （单位：mm）

螺 纹 直 径	螺 距		
	<0.5	≥0.5~1	>1
	螺纹始末部分长度尺寸 l		
≤10	1	2	3
>10~20	2	2	4
>20~34	2	4	6
>34~52	3	6	8
>52	3	3	10

（8）金属嵌件 设计嵌件时，应主要考虑嵌件固定的牢靠性、制件的强度及模塑工艺过程中嵌件定位的稳定性。如嵌件尽量不通孔，以便于采用插入式定位；嵌件表面需滚花或开有沟槽；保证嵌件外包的最小塑料厚度；采用圆形或对称形状以及标准紧固件作嵌件等。

第三节 塑 料 模 具

塑料模具是塑料模塑成型关键的工艺装备。现代塑料制件生产中，合理的加工工艺、高效率的设备、先进的模具是影响塑料制件生产的三大因素。随着对塑料制品的品种、质量和产量的要求越来越高，对塑料模具的需求也愈来愈迫切。

一、塑料模具分类

塑料模具的种类很多，其分类方法如下：

1. 按塑料成型方法分类

（1）压塑模 又称压模，用于压制成型热固性、热塑性塑料制件。

（2）压铸模 又称传递模，比压模多了加料腔、柱塞和浇注系统等。

（3）注射模 又称注塑模，用于注射成型工艺。

（4）机头与口模 多用于热塑性塑料的挤出成型。

（5）其他成型模具 如吹塑成型模具、泡沫塑料成型模具等。

2. 按模具安装方式分类

（1）移动式模具　模具未固定安装在设备上。

（2）固定式模具　模具固定地安装在设备上。

（3）半固定式模具　一部分始终固定在设备上，一部分开模时可以移出。

3. 按型腔数目分类

（1）单型腔模　一副模具中仅有一个型腔。

（2）多型腔模　一副模具中具有两个以上型腔。

此外，还可根据使用的设备或模具的结构特点进行分类。

二、塑料模的基本结构

塑料模的类型很多，其结构形式也是多种多样。塑料模的组成零件按其用途可以分为成型零件和结构零件两大类。成型零件是直接与塑料接触、决定塑料制件形状和精度的零件，即构成型腔的零件。如凹模、凸模、型芯、螺纹型芯、螺纹型环或镶件、口模、芯模、定型套等。结构零件主要有：浇注系统零件或加料腔、导向零件、分型与抽芯机构、推出机构、加热与冷却装置、各种支承与定位零件等。下面以压塑模、注射模为例说明模具的主要结构。

（一）压塑模

压塑模按结构特征分类、特点及其应用见表 14-11。

表 14-11　压塑模按结构特征分类、特点及应用

形　式	简　图	特　点	应　用
溢式模具		型腔就是加料室，加压后多余的料从分型面溢出，对加料要求不高	压制分批或试制产品，适应低精度的产品
不溢式模具		压力损失少，制品密度高，皮缝薄，称料要正确，型面易磨损	可压制流动性差、比容较大的塑料，但不适于多型腔
半溢式模具		具有溢式和不溢式模的特点，并能取长补短	模具制造费用大，适用于多型腔自动化生产

如图 14-5 是固定式压塑模标准结构图：凸模 21、凹模 6 为成形零件；导柱 17、20，导套 19 为导向零件；调整板 5，顶杆固定板 13，顶杆 11，顶杆垫板 15 为开模零件；上加热板 1，上模板 3，凸模固定板 4，垫板 8，支承垫板 10 为结构零件；螺钉 18 为紧固零件。

（二）注射模

注射模按其结构特征分为四种主要类型：

1. 单分型面注射模

单分型面注射模又称二板式注射模。如图 14-6 所示，凹模 2、凸模 15、型芯顶杆 13 为

成形零件；导柱 10、18，导套 9、19 为导向零件；拉料杆 14、顶杆固定板 6、顶杆垫板 7、支承钉 11 为脱模零件；浇口套 16、17，上模板 1，凸模固定板 3，加热板 4，支承板 5，下模板 8 为结构零件。该模具一模两腔，采用导柱、导套导向，以保证定、动模相互位置。顶出系统采用支承钉 11 调整顶杆垫板活动空间位置及顶出力大小。该模具结构简单，通用性强，应用较为广泛。

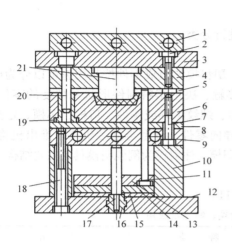

图 14-5　固定式压模

1、9—上、下加热板　2、7、18—螺钉
3、12—上、下模板　4—凸模固定板　5—调整板
6—凹模　8、14—垫板　10—支承垫板　11—顶杆
13—顶杆固定板　15—顶杆垫板　16—衬套
17、20—导柱　19—导套　21—凸模

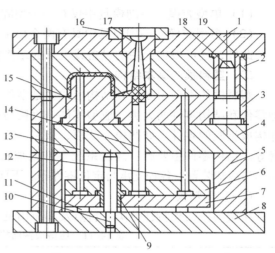

图 14-6　注射模的基本结构

1、8—上、下模板　2—凹模　3—凸模固定板　4—加热板
5—支承板　6—顶杆固定板　7—顶杆垫板　9、19—导套
10、18—导柱　11—支承钉　12—顶杆　13—型芯顶杆
14—拉料杆　15—凸模　16、17—浇口套

2. 双分型面注射模

双分型面注射模又称三板式注射模，与二板式相比增加了一个可移动的浇口板，用于针点浇口进料的单型腔和多型腔模具。

3. 带动活动镶块的注射模

对于带有内侧凸、凹槽或螺纹孔的塑料制件，其成型模具需设置活动的型芯、螺纹型芯或哈夫块等。

4. 热流道式注射模

由于在流道附近或中心设有加热棒或加热圈，每次注射成型后，只需取出制件而没有流道凝料。这种模具便于快速自动化注射成型工艺。但模具结构复杂，模温控制要求严格，仅适用于大批量生产。

三、塑料模具的材料

塑料模具工作条件不同于冷冲压模具，在成型过程中受一定外力和热的作用。因此塑料模具成型零件的材料应具有良好的物理和力学性能、工艺性，以及热膨胀系数小、尺寸稳定性好等。

实际生产中，我国塑料模具材料大多数是沿用传统的结构钢和工具钢。随着塑料加工业的发展，我国也研制、生产与广泛应用了不少专用塑料模具钢种，如易切削塑料模具钢、

PMS 等预硬钢、耐腐蚀钢等。

四、模具的加热与冷却

温度是塑料模塑成型的重要工艺参数，模具温度对塑料制品的质量和生产率影响很大。适当、稳定、均匀的模温有利于提高制件质量。在保证制件质量和成型工艺顺利进行的前提下，降低模具温度有利于缩短冷却时间，提高生产率。因此，模具成型工艺过程中必须设置模具温度调节系统，通过对模具进行加热和冷却，严格控制模具温度。

（一）模具加热装置

模具加热方式有电加热、油加热、蒸气或过热水加热、煤气或天然气加热等。电加热装置简单、紧凑、投资小，便于安装、维修和使用，温度调节容易，且易于实现自动控制，故在模具加热中应用极为广泛。但升温较慢，不能在模具中交替加热和冷却，有"加热后效"现象。电加热方式包括电阻加热和工频感应加热两种，前者应用广泛，后者应用较少。

电阻加热可以采取电热元件插入电热板中加热、电热套或电热板加热、直接用电阻丝作为加热元件加热等不同方式。如图 14-7a 所示，将一定功率的电阻丝密封在不锈钢管内，做成标准的电热棒。使用时根据需要的加热功率选用电热棒的型号和数量，然后安装在电热板内，如图 14-7b 所示。该加热方式的电热元件使用寿命长，更换方便。

采用电加热方式时，要合理选用电热元件的功率，合理布置，并注意调节模温，保持模温的均匀和稳定。

（二）模具的冷却装置

塑料模塑成型时，应由冷却介质及时有效地带走必须带走的能量，才能实现快速成型，提高生产率。合理采用冷却装置，可有效降低冷却时间。塑料模冷却装置结构形式多种多样，如直流式、直流循环式、循环式、喷流式、隔板式、压缩空气冷却式等。图 14-8 为直流式和直流循环式冷却装置，该形式结构简单，制造方便，适用于成型较浅而面积较大的塑件。

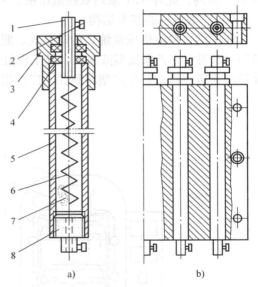

图 14-7 电热棒及其在加热板内的安装
1—接线柱 2—螺钉 3—帽 4—垫圈
5—外壳 6—电阻丝 7—石英砂 8—塞子

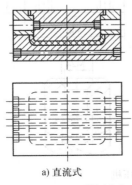
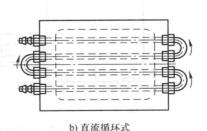

a) 直流式   b) 直流循环式

图 14-8 直流式与直流循环式冷却装置

第四节 塑料成型设备及其自动化

一、压制成型机

压制成型机是塑料压塑成型的主要设备，其作用是通过模具对塑料施加压力，具有开模、闭模、顶出等功能。

（一）压机的分类

按动力来源不同，压制成型机可分为手动压机、机动压机和液压机三大类，后者最为常见。塑料制件液压机按床身结构不同分为柱式和框式液压机；按动作方式分为上压式、下压式和双压式液压机；按操作方式分为手动、半自动和全自动式液压机。生产中常见的液压机为 Y71 系列，此外 Y31 系列双柱液压机、Y32 ~ 33 系列四柱液压机也有一定应用。

（二）液压机的基本结构

液压机一般由供压系统、传动系统、脱模系统和控制系统四个部分组成。如图 14-9 为 SY71-45 型上压式框架型液压机，其工作缸位于液压机上方。上压式液压机可供各类压缩模及移动式压注模批量生产塑料制件，广泛用于成型热固性塑料制件。

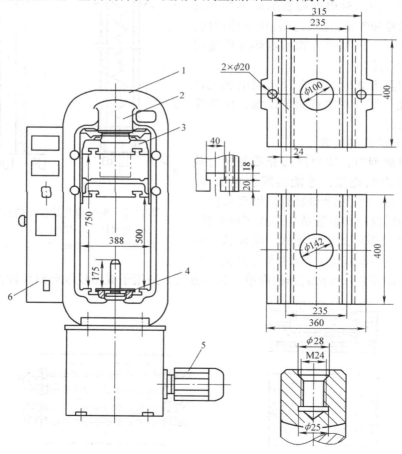

图 14-9 上压式框架型液压机

1—机身 2—工作缸 3—活动工作台 4—顶出缸 5—电动机 6—电器箱

（三）液压机的选择

1. **液压机最大吨位的选择**

（1）液压机最大压力 F 计算公式

$$F = \frac{p_0 A n}{1000 K_1}$$

式中，F 是所需液压机最大压力（N）；A 是每一型腔的水平投影面积（mm^2）；p_0 是压制时单位成型压力（MPa），可参阅有关手册；n 是压模内加料室数量；K_1 是修正系数，一般取 $K_1 = 0.75 \sim 0.90$。

（2）液压机实际最大压力 F_m 计算公式

$$F_m = p_1 A_0$$

式中，F_m 是最大总压力（N）；p_1 是压力表读数（MPa）；A_0 是压机活塞面积（mm^2）。

（3）选择 $F_m \geqslant F$　当 F_m 远大于 F 时，应调小液压机的实际最大压力，即调小 p_1。

（4）液压机的开模力约为 F 的 $10\% \sim 20\%$。

2. **开模行程的选择**

压机的行程与模具所需的开模行程应相适应，即满足：

$$h \geqslant H_{min}$$

式中，h 是压模的总高度（mm）；H_{min} 是压机上下模板之间最小距离（mm）。

若不能满足，则应在压模上下模板之间加垫模板。

对于固定式压模应满足：

$$H_{max} \geqslant h + h_1 + h_2 + (10 \sim 20mm)$$

式中，H_{max} 是压机上下模板之间最大距离（mm）；h_1 是制件高度（mm）；h_2 是凸模伸入凹模部分的高度（mm）。

3. **压模与压机安装配合应相适应**

为便于安装，模具宽度应小于压机立柱或框架之间的距离；压模最大外形尺寸不宜超出固定板尺寸，且压模脚上固定螺孔等应与模板上 T 形槽位置相对应。

二、注射成型机

注射成型机是热塑性塑料和热固性塑料模塑成型的主要设备，也是目前应用最广的塑料成型设备。

（一）分类

注射机按用途可分为热塑性塑料通用型、热固性塑料型等；按外形特征可分为立式、卧式、角式注射机等；按加工能力可分为小型、中型、大型、巨型注射机等。

（二）组成结构及工作过程

图 14-10 为注射机的典型结构示意图。模具的动、定模分别安装在注射机的动、定模板上。工作时，先由锁模装置合模并锁紧，特制件成型后由锁模机构开模，并由顶出装置将制件顶出或通过取件装置自动取出制件。一般注射机能实现半自动、全自动化连续生产。

（三）注射机型号与参数

注射机型号规格多种多样，我国目前采用注射量、注射量与合模力两种表示方法。

1. **注射量表示法**

即以注射机的注射容量（cm^3）表示注射机的规格。如 XS-ZY-125，X 表示成型，S 为

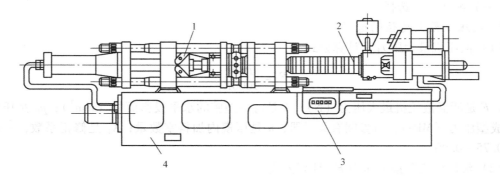

图 14-10 往复螺杆式注射机组成

1—合模装置 2—注射装置 3—液压传动系统 4—电器控制系统

塑料；Z 为注射，Y 为预塑式，125 表示注射机的注射容量为 125cm³。

2. 合模力与注射量表示法

此法国际上较为通用，即以注射机合模力（kN）作为分母，注射量（cm³）作为分子表示注射机的规格。如 SZ-63/50，S 表示塑料机械，Z 为注射机，63 表示注射容量为 63cm³，50 表示合模力为 50×10kN。

3. 常用注射机的型号

常用注射机的型号有 SYS、SZY、XS、YS 及 SZY 等系列。

（四）注射机的选择

选择注射机时应考虑其成型能力和安装模具的相关尺寸。前者包括螺杆直径与行程、注射压力、注射容积、注射量、注射率、塑化能力、合模力及开模力等，后者包括模板尺寸、模板间距、闭模行程等。

三、塑料成型自动化

塑料成型自动化可以通过塑料成型设备的自动化或辅以机械手实现。

1. 全自动螺杆式注射成型机

为降低工人劳动强度，提高劳动生产率，随着工业生产自动化的发展，对注射机的性能要求也越来越高。通过引入计算机技术和现代测试技术，使得注射机的功能和操作性能得到了很大改善，出现了全自动螺杆式注射成型机。其结构类似于普通注射机，具有以下主要特点：

1）工艺参数的调节实现数字化，调整快捷准确，可实现多级开、合模速度和注射操作。

2）液压自动调整合模尺寸和合模力。

3）具有侧抽芯液压缸油路接口。

4）液压顶出、顶出方式多样化，具有自动卸螺纹功能。

5）全自动程序控制，可实现无人操作，具有报警与安装保护装置。

图 14-11 为全自动注射成型机的控制面板，分为六个区：

（1）CRT 显示器-1 显示注射机注射成型过程中每一时刻进行的动作及注射成型时各种工艺参数的实际数值，以便于操作人员的观察和调节。

（2）LED 显示区-2　在注射成型过程中，通过显示注射机简图的不同位置指示点，表示注射机的工作状态，如注射、开模等。

（3）参数设定输入区-3　注射成型的各种工艺参数的选定、修改、存储工作于此区完成。包括时间、压力、流量、温度、位置的设定，以及动作选择、模具资料的调出与存储等。在控制面板上设有 PB3 ~ PB10 的八个功能选定键，PB14 的 0 ~ 9 数字键，PB11 ~ PB13 的位置游标控制键，PB15 的存储键。

（4）工作方式和加热方式选择区-4　包括全自动 PB18、半自动 PB17 和手工操作 PB16 三种工作方式，以及加热的启动 PB18 和关闭 PB18 的选择。

（5）手动操作区-5　选择手动或半自动操作方式后，按手动操作区各键显示说明的动作进行操作。

（6）其他功能选择区-6　可进行吹风脱模、光电检料、多次顶出动作的选定等。

2. 机械手在塑料成型工艺过程中的应用

利用计算机控制具有五个自由度的机械手，可以实现从注射机上取下制件，并把制件置于零件箱内或传送带上以及清理模具等工序的自动化，图 14-12 为机械手动作流程图。机械手取下注射机上的制件，是依靠装在手腕上的专用夹持器，机械手抓紧制件上的冒口，而后将制件放在不同类型的零件箱内。

为了安全操作，机械手和注射机可以互相交换连锁信息。当从模具内取走制件并放好后，机械手控制器给空气阀发出信号，并选择喷走残留物的路径和速度，使气流有效地吹走残留物。这些操作信息都存储在存储器内。为配合注射机和机械手，还采用自动给料机与它们联合运行，以保证连续自动供料。目前，部分电器制造厂还采用了自动修整机清理塑料制件的飞边，并能将所需金属零件装在制件上。利用计算机将注射机、机械手、自动修整机、自动给料机进行集中控制，就可以实现塑料制件生产的全盘自动化。

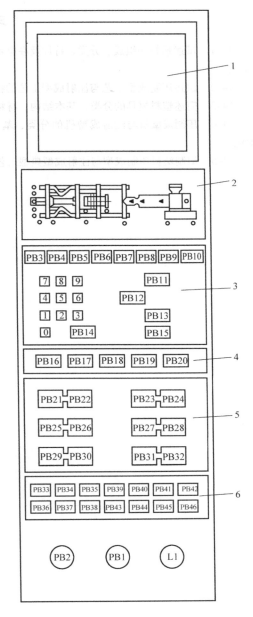

图 14-11　全自动注射成型机控制面板图

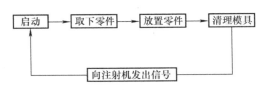

图 14-12　机械手动作流程图

习　题

14-1　试述塑料的组成、分类、特性及在电器制造中的应用，热固性塑料与热塑性塑料的成型方法有哪些？

14-2　试述压制成型工艺与注射成型工艺的特点、应用、工艺过程与要点及塑料制件的结构工艺性。

14-3　简述塑料模具的分类、基本结构、材料以及模具的加热与冷却装置。

14-4　压制成型机与注射成型机的分类、基本结构、工艺过程及参数选择如何？并简述塑料成型自动化。

14-5　编制塑料压制成型与注射成型典型工艺守则。

第十五章
弹簧与热双金属元件

第一节 弹 簧 材 料

一、概述

弹簧是利用材料的弹性和结构的特点，在产生变形时，把机械功或动能变为变形能，而在恢复变形时再把变形能变为动能或使变形能做机械功的零部件。

在电器产品中，弹簧起着储存能量、控制运动、缓冲吸振、测量力和转矩等功能。

弹簧的质量直接影响电器产品的性能，如分断能力、电寿命、机械寿命、温升及可靠性等。

二、弹簧的分类及其技术要求

（一）弹簧的分类

1. 拉伸弹簧（简称拉簧）

如图 15-1 所示。拉簧的圈与圈之间是并紧的，但个别也有不并紧的。其耳环可以根据需要制成各种形式。这种弹簧的特性是直线型的，图中 1 为有初应力特性线，2 为无初应力特性线。

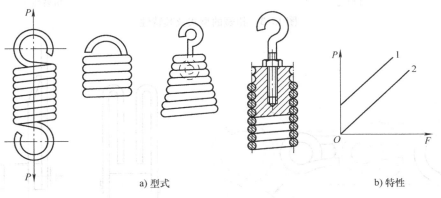

a) 型式   b) 特性

图 15-1 拉簧的型式及其特性

2. 压缩弹簧（简称压簧）

如图 15-2 所示。各种型式中的压簧以圆柱形压簧应用较多。其端部可以根据需要并紧、磨平或不磨平。为了保证压簧在应用时不出现侧弯现象，把弹簧的细长比 $\left(b = \dfrac{H}{D^2}\right)$ 限定在 3.7 ~ 5.3 之间。如果超出此范围时，需要加芯棒或导向套，才能保证弹簧的稳定性。

3. 扭转弹簧（简称扭簧）

这种弹簧主要承受扭矩作用，用于压紧、储能及转动系统中，其特性呈直线型，见图15-3。扭簧两端伸出弹簧外的股线叫支脚，它作为弹簧工作时的着力点。扭簧的圈与圈之间不并紧，保持一定的间隙，以避免其工作时圈与圈之间产生摩擦，并增加灵敏度。此外，当扭簧工作时，其直径会增大或缩小，见图15-4。

4. 片弹簧

这类弹簧由薄片材料制成，结构形状繁多，主要用于仪表及低压电器中，见图15-5。

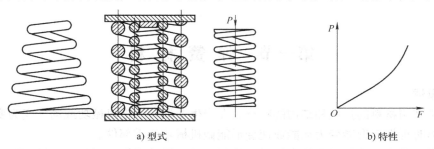

a) 型式　　　　　　　　　　　　　　　b) 特性

图15-2　压簧的型式及其特性

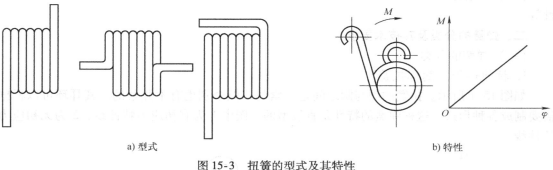

a) 型式　　　　　　　　　　　　　　b) 特性

图15-3　扭簧的型式及其特性

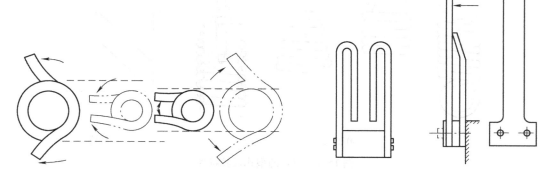

图15-4　扭簧工作时直径的变化　　　　　图15-5　片弹簧的型式

5. 碟形弹簧

如图15-6所示。在加载和卸载过程中有能量消耗，其缓冲减振能力强。应用时，可以把数片碟形弹簧组合起来，如果希望增加变形量，可采用对合式组合，见图15-7a；如果希望增加载荷能力，则可采用堆积式组合，见图15-7b；也可二者兼顾。

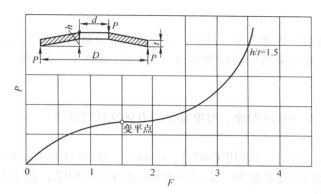

图 15-6　碟形弹簧及其特性

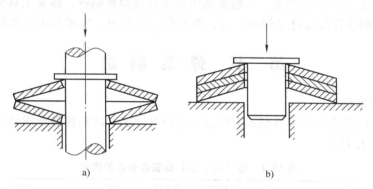

图 15-7　碟形弹簧的组合形式

（二）对弹簧的技术要求

合格的弹簧产品应在弹簧特性线、尺寸、形状位置、表面质量等方面符合设计要求，并且相应的极限偏差应在设计允许范围之内。

弹簧的特性线是指载荷 P（或 M）与变形 F（或 ϕ）之间的关系曲线。

弹簧的尺寸是指弹簧的直径、自由高度、节距、圈数、压并高度、端面磨平程度；带钩环的要考虑钩环部长度；对扭转弹簧还要考虑扭臂的长度和扭臂的弯曲角度等。

弹簧的形状位置度是指垂直度（端面磨削的压缩弹簧，其轴线与两端面的垂直度）、两圆钩相对角度、钩环中心面与弹簧轴心线位置度等。

表面质量是指表面粗糙度与表面处理质量等。

三、弹簧的材料

电器产品中弹簧材料的选择可考虑以下几个方面：

（一）材料的种类

电器产品中的弹簧多采用铅淬冷拔碳素弹簧钢丝。不锈钢弹簧钢丝可用于有腐蚀性的场合，且不必进行表面处理，故得到愈来愈广泛的应用，特别是用于卷制钢丝直径小于 1mm 的弹簧。电器中的片状弹簧多用 T8A、65Mn、$60Si_2Mn$ 等材料。

（二）材料的淬透性

对电器产品而言，绝大多数弹簧采用冷拔材料，绕制后不必淬火，故淬透性问题不很突出。

（三）负荷性质

电器中的触头弹簧、热继电器弹簧等，承受的交变负荷高达百万次以上，故应采用疲劳极限较高的材料。一般应采用碳素弹簧钢丝 A、B 组、65Mn，要求更高时应选用 $60Si_2Mn$、50CrVA 等。

（四）工作条件

主要考虑弹簧工作环境的温度、湿度及是否有腐蚀性气体等。

（五）特殊要求

有高导电性能要求者，可选用 QSi3-1、QSn4-3、QSn6.5-0.1、QBe_2 等。有抗磁要求者，应选用奥氏体组织的不锈钢，如 1Cr18Ni9 或 1Cr18Ni9Ti，或者铜基合金材料，如 QSn6.5-0.1、QBe_2 等。

综上所述，电器产品的弹簧，一般多选用铅淬冷拔弹簧钢丝、碳素工具钢带、不锈钢弹簧钢丝（带）、铜基合金线材（带材）等。在制作小弹簧时，大多采用不锈钢弹簧钢丝。

第二节 弹 簧 制 造

一、弹簧的参数

电器产品中广泛应用的弹簧型式有螺旋型的拉伸弹簧、压缩弹簧及扭转弹簧。这些弹簧的各参数代号见表 15-1。

表 15-1 拉（压、扭）弹簧各参数的代号

序号	名 称	单位	代号	序号	名 称	单位	代号
1	材料直径	mm	d	21	节距	mm	t
2	弹簧外径	mm	D_2	22	螺旋角	(°)	α
3	弹簧内径	mm	D_1	23	旋绕比		C
4	弹簧中径	mm	D	24	高径比（细长比）		b
5	弹簧总圈数	圈	n_1	25	工作负荷	N	P_1、P_2、$\cdots$、P_n M_1、M_2、$\cdots$、M_n
6	弹簧有效圈数	圈	n	26	极限负荷	N	P_s、M_s
7	自由高度（长度）	mm	H_0	27	工作极限负荷	N	P_j
8	自由角度	(°)	ϕ_0	28	压并负荷	N	P_b
9	工作高度（长度）	mm	H_1、H_2、$\cdots$、H_n	29	初拉力	N	P_0
10	极限高度（长度）	mm	H_s	30	弹簧刚度	N	P'
11	工作极限负荷下高度（长度）	mm	H_j	31	切变模量	N/mm^2	G
12	压并高度	mm	H_b	32	弹性模量	N/mm^2	E
13	工作扭转角	(°)	ϕ	33	材料切应力	N/mm^2	τ
14	极限扭转角	(°)	ϕ_s	34	极限强度	N/mm^2	τ_s
15	工作极限扭转角	(°)	ϕ_j	35	压并应力	N/mm^2	τ_b
16	变形量	mm	F_1、F_2、$\cdots$、F_n	36	许用切应力	N/mm^2	$[\sigma]$
17	极限负荷下变形量	mm	F_s	37	材料抗拉极限强度	N/mm^2	σ_b
18	工作极限负荷下变形量	mm	F_j	38	许用弯曲应力	N/mm^2	$[\sigma]$
19	展开长度	mm	L	39	曲度系数		k
20	间距	mm	δ				

各参数中，旋绕比 C（又称弹簧指数）是反映弹簧特性的重要参数（$C = D/d$，D 为弹簧中径——平均直径，单位为 mm，d 为弹簧丝直径，单位为 mm）。当 C 值愈小时，绕制时钢丝变形太大，绕制困难；而 C 值大时，弹簧不稳定，容易颤动。但是 C 值小，弹簧的刚度大。因此，根据经验，把 C 值规定在 $4 \leqslant C \leqslant 14$ 之间。特殊情况时，允许超出这个范围，见表 15-2。

表 15-2　拉（压）弹簧旋绕比参考值

d/mm	0.2 ~ 0.4	0.45 ~ 1	1.1 ~ 2.2	2.5 ~ 6	7 ~ 16	18 ~ 24
$C = \dfrac{D}{d}$	7 ~ 14	5 ~ 12	5 ~ 10	4 ~ 10	4 ~ 8	4 ~ 6

二、弹簧的绕制工艺

（一）弹簧制造的工艺流程

1. 螺旋弹簧制造的工艺流程

螺旋弹簧的绕制分为冷绕成形和热绕成形两种。冷绕成形弹簧的精度、表面质量和内在质量比热绕成形的好。但因绕制时成形力等因素的影响，冷绕成形一般只用于直径小于 14mm 的弹簧钢丝，大于 14mm 的弹簧钢丝则采用热绕成形。电器产品的弹簧几乎均为冷绕成形。因此，本章仅介绍冷绕成形工艺。

（1）用冷拔弹簧钢丝绕制螺旋压缩弹簧　批量生产应按下列工艺流程进行：

绕制→校正（整形）→消除应力回火→磨端面→去飞边→喷丸处理→立定或强压处理→检验→表面处理→成品检验。

分述如下：

1）绕制　在绕簧机或车床（或用手工）按图样及工艺要求绕制成形。

2）校正　用人工或自动分选机对弹簧的高度进行检测、分选。某些自动卷簧机本身带有自动分选机构，边绕制边分选。不合格的弹簧可用楔形斧或手扳压力机、靠直胎具等工量具调整其高度、垂直度和节距均匀度等，使其符合图样要求。由于绕簧机床设备的不断发展和改进，绕制后的弹簧即可达到精度要求的，此道工序可免去，对钢丝直径小的弹簧更是如此。

3）消除应力回火　把弹簧放置在低温盐浴炉或低温电炉等设备内进行低温回火处理，以消除绕制、校正过程中产生的应力，稳定几何尺寸，提高弹性极限。

4）磨端面　在专用双端面磨簧机上（或手工在砂轮机上）磨削弹簧的两端面，以保证弹簧的自由高度、垂直度及两端面平行度等要求。

5）去飞边　磨削后弹簧两端面上的飞边用硬质合金倒角器或自动倒角机，也可用三角刮刀或锥形砂等除去。

6）喷丸处理　把弹簧放入喷丸机进行喷丸强化处理，达到提高弹簧疲劳寿命的目的。

7）立定或强压处理　把弹簧高度压缩至工作极限高度或压缩至各圈并紧数次，以稳定几何尺寸，提高承载能力等。

电器用弹簧一般不要求进行以上 6）、7）两项工艺。

8）检验　按图样、技术条件及有关标准抽样检查弹簧的负荷特性、几何尺寸及几何公差等。

9）表面处理　对弹簧表面进行氧化、磷化、镀锌或浸干性油、喷塑、涂漆等防锈处理。

10）成品检验　抽检方法同8），还要检查表面处理后的外观质量等。

（2）用冷拔弹簧钢丝绕制螺旋拉伸或扭转弹簧　螺旋拉伸或扭转弹簧的绕制，按下列工艺流程进行：

绕制→端圈展开、切断→消除应力回火→尾端加工→检验→表面处理→成品检验。

其中第1）、2）、4）项工艺叙述如下，其余各项工艺同前述的螺旋压缩弹簧生产工艺流程。

1）绕制　在万能自动卷簧机、直尾卷簧机或车床上绕制成形。在直尾卷簧机或车床上绕制时，两端须留出一段直尾，由下道工序加工成所要求的端部形状。但在万能自动卷簧机上绕制出的弹簧不带直尾，因此须将两端簧圈展开成直尾再加工成所需形状。也可在机床上附装专用工夹具来绕制出带直尾的弹簧。

2）端圈展开、切断　将上工序绕制成的无直尾弹簧，用楔形工具或手扳压力机等工具把两端圈展成直尾，并将多余的材料切掉。

3）尾端加工　将弹簧两端的直尾在手扳压力机、冲床、气动或液压动力头上配以专用胎具加工成所需形状及位置的钩环或扭臂。

目前国内外已有专用的自动卷簧机，可在绕制弹簧时将两端的钩环或扭臂同时制出。

2. 片状弹簧制造的工艺流程

生产片状弹簧的工艺流程如下：

校直→切断或落料→成形加工→热处理→检验→表面处理→成品检验。

分述如下：

（1）校直　将盘状带材在专用校直机上校直。

（2）切断落料　将校直的带材剪切成规定的长度，再用冲裁模在冲床上冲出所需形状的零件毛坯和孔。

（3）成形加工　用手工弯曲或用模具在压力机、冲床上压制成所需形状的零件。

（4）热处理　若材料在1mm及以下，则常用硬态材料加工，这时只需要进行去应力回火。若材料厚度大于1mm，一般用退火软材料加工，这时就需进行淬火、回火。

（5）检验　按图样、技术条件及有关标准进行检验。

（6）表面处理　对制成的片状弹簧进行氧化、浸干性油或镀锌、涂漆等表面处理，以便防锈。因其极易发生氢脆，故应特别注意及时进行去氢处理。

（7）成品检验　检查表面处理质量等。

（二）弹簧的绕制

圆柱螺旋弹簧的绕制分为有芯绕制和无芯绕制两种。有芯绕制又分手工绕制、普通车床绕制和有芯自动卷簧机绕制。无芯绕制在自动卷簧机上进行。

1. 有芯绕制

图15-8是用芯轴在普通车床上绕制

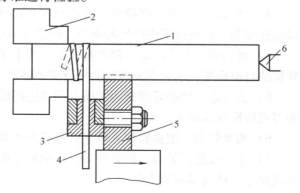

图15-8　在车床上绕制弹簧的示意图

1—芯轴　2—卡盘　3—钢套

4—钢丝　5—托架　6—顶尖

螺旋弹簧的示意图。绕制时，重要的是正确选择芯轴的直径。因为，弹簧丝在进行冷绕后，由于簧丝的弹性作用，会使弹簧直径略有增加，在回火后又会使弹簧直径略有缩小。因此，应当正确选择芯轴直径。

芯轴的直径与弹簧材料的机械性能、钢丝直径、弹簧外径及绕制方法等许多因素有关，可用下列两经验公式之一来计算：

$$D_0 = \frac{D_1}{1 + 1.7C\dfrac{\sigma_b}{E}} \tag{15-1}$$

式中，D_0 是芯轴直径（mm）；D_1 是弹簧内径（mm）；C 是旋绕比；σ_b 是材料的抗拉极限强度（N/mm^2）；E 是材料的弹性模量。

或

$$D_0 = \frac{1.02d}{\dfrac{d}{D} + 1.85\dfrac{\sigma_b}{E}} - d \tag{15-2}$$

式中，D 是弹簧中径（mm）；d 是弹簧钢丝直径（mm）。

实践证明，上述两公式计算出的结果与实际基本一致。

芯轴的精度直接影响到弹簧的绕制质量。所以芯轴所用材料应为弹簧钢或碳素工具钢，经热处理后表面磨光。表面粗糙度不低于 $R_a3.2\mu m$，表面硬度不低于 45HRC。

当簧丝直径大于 10mm 时，需要进行热绕。在车床上热绕时，芯轴尺寸等于弹簧内径。

2. 无芯绕制

无芯绕制就是不用芯轴，而使弹簧成型的加工方法。它主要由万能自动卷簧机完成。现代化自动卷簧机精度高，功能全，生产效率高，适合于大批量专业化生产。

万能自动卷簧机的工作原理见图 15-9。弹簧钢丝从线架上引出后，首先经过钢丝清洁器 1，由毛毡清除钢丝表面的各种脏物；再进入校直器 2，进行水平和垂直两个方向的校直；再经输入导轨 3 进入送料辊轮 4；由送料辊轮将钢丝经由输出导轨 5 推向两个互成 60°~80° 的卷簧挡销 8，使钢丝在挡销槽中弯曲成形；节距斜铁 6 的上下移动（或节距爪沿弹簧轴向的前后移动）开出弹簧的节距；弹簧卷绕成型后，由切断刀 7 下移与芯轴刀 9 将卷好的弹簧切掉。一个工作循环完成了一个弹簧的生产。节距斜铁（爪）的移动距离及速度由机内节距凸轮及支架控制。

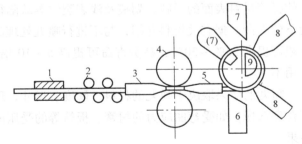

图 15-9　自动卷簧机工作原理图
1—钢丝清洁器　2—校直器　3—输入导轨
4—送料辊轮　5—输出导轨　6—节距斜铁（爪）
7—切断刀　8—挡销　9—芯轴刀

如将凸轮制成特殊曲线，可加工变节距弹簧。两个卷簧挡销装在绕制板的两个滑块上。如果在绕制板上加装所需凸轮，控制滑块移动，则可生产出变直径的锥形、双锥形等弹簧。

现代卷簧机加工弹簧所用线材的送进多少，是由偏心轮及摆动的扇形齿轮控制的。往复摆动的扇形齿轮与送料轮轴上的单向离合器相啮合，完成送料过程。

上述全部过程均由机内凸轮轴上的各种凸轮控制完成。凸轮轴每转动一周，就完成一个工作周期，绕制成一个弹簧。如此往复运转就实现了弹簧的自动化成型。

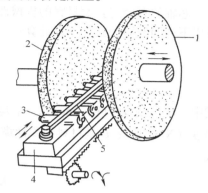

不论手工或机械绕制的弹簧都要根据需要进行端部处理。压缩弹簧的端部磨平工作可在专用机床上进行，如图15-10所示（钢丝直径小于0.8mm的压缩弹簧端部可以不磨平）。未磨端部前，弹簧处于图样所规定的自由长度。把弹簧装入导筒3内，用平板5将各弹簧压紧在工作台4上，由电动机带动砂轮1和2旋转，另一电动机使工作台4做直线往复运动。这种方法可以保证自由长度的精度和两端面的平行度。

在专用机床上磨端部时，弹簧的刚度应不小于5N/mm。若弹簧刚度小于0.8N/mm，端面对轴线垂直度的允差又很小（例如0°，30′～1°30′），可放在特殊的工具中磨平，如图15-11所示。

图15-10　磨平弹簧端部的专用机床
1、2—砂轮　3—导筒　4—工作台　5—平板

三、弹簧的处理工艺

（一）弹簧的机械强化处理

1. 喷丸处理

喷丸处理是用高速弹丸喷射弹簧表面，使材料表面产生塑性变形，形成一定厚度的表面强化层。强化层内形成较高的应力，这种应力

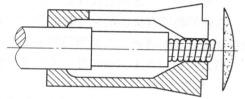

图15-11　小刚度弹簧端部磨平卡具

在弹簧工作时能抵消一部分变载荷作用下的最大拉应力，从而提高弹簧的疲劳强度。同时，也使弹簧材料表面的脱碳、划痕及浅表裂纹等缺陷得到改善。其结果是提高了弹簧在交变载荷下的寿命。据有关资料介绍，与不进行喷丸处理的弹簧相比，喷丸处理后的弹簧疲劳强度一般可提高20%～30%，疲劳寿命可提高5～10倍。但是，喷丸处理对承受静载荷的弹簧作用不大。

喷丸的效果取决于弹丸的材料、硬度、尺寸、形状及喷射的持续时间。而且喷丸的部位要合理选择，如受弯曲应力的扭簧、板簧等的受压面不能喷丸，以免压应力叠加而产生不良后果。

喷丸处理后的弹簧一般应进行低温回火。

喷丸处理主要应用于大、中型弹簧，特别是热绕成型弹簧。

2. 强压处理

强压处理就是将弹簧成品用机械的方法，从自由状态强制压缩到最大工作载荷高度（或压并高度）3～5次，使金属表面层产生塑性变形，从而在材料表面产生残余应力，有利于材料的弹性极限和屈服极限，提高弹簧的负荷特性，稳定弹簧的几何尺寸。强压处理后弹簧长度会变化，故卷制时要预留变形量。

强压处理也包括强拉和强扭。对于工作应力较大、比较重要的及节距较大的压缩弹簧，

一般应进行强压处理。

（二）弹簧的热处理

采用碳素弹簧钢丝、琴钢丝绕制的冷绕弹簧，绕后应进行低温回火，以消除绕制产生的残余应力，调整和稳定尺寸，提高机械强度。油淬火回火的铬钒、硅锰等合金弹簧钢丝绕制的弹簧也需进行去应力回火。用退火状态的碳素弹簧钢丝（如 65、70、75、85 钢）、合金弹簧钢丝（如 50CrA）绕制的弹簧应进行淬火回火处理。用退火状态制作的片弹簧一般进行等温淬火，可得到要求的硬度和很高的疲劳寿命。

回火处理可在油炉、电炉或硝盐炉内将弹簧加热到 200 ~ 300℃ 之间，保温时间为 10 ~ 60min，冷却剂可用空气或水。

应用硝盐炉回火，温度均匀。硝盐中含有 45% 的硝酸钠和 55% 的硝酸钾。

用电炉加热可以免去回火后的清洗工序。

为防止淬火时的氧化脱碳，可在可控或保护气体炉中进行。

表 15-3 列举了碳素钢弹簧硝盐炉的回火规范。

表 15-3 硝盐炉的回火规范

钢丝直径 d/mm	回火温度/℃	回火时间/min	冷却剂
1 以下	220 ~ 250	15	水
1 ~ 2	270 ~ 280	25	水
2 以上	280 ~ 300	40	水

经回火后的弹簧，其尺寸要发生变化。随着回火温度的增高，弹簧的高度大约减少 1.5%，弹簧的直径大约减小 2%。簧丝直径的减小，正比于簧丝直径，与材料类别无关。经过回火后的弹簧外径也有改变，其缩小量与簧丝直径和弹簧外径的大小有关，大约在 0.1 ~ 0.5mm 之间。对于热绕的弹簧需进行淬火后再回火处理。

（三）弹簧的老化处理

为了防止弹簧在工作中产生残余变形，提高工作稳定性，对于要求严格的弹簧，需要进行老化处理。老化处理的方法是用专用工具，使弹簧处于工作状态，并超载 20% ~ 30%，持续 2 ~ 24h 或更长时间。

（四）弹簧的表面处理

弹簧表面处理的目的是在材料表面涂覆一层致密的保护层，以防止锈蚀。表面涂覆的类别主要有氧化、磷化、电镀和涂漆。不锈钢和铜合金制成的弹簧一般不必进行表面处理。

1. 氧化处理

氧化处理又称发兰（黑）。一般是将弹簧放在化学氧化液中，使弹簧表面生成一层均匀致密的氧化膜，膜的厚度约为 0.5 ~ 1.5μm。氧化处理后的弹簧只适用于腐蚀性不太强的场合。由于氧化处理成本低，工艺配方简单，生产效率高，不影响弹簧的特性，所以广泛应用于冷绕成型小型弹簧的表面防腐。

2. 磷化处理

经磷化处理的弹簧表面可形成磷酸盐保护层，膜厚约 7 ~ 50μm。其抗蚀能力为发兰的 2 ~ 10 倍，耐高温性能也较好，缺点是硬度低、有脆性及机械强度较差。

3. 电镀

电镀有镀锌、镀镉、镀铜、镀铬、镀镍及镀锡等多种，以镀锌最为普遍。镀层厚度视弹簧使用环境而定。腐蚀性比较严重的可镀 $25 \sim 30 \mu m$，腐蚀性较轻的可镀 $13 \sim 15 \mu m$，无腐蚀性介质可镀 $5 \sim 7 \mu m$。

片状弹簧电镀后去氢处理很重要。因为片状弹簧多采用强度高的 $65Mn$、$60Si_2Mn$ 等材料，且厚度小，特别容易产生氢脆，从而影响弹簧的寿命。去氢处理应在镀后立即或几小时内进行，将弹簧按使用材料的不同采用不同的加热温度，琴钢丝：$190 \sim 200℃$ $3h$，其他各种钢丝：$210 \sim 220℃$ $3h$，即可去氢。一般来讲，镀后至去氢处理间隔时间短、加热时间长及温度高则去氢效果较好。这样处理过的弹簧不仅免于变脆，而且镀层也不易脱落。

4. 涂漆

涂漆也是弹簧防腐的主要方法之一，多用于大、中型弹簧。对于重要的弹簧，为了提高油漆的附着力和防腐能力，也可采用先磷化后涂漆的工艺。用于弹簧的油漆常用的有：沥青漆、酚醛漆和环氧漆，常用的涂漆方法是喷漆和浸漆。近年来，静电喷涂和电泳涂漆等先进工艺已获得推广。

四、影响弹簧制造精度的因素

弹簧制造精度是指弹簧产品的受力与变形的关系，也就是弹簧的特性，应在设计允许的偏差范围之内。影响弹簧制造精度，也就是影响弹簧特性的因素，除与材料的弹性模量 E（或切变模量 G）、分散性、稳定性等有关外，主要是与弹簧的几何尺寸的偏差有关，而几何尺寸又是由制造工艺来保证的。在制造过程中，对弹簧制造精度影响最大的是绕制工序，热处理、强化处理等工序也有较大的影响。下面以圆柱螺旋压缩弹簧为例来分析这一问题。

理论分析指出，圆柱螺旋压缩弹簧的受力与变形的特性关系为

$$P = \frac{Gd^4}{8nD^3}F = \frac{Gd^4}{8nD^3}(H_0 - H_i) \tag{15-3}$$

式中，P 是弹簧负荷；d 是钢丝直径；n 是有效圈数；D 是中径；F 是变形量；H_0 是自由长度；H_i 是给定工作高度；$\frac{Gd^4}{8nD^3}$ 是刚度。

式（15-3）中诸量相对偏差的关系式如下：

$$\frac{\Delta P}{P} \approx \frac{\Delta G}{G} + 4\frac{\Delta d}{d} - \frac{\Delta n}{n} - 3\frac{\Delta D}{D} + \frac{\Delta H_0}{F} \tag{15-4}$$

式（15-4）右边诸项对 $\Delta P/P$ 都有影响，即对弹簧特性的精度或者说对弹簧制造精度都有影响。下面对式（15-4）右边诸项加以简要说明：

1）弹性模量 E（或切变模量 G）是表示弹簧材料性能的重要参数，与材料的成分、簧丝的拉制工艺都有关。在供应原材料中，同一捆弹簧丝的弹性模量数值都不一样，不同捆的差别就更大了。另外，直径小的弹簧丝弹性模量大；经过绕制的弹簧弹性模量和弹簧丝的弹性模量差别不大，约减少 $1.3\% \sim 2.2\%$。

2）弹簧丝直径 d 的变化是由弹簧丝的制造公差决定的，它对弹簧的质量影响很大。国家对于制造弹簧的各种材料（碳素弹簧钢、合金钢、有色金属合金等）的直径，都规定有相应的尺寸允许偏差。

3）弹簧中径 D 的精度对弹簧轴向力的变化也有很大的影响，故中径的精度应当用制造

允许公差加以限制。中径的精度与绕制工艺密切相关，在绕制时要严格按图样要求进行生产。

4）弹簧圈数 n 较少（5～10 圈）时，其圈数的偏差对轴向力的影响较显著。绕制后的弹簧圈数都有一定的偏差，如在车床上绕制的弹簧，其圈数偏差可达 0.4～0.5 圈；在自动绕簧机上绕制时情况好些，但是也有偏差。

5）弹簧的自由长度（高度）的误差 ΔH_0 对轴向力有一定的影响，故在绕制和热处理等工序中，应注意不要使其超差。

在实际生产中，可能会出现这样的现象，即虽然各参数均符合图样要求，但不能保证绕制出来的所有弹簧刚度都不超差，这是由几何参数的偏差对负荷的综合影响所致。解决这一问题的途径，是在几何尺寸的公差范围内合理调整偏差值，这正是弹簧在大批量生产前必须进行试制的主要原因。由于同批材料的直径通常是一致的，即 $\Delta d/d = 0$，故可调参数主要是 D、n 和 H_0。绕制时，在规定的公差范围内，选择适当的相对偏差 $\Delta n/n$、$\Delta D/D$、$\Delta H_0/F$（包括符号）值来满足所要求的 $\Delta P/P$ 值。

再者，弹簧的弹性滞后或弹性后效现象也对弹簧制造精度有影响。

弹性滞后现象是指在弹性变形范围内，加载和去载时弹簧特性曲线不重合。

弹性后效现象是指载荷改变后，不能立刻完成相应的变形，而需经过一定时间间隔后才能完成相应的变形。

五、弹簧制造设备及其自动化

（一）弹簧制造设备

目前圆柱螺旋弹簧制造设备已向高精度、高效率、自动化方向发展。现介绍两种设备如下：

1. 万能自动卷簧机

这是一种通用型圆柱螺旋弹簧加工设备。如德国瓦菲奥斯（WAFIOS）公司的 FS 系列，瑞士申克尔（SCHENKER）公司的 FA 系列、日本奥野（OKUNO）公司的 M 系列等卷簧机都属于这一类。这类机床能绕制圆柱、变节距、变直径、密卷等各种圆柱螺旋弹簧。图15-12 为瑞士申克尔公司生产的 FA-6S 万能自动卷簧机示意图。

该机采用了扇形体及单向离合器结构，送料精确，调整方便，生产效率高。该机最高速度每小时生产弹簧 3 万件。在这类机床上加装

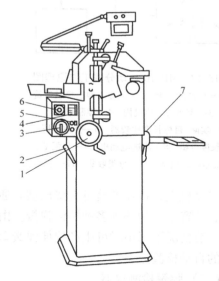

图 15-12　万能自动卷簧机
1—手轮　2—离合器手柄　3—主开关　4—预选计数器
5—计数器按钮　6—电动机调速开关　7—调速手轮

自动分选装置，可实现弹簧生产的自动测量、分选、控制、调整，出现故障可自动停机。图15-13 为配备于 FA-6 机床的 MR-10 自动分选装置工作原理图。如果为机器配备自动送线线架，则可实现无人操作。

2. 拉伸弹簧绕制机

这类设备是由万能自动卷簧机与自动弯钩机组合而成，目前是生产拉伸弹簧的理想设

备。现以德国瓦菲奥斯公司生产的 ZO_2 拉伸弹簧绕制机为例说明其原理和功能。

ZO_2 型拉伸弹簧机由 FO_2 卷簧机和 FOA 弯钩机组合而成。在 FO_2 卷簧机上装有慢速精进给系统。在弹簧绕制结束前，机器变正常进给为慢速精确进给，从而避免了快速惯性的影响，以确保送料的精确性。另外，它还配有电子触针及气动刹车离合器。当弹簧端头接触到触针时，气动刹车离合器立刻动作，停止送料。这个系统是作为慢速精进给的一种补偿，使弹簧端部停在准确位置，以保证拉簧钩环的精确。

FOA_2 弯钩机的主轴与 FO_2 主轴相连，机上装有两个弯钩盘、两个切余头盘及 8 个弹簧抓手，8 个抓手分装在左右两个转盘上，每个转盘上有 4 个抓手。抓手在一个工作循环中完成从卷簧机上抓取弹簧、送入弯钩盘弯钩、切余头、换位、弯另一端钩环、切头、将成品送入容器 7 个动作，如图 15-14 所示。

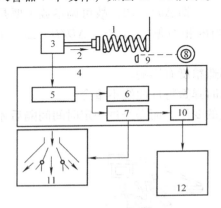

图 15-13　MR-10 自动分选工作原理图

1—新生产的弹簧　2—探测头伸出接触弹簧

3—探测头传感机构　4—控制单元

5—实际/目标长度比较器　6—公差分析

7—长度分析　8—步进电动机　9—节距工具

10—机器功能控制　11—分类收集　12—卷簧机

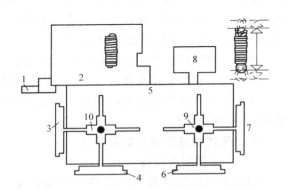

图 15-14　ZO_2 拉簧机工作示意图

1—钢丝清洁校直器（入口）　2—卷簧机

3—弯钩盘　4—切余头盘

5—弹簧换位机构　6—弯钩盘

7—切余头盘　8—弹簧收集容器

9、10—各带 4 个弹簧抓手的转盘

在该机上，拉伸弹簧可直接成型。通过更换部件，可生产半圆钩环、圆钩环、圆钩环压中心、长臂半圆钩环等多种拉伸弹簧。由这种设备生产的拉伸弹簧精度高，一致性好，效率高，一般情况下每小时可生产拉伸弹簧 2500 件左右。还可在机上加载自动检测装置，实现拉簧的自动检验分类。

（二）弹簧检测仪器

弹簧检测仪器包括载荷检测和扭矩检测两大类。仪器有指针盘式和电子控制、数字显示两种。后者较前者的精度、灵敏度高。下面重点介绍电子控制数字显示的弹簧测试仪。

1. 电子控制数字显示弹簧载荷测试仪

它由移动距离施力装置、距离和载荷数字显示装置、图像显示装置及数据记录打印装置四部分组成，用以检验拉伸弹簧、压缩弹簧的刚度值及在指定高度下的载荷值。

2. 电子控制数字显示弹簧扭矩测试仪

它由角度转动施加扭矩装置、数字显示装置、参数图象显示装置及记录打印装置四部分组成，用以检验扭转弹簧的刚度值及在指定转角下的扭矩值。该设备的角度转动施加扭矩装置由转动机构（手动）、装卡机构、传感器组成；数字显示部分的上部显示转过的角度，单位为 0.1°，下部显示出扭矩值，单位为 0.001N·cm。

（三）弹簧制造的自动化

实现弹簧制造自动化有两种途径：一是单机自动化、多机生产；二是装备弹簧自动生产线。

1. 单机自动化

所谓单机自动化，就是用现代化专用设备装备工厂。同种类型设备安装在一起，形成一个相对封闭的生产单元，实行 1 人多机生产，一般以每人管理 4~6 台设备为宜。如果各部机器均配有自动控制、调整、分选装置及自动送线线架，则可实现无人操作，但 20 台左右的机群中至少要配备 1 名技术熟练的工人来负责机床的调整及较大故障的排除。

2. 弹簧自动生产线

弹簧自动生产线由多种设备结合在一起，形成弹簧生产各工序间的自动化传递。它由弹簧绕制机、热处理机（回火炉）、输送设备、自动包装机组成，如图 15-15 所示。

它的基本工作原理是：弹簧由绕制机绕出经检验分选落入容器中，输送系统将弹簧逐个送入圆桶状卧式回火炉，回火后

图 15-15 弹簧自动生产线示意图

的弹簧经空冷输送到自动包装机，包装机将弹簧成品逐个压合在两片塑料薄膜中，再卷到圆盘上。圆盘卷满由人工更换，如此实现弹簧生产的自动化。当然，如果生产需磨平的压缩弹簧，则需在回火炉和包装机间增加自动喂料系统和弹簧端面磨平机及自动检验装置。

第三节 弹簧的质量分析

一、弹簧的质量检验

弹簧多为批量生产，制造工序较多，影响其质量的因素也较多，因此必须严格作好材料的进厂检验和半成品检验。半成品检验在弹簧绕制完毕、表面处理前进行。在生产中，一些可进行自动检测的项目（如弹簧自由高度、负荷等），以及用于特别重要场合的弹簧可逐件检验；不能自动检测的项目（如表面质量、金相组织、脱碳层等），以及周期长、费用高的（如疲劳试验）项目，则只能进行抽样检测。特别要注意，每批弹簧都要进行 5~20 件的首件检验，只有首件合格后，才可投入批量生产。

（一）弹簧表面质量及几何尺寸的检验

1. 表面质量检验

一般用目测检查是否有锈蚀斑点、划痕、飞边等。普通弹簧允许有个别缺陷，其深度不得大于钢丝直径公差的一半。受动负荷及疲劳强度要求高的则不允许有缺陷。

2. 几何尺寸的检验

（1）弹簧直径 通常用游标卡尺多点测量，应注意端圈是否增大或缩小。测量结果外径以最大值计、内径以最小值计。批量生产或精度要求高的弹簧可用弹簧内外径塞规或环规检验。

（2）自由高度（自由长度、自由角） 压缩弹簧的自由高度用通用（如长尺）或专用量具测量弹簧最高点，当自重影响自由高度时，可在水平位置测量。拉伸弹簧的自由长度是两钩环内侧之间的长度，用通用（如长尺）或专用量具测量。

（3）拉伸弹簧钩环部及扭转弹簧扭臂的尺寸　用通用式专用量具检验。

3. 形状位置的检验

（1）垂直度　端面磨削的压缩弹簧，弹簧轴线对两端面的垂直度，用测量弹簧外圆母线对端面的垂直度来表示。弹簧对宽座角尺自转一周检查上端（钢丝端头至1/2圆处的相邻圈）与角尺间隙的最大值Δ。

（2）两环钩的相对角度　目测或用样板测量。

（3）钩环位置度　用通用或专用量具测量。

（二）弹簧特性及永久变形检验

1. 弹簧特性检验

对于拉伸弹簧和压缩弹簧，一般在精度不低于1%的弹簧试验机或检测仪上进行，并且所测负荷应在试验机量程的20%～80%范围内。

我国传统使用指针式GTL系列拉（压）试验机，随着电子工业的不断发展，GTL-1000型等多种数字显示试验机得到了广泛应用。弹簧特性的检测，在批量生产中，一般以抽样方式进行。

2. 永久变形检验

将压缩弹簧的成品用试验负荷压缩三次后，测量第二次与第三次压缩后的自由高度变化值，该值即为永久变形，要求不得大于自由高度的0.3%。

拉伸弹簧和扭转弹簧，如无特殊要求，不作该项试验。

（三）弹簧热处理检验

对热处理（回火）后的弹簧检验，主要凭经验，用目测直接检查弹簧回火后的颜色。一般碳素弹簧丝回火后为黄褐色，稍发黑尚可，蓝色说明过热，变色不明显说明温度不够或保温时间短。过热或加热不足均会影响弹簧的强度。

（四）弹簧表面处理质量检验

1）氧化处理后氧化膜应均匀致密，不应有斑点、发花或杂色沉淀物存在。碳素弹簧钢丝氧化后表面呈黑色，合金钢丝则略呈红棕色。

将氧化处理后的弹簧去油清洗吹干，再放入2%的硫酸铜溶液中，保持30s后取出，用水洗净，不应出现红色斑点。

2）磷化处理后磷化膜应均匀、不发花，表面呈灰色或暗灰色。

用食盐水浸泡法检验磷化膜的耐蚀性能：将磷化后的弹簧浸泡在3%的食盐水里15min，取出后用水洗净，在空气中晾干30min，要求不得有黄锈。

3）电镀后的弹簧经去氢处理后，其电镀层应与被镀簧丝结合牢固，电镀层应光滑均匀。

4）涂漆后弹簧表面应呈现光滑、均匀及无气孔状态，涂层不许有脱落现象。

二、弹簧质量问题分析

（一）形位尺寸超差

形位尺寸不合格是属于几何形状方面的问题。发生形位尺寸问题多是由于原材料质量不合格或绕制工艺有问题造成的。绕制后，由于热处理不均匀，也会使弹簧变形而引起形位尺寸不合格。

（二）特性试验不合格

特性试验不合格属于受力和变形关系方面的问题。特性试验不合格多是由于所用原材料不合格（过硬或过软）、钢丝用错等造成的。过硬的原材料可以用调整回火规范解决；过软的材料可以用正火、再淬火和回火解决，但对细的弹簧丝效果不大。

（三）负荷试验不合格

负荷试验是经过形位检验和特性检验后进行的，所以负荷试验不合格往往属于力学性能方面的问题。常见的不合格情况有：

1. 断裂

断裂的主要原因是经过酸洗和电镀后，在弹簧中产生了氢脆现象。为了解决氢脆问题，应注意用酸洗锈时间尽量短些，酸洗后要加热去氢（250℃，2~3h），当镀锌、镀镉时，用周期性换向电流方法电镀（正向镀25~30s、反向镀1.5~2s），便于氢离子从镀件上跑掉。

2. 有残余变形

有残余变形多是因为回火规范不适当，未能很好的消除内应力，应适当调整回火规范。

如果弹簧工作一段时间后，常发生断裂或残余变形，则应根据具体情况进行分析属于哪一种原因，例如氢脆所致或机械损伤、硬度过高、原材料质量有问题及设计不当等等。

第四节　热双金属元件制造

一、概述

热双金属是由两层或多层热膨胀系数各不相同的金属或合金材料相互牢固结合形成的复合金属材料。热双金属具有一般金属所没有的特殊性能——热敏性，即随温度变化而产生不同的弯曲变形，故又称热敏双金属。变形的形式随双金属形状不同而不同，如弯曲、旋转或翻转等。

热双金属受热后产生弯曲变形的原理，如图15-16所示。热双金属片由层1和层2两种金属或合金组成。层1具有较大的热膨胀系数，称为主动层；层2具有较小的热膨胀系数，称为被动层。设室温 θ_0（通常取20℃）时两层长度相等，此时热双金属片处于平直状态。当温度升高后，如果两层金属处于分离状态，主动层1将比被动层2伸展较长；但实际上，热双金属片的两层是牢固地结合在一起的，加热后两层金属不能自由伸长，由于结合面上紧贴着的两层金属长度必须相等，

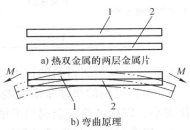

a) 热双金属的两层金属片

b) 弯曲原理

图15-16　热双金属元件弯曲原理
1—主动层　2—被动层

因而主动层1的自由膨胀受到被动层2的限制，产生向外的张力。被动层的自由膨胀受到主动层的拉伸，产生向内的拉力，故热双金属元件形成向被动层弯曲的状态。在热双金属受热弯曲中，由主动层所产生张力和由被动层所产生的拉力组成的合力矩使热双金属片的弯曲受到限制时，将产生推力，热能变成机械能。有时为了获得特殊性能的热双金属，可以有第三层、第四层金属材料，习惯上称为三金属、四金属材料。

热双金属及其元件结构多样、简单、动作可靠及使用方便，作用调节、控制、检测与保护元件，广泛应用于电器电信、仪器仪表、医疗器械及家用电器等行业。在使用中，它既可作为感测元件，又可兼作感测与动作执行元件。

二、热双金属元件的分类及其技术要求

热双金属片可按其敏感系数、使用温度、电阻率及使用环境分类，见表15-4。

表15-4　热双金属片的分类及特点

分类方法	热双金属片类型	特　　点	举　例
按敏感系数分类	高灵敏型	具有高敏感性能和高电阻性能，可提高元件的动作灵敏度及缩小尺寸，但弹性模量及允许应力较低，耐腐蚀性差	5j20110
	通用型 低灵敏型	具有较高的灵敏度和强度，适用于中等使用温度范围，敏感系数较低，适用于高温温度范围	5j1578 5j0756
按使用温度分类	高温型	敏感性能较差，但有较高的强度和良好的抗氧化性能，线性温度范围宽，适用于300℃以上的温度范围工作	5j0576
	低温型	适用于0℃以下温度工作，性能与通用型相近	5j1478
	中温型	均属于通用型，适用于中等使用温度范围	5j1578
按电阻率分类	高电阻型	具有高（或较高的）敏感性能，性能与高灵敏性相近	5j20110 5j15120
	低电阻型	具有中等敏感性能	5j1017
	系列电阻型	具有较宽的电阻率范围可供不同用途使用，适用于各种小型化、标准化的电器保护装置	5j1411 5j1417
按使用环境分类	耐腐蚀型	有良好的耐腐蚀性能，适用于腐蚀型高的介质环境，性能与通用型相近	5j1075
	特殊型	适用于各种特殊用途场合	

对制造热双金属材料的技术要求如下：

1）组合材料的热膨胀系数差应尽可能大，并且被动层在较宽的温度范围内保持不变或变化很小，以提高热双金属的灵敏度和线性温度范围。

2）组合材料的弹性模量和许用弯曲应用应尽可能相近，且弹性极限大，以便提高热双金属的使用温度。

3）便于加工，稳定性好。

4）材料经济，易得到，符合我国的资源情况。

5）其他性能要求，如韧性、强度、耐蚀性及电阻率等。

三、热双金属材料

（一）主动层材料

对它的要求，最主要的是热膨胀系数要大，其次是熔点高、焊接性能好以及具有与被动层相近的弹性模量。它有两类：

1. 有色金属及合金

如黄铜、青铜和锰铜镍等。黄铜、青铜的优点是热膨胀系数大、力学性能好及耐腐蚀性好，缺点是物理性能不稳定。黄铜在200℃时已部分地开始再结晶，弹性模量下降很大，使双金属变形不能使用。含有高锰的锰铜合金（Mn72%、Ni10%、Cu18%）则是一种较好的主动层材料，它具有合适的热膨胀系数、弹性模量及很高的电阻率，物理性能稳定不受热处理的影响。

2. 黑色金属及合金

含镍量25%左右的铁镍合金具有较大的热膨胀系数，被广泛地用作主动层材料。若加入少量的铬（2%~3%）、钼或锰（5%），形成铁镍铬、铁镍钼、铁镍锰合金，其热膨胀系数非常稳定，在20~600℃温度范围内热膨胀系数保持在（19~21）×10^{-6}1/℃。如果含锰7%，热膨胀系数可达22.5×10^{-6}1/℃，与因钢组成优质双金属材料。

表15-5给出了几种主动层合金的热膨胀系数。

表15-5　热双金属主动层合金的热膨胀系数

温度范围/℃	Ni27. 25% Mo5. 95%	Ni23. 74% Cr2. 16%	Ni26. 88% Cr2. 31%
20~108	18. 6×10^{-6}	20. 2×10^{-6}	19. 2×10^{-6}
20~286	18. 2×10^{-6}	20. 0×10^{-6}	18. 9×10^{-6}
20~491	18. 2×10^{-6}	19. 7×10^{-6}	18. 9×10^{-6}
20~712	18. 5×10^{-6}	19. 8×10^{-6}	19. 0×10^{-6}

注：所有金属含量均为质量分数。

（二）被动层材料

对它的要求，首先就是很小的热膨胀系数。铁镍合金是制造热双金属元件最适当的材料。特别是当其含镍量为36%时，其热膨胀系数最小，只有（1.2~1.5）×10^{-6}1/℃，这正是所需要的被动层材料因钢（或因瓦钢），这种材料的适用温度范围是 -20~ +170℃，超过这个范围，膨胀系数变化很大。因此，用因钢作被动层的热双金属线性温度只有200℃左右。含镍量42%的铁镍合金适用于200~300℃范围。当温度为400℃时，含镍量w_{Ni}46.3%的铁镍合金具有最小的热膨胀系数。

如果在因钢中加入少量的第三种元素（w_{Fe}63.5%、w_{Ni}32.5%、w_{Co}4%），则其热膨胀系数在20~80℃范围内等于零。当使用温度范围不大时，这是理想的被动层材料，称为超级因钢。

各种组合层材料的型号与特性见表15-6。

四、热双金属元件的制造工艺

（一）热双金属的结合方法：

热双金属结合用得最普遍的是热轧复合与冷轧复合两种制造工艺，采用的均是组元固相复合原理。

热轧复合工艺是将各片状的组元叠合一起，加热并在热态下轧制而接合成一体。

表15-6 热双金属材料的型号与特性（GB/T 4461—2007）

型号	组合层材料 主动层	中间层	被动层	比弯曲（室温~+150℃时）/(10⁻⁶·℃⁻¹)	电阻率（20℃±5℃时）/(μΩ·cm)	弹性模量 E（室温）/MPa	线性温度范围/℃	允许使用温度范围/℃	密度/(g·cm⁻³)	处理温度/℃	保温时间/h	冷却方式	特 点
5j20110	Mn72Ni10Cu8	—	Ni36	20.5±5%	110±5%	$(115\sim145)\times10^3$	-20~150	-20~200	7.7	260~280	1~2	空冷	高敏感，高电阻，中温用
5j14140	Mn72Ni10Cu8	—	Ni36	14.5±5%	140±5%	$(115\sim145)\times10^3$	-20~150	-70~200	7.5	260~280	1~2	空冷	中敏感，高电阻，中温用
5j15120	Mn72Ni10Cu8	—	Ni45Cr6	15.3±5%	125±5%	$(125\sim165)\times10^3$	-20~200	-70~250	7.6	260~280	1~2	空冷	中敏感，高电阻，中温用
5j1378	Ni20Cr5	—	Ni36	13.8±5%	78±5%	$(150\sim180)\times10^3$	-20~180	-70~350	8.0	300~320	1~2	空冷	中敏感，中电阻，中温用
5j1480	Ni22Cr3	—	Ni36	14.0±5%	80±5%	$(150\sim180)\times10^3$	-20~180	-70~350	8.2	300~320	1~2	空冷	中敏感，中电阻，中温用
5j1478	Ni19Mn7	—	Ni34	14.0±5%	78±5%	$(150\sim180)\times10^3$	-50~100	-80~350	8.1	300~320	1~2	空冷	中敏感，中电阻，低温用
5j1578	Ni20Mn6	—	Ni36	15.3±5%	78±5%	$(150\sim180)\times10^3$	-20~180	-70~350	8.1	300~320	1~2	空冷	中敏感，中电阻，中温用
5j1017	Ni	—	Ni36	10.0±10%	17±10%	$(150\sim185)\times10^3$	-20~180	-70~400	8.4	300~320	1~2	空冷	中敏感，低电阻，中温用
5j1416	Cu62Zn38	—	Ni36	14.3±5%	16±10%	$(100\sim130)\times10^3$	-20~180	-70~250	8.3	180~200	1~2	空冷	中敏感，低电阻，中温用
5j1070	Ni19Cr11	—	Ni42	10.6±10%	70±5%	$(155\sim185)\times10^3$	+20~350	-70~500	8.0	380~400	1~2	空冷	中敏感，较高温用
5j0756	Ni22Cr3	—	Ni50	7.5±10%	56±5%	$(155\sim185)\times10^3$	0~400	-70~500	8.2	400~420	1~2	空冷	低敏感，高温用
5j1306A	Ni20Mn6	Cu	Ni36	13.8±5%	6±10%	$(125\sim165)\times10^3$	-20~150	-70~200	8.3	250~270	1~2	空冷	电阻系列
5j1306B	Ni22Cr3	Cu	Ni36	13.5±5%	6±10%	$(125\sim165)\times10^3$	-20~150	-70~200	8.3	250~270	1~2	空冷	电阻系列
5j1411A	Ni20Mn6	Cu	Ni36	14.9±5%	11±10%	$(125\sim165)\times10^3$	-20~150	-70~200	8.2	250~270	1~2	空冷	电阻系列
5j1411B	Ni22Cr3	Cu	Ni36	14.2±5%	11±10%	$(125\sim165)\times10^3$	-20~150	-70~200	8.2	250~270	1~2	空冷	电阻系列
5j1417A	Ni20Mn6	Cu	Ni36	14.9±5%	17±10%	$(125\sim165)\times10^3$	-20~150	-70~200	8.2	250~270	1~2	空冷	电阻系列
5j1417B	Ni22Cr3	Cu	Ni36	14.2±5%	17±10%	$(125\sim165)\times10^3$	-20~150	-70~200	8.2	250~270	1~2	空冷	电阻系列
5j1220A	Ni20Mn6	Ni	Ni36	12.3±5%	20±8%	$(155\sim185)\times10^3$	-20~150	-70~200	8.2	300~320	1~2	空冷	电阻系列
5j1220B	Ni22Cr3	Ni	Ni36	12.0±5%	20±8%	$(155\sim185)\times10^3$	-20~150	-70~200	8.2	300~320	1~2	空冷	电阻系列
5j1325A	Ni20Mn6	Ni	Ni36	13.9±5%	25±8%	$(155\sim185)\times10^3$	-20~150	-70~200	8.2	300~320	1~2	空冷	电阻系列
5j1325B	Ni22Cr3	Ni	Ni36	13.5±5%	25±8%	$(155\sim185)\times10^3$	-20~150	-70~200	8.2	300~320	1~2	空冷	电阻系列
5j1430A	Ni20Mn6	Ni	Ni36	14.8±5%	30±7%	$(155\sim185)\times10^3$	-20~150	-70~200	8.2	300~320	1~2	空冷	电阻系列
5j1430B	Ni22Cr3	Ni	Ni36	14.0±5%	30±7%	$(155\sim185)\times10^3$	-20~150	-70~200	8.2	300~320	1~2	空冷	电阻系列
5j1435A	Ni20Mn6	Ni	Ni36	14.8±5%	35±7%	$(155\sim185)\times10^3$	-20~150	-70~200	8.2	300~320	1~2	空冷	电阻系列
5j1435B	Ni22Cr3	Ni	Ni36	14.0±5%	35±7%	$(155\sim185)\times10^3$	-20~150	-70~200	8.2	300~320	1~2	空冷	电阻系列
5j1440A	Ni20Mn6	Ni	Ni36	14.8±5%	40±7%	$(155\sim185)\times10^3$	-20~150	-70~200	8.2	300~320	1~2	空冷	电阻系列
5j1440B	Ni22Cr3	Ni	Ni36	14.0±5%	40±7%	$(155\sim185)\times10^3$	-20~150	-70~200	8.2	300~320	1~2	空冷	电阻系列
5j1455A	Ni20Mn6	Ni	Ni36	14.9±5%	55±5%	$(155\sim185)\times10^3$	-20~150	-70~200	8.2	300~320	1~2	空冷	电阻系列
5j1455B	Ni22Cr3	Ni	Ni36	14.1±5%	55±5%	$(155\sim185)\times10^3$	-20~200	-70~200	8.2	300~320	1~2	空冷	电阻系列
5j1075	Ni16Cr11	—	Ni20Co-26Cr8	10.8±10%	75±5%	$(175\sim210)\times10^3$	-20~200	-70~550	8.0	400~420	1~2	空冷	耐腐蚀，高强度

冷轧复合工艺是将长带状的各个组元，不经加热即送入合适的复合轧机中，从而使得上下组元压合在一起。冷轧复合工艺的优点是一次可生产出很长的带料，且成批生产的热双金属的物理性能较稳定。

应用热轧复合和冷轧复合工艺生产的热双金属，在真空或保护气体中进行再结晶退火处理后，可轧制成不同厚度的带材成品。根据不同用途，调节最后一道冷轧工艺参数就可获得热双金属的各种最终硬度。

此外，还有液相复合和爆炸复合等工艺。

（二）热双金属元件的制造工艺

1. 直条形片的制造

直条形热双金属片应严格沿纵向（即片材轧制方向）落料。横向落料会使热敏感性能降低，承受弯曲负荷的能力也比纵向落料的元件低。冲制的元件应加如缺口等适当标记，以便识别主动层与被动层，这对于要进行电镀的元件尤为重要。冲制后的成形元件不得在边缘处有毛边，否则会降低元件的敏感性能。直条形热双金属元件冲制前应对带料进行整平，落料后的成品元件需要再次整平。整平可采用人工方法，即用木制□头捶平，也可用轧辊机，这将大大地提高整平效率。

2. U 形元件的制造

该元件的制造，应避免过小的弯折半径，否则弯曲处容易出现裂纹，横向落料的元件比纵向落料的容易折断。

3. 螺旋形热双金属元件的制造

在绕制热双金属螺旋元件时，要考虑热双金属片的反弹力。为了使外形尺寸达到要求，绕制时，匝与匝之间常常要加适当的垫带。

4. 碟形元件的制造

冲制碟形片时，应考虑到热双金属的反弹力，以保证碟形片的曲率半径符合设计要求，即保证能得到合适的电流动作特性或温度动作特性。冲制时，下模可以衬垫适当硬度和厚度的弹性材料，如聚胺酯橡胶材料等，以缓冲上模的冲击，减小冲制元件的反弹力。也可用研磨的方法加工碟形双金属元件。

（三）热双金属元件的热处理工艺

在热双金属片生产以及元件制造与装配过程中，各道工序都会使元件产生内部残余应力，通过热处理，消除或减小残余应力，以保证元件的性能和工作的稳定。但这种热处理不同于一般的钢铁热处理，经热处理的热双金属元件在硬度和组织上并无改变，主要是消除应力，因此，又常称这种热处理为稳定处理或人工老化处理。实验证明，经过正确的稳定处理后，可以完全消除元件的残余变形。

温度、保温时间和处理次数是热双金属热处理的三个主要因素。这三个因素的选择是根据热双金属的品种、加工方法、几何形状、使用条件及仪器精度等来考虑的。在实际应用中各种因素是错综复杂的，因而不能为使用提供实用的热处理规范，各型号热双金属材料的"推荐热处理温度"，可作为参考值。但应注意以下几点：

1）热处理温度一般应比热双金属元件的工作的最高工作温度高出 50℃，在达到热处理温度后，保温 1~2h，随炉空冷。如果热处理温度低于表 15-6 中推荐的热处理温度时，则应采用表中推荐的热处理温度。如果高于推荐的热处理温度时，应根据材料的特性和对元件的要求采用略高于推荐的热处理温度处理，但不宜超过太多，一般不超过20℃。

2）热处理应根据热双金属元件不同的形状采用不同的方法。如较厚的直条片形热双金属元件保温时间应长些，反复次数可少些。螺旋形、U形元件等易变形，碟形片体积小、厚度薄，处理温度不宜太高，保温时间不需太长，但反复次数可增多些。对于动作频繁、精度要求高的元件、宁可增加处理次数，也不宜采用高的处理温度，且保温时间也不宜太长，以获得良好的热处理效果。

3）稳定性要求较高的热双金属元件，除了热处理温度选择适当外，还应有足够的保温时间和反复处理次数。这种元件除了成形后进行回火处理外，在元件装配后还应尽可能连同整个部件一起进行稳定处理。在进行这种整体元件的稳定处理时，温度的确定还应考虑到相关零部件所能耐受的温度及连接方式。当相关零件是低熔点金属材料、塑料及锡焊连接时，显然不能用太高的处理温度；如果整体进行处理会有损其他零件时，可把热双金属元件直接通电加热或用装在元件上的螺旋丝形电热间接加热，进行短时间的稳定化处理。

4）对于承受较大负荷的或兼作弹性元件的热双金属元件，应在相同的负荷条件下进行热处理。温度不宜太高，可适当增多反复处理的次数。

5）对于经常工作在0℃以下的热双金属元件，应增加低温冷处理工序，以增强元件在低温下工作的稳定性。

6）在热处理过程中，温度升降不宜过快。在处理炉中，元件间应有足够的间隙，呈自由弯曲状态，不得重叠放置，以便在受热弯曲时元件互不碰撞。

（四）表面防护

热双金属的组合层材料虽然大部分是铁镍合金或铁镍铬合金，有较好的耐腐蚀性，但时间长了也要锈蚀。当元件和其他金属零件之间形成微电池时尤其如此。所以，元件表面需要防护。如果元件在低温中工作，可用油漆或塑料涂层保护；在高温下工作时，可用表面电镀方法；在潮湿空气中工作时，可用镀锌或镀镉；直接浸在水中工作的，可用镀镉保护。如果镀镉设备不当，容易中毒，可以用锡锌镀层代替。

镀铬和镀镍后，元件表面较硬，有利于高温下工作的元件。电镀后的元件，电阻率会发生变化，热敏感性一般都会降低，镀层越厚，降低越大。

表面氧化处理后的元件，其耐蚀性有很大的提高，元件的各项性能都不会改变。

在严重腐蚀性环境中工作的元件，应采用耐腐蚀型热双金属材料制造。

（五）热双金属元件的固定

热双金属元件的固定必须足够牢固，以便适应不同的工作温度。固定的方法可用铆钉、螺钉、点焊、锡焊或铜焊。焊接温度不应太高，太高会引起热双金属元件软化，而且在冷却时又会出现新的内应力。采用电阻焊较好，它不会引起元件金属组织的变化，也没有开裂的危险。可焊性的好坏与元件的表面状态有关。因此，采用电阻焊时，应使元件表面清洁，要除掉氧化膜、油膜及脏物等。熔点较低的热双金属材料应用电阻焊时，因容易氧化，故应引起注意。

五、热双金属元件的质量检查

热双金属元件的质量对有关电器产品的性能影响很大。因此，对质量问题应予以充分注意。热双金属元件的质量检查主要有以下几方面：

（一）受热或通电状态下的挠度和推力

将双金属元件置于最大允许使用温度，或相对应的工作电流条件下，检查热双金属元件产生的挠度和推力是否符合设计要求。如不符合设计要求，其原因可能出自材料质量有问题、冲制的热双金属元件边缘有毛边、热处理过程控制不当以及电镀层厚薄不合适等，可以通过改善调整有关工序解决。

（二）表面质量

热双金属元件经表面处理后，表面不得有缺陷。涂漆、电镀或氧化后元件表面应形成致密、均匀、光滑的保护层。

（三）热双金属元件的固定和连接

热双金属元件的固定和与相关零部件的连接，其质量直接影响到电器整机的性能。铆接处要求牢固不松动、表面应光滑，不得有影响导电性能的缺陷。点焊连接不得出现虚焊，点焊表面不得有变形。

热双金属元件的制造涉及面较广，如机械加工、金属热处理、化学工艺处理、焊接及测试等。应严格控制各工序的质量，发现问题应及时分析处理，并及时总结经验。只有这样，才能高效保质地生产出合格产品。

习　题

15-1　弹簧的功能、作用及其质量对电器产品的性能有何影响？简述弹簧的分类、技术要求及其材料。

15-2　试述弹簧的参数、绕制与处理工艺过程与要点，以及影响弹簧制造精度的因素、弹簧制造设备及其自动化。

15-3　弹簧的质量检验项目、内容、方法及要求如何？弹簧的质量问题分析现象、产生原因及处理方法如何？

15-4　试述热双金属元件的特性、用途、材料、制造工艺要点及质量检查项目、内容与要求。

15-5　编制拉伸弹簧、压缩弹簧、扭转弹簧或蝶形弹簧的加工典型工艺卡片。

第十六章

触点系统制造

第一节 触点材料

一、概述

触点（或称触头）是电器产品中最重要的零件之一，执行着接通或分断电路的重要任务，起着传递电能或电信号的重要作用。触点的质量将直接影响到有关电器产品的质量，从而对使用这些电器的设备的运行造成重大影响。

触点是由动触点和静触点形成的机械式可分接触，再加上载流导体（如软连接和导体部分）、弹性元件、紧固件和支撑件等构成触点组件。

触点的接触型式有点接触、线接触和面接触三种，如图 16-1 所示。点接触在接触处平均压强较大，容易破坏接触面上因污染形成的膜，但是散热面积和热容量比较小，所以常用于触点压力较小、电流较小的弱电继电器中；面接触在接触处（即视在接触面）的平均压强比较小，但它的散热面积和热容量大，常用于触点压力大、电流大的场合。线接触的性能介于点接触和面接触之间。

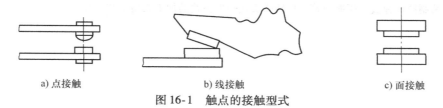

a) 点接触   b) 线接触   c) 面接触

图 16-1 触点的接触型式

在制造触点组件的零部件及装配过程中，除了满足它们的外形尺寸之外，还应当保证触点的四个主要结构参数达到技术要求，如图 16-2 所示。

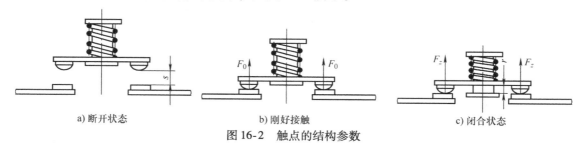

a) 断开状态   b) 刚好接触   c) 闭合状态

图 16-2 触点的结构参数

1. 开距 s

触点处于分断状态时，动、静触点之间的最短距离，如图 16-2a 所示。其值的大小决定于所控制电路的电压和电流的大小，并确保触点断开后动、静触点间应有必要的安全绝缘间隙。

2. 超程 r

又称超额行程。它是指触点完全处于闭合位置后，如果将静（或动）触点移开时，动（或静）触点所能移动的距离，如图 16-2c 所示。其值取决于触点在使用期内遭到电侵蚀的程度，用以保证触点磨损后仍能可靠地接触，即保证触点压力的最小值。

3. 触点初压力 F_0

当动触点与静触点刚闭合时，作用于触点上的压力，如图 16-2b 所示。其值可以由触点弹簧预压缩量来保证。增大 F_0 可以降低触点在闭合过程中因撞击引起的机械振动，从而减小触点熔焊等故障。

4. 触点终压力 F_z

当动、静触点闭合终了时，作用于触点上的压力，如图 16-2c 所示。其值是由弹簧的最终压缩量所决定的。此压力应使触点在闭合状态时接触电阻低而稳定。

触点在接通、分断和控制电路的过程中，由于遭受机械、化学、热和电等一系列的破坏作用，使触点变形或烧损，这种现象称为触点的磨损。触点的磨损可分为机械磨损、化学磨损（侵蚀）和电磨损（烧伤和喷溅）三种形式。电弧或火花产生的高温造成触点材料的电磨损是触点磨损的主要形式。各种磨损使触点接触面变形和材料质量转移，从而引起触点压力、接触电阻、开距及超程等参数发生变化，严重地破坏了电器的正常工作状态。合理地选用触点材料和采用先进的触点制造工艺，可以提高触点系统的抗磨损性能，并增强其工作的可靠性。

二、触点系统的分类及其技术要求

（一）触点的分类

在操作过程中，以触点运动形式的不同可将触点分为两大类：

1. 不可分触点

此类触点在操作过程中，动、静触点作相对滑动或滚动而不互相分离，始终保持电路连续导通。如图 16-3a 所示为滚动式不可分触点，用作 SN10-10 少油断路器的中间触点。当导电杆 2 移动时，滚轮 3 便开始滚动，它是沿着触点架 4 滚动的，因此可以把电流从动触点引到触点架 4 和触点座 8 上。滚轮式不可分触点的优点是摩擦力小，缺点是不能很好地清除氧化膜。滑动式不可分触点形式有豆形、Z 形、瓣形等。

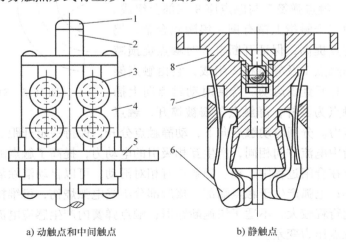

a) 动触点和中间触点　　　　　　　b) 静触点

图 16-3　SN10-10 少油断路器瓣形触点

1—弧动触点　2—导电杆　3—滚轮　4—触点架　5—接线排　6—触指　7—触点弹簧　8—触点座

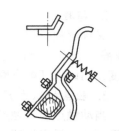

2. 可分触点

具体结构形式有多种，举例如下：

（1）单断点指形触点 如图 16-4 所示，这种触点多用于接触器中。其优点为闭合断开过程中有滚滑运动，能清除触点表面氧化物，接触可靠，可采用铜或铜基材料；触点压力大，电动稳定性高；触点参数易调节。其缺点为因仅有一个断口，触点开距大，从而增大电器的体积；闭合时冲击能量大，且有软连接，不利于机械寿命的提高。

图 16-4 单断点指形触点

（2）双断点桥式触点 如图 16-2 所示，这种触点因为有两个断点，故灭弧能力强。小容量交流接触器采用这种触点，不再需要加装灭弧罩。其优点是触点开距小，故可使电器结构紧凑，体积小；触点闭合时冲击能量小，无软连接，有利于提高机械寿命。这种触点的不足之处，在闭合断开过程中，由于动、静触点相互没有滚滑动作，故触点表面不能自动净化，触点材料因而必须用银或银基合金；每个触点的接触压力小，电动稳定性较差；触点参数调节不便。

（3）对接式触点 图 16-5 所示为断路器对接式触点。动触点 6 为沿狭边弯曲的平母线，静触点 2 为矩形板，可绕轴 1 旋转，经软连接 3 与支座 4 连接，支座 4 与导杆连接。弹簧 5 为触点压力弹簧，当动、静触点接通时弹簧被压缩，产生接触压力，并缓和动、静触点闭合过程中的碰撞。对接式触点优点是结构简单，便于制造。缺点是自动净化接触面氧化物的能力差，因此接触电阻较大；对接式触点通过大电流时，产生的收缩电动力很大，为了避免触点因此分离而产生电弧并烧坏触点，需有很大的接触压力。

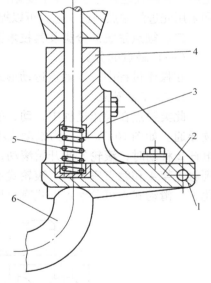

（4）瓣形触点 图 16-3b 为瓣形触点的一种，用于少油断路器 SN10-10 中，作为静触点。它装在油箱上部，主要由触指 6、触点弹簧 7 与触点座 8 三部分组成。触指共 8 个，其中三个触指上镶有铜－钨陶瓷合金，钨能使合金硬度及熔点提高，保证开断电弧时触点烧损减少。动触点由弧动触点 1 及导电杆 2 组成，它由触点架 4 和滚轮 3 引导作上下直线运动。合闸时动触点向上插入静触点中，动触点为圆杆，静触点各瓣被撑开，触点弹簧 7 产生接触压力。分闸时动触点向下，动静触点分开，保持一定开距。瓣形触点的优点

图 16-5 对接式触点

是接触点多，各指中电流方向相同，产生互相吸引的电动力，提高了触点的电动稳定性与热稳定性；瓣形触点在合闸过程中，动、静触点有相对滑动，可以自动清除氧化膜，其接触电阻比对接式触点小；电弧产生于触点端部，接触部分不受电弧烧伤，可维持良好接触。但这种触点的缺点是超行程较大，不适于快速断路器；触点弹簧内产生感应电流引起发热，导致弹簧退火，而使触点压力变差。

（二）对触点的技术要求

触点在操作过程中，有四种工作情况，即闭合过程、闭合状态、分断过程和分断状态。

不同的工作状态对触点的技术要求是不同的，合格的触点应满足这些技术要求。现分述如下：

1. 闭合状态

1）在长期通过额定电流时，电接触稳定，温升不超过允许值。

2）在规定的时间内能通过过载电流和短路电流。此时，要求触点能承受短时电流产生的电动斥力和热效应，并要求触点不发生熔焊或触点材料的喷溅等情况。

2. 分断状态

触点间隙能承受国家标准规定的试验电压，即保证在雷电冲击或在操作过程中出现的过电压下，间隙不被击穿。弱电机电元件的触点间隙，应能保证在任何环境条件下，被控电路都形不成电路。

3. 闭合过程

有足够的闭合速度，触点能可靠地闭合短路电流，而不发生触点熔焊或严重的烧损。触点应有足够的机械强度和硬度，以承受合闸时的冲击碰撞，尽可能减少机械磨损。

4. 分断过程

1）应有足够的分断速度，配合灭弧系统，触点能可靠地分断负载电流、短路电流、小感性电流和容性电流等。

2）尽可能减少触点电弧的烧损。在大功率电器中，应保护主触点的接触面不被电弧烧损。

三、触点材料

对触点材料性能的综合要求为：高导电、导热性，低接触电阻，耐电弧、抗熔性好，抗电磨性能好，有一定抗蚀能力，热稳定性好，灭弧能力强等；同时还要求加工性能好，焊接性能好，价格低廉，材料来源广泛。但实际上不能同时满足以上诸多要求，只能根据工作条件及负荷大小满足主要性能指标。

触点材料大致可分为三大类：纯金属、合金及金属陶瓷（粉末冶金）。对触点材料的选用分述如下：

（一）弱电流触点材料

对于弱电流触点，如通信或控制系统中的继电器触点，一般用铜、银、铂和钨，有时也用金、钼和镍。银的导热与导电性能好，其氧化膜能导电，因而不破坏接触面的工作；但纯银硬度低，不耐磨，而且易于硫化，在酸性环境中使用，接触电阻甚大，因此很少单独采用。铜有良好的导电性与导热性（仅次于银），与银比较，有较高的硬度，熔点也比银高些，且易加工；但缺点为氧化膜导电性很差，耐电磨损性能差。铂是贵金属，化学性能稳定，可以采用铂合金作为弱电流触点材料。

（二）中电流及强电流触点材料

对于中电流及强电流触点，可选用铜、黄铜、青铜或其他合金，目前大量应用金属陶瓷（粉末冶金）材料。黄铜耐弧性能好，青铜既耐磨又耐弧。金属陶瓷材料具有良好的耐热性、耐弧性及耐磨性，它由两种或两种以上的金属粉末经压制烧结而成，是彼此不相溶的机械混合物。如银－钨陶瓷材料就是综合了两种材料优点的触点材料。其中银起导电作用，它的接触电阻小；而钨则因其熔点高，耐磨性好起着骨架作用，这种金属陶瓷材料也比纯银的价格便宜，常见的金属陶瓷材料还有铜－钨、铜－镍、银－石墨及银－氧化镉等。

在实际应用中，高压（从几万伏到几十万伏）电器的电弧较为强烈，因而要求触点有更高的耐弧能力，所以采用含钨量较高的金属陶瓷材料，主要是以铜–钨系列为主，如 CuW50、CuW60、CuW65~90、W86Ni10Cu4 及 CuCr 等。低压（1000V 以下）触点材料以银基触点材料为主，如细晶银、AgCdO10~15、AgCu3~28、AgW50~80、AgNi10~40、Ag-Fe7~50、AgC3~5 及 AgPd10~50 等。在低压断路器中触点上，将银-石墨与银-钨配对使用，可改善触点的抗熔焊性，特别是银-石墨作阳极时，效果更好。

（三）真空触点材料

真空开关触点所用的材料除应满足对一般触点材料的要求外，还要求触点材料具有坚固而致密的组织，在强电场作用下仍能保持光滑完整的表面，具有更高的抗熔焊性。真空中灭弧要求较高，在分断小电流时，易引起过早灭弧，从而产生较高的过电压，因此要求触点材料具有足够小的截止电流。真空触点材料的含气量必须很小，以保证在电弧作用下，从材料中释放出来的气体不影响灭弧室中的真空度。

用作真空断路器和真空接触器触点的材料以铜基和钨基材料为主，如 CuCr25、CuCr40、CuCr50、CuBi、Cu97Bi0.5Ag2.5、CuBiCe、CuW60、CuW70、W70CuSb4 及 WCu30Sb1 等。

触点金属材料的物理力学性能如表 16-1 所示。

表 16-1 触点金属材料的物理力学性能

材料名称	电阻率 ρ_{20} / ($10^{-6}\Omega\cdot m$)	导热系数 λ_{20} / ($W\cdot m^{-1}\cdot\text{℃}^{-1}$)	硬度 / ($kgf^{①}\cdot mm^{-2}$)	电阻温度系数 / ℃^{-1}	弹性模量 / ($kgf\cdot mm^{-2}$)	温度 /℃ 软化	熔化	汽化	密度 / ($t\cdot m^{-3}$)	比热容 / ($J\cdot kg^{-1}\cdot K^{-1}$)	线膨胀系数 / (10^{-6}℃^{-1})	电化电位 (25℃时) /V
铂 Pt	0.11	70	40	0.0038	15400	540	1773	4400	21.4	135	8.9	+1.2
金 Au	0.023	340	20	0.004	8400	100	1063	2973	19.3	126	14.2	+1.58
铱 Ir	0.055	60	170	0.0039	53000	—	2450	5300	22.4	126	6.6	
钯 Pd	0.108	70	32	0.0033	12000	—	1554	4000	12.0	230	12.0	+0.83
银 Ag	0.0165	418	25	0.004	7500	180	960	2000	10.5	234	19.0	+0.8
钨 W	0.055	190	350	0.005	35000	1000	3390	5930	19.3	140	4.3	+0.05
铜 Cu	0.0175	380	35	0.004	12000	190	1083	2600	8.9	390	16.5	+0.345
铝 Al	0.0291	210	27	0.004	7200	150	658	2300	2.7	960	—	-1.7
镉 Cd	0.075	90	16	0.004	6000	—	321	765	8.6	280	30.0	-0.402
钴 Co	0.097	69	125	0.0066	21000	—	1495	2900	7.87	415	12.3	-0.277
钼 Mo	0.059	140	250	0.0045	35000	900	2620	4800	10.0	295	5.0	+0.25
镍 Ni	0.080	70	70	0.005	21000	520	1452	2730	8.8	460	13.3	-0.25
锡 Sn	0.120	64	40	0.0045	4000	100	232	2270	7.3	230	—	-0.10
锌 Zn	0.061	110	33	0.0037	8400	170	419	906	7.1	390	39.7	-0.762
铑 Rh	0.045	88	55	0.0043	30000	1966	1966	4500	12.4	245	8.3	
铼 Re	0.0971	75	250	0.007	47000	1400	3170	5870	21.0	—	6.7	+0.60
铁 Fe	0.101	60	67	0.0065	26000	500	1540	2740	7.8	640	11.7	-0.44

① 1kgf = 10N。

第二节 小容量电器银触点制造

一、概述

小容量电器（如继电器）的动、静触点形状有圆形、圆锥形、半球形、圆柱形和梯形截面等多种，如图 16-6 所示，其尾部形状依触点和导电簧片的连接方式不同而稍有差异。小容量电器的触点和导电簧片的连接方式有铆接与焊接两种。如果是采用铆接，触点尾部有个凸台，如图 16-6b 和 c 所示；如果是采用焊接，则触点尾部无须再设凸台。关于焊接工艺将在本章第四节介绍。

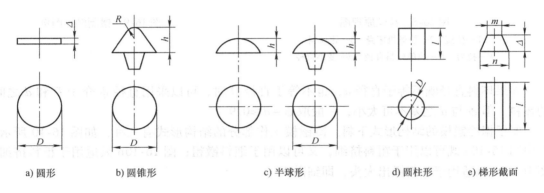

a) 圆形　　　b) 圆锥形　　　　　c) 半球形　　　　d) 圆柱形　　e) 梯形截面

图 16-6　继电器触点形状

二、银触点制造工艺

银铆钉式触点的镦制主要工艺流程如图 16-7 所示。

1. 备料

在这道工序中，要将纯银棒拉制成银丝以备制造触点。拉制过程要经过多道工序才能完成。例如将 $\phi 8.5$mm 的纯银棒料拉制成 $\phi 0.2$mm 的银丝，这中间要经过 19 道工序。

拉丝原理如图 16-8 所示。把拉模 1 固定于拉丝机的床身 2 上，棒料（丝料）一端经过拉模使丝料的直径由大变小，即由直径 D 变成小直径 d。在拉制过程中，每拉制一次都要经过原料退火、酸洗（清除油污及氧化皮）、拉丝、校直及退火等工序。由于拉制过程中银的冷作硬化现象特别严重，所以每拉制一次必须进行退火热处理，以消除冷作硬化应力，这样才能避免在拉制或镦制过程中的裂纹问题。

2. 下料

如图 16-9 所示。当 $D/d \geqslant 2$ 时，宜采用直径等于 D 的银丝做坯料，挤出直径为 d 的凸台，这称为粗挤细；如果采用细丝坯料镦粗，镦制时产生纵向弯曲，在大头会产生摺层，将影响镦制触点质量。当 $D/d < 2$ 时，多采用细镦粗工艺，即采用坯料

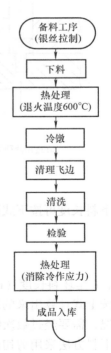

图 16-7　银铆钉式触点的镦制工艺流程

（图16-7流程：备料工序（银丝拉制）→ 下料 → 热处理（退火温度600℃）→ 冷镦 → 清理飞边 → 清洗 → 检验 → 热处理（消除冷作应力）→ 成品入库）

直径为 d 的银丝镦制出触点直径 D 来，这样镦制出来的触点飞边小。

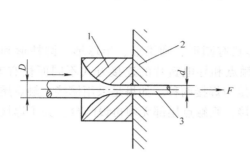

图16-8　拉丝原理图
1—拉模　2—拉丝机床身　3—银丝丝料
F—拉力　D—拉前丝料直径　d—变小直径

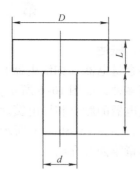

图16-9　镦制触点图例

如果坯料直径既不等于直径 d，也不等于直径 D 时，可以采用直径 ϕ 介于 D 和 d 之间的坯料。但 ϕ 与 d 之差不可太小，一般取 $\phi - d \geq 0.9$。

要根据冷镦模的结构形式下料。冷镦模工作部分的结构形式有三种，如图16-10所示。其中图16-10a既可以用于粗料挤细，又可以用于细料镦粗；图16-10b只适用于粗料挤细；图16-10c只适用于细料镦出大头，即细镦粗。

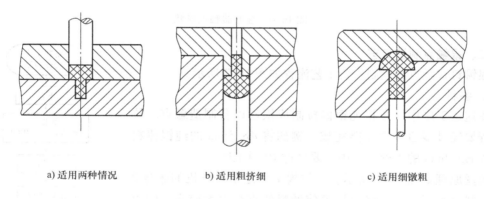

a) 适用两种情况　　　　b) 适用粗挤细　　　　c) 适用细镦粗

图16-10　冷镦模模腔结构

下料长度可按下式计算：

$$L = \frac{V}{\frac{\pi \phi^2}{4}} = \frac{4V}{\pi \phi^2} \tag{16-1}$$

式中，L 是坯料长度（mm）；V 是触点体积（mm³）；ϕ 是坯料直径（mm）。

按上式计算出来的坯料长度，仅作参考。由于飞边和其他因素，也可能产生缺料或多余的情况，需要经过数次镦制试验后，才能得出正确的下料长度。

下料方法采用剪切或冲制都可以。

3. 镦制

即利用银的塑性变形，把银坯料放在模腔内镦成所需触点形状的过程。镦制时希望触点材料的变形区域不大，这样可以使其内部组织和机械性质均匀。镦制时应使触点材料与模腔之间的摩擦减至最小，即模具型腔的表面粗糙度要小。

镦制时可以用手搬压力机或螺旋压力机等。前者镦制的触点质量较好，冲头也不易断裂。

4. 清理飞边

飞边主要是由模具各部分之间的间隙形成的。应提高模具制造质量，尽量采用由细镦粗的工艺，这样可以减少飞边。

5. 清洗

用汽油洗去油污。

6. 检验

检查尺寸公差和表面粗糙度。

7. 热处理

银触点在镦制前后都要进行退火处理，目的是降低其硬度，增加其塑性和韧性，使其在以后的镦制或铆接过程中不会产生裂纹。退火的方法是，先将银触头清理干净，然后将其放置于电炉内，加温至 600℃，保持 20~40min，而后取出放在水中冷却。

三、银触点的质量检查

检查内容包括：尺寸公差、形状公差、表面粗糙度和力学性能等。若尺寸公差得以保证，可使触点在以后的连接工艺中正常使用；若形状有缺陷就不能保证触点的正常使用；表面粗糙度直接关系到触点在工作中的耐磨损、耐电蚀和耐硫化的性能。触点经热处理后，要检查其力学性能，诸如硬度、弹性模量等指标要满足设计要求。最后，还要用探伤仪器检查触点内部是否有裂纹或折叠等缺陷。

第三节　电器触点封接

一、真空接触器触点的封接

图 16-11 所示是典型的真空接触器触点和灭弧室。

真空开关是指触点在高真空中分断电路的开关电器，它的特征是具有一个严格密封的真空灭弧室，把触点密封在真空灭弧室内。真空灭弧室的真空度应保持在 10^{-6} ~ 10^{-9} kPa 范围内。高真空是一种很好的绝缘和灭弧介质，故真空灭弧室决不能漏气。真空灭弧室是一个独立的部件，不能拆开或更换触点。若出现漏气或触点磨损过度，则应整体更换。

真空灭弧室外壳必须采用非常致密的材料制成，通常采用玻璃和陶瓷，并能和金属材料可伐合金封接在一起。真空灭弧室的密封按其外壳采用的材料可分为三种：

1. 玻璃外壳

采用硬质玻璃与可伐合金封接而成。硬质玻璃常用的

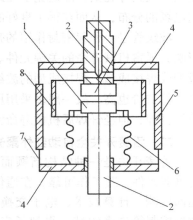

图 16-11　真空接触器触点和灭弧室
1—动触点　2—动、静导电杆　3—静触点
4—上、下法兰　5—外壳　6—波纹管
7—封接圈　8—屏蔽罩

有3C-5和3C-8；可伐合金是一种常用的电真空封接材料，型号为Ni29Co18，它的热膨胀系数与硬质玻璃3C-5和3C-8的热膨胀系数很接近，两者相匹配，能在 $-60 \sim +40℃$ 的范围内保持高真空度密封。

封接工艺如下：

1）先将可伐合金零件进行化学清洗。

2）在1000℃的氢气炉中处理30min，退火、脱碳。

3）将可伐合金零件的封接部分用火焰局部加热到650℃以上，使其表面生成一层致密的与金属基体粘着性良好的亚氧化薄膜，并能溶解在玻璃中形成密封连接。

4）将硬质玻璃加热至塑性状态，稍加压力，使它与可伐合金牢固地封接。

5）为了消除内应力，封接后应退火。

封接质量的好坏，可从封接后的颜色来判断。封接处呈鼠灰色，则表示质量合格；若呈黑色，则表示氧化过度，可能会有微小漏气；若所呈颜色很浅，则表示氧化不足，对强度会有一定的影响。

采用玻璃外壳的封接其工艺性好，成本较低，便于观察灭弧室内情况，但强度不如陶瓷外壳好。

2. 陶瓷外壳

一般是将95#氧化铝陶瓷与可伐合金用银焊料封接而成，两者的膨胀系数相近。在陶瓷外壳与封接圈钎焊前，应在陶瓷封接面上烧结一层钼（或钼-锰或活性钛）的金属粉末，形成所谓金属化层，然后再钎焊。除此以外，还可采用无氧铜作陶瓷连接的封接圈。

陶瓷外壳的机械强度高，绝缘性能好。但尺寸较大时，制造困难，造价高。

3. 玻璃-陶瓷（微晶玻璃）外壳

屏蔽罩要选用导热性好、对金属蒸气亲和力较强的金属材料。可采用可伐合金、无氧铜、镍和不锈钢等，其中无氧铜应用广泛一些。屏蔽罩的主要作用是防止燃弧时产生的金属蒸气飞溅到外壳上，即避免了因此而产生的外壳内壁绝缘强度下降现象；同时改善了灭弧室内电场的分布，从而获得了良好的绝缘性能，保证了分断可靠。

波纹管是一种起密封作用的弹性元件，触点的运动是借助于波纹管实现的。因此，它是影响灭弧室机械寿命的关键元件。通常用锡磷青铜或不锈钢制成。有两种成型工艺，即压力成型或焊接成型。焊接成型的波纹管在同一长度下有较大的收缩量，即有较大的行程，寿命高，但造价也高，故一般多采用压力成型工艺。锡磷青铜波纹管压力成型方便，价格低，可直接钎焊，但经钎焊后机械寿命大大降低。所以，一般多采用单层不锈钢波纹管。

二、舌簧开关全自动红外聚光封接

舌簧开关是一种结构新颖而又简单的电器元件，其工作可靠，在通信技术、巡回检测、计算技术、电子交换技术和位置控制等许多领域内得到了广泛的应用。图16-12是一种干式舌簧开关，它是由两片铁镍软磁材料制成的簧片与玻璃管封结而成的，触点处镀有铑、钯、金和金合金等材料。

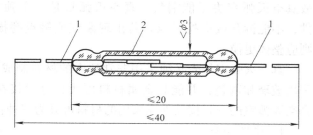

图16-12 舌簧开关

1—簧片 2—玻璃管

舌簧开关的封接方式有手工、半自动和全自动等形式。在封结时所采用的加热方式有电热、气热或红外线烧结等。

目前国内比较先进的舌簧管自动封结机为 JAG-4 型。该机由机械传动系统、磁力送料机构、簧片与玻璃送料机械手、红外线封结、成品取料机械手等部分组成，由一套数字程序控制装置加以控制、协调这些组成部分的工作。

图 16-13 所示的是该封结机的工位分配图。这台自动封结机采用了旋转式双线制，即两个工位同时完成同样的工序，每个舌簧开关要通过 9 个工位才能烧结成。封结机圆盘上共有18 个工位，一个周期可以烧结完成两个舌簧开关，班产量可达 8000 多件舌簧开关。

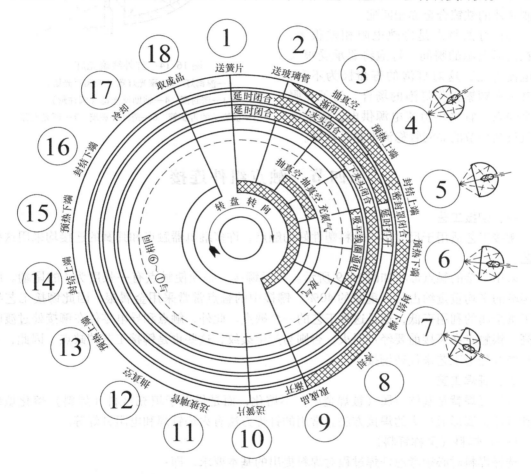

图 16-13　封结机工位分配图

该机最具特色之处是红外线封结，即把玻璃管和簧片置于密封罩中，抽真空，充氮后再利用红外线进行封结。

红外线封结所用的设备是红外线聚光灯，如图 16-14 所示。它是将溴钨灯置于椭圆聚光灯罩内，并且将其灯丝中心置于椭圆球罩内的一个焦点上，通电的灯丝产生高温，从而辐射出足够功率的红外线，红外线经过椭圆球灯罩的反光镜，把光聚到椭圆球的另一个焦点，而被封结的舌簧开关玻璃管就置于该焦点上，从而在短时间内把玻璃熔化，完成封结任务。

玻璃管后装有辅助反光镜4，目的是保证被封结玻璃管的端头表面上各处温度均匀，否则玻璃管端头各处的熔化时间将不同，会造成端头产生严重的变形。

舌簧开关所用的玻璃应对红外线有较高的吸收能力，以提高封结效率。目前，国内一些生产厂采用了一种特制的蓝绿色的红外玻璃，效果较好，并且其膨胀系数与制簧片的铁镍合金亦相匹配。

溴钨灯的特点是冷热电阻相差很大，故在接通电源的瞬间，灯泡将要承受很大的电流冲击，这对灯泡的寿命极为不利，尤其是在频繁操作灯泡的场合。为了克服这个缺点，宜采用恒流电源供电，如带电流负反馈环节的晶闸管稳流电路就较好。

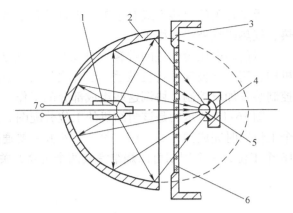

图16-14 红外线聚光灯
1—溴钨灯 2—聚光灯罩（椭圆反光镜）
3—密封圈 4—辅助反光镜（圆柱形）
5—被烧结的舌簧管 6—透红外玻璃 7—调光电源

第四节 触点组件连接

一、铆接工艺

铆接工艺适用于尺寸小、材料塑性好的触点，许多继电器触点和弹簧的连接均采用这种工艺。

采用铆接的触点形状如图16-9所示。为了铆接，必须使触点有一长度为 l 的尾端。触点尾端的平均重量约占触点重量的40%。铆接中的触点常常采用金属银，因此铆接工艺导致了贵金属的利用率低，这是这种工艺的一个缺点。此外，触点和导电零件在铆接处过渡电阻高，银触点在铆接前要经过退火，否则易产生裂纹，这些也是铆接工艺的缺点。因此，常用点焊等先进工艺来代替铆接。

二、钎焊工艺

所谓钎焊就是基体金属（被焊金属）不熔化，而是借助于填充材料（焊料）熔化填缝而和基体金属形成接头的焊接方法。常用的钎焊方法有火焰钎焊和电阻钎焊等。

（一）焊料（又称钎料）

选择焊料时必须考虑钎焊过程对焊料提出的基本要求，即：

1）焊料的熔点低于钎接金属熔点 $50 \sim 60 ℃$ 以上，并高于最高工作温度 $100℃$ 以上。

2）熔化的焊料能很好地润湿钎接金属，能与钎接金属相互熔解和扩散，即焊料要有良好的填缝能力与连接能力。

3）焊料的物理性能尽可能与钎接金属相近，不含有对钎接金属有害的成分或易生成气孔的成分，不易氧化或形成的氧化物易于除去。

电器触点钎焊时常用的焊料，如表16-2所示。

（二）焊剂（熔剂）

焊剂在钎焊中是必不可少的，其作用为：

表 16-2　常用的几种焊料及其适用范围

| 焊 料 | | 化 学 成 分（质量分数,%） | | | | | 熔化温度 | 密度/ | 适 用 范 围 |
型 号	名 称	Ag	Cu	Zn	P	Sb	/℃	(t·m⁻³)	
LAgP-1	银磷焊料1号	14~16	余量	—	4~6		640~750		铜-钨
LCuP-3	铜磷锑焊料	—	余量	—	5~7	15~2.5	650~700		铜-钨
LAg25	25%银焊料	24.7~25.3	39~41	余量	—		745~775	8.9	铜
LAg35	35%银焊料	32~38	29~31	余量	—		600~725		铜-钨
LAg45	45%银焊料	45±0.5	30±1	余量	—		600~725	9.2	银、银-镍、银-铁、银-钨
LAg50	50%银焊料	50±0.5	34±1	余量	—		690~775	9.4	同上
LAg65	65%银焊料	65±0.5	20±1	余量	—		685~720	9.6	银-钨，银-银氧化镉
LAg70	70%银焊料	70±0.5	26±1	余量	—		730~755	9.8	铜铋铈
LAg72	72%银焊料	72±1	28±1	余量	—		779	9.81	钨、钨-铜铋锆、铜铋铈
	银铜磷焊料	25	余量		5		—		银-石墨铜-钨
	金镍焊料	Au82.5	Ni11.5	—			950	—	纯钨

1）去除基体金属表面氧化膜或杂质。

2）改善基体金属的润湿作用。

3）在焊接过程中，它浮在基体金属上面或充满焊缝，防止基体金属和焊料再度受到空气作用而氧化。

钎焊焊剂应满足以下几点要求：

1）焊剂的熔点要低于焊料的熔点；而且焊剂与氧化物和其他杂质起化合作用的温度（活化温度）也要稍低于焊料的熔点，但太低也不好，会造成氧化物去除过早，随后还会重新生成，而焊料却消耗掉了；同时其沸点要高于焊料的熔点。

2）焊剂及其分解物不与基体金属起有碍焊接的化学反应；焊剂对基体不起腐蚀作用，残余焊剂应易于清除。

3）焊剂必须具有一定的去膜能力、润湿填缝能力以及覆盖能力。

4）钎焊时焊剂的毒性要小。

常用焊剂及其应用举例如表 16-3 所示。

表 16-3　常用焊剂及其应用举例

序号	焊 剂	应 用 举 例
1	XH-442 银焊焊剂	银、铜及其合金、银-钨、铜-钨等
2	氟硼酸钾62%，剂101银焊粉38%	银、钨
3	四硼酸钠70%，XH-442银焊粉30%	银-氧化镉、其他银基触点
4	硼酸水溶液（硼酸：水=1：10），微量磷酸三钠	银、银-氧化镉、其他银基触点
5	氟硼酸钾24.4%，三氧化二硼58.8%，四硼酸钠16.5%，磷酸氢钠0.3%	银-钨
6	氟硼酸钾21%~25%，氟化钾40%~44%，三氧化二硼33%~37%	银-镍，银-石墨
7	XH-421 铜焊粉	铜和铜基触点
8	氟硼酸钾70%~75%，四硼酸钠25%~30%	铜、铜-钨
9	氟硼酸钾42%，氟化钾40%，硼酸18%	铜-钨

（三）火焰钎焊

火焰钎焊的全称为气体火焰钎焊，常简称为气焊，即采用可燃气体与氧气混合燃烧，来加热工件的钎焊方法。其热源种类较多：

乙炔、氢气、酒精、煤气、沼气、液化石油气、天然石油气等。但常用的为氧－乙炔焰、压缩空气－乙炔焰，它们的成本较低。

在焊接前，触点和导电零件必须进行表面清洗处理，然后把焊剂和焊料放置于导电零件（如触桥、支承件等）和触点之间，用氧－乙炔等火焰加热离触点一定距离的导电零件部位，当银焊料开始熔化时，把触点调整在正确的位置，最后待银焊料凝固时放入水中强制冷却或自然冷却。

火焰钎焊所需设备有：

1）选用氧－乙炔火焰钎焊时，设备主要是氧气瓶和乙炔瓶（或乙炔发生罐），主要工具是焊炬。此外还需准备旋转工作台（钢板制造）及夹具，以提高生产效率。

2）选用压缩空气－乙炔火焰钎焊时，则将上述设备中的氧气瓶换成空气压缩机即可。

应注意安全方面问题，如乙炔在运输、保管及使用中都应防止爆炸；乙炔不能与氯化物、次氯酸盐等接触，否则会发生燃烧或爆炸。乙炔燃烧时不能用四氯化碳灭火。

还应注意不允许用铜或银制作的器具与乙炔接触，因为乙炔与铜或银长期接触会产生乙炔铜 Cu_2C_2 或乙炔银 Ag_2C_2。

火焰钎焊的优点是工艺简单、设备少；可以焊接各种金属或合金触点；加热温度不高，基本不熔化；由于银焊料与青铜和黄铜的电位差小，故焊缝抗蚀能力力强。

这种工艺方法的缺点是耗银量大、生产率较低；焊接质量不稳定，它取决于操作工人的熟练程度；被焊零件易退火，使弹性降低，影响电器的反力特性，降低了触点的使用寿命，当被焊触桥为磷青铜、铍青铜等具有弹性的材料时，尤为显见。

（四）炉中钎焊

该工艺是把焊件、焊料和焊剂放好位置，将它们夹持好，放入炉中进行钎焊的方法。其特点是焊件整体加热，加热速度慢、均匀，温度容易控制，可同时焊接多个工件。

1. 在保护气氛中的炉中钎焊

如果炉中焊接在空气中进行，焊件易被氧化，会影响钎焊的质量。故通常是在保护气氛中进行炉中钎焊。常用的保护气氛如表16-4所示。

表16-4 炉中焊接常用的保护气氛

保护气氛	化学成分（质量分数,%）					焊接金属
	H_2	Co	N_2	CO_2	CH_4	
无烟煤发生煤气	15	23	55	6	1	铜、黄铜、低碳钢、镍等
城市煤气（有少量空气）	38~40	17~19	41~45			铜、黄铜、合金钢、镍等
氨分解气体	75		25			铜、黄铜、碳钢、镍等
氢气（瓶装）	97~100					铜、黄铜、碳钢、镍等
惰性气体	氦、氩等					铜、黄铜、碳钢、镍、钴、钛等

对钛、锆、含氧铜等金属，不宜用氢气作保护气氛，因为易产生氢脆现象。使用各种保护气氛时，要注意相应的安全措施。

这种炉中钎焊，必须使用焊剂，以消除某些金属表面含有的氧化锰、氧化铬、氧化硅等氧化物。

这种炉中钎焊所使用的炉有普通炉和串炉。串炉，又称连续作业炉，形式上像隧道。通常由前炉门、预热段、工作段、冷却段及后炉门组成。炉底有轨道或输送带、辊道等，各段有温度控制系统，炉内通保护气氛。一般是采用微机、程控和其他辅助装置来实现自动化。钎焊质量稳定可靠，外表光洁。

2. 在真空中的炉中钎焊

在要求焊件不允许氧化、焊后不允许残留焊剂及对工件表面清洁度要求很严的情况下，例如真空电器的触点焊接、波纹管的焊接及半导体器件的烧结等，真空炉中钎焊就显出其特殊的优越性。

这种焊接往往只用焊料而不用焊剂。

真空钎焊所用的加热方法有两种类型：

1）在抽真空的炉中钎焊，即是把焊件、焊料夹持好，放入真空炉，将真空炉抽成真空，然后升温，达到焊接温度后再降温，最后去除真空出炉。

2）将焊件放入真空容器中并抽真空，然后将真空容器放入普通炉中加热，一炉中可同时装几个真空容器。也可以采用串炉连续作业来加热真空容器，把真空容器当作普通工件对待。还可以用高频感应线圈加热真空容器。

真空炉或真空容器可用机械泵、增压泵和扩散泵等抽真空。

真空炉中钎焊对使用的焊料有特殊的要求，即要求其不能释放有害气体和蒸气，否则既影响真空度，还会缩短真空器件的使用寿命。例如锌、镉一类元素，在焊接温度下蒸气压很高，不能用作焊料成分。常用的真空钎焊的焊料如表 16-5 所示。

表 16-5 国内生产适于真空钎焊的焊料

焊料型号	化学成分（质量分数，%）			熔化温度/℃	
	Ag	Cu	Ni	固相线	液相线
料 308	72 ± 1	28 ± 1		799	779
料 317	56 ± 1	42 ± 1	2 ± 0.5	770	895

（五）电阻钎焊

电阻钎焊是利用电流通过焊接区的电阻产生热量来焊接的。由于电流大、焊接时间短，只有局部加热区，能保持非焊区的硬度，工件变形小，劳动强度低，操作技术易掌握，还易实行半自动化和自动化焊接，因而是较好的焊接方法。

电阻钎焊原理如图 16-15 所示。焊接过程为：先把经过清洗的触桥 4 和触点 2 放在下电极 5 上，而后把 0.1mm 厚和经过焊剂浸泡的焊料 3 放置于触点 2 和触桥 4 之间，这时踩下焊机踏板，使上电极 1 压紧触点 2 和触桥 4 通电加热，当焊料 3 熔化时，断电，松开工件，待凝固后放在空气中自然冷却或放在水中

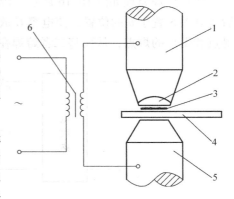

图 16-15 电阻钎焊原理图

1—上电极 2—触点 3—焊料 4—触桥

5—下电极 6—大电流变压器

强迫其冷却。

在焊接过程中，电极和触点间不得产生电弧，以免烧损触点表面。

上下电极材料的选用有三种情况。

1）上下电极均采用金属材料。

2）上下电极均采用碳或石墨材料。

3）上电极用金属材料，下电极用碳或石墨材料。

第1种情况，焊接电流大，要选用大容量焊机。第2种情况，电极寿命短，要经常修整电极，环境卫生差，焊区温度不合理；但焊接电流小，可选用小容量焊机。第3种情况是上述两种情况的折衷，优点较多，如有些生产厂上电极用直径较小的钼棒、下电极用直径较大的碳精棒，效果较好。

碳和石墨电极目前应用较普遍。它耐高温，有一定的导电、导热能力，电阻温度系数是负值，与金属极少熔合，抗蚀性好，可进行机加工，价格低廉。但其使用寿命短，主要原因是高温氧化产生粉末脱落现象。可用淬火法或淬火回火法提高其使用寿命1~5倍。若用含质量分数为20%~30%铜—石墨材料代替石墨炭棒作电极，也可以提高电极机械强度和使用寿命。

电阻钎焊时的主要工艺参数是焊接电流、电极压力和焊接时间。正式生产前，应该先通过试验来确定。在正式生产中，应借助自动控制装置加以稳定、调节这些参数。如为了控制焊接通电时间，可以在焊极附近安装红外线热敏电阻，经过放大环节去控制电源开关。使用这类自动控制装置，不但可以保证焊接质量，还可较大程度地提高劳动生产率，这对于大批量生产或自动化生产具有很大意义。

三、点焊工艺

点焊是利用电流通过被焊工件之间的接触电阻产生的热量来熔化工件的接触面金属，使之互相扩散而形成接头的焊接方法。这种焊接工艺不用焊料和焊剂，连接处具有高的机械强度和良好的导电性能。点焊适用于小型触点的焊接。继电器触点除了少量采用铆接工艺外，绝大部分都是采用点焊工艺把触点和导电簧片连接起来的。此外，点焊还广泛用小型继电器的总装过程中。

触点点焊原理如图16-16所示。焊接时，先将开关S置于a的位置，使电容C充电。然后将开关S置于b的位置，使电容C放电。由此在变压器T的二次侧感应出一大电流并经过触点和簧片的焊点，从而将二者熔焊在一起。

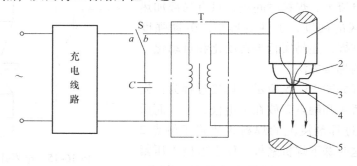

图16-16　点焊触点的原理

1—上电极　2—触点　3—焊点　4—簧片　5—下电极

点焊的主要工艺参数也是焊接电流、电极压力和焊接时间，它们和电极及工件的形状、尺寸、材料等有关，需要根据具体情况试验确定。

因为这种焊接方法不需要金属焊料，所以焊接质量的好坏，即被焊金属间相互结合的强度，取决于它们在液态下相互扩散混合的程度。不同金属之间相互结合的差异很大，这就决定了金属之间可焊性的优劣。

进行点焊的触点其与导电零件（簧片）相接触的端面上一般应设凸台，而在导电零件上应设锥形孔，这对焊接的强度有好处，参见图 16-17。但当焊点半径很小时，簧片上不再需要设锥形孔。

对电极形状进行设计时应注意，应使电极与工件的接触面积大于工件之间的接触面积，这样可使电极与触点、电极与导电零件（如簧片）之间的接触电阻因通电产生的热量远小于焊接区域产生的热量，这样既可保证焊接区域接触面金属的熔化，又可避免使电极金属转移而造成触点污染。同时，不致因电极和工件受压力作用而使触点表面变形。

电极的材料要求有良好的导电、导热性能，一般采用纯铜圆棒。点焊大功率触点时，也有采用锆铜或铬青铜的。

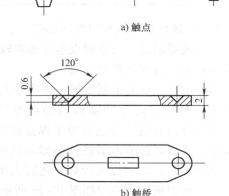

图 16-17　点焊触点焊点和触桥锥形孔

点焊机有交流和脉冲（储能）两种，都是由机械部分和电器部分组成。交流点焊机用途较广，其特点是加热较缓慢，焊接时间可以用电气或人工控制。脉冲点焊机是将交流整流，把电能储存于电场内，然后以相当快的速率将电能消耗于焊接过程。

四、触点组件连接自动化

（一）触点线材自动焊接工艺

这种焊接的大致工作过程是：把触点材料（如银、银镍合金、金铂合金、铂依合金等）拉制成线材，通过步进送料器送到工作位置，与自动送料到位的带材点焊（不用焊料、焊剂）在一起，有剪刀自动剪断线材，最后将焊件自动冲压、成型。这种工艺适用于小容量电器触点及触点组件的制造。

线材的送进方法可以是水平的，也可以是垂直的。图 16-18 是垂直送进线材点焊机工作原理示意图，现作简要说明。

线材由自动送料机构垂直向下送进，与带材送料机构送进到位的带材（触桥或导板）接触，电极间自动通电焊接，焊后上电极向上退回，剪刀送进将线材剪断后退回。焊好的触点组件被带材送料器

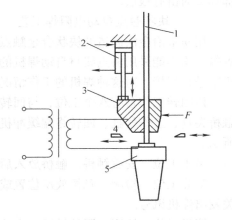

图 16-18　垂直送料点焊机工作原理示意图
1—触点线材　2—进给气缸　3—上电极
4—剪刀　5—下电极

送到冲压工位，将触点冲压成型（有的再送往下一工位攻螺纹、弯曲、落料等）。

作触桥和导板的材料有黄铜、磷青铜、铍青铜等，厚度为 0.1～2mm。

常用的电极材料是在纯铜 TI 的基体上嵌铬锆铜 HDI 作为上电极，下电极用铬锆铜 HDI。

焊接压力约为 80N/mm²，电流为 3～7kA。焊接时间与线材和板厚的关系见表 16-6。

表 16-6　焊接时间与线材和板厚的关系

触头底板厚/mm	0.2～0.5	0.5～1.0	1.0～1.5	1.5～2
触头线材直径/mm	1～1.3	1.3～2	2～3	3～4
焊接电流频率/Hz	1～3	2～6	3～7	5～10

（二）复合型触点型材滚压焊接工艺

我国电器制造厂制造触点组件通常较多的采用焊接或铆接工艺。这些工艺费时、费工、质量不稳定，自动化程度不高。

随着电器工业的不断发展，国内外先后采用液压缝焊机将触点材料和基体材料焊在一起制成复合材料，再经冲制形成触点组件的工艺。该复合材料的结合强度等于焊接材料的自身强度，适于制造继电器或接触器的触桥和触指。这种工艺自动化程度较高，适宜大批量生产。液压缝焊机工作原理如图 16-19 所示。

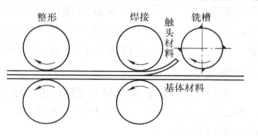

图 16-19　液压缝焊机的工作原理

银或银合金触点线材（或条料）与经过表面处理的基体材料（铜或铜合金带材）通过连续滚缝电阻焊，使两种金属紧密焊合在一起，整形成为复合材料。如为嵌复型，可先在基体材料上铣出槽来，尺寸公差由专用夹具和导位系统控制。

基体材料一般为纯铜、黄铜、铍青铜带材，厚度为 0.3～2mm，长度为 10～100mm。

触点材料为 Ag、AgNi10、AgCd、AgCdO10、AgCdO12 等制成的条料或线材，AgCdO 底部焊接面留有银层。

（三）块状触点自动电阻焊工艺

用粉末冶金法制造的块状合金触点，一些氧化物合金块状触点，以及尺寸较大的块状触点等，均不能采用触点线材自动焊机的方法进行自动焊接，而是常采用多工位回转式自动焊机来进行焊接。对这种焊机的工作情况作如下说明：

该回转工作台有八个工位，与回转工作台配套的有齿条、棘轮机构分度盘、定位机构、触桥夹具、工作气缸、回转终端缓冲机构及气动操作系统等。回转台工位示意图如图 16-20 所示。

第Ⅰ工位　安放触桥。触桥放入后，依靠弹簧力使触桥定位靠紧。

第Ⅱ工位　检测。触桥放反位置或前面的机械手未取下已焊好的触桥，由此工位接近开关发出停机讯号。

第Ⅲ工位　检测。漏放触桥，由此工位接近开关发出停机信号。

第Ⅳ工位　自动注射焊剂。

第Ⅴ工位　焊接工位。其工作过程如下：

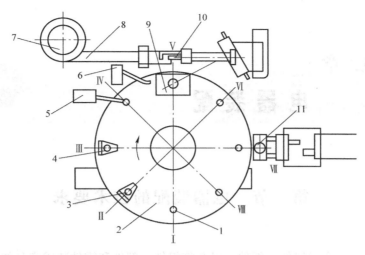

图 16-20 回转台工位示意图

1—电极 2—回转台 3、4—检测装置 5—焊剂供给器 6—红外控温仪
7—振动料斗 8—料槽 9—焊触点 10—送触点机械手 11—取触点机械手

1）触点块由螺旋上升式振动料斗依次排列，并把自动选好触点焊接面的触点块送进振动料槽，通过料槽送到气缸活塞杆端部，此处有气孔产生负压，将触点块吸住送往旋转机械手夹指内。机械手动作将触点块放到触桥上。

2）上下电极均由各自的气缸作用向焊件伸出，将焊件压紧。其行程由接近开关控制，其压力由气缸自由调节。

3）机械手复位后，晶闸管触发导通，主电源接通回路，对焊件（即被上下电极压紧的触点块和触桥）进行电阻焊。焊接温度由红外线控温仪监测，触点达到预定温度后，电极自动断电，复位，工作台向前转45°。

第Ⅵ工位 焊接质量检测工位。将不合格产品分选出来。

第Ⅶ工位 取料机械手将已焊好的触点取出放入储料箱。

第Ⅷ工位 清理工位。将夹具上残留的焊剂和杂物清理干净，为下一循环焊接做好准备。

该焊机采用红外线控温仪控制焊接温度，其基本原理是，通过一组石英玻璃透镜，将焊区被测点的红外线辐射聚焦于特制的硅光电元件上，进行光电转换，得到反映焊区温度高低的电信号后，通过负反馈自动调节电路，对焊接电压进行调节，从而使焊接温度基本保持恒定。

该机采用微机控制系统，使钎焊机各部分之间协调工作，使焊接按程序一步步自动执行。

习   题

16-1 触点的功能、作用、接触型式及主要结构参数如何？简述触点系统的分类、技术要求及触点材料的要求、分类与选用。

16-2 试述小容量电器银触点的制造工艺流程、要点及其质量检查。

16-3 真空接触器触点的封接与舌簧开关全自动红外聚光封接工艺及要点如何？

16-4 试述触点组件连接的铆接工艺、钎焊工艺、点焊工艺以及触点组件连接自动化。

16-5 绘制小容量电器银触点制造工艺流程图，并说明其技术要求。

第十七章

电器装配

第一节　电器装配的技术要求

一、概述

　　装配是将零件组合成组件、部件，以及将组件、部件和零件装成产品的过程。根据产品的技术条件，把电器产品的各种零件和部件按照一定的程序和方式结合起来的工艺过程称为电器装配工艺。在电器装配过程中，虽不制造新的零件，但它是电器产品制造的最后阶段，对电器产品的质量影响很大。由于装配工艺性和产品结构工艺性有着密切的关系，故在装配过程中，要求电器产品具有良好的结构工艺性，它可以从三个方面进行考虑：即选择合适的装配精度；选择方便的零件连接方法；在装配单元中选择合适的零件数目。

二、电器装配的技术要求

1. 选择合适的电器装配精度

　　在电器制造中精度的内容应当包括两个方面，即几何尺寸精度和物理电气参数的精度。电器产品的精度是由大量的原始误差所决定的，必须对传动链和尺寸链进行深入的分析才能有所了解。因此，在装配工作中，为了达到技术条件规定的装配精度，应以较低的零件加工精度来达到较高的装配精度；应以最少的装配劳动量来达到装配精度。这是装配工艺研究的核心问题，也是对产品结构工艺性提出来的重要要求之一。

　　电器装配精度不仅取决于尺寸情况，还取决于零件在部件中的位置精度和材料的性能等因素。有的产品为了避免组成环误差对装配精度的影响，在结构设计中可考虑几个零件组装后的加工方法，这样能较容易地达到较高的装配精度。

2. 选择合理的电器连接方式

　　电器在装配过程中常用的连接方式有螺钉连接、铆接、焊接等方式。因此，电器零件的装配和连接，应设计得合理和方便。有时对结构设计稍作修改，不需要增加多大的加工量就可以大大地简化装配的操作。

　　在进行电器设计时，还需要考虑装配时所用工具、夹具和设备对该电器部件装配时有无困难。在装配时，如需要将两个零件点焊在一起，这时应考虑电极能否伸进焊接处；若用螺钉连接时，要考虑是否有相应的空间，以方便地使用螺钉旋具、扳手或使用其他气动工具等。电器部件能够分别进行装配的特性是很重要的，因为这样可以使许多部件同时进行装配，互不干扰，故可以缩短整个装配周期。

　　在电器部件装配时，应尽量避免进行机械加工，这不仅因为机械加工会降低装配生产率，同时金属切削可能影响装配精度和产品性能等。

3. 选择合适的零件数

在电器结构设计中，确定装配单元中最合适的零件数目，可以从以下几方面考虑：

1）在电器部件设计中，尽量减少不必要的零件。省去该产品一个特有的零件，不仅可以节约生产准备的大量工时，同时节省了机械加工工时，又简化了装配操作，也降低了成本。

2）尽量采用在生产中已经掌握的其他类似电器的零件和结构。

3）规格和尺寸相近的零件尽量统一成同一规格尺寸的零件。这样也可以在制造过程中引进成组加工技术。

4）在装配结构中广泛采用标准件。

如果能认真地按上述要求进行装配，就可以使电器的结构工艺性得到改善。

三、装配工艺规程的制订

装配工艺规程是指导整个装配工作进行的技术文件，是组织产品装配生产的基本依据之一。

（一）装配工艺规程内容

1. 编制装配工艺规程所需的原始资料

1）总装配图和部件装配图，以及重要零件的零件图。

2）产品的技术条件。

3）生产纲领，使所编制的工艺规程与在这种生产规模下的最合适的装配方法和组织形式相适应。

2. 装配工艺规程的主要内容

1）根据装配图分析尺寸链，在弄清零、部件相对位置的尺寸关系的基础上，根据生产规模合理地安排装配顺序和装配方法，编制装配工艺流程图、工艺程序卡片。

2）根据生产规模确定装配的组织形式。

3）选择设计装配所需的工具、夹具、设备和检验装置。

4）规定总装配及部件装配各工序的装配技术条件和检查方法。

5）规定装配过程的合理输送方式和运送工具方式。

（二）装配工艺流程图

用来表明装配工艺过程的图称为装配工艺流程图。装配工艺流程图能够比较直观、明了地反映出电器装配的顺序，并能清楚地看出各工序间的先后关系，更便于搞好装配的组织工作。

绘制装配流程图时，首先要深入研究零部件的结构、工作条件和检验技术条件等，编制出装配单元流程图，从而决定这些单元之间的相互关系和各个部件及整个产品的装配顺序，然后规定整个装配过程进行的方法。在装配单元流程图上加上注解，说明所需的补充操作，于是就成为装配工艺流程图。根据该图，可将全部装配过程中每个工步先后次序逐一记录下来，再依据技术和组织上的具体条件，将若干个相邻的工步组合成工序。

安排工序时要注意下列原则：

1）前面的工序不得影响后面工序的进行。

2）先下后上、先里后外、先重后轻、先精密后一般。

3）在流水线的装配中，工序应与装配节奏相协调，完成每一工序所需时间应与装配节奏大致相等，或者为装配节奏的倍数。

4）在完成某些可能产生废品的工序，以及包括调整工作的工序之后，都必须进行强制检验。

图 17-1 是交流接触器 CJ12 的装配工艺流程图，每一装配单元用一长方格表示，在长方格的上方注明装配单元名称，左下方写明装配单元的编号，右下方写明装配单元所用零部件

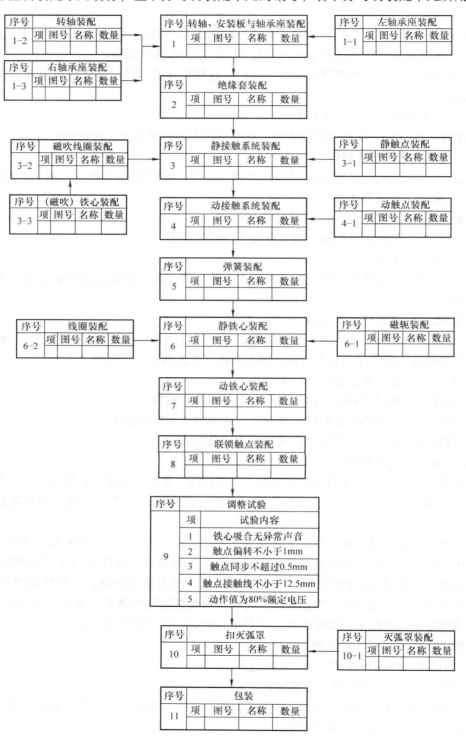

图 17-1　交流接触器装配流程图

的图号、名称和数量，框图之间的箭头表明装配流向。该装配流程图仅表明主要零部件的装配流程，并没有把每一个零部件装配单元显示出来。在实际制定装配流程图时，应灵活掌握。

在装配工艺流程图上不易表达的工序和操作的内容，可以加入补充的文字说明。这种装配工艺流程图，配合装配工艺规程，在生产中有一定的指导意义。但主要用在大批、大量生产中，便于组织流水生产，分析装配工艺问题。

第二节　尺寸链在电器装配中的应用

电器产品性能不仅与产品零部件的物理性能有关，同时也与产品零部件的加工精度存在着密切关系。因此，装配精度是保证电器产品性能的一个重要方面，装配尺寸链的理论对电器制造也有着十分重要的指导作用。

关于这部分内容在第一篇第七章第二节中已有详细的介绍，可参阅之。

第三节　电器装配工艺

一、电器装配方式

在电器制造中，有五种不同的装配方式。

1. **完全互换法装配（或称极值法）**

采用完全互换法装配，电器的各零件均不需任何选择、修配和调整，装配后即能达到规定的装配技术条件。这需要对各零件规定以适当的精度，列入装配尺寸链的各组成环的公差之和，不得大于封闭环的公差。为了达到互换，零件的制造精度要求很高，给制造带来困难。

如何分配各组成环的公差大小，一般可按经验，视各环尺寸加工的难易程度加以分配。例如尺寸相近、加工方法相同的，可取公差相等；尺寸大小不同，所用加工方法和加工精度相当的，可用等精度法取其精度等级相等；加工精度不易保证的，可取较大公差值。

2. **不完全互换法装配（概率法）**

根据加工误差的统计分析知道，一批零件加工时其尺寸处于公差带中间部分是多数，接近极限尺寸的是少数（基本上符合正态分布曲线）。因此，如按极大极小法计算装配尺寸链中各组成环的尺寸公差，显然是不合理的；如按概率法进行计算，将各组成环公差适当扩大（如扩大 $n-1$ 倍），装配后可能有 0.27% 不合格品（少到可以忽略的程度），必要时可通过调换个别零件来解决这些废品问题。

3. **分组互换法装配**

分组互换法装配是将按封闭环公差确定的组成环基本尺寸的平均公差扩大 n 倍，达到经济加工精度要求；然后根据零件完工后的实际偏差，按一定尺寸间隔分组，根据大配大、小配小的原则，按对应的组进行互换装配来达到技术条件规定的封闭环精度要求。

4. **修配法装配**

修配法装配是用钳工或机械加工的方法修整产品某一个有关零件的尺寸，以获得规定装配精度的方法。而产品中其他有关零件就可以按照经济合理的加工精度进行制造。这种方法常用于产品结构比较复杂（或尺寸链环节较多）、产品精度要求高以及单件和小批生产的情况。

5. 调整法装配

调整法装配也是将尺寸链各组成环按经济加工精度确定零件公差，由于每一个组成环的公差取得较大，必然导致装配部件超差。为了保证装配精度，可改变一个零件的位置（动调节法），或选定一个（或几个）适当尺寸的调节件（也称补偿件）加入尺寸链（固定调节法），来补偿这种影响。

调整装配法既有修配法的优点，又使修配法的缺点得到改善，使装配工时比较稳定，又易于组织流水生产。

二、装配的组织形式

装配组织形式的选择是装配工艺规程中的内容之一。由于计算机应用于装配过程的控制，故装配的组织形式不仅取决于生产规模的大小、装配过程的劳动量和产品结构等特点，还要考虑新技术应用对装配组织形式带来的影响。根据传统的概念，主要由工人参加装配工序操作时的装配组织形式有固定式装配和移动式装配。

1. 固定式装配

固定式装配是指被装配的产品是在一个工作地点装配的，所需的零件和部件全部运送到该工作地点，不随工序而移动。固定式装配分为两种，即集中原则的固定式装配和分散原则的固定式装配。

（1）集中原则的固定式装配　被装配的所有零部件集中在一个工作地点，全部装配工作由一个工人或一组工人完成。这种形式适用于单件、小批生产和试制产品等装配工作。

（2）分散原则的固定式装配　把装配过程分为部件装配与总装配，部件装配分别有几个工人或几组工人同时进行，部件装好后再送去进行总装配。这种形式广泛用于成批生产装配工作。

2. 移动式装配

移动式装配是把被装配的产品和部件不断地从一个工作地点移至另一个工作地点，在每一个工作地点重复地进行着固定工序，每一工作地点都有专用的设备、工具和夹具，并根据装配的进程，将所需零部件送到相应的工作地点。这种装配形式也是一种装配流水线。移动式装配分为两种形式：

（1）自由移动的移动式装配　装配时用工人移动产品或用传送带运送，各工序装配时间没有严格规定。

（2）强制移动的移动式装配　在装配过程中，用传送带或小车连续地或定时地把所装配的部件从一个装配工位送到另一个装配工位，而传送带或小车则由闭合带或链条来拖动，装配工作直接在传送带或小车上进行。这种装配形式要有节奏地进行，是一种流水作业线的装配方法。一般情况下，由工人参加装配工序的低压电器流水作业线，传送带速度是 0.8m/min 或 2~2.5m/min。前者是在传送带上直接装配，后者是取下来进行装配。由自动装配机组成的装配自动线，其传动速度要高出 10 多倍。

三、电器装配工艺

本节仅以 BQD10-200ZDA 型矿用隔爆型真空电磁起动器为例介绍电器装配工艺。

BQD10-200ZDA 型矿用隔爆型电磁起动器（以下简称真空起动器）在装配过程中，可分为外壳装配、本体装配和成品装配三部分。

（一）外壳装配

1. 外壳装配方式的确定及装配组织形式

（1）外壳装配方式　根据本节的介绍，真空起动器外壳装配方式应采用完全互换法和分组互换法相结合的方式。

（2）外壳装配的组织形式　真空起动器外壳装配采用集中原则的固定式装配。全部装配工作由一组工人来完成。

2. 外壳装配流程

真空起动器外壳装配流程图如图17-2所示。

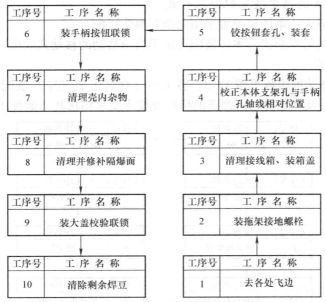

工序号	工 序 名 称
6	装手柄按钮联锁

工序号	工 序 名 称
5	铰按钮套孔、装套

工序号	工 序 名 称
7	清理壳内杂物

工序号	工 序 名 称
4	校正本体支架孔与手柄孔轴线相对位置

工序号	工 序 名 称
8	清理并修补隔爆面

工序号	工 序 名 称
3	清理接线箱、装箱盖

工序号	工 序 名 称
9	装大盖校验联锁

工序号	工 序 名 称
2	装拖架接地螺栓

工序号	工 序 名 称
10	清除剩余焊豆

工序号	工 序 名 称
1	去各处飞边

图 17-2　真空起动器外壳装配流程图

3. 装配与调整

1）真空起动器各主要部件如壳身、壳盖及接线箱、箱盖，尽管在其进入装配前均安排了去飞边工序，但遗漏是难免的，且在运输过程中的磕碰也不可避免，所以必须将所有待装零件的各尖角飞边、孔边缘飞边去除干净。在去飞边乃至整个装配过程中，必须精心保护隔爆面。

2）接线箱是在加工隔爆面工作完水压试验后才与外壳主腔组焊的，其法兰隔爆面装有保护圈。装配时，卸下保护圈用板锉除去边缘棱角飞边，用特制的专用钻头除去螺孔边缘飞边，旋即将合格的箱盖盖上，装四个螺钉并拧紧（若在一周内不进行表面处理，还应在隔爆面上涂204-1防锈油），以防在以后的加工工序中损伤隔爆面。

3）为保证转换开关转柄轴线的相对位置，并保证本体安装孔位置正确，必须用校正工装（即模拟本体）对以上几项进行校正。

4）在焊接过程中，按钮套上的三个孔可能变形，故在铆铜套前必须用相应规格的铰刀铰孔。

5）联锁、手柄及按钮装上后，将联锁杆退到手柄缺口内顶住手柄，此时手柄应处于竖直方向。

6）清理、修补隔爆面。

7）装上大盖后，除用塞尺检查其隔爆结合面间隙外，还应校验机械联锁装置是否可靠。

8）外壳组焊后，尽管经过了手工除焊渣、抛丸等工序处理，但不可避免还会有剩余焊故在进入表面处理前，还应将其清理，以保证表面质量。

9）装配中，若在与防爆性能有关的部位进行焊接操作，如重焊本体安装支架、联锁架等，均须重作水压试验。

（二）本体装配

1. 本体装配方式的确定及装配组织形式

（1）本体装配方式　本体装配可采用完全互换法装配。

（2）本体装配的组织形式　本体装配可采用自由移动的移动式装配。

2. 本体装配流程

真空起动器本体装配流程见图 17-3。各工序（含其组装工序）装配时需要的零件、部件、工艺装备、设备及辅助材料所遵循的标准及技术要求均在其"装配工艺卡片"中规定。

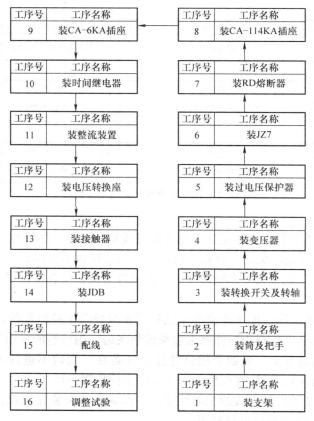

图 17-3　真空起动器本体装配流程图

3. 装配调整与试验

（1）装配与调整

1）进入流水线的非一级部件预先按图样、标准、工艺文件装配、调试好。

2）凡属于本体的各零部件、元器件应先按图样、标准、工艺文件装配、调整好。

3）配线应按如下规定进行：

① 按图样要求选好线径、颜色及规格符合规定的导线。

② 将选用的导线校直，按行线距离剪断。两端按相应规格的 OT 系列接线头剥去绝缘层，套上该导线的标号，再装上接线头，并用冷挤压钳压紧。

③ 将装好接线头的导线紧固于相应部件或元件的接线点上，其标号转向目视位置。

④ 行线在转向处用不大于导线外径三倍的尺寸为半径折弯。

⑤ 并行的导线用缠线管捆扎。

⑥ 行线在尽可能保证"横平竖直"的前提下，应使其距离最短，且使其排列整齐、统一、美观。

⑦ 行线穿越金属底板时，导线穿越段应套软聚氯乙烯管，其长度不小于 30mm。

⑧ 固定部分与可动部分间的导线，必须留有适当的裕量，以保证可动部分自由活动。

（2）试验

为保证装配质量，真空起动器本体在进入成品装配前应按本产品的检验规则（除工频耐压试验不作外）逐台进行检查。

（三）成品装配

1. 成品装配方式的确定及装配组织形式

（1）成品装配方式　成品装配采用完全互换法和分组互换法相结合的方法。

（2）成品装配的组织形式　真空起动器成品装配可采用分散原则的固定式装配。

2. 成品装配流程

真空起动器成品装配流程见图 17-4。各工序及其组装工序所需零部件、元器件、工艺装备、设备、工具及辅助材料所遵循的技术要求均在各自的"装配工艺卡片"上作了许多规定。

3. 装配、调整与试验

1）装按钮、手柄时，按钮杆、手柄轴应涂 204-1 防锈油；按钮上的锥销应铆平，装后转动灵活，旋到任何位置应能顺利按下，自然弹回；手柄转动灵活，手柄轴轴向串动量的要求及调整方法同外壳装配。

2）装叉式接线端子时，绝缘套管的方台必须伸入固定板方孔，以达到防扭转要求。

3）因手柄装配与壳身不能互换，而在表面处理及调运中有可能弄错，加上转换开关存在积累误差，所以在装上本体后，还应对联锁机构按外壳装配时采用的方法调整，以达到要求。

4）装技术数据标牌时，应检查壳内主要元件的参数是否与标牌所示数据相符。

5）检查主腔与接线箱内各处电气间隙和爬电距离是否符合标准规定。

6）按出厂检验规则，对产品的电气性能、隔爆性能进行检验。

四、电器装配的自动化

过去，人们只着重于单个工序自动化，即单机自动化。现在人们利用计算机，把直接或间接影响产品装配的所有因素都包括在自动化的范围内加以考虑，实现装配自动化。随着电器工业的不断发展，国内外很多电器制造厂不仅实现装配自动化，同时完成了生产过程自动化、零件运输自动线和成品检验自动化，并实现全面质量管理。我国电器制造厂生产过程自动化和装配自动流水线已达到一定先进水平。

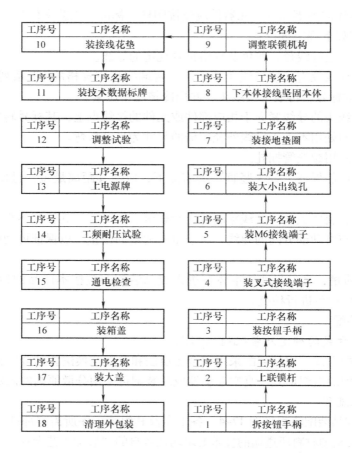

图 17-4 真空起动器成品装配流程图

设计装配自动线应先分析电器的装配顺序（见图17-1），再根据生产纲领提出装配自动线的结构和任务。

（一）装配自动线的结构

1. 辅机的启动和运行

在主机起动前，应先起动各种辅机，或使它们处于"准备"状态。辅机有：工件供给装置、定位装置、液压泵、粘接剂加热器、电阻熔焊器电源，以及打开油压、气压、冷却水阀门等的电磁阀等。

2. 主机的运行

主机的起动和停止是对控制系统最基本的要求。紧急停车是最重要的功能，即使在停电或断线等情况下也不能丧失紧急停车的功能。

国外接触器装配自动线由 5～10 台自动机组成。这种自动机由夹具、供料装置、传送装置、装配装置和控制装置构成。

接触器的装配可归纳为 6 种主要动作，即插入、嵌入、压入、旋入、合上和装载。较多的可由装有零件定向装置的操作装置作业，还需有能稳定、高速插入和拔出的操作装置。弹簧自动供给是装配自动化的难题。螺钉装配自动化也存在着力矩控制和渗入不合格螺钉的问题。实现装配自动化还需有代替操作人员进行外观检查和抽样工作的装置。

3. 工位的顺序动作

工件相互间的顺序动作和主机周期性的顺序动作是控制系统的重要职能，可以是气动的，也可以是液压的。动作方式可以是独立的，也可以是一体化的。

4. 不良动作的检测

为了避免不良动作所引起的不正常现象，应设置各种检测开关和附加过载离合器，用以来检测故障和切除故障。

5. 质量检验

它是保证装配自动线质量的重要环节，包括外观、力学性能和电气性能的质量检验。

（二）计算机控制实现电器装配自动化

采用计算机数字控制实现装配自动化，用可编程序控制，大大增加了自动化控制的灵活性。用计算机控制装配自动线主要是管理工位操作速度相对于标准操作速度的超前或移后。控制程序的变更很方便，不同的工艺流程编制不同的控制程序即可。随着计算机的普及及广泛应用，电器装配工艺过程的计算机控制将会逐渐增多。随着大数据、云计算与中央运算控制单元的发展，我国电器装配自动线进一步向着无人化的方向发展，操作人员的任务只是补给零件、处理装配自动机的故障、清除不合格的零件和半成品以及对装配自动线的监视。

（三）装配自动线对产品结构工艺的要求

为了适应装配自动线的发展，对产品结构工艺的基本要求主要是使装配作业尽量简单化和使装配零件能够自动供给。具体可归纳为：

1）总体结构适合于简单的组装方法。

2）使组装操作有固定的方向。

3）使零件的加工方法和质量一致。

4）把零件的修整工序放在组装之前。

5）尽可能使零件的结构呈对称形式。

6）不能对称的零件应扩大其非对称度。

7）零件应有决定位置的定位基准。

8）零件的配合部分应进行倒角。

所谓检查是指用某种方法对产品进行测定，并将其结果同判定标准相比较，然后判定产品是否合格的一种方法。为了保证电器产品的质量，装配完的电器产品必须经过质量的检查和性能的试验。某一型号的电器产品应根据国家标准和有关产品标准的要求制定适合试验和检测该型号电器产品的标准或技术条件。确定具体的指标和要求，以便于对电器产品的质量进行考核。

习　题

17-1　电器装配的定义、结构工艺性及其技术要求如何？编制装配工艺规程及装配工艺流程图的主要内容及原则如何？

17-2　试述尺寸链在电器装配中的应用，并举例说明之。

17-3　电器装配方式有哪几种？装配的组织形式如何选择？

17-4　试述电器装配工艺分类、内容、要求及电器装配自动化。

参考文献

［1］方日杰. 电机制造工艺学［M］. 北京：机械工业出版社，1995.

［2］黄国治，傅丰礼. 中小旋转电机设计手册［M］. 北京：中国电力出版社，2007.

［3］胡岩，等. 小型电动机现代实用设计技术［M］. 北京：机械工业出版社，2008.

［4］才家刚. 电机试验技术及设备手册［M］. 3 版. 北京：机械工业出版社，2015.

［5］机械工程手册、电机工程手册编辑委员会. 电机工程手册［M］. 北京：机械工业出版社，2000.

［6］孟庆龙. 电器制造工艺学［M］. 北京：机械工业出版社，1992.

［7］电器制造专业工艺编辑组. 电器制造专业工艺［M］. 天水：机电部低压电器科技情报网，1991.

［8］周茂祥. 低压电器设计手册［M］. 北京：机械工业出版社，1992.

［9］张子忠，王铁成. 微电机结构工艺学［M］. 哈尔滨：哈尔滨工业大学出版社，1997.